生物数据统计分析

叶子弘　陈　春　主编

中国质量标准出版传媒有限公司
中　国　标　准　出　版　社

北京

图书在版编目（CIP）数据

生物数据统计分析/叶子弘，陈春主编. —北京：中国质量标准出版传媒有限公司，2023.6

ISBN 978-7-5026-4949-4

Ⅰ.①生… Ⅱ.①叶…②陈… Ⅲ.①生物信息论—数据—统计分析—研究 Ⅳ.①Q811.4

中国版本图书馆 CIP 数据核字（2021）第 100620 号

中国质量标准出版传媒有限公司
中　国　标　准　出　版　社　出版发行

北京市朝阳区和平里西街甲 2 号（100029）

北京市西城区三里河北街 16 号（100045）

网址：www. spc. net. cn

总编室：（010）68533533　发行中心：（010）51780238

读者服务部：（010）68523946

中国标准出版社秦皇岛印刷厂印刷

各地新华书店经销

*

开本 787×1092　1/16　印张 21.75　字数 495 千字

2023 年 6 月第一版　　2023 年 6 月第一次印刷

*

定价：79.00 元

本书编写人员

主　　编： 叶子弘（中国计量大学）　　陈　春（中国计量大学）

副 主 编： 郑荣泉（浙江师范大学）　　张文英（长江大学）

张雅芬（中国计量大学）

编写人员：（按姓氏汉语拼音排序）

陈　春（中国计量大学）　　崔海峰（中国计量大学）

王　江（台州学院）　　王　玉（浙江中医药大学）

王忠华（浙江万里学院）　　夏文强（中国计量大学）

叶子弘（中国计量大学）　　张文英（长江大学）

张雅芬（中国计量大学）　　郑荣泉（浙江师范大学）

前　　言

生物数据统计分析涉及试验前的方案设计、试验过程中的误差控制和试验结束后的数据解析等内容，是用数理统计的原理和方法探讨如何从不完整的信息中获取科学可靠的结论从而进一步指导生物学试验研究的科学. 不仅在传统生物学、医学、药学和农学中需要生物数据统计分析，在现代分子生物学、各种组学研究中生物数据统计分析更是不可或缺.

生物数据分析课程的理论性和实践性较强，且课程中涉及的公式和抽象概念较多，需要学生具备一定的数学基础和较强的逻辑推理能力，因此相对其他专业课程的学习具有一定的难度. 《生物数据统计分析》这本书不仅提供了正确地设计科学实验和收集数据的方法，并且提供了正确地整理、分析数据，得出客观、科学的结论的方法. 希望读者通过对本书的学习，能够明确为什么一个好的试验设计是有效的数据分析的前提，可以了解生物学统计模型的基本假设前提条件，以及利用有限的时间与资源优化设计试验与抽样过程，并且掌握不同类型数据的统计分析模型、方法及软件输出结果的解读.

本书共分十章，根据当前学科发展和教学应用特点，并结合典型案例，详细介绍了生物学研究中最常见的试验设计方法及数据统计方法，同时提供了电子表格软件 Excel、统计分析系统 SAS 和基于 R 语言的实用统计分析软件的使用方法及案例操作分析，以便学生能够结合案例了解和掌握各种常用统计方法，并能够使用现代统计工具帮助完成相关分析. 具体章节内容如下：第一章为导论，介绍了生物统计学的基本概念；第二章介绍了统计推断方面学生需要掌握的内容；第三章阐述了方差分析的基本原理，并详细介绍了各种方差分析方法；第四章介绍了直线回归分析和多元线性回归分析；第五章介绍了协方差分析的作用和原理，以及协方差分析计算及应用；第六章详细介绍了相关分析的概念、一元线性相关分析和多元线性相关分析；第七章介绍了抽样调查相关的理论和实施方案；第八章介绍了试验设计与分析的原理并结合典型案例开展实操，为本书的核心内容；第九章介绍了其他统计方法及应用；第十章介绍了常见统计软件在生物数据分析中的应用.《生物数据统计分析》一书可作为生命科学领域不同专业学生进行生物学试验设计及统计分析的教材或参考书，也可以作为相关研究人员进行生物学研究的参考用书.

本书由编写组集体完成，具体章节分工为：第一章，叶子弘；第二章，王玉；第三章、第四章，王江；第五章、第十章，郑荣泉；第六章，王忠华；第七章，崔海峰、张文英；第八章和附录，陈春；第九章，陈春、张雅芬、夏文强. 全书由叶子弘和陈春统稿，叶子弘定稿. 在本书出版过程中，得到了中国标准出版社的大力支持，特此感谢.

由于作者水平的限制，书中疏漏和错误之处在所难免，敬请同行专家和读者批评指正，不胜感激.

编写组

2022 年 6 月于杭州

目　录

第一章　导　论

生命科学是一门实验科学. 随着生物学的不断发展，对生物体的研究和观察已不再局限于定性的描述，而是需要从大量调查和测定的数据中，应用统计学方法，分析和解释其数量上的变化，以正确制定试验计划，科学地对试验结果进行分析，从而作出符合科学、实际的推断. 近年来，分子生物学技术、测序水平等不断提高，为生物学研究带来了海量的数据资料，要对这些数据资料进行整理、分析，并得出科学合理的结论，均离不开统计工具的支持. 但是，人们对统计理论仍不甚明了，对相关工具的使用也不够熟练. 工欲善其事，必先利其器. 因此，有必要对生命科学领域的教学研究人员或从事生物学相关工作的人员进行统计知识普及和相关工具使用培训，使这些人员具有统计意识，能够进行合理的试验设计，选用合适的统计方法，得出正确的统计推断.

一、生物统计学概论

(一) 生物统计学的概念

统计学（statistics）是一门数据（data）分析的科学，是研究数据的取样、收集、组织、总结、分析和表达的科学方法. 统计学需要运用到大量的数学知识，数学为统计理论和统计方法的发展提供基础. 但是，不能将统计学简单等同于数学. 数学研究的是抽象的数量规律，统计学则是研究具体的、实际现象的数量规律；数学研究的是没有量纲或单位的抽象的数，统计学研究的是有具体实物或计量单位的数据；统计学与数学研究中所使用的逻辑方法不同，数学研究使用的主要是演绎法，统计学研究则是演绎法与归纳法相结合，占主导地位的是归纳法. 根据研究领域和研究对象对统计学进行划分，统计学又分为数理统计、经济统计、生物统计、医学统计、卫生统计等.

生物统计学（biostatistics）是数理统计在生物学研究中的应用，是用数理统计的原理和方法来解释和分析生物界各种现象以及试验调查资料的科学，是用统计学方法研究生命的学科，对生物群体个体间的变异性，以及对生物性状观察过程中的误差进行研究. 生物统计学是一门针对数据分析的基础学科，研究数据的取样、收集、组织、总结、表达和分析的科学方法. 生物统计学有助于探索生命科学内在的数量规律性. 目前，生物统计学已经在持续发展与环境保护、资源保护与利用、生态学、分子生物学、高科技农业、生物制药技术、流行病规律研究与探索、数量遗传学、生物信息学等生命科学的分支领域有了广泛的应用. 生物统计学作为统计学的一个分支，自身拥有一整套成熟的理论和应用体系，并在不断的快速发展之中.

（二）生物统计学的主要内容

试验设计和统计分析是生物统计学的主要内容.

试验设计就是设计试验的过程，使得收集的数据适用于统计方法分析，得出有效的和客观的结论. 在研究工作进行之前，应根据研究项目的需要，应用数理原理，作出周密的安排，力求用较少的人力、物力和时间，最大限度地获得丰富而可靠的资料，通过分析得出正确的结论，明确回答研究项目所提出的问题. 因此，任一试验都存在试验的设计和数据的统计分析，二者是紧密相连的，因为统计分析方法依赖于试验所用的设计. 在工农业生产和科学研究中，经常需要做试验，以求达到预期的目的. 例如，在工农业生产中希望通过试验达到高质、优产、低消耗，特别是新产品试验，未知的东西很多，要通过试验来摸索工艺条件或配方. 如何做试验，其中大有学问. 试验设计得好，会事半功倍，反之会事倍功半，甚至劳而无功. 科学合理的试验设计可以避免系统误差，控制、降低试验误差，无偏估计处理效应，从而对样本所在总体作出可靠、正确的推断.

重复、随机化和局部控制是试验设计的 3 个基本原则. 重复是指基本试验的重复进行，通过重复使得试验误差可估，增加重复的次数可提高检测处理间差异的能力. 随机化是指抽样或配置处理时必须使总体中任何一个个体都有同等的机会被抽取进入样本，以及样本中任何一个个体都有同等的机会被分配到任何一个试验单元中. 随机化保证了试验误差估计的有效性，减小主观判断对处理配置的影响. 局部控制是用来提高试验精确度的一种方法. 一个区组是一组同质的试验单元.

统计分析是指运用统计方法及与分析对象有关的知识，从定量与定性的结合上进行的研究活动. 它是继统计设计、统计调查、统计整理之后的一项十分重要的工作，是在前几个阶段工作的基础上通过分析从而达到对研究对象更为深刻的认识. 它又是在一定的选题下，集分析方案的设计、资料的搜集和整理而展开的研究活动.

生物统计的主要作用包括：

（1）提供整理和描述数据资料的科学方法，确定某些性状和数量特征. 合理地进行调查或试验设计，科学地整理、分析所收集得到的资料是生物统计的根本任务.

（2）判断试验结果的可靠性，分析现象间的关系. 例如，检测了不同年龄居民的人体脂肪含量，通过相关分析可以判断年龄与脂肪含量之间的关系，通过统计检验判断这种分析结果的可信度.

（3）提供样本推断总体的方法. 例如，想了解当代大学生的身高状况. 由于大学生人数很多，不可能穷尽，因此只能通过抽样进行分析，分析样本的身高状况来推断总体，推断当代大学生的平均身高，男大学生与女大学生的平均身高以及二者之间是否有显著差异等.

（4）提供试验设计的一些重要原则. 例如，要分析不同种植密度对水稻产量的影响. 在进行试验设计时，不仅要考虑种植密度水平、产量测量方法和评价指标的确定，还要考虑水稻品种、种植地块条件、栽培措施等可能的试验误差的来源，分析误差特性，适宜地采用重复、随机化和设置区组等措施来减小误差的影响.

（三）统计学发展概况

虽然人类开始统计实践的时间很早，但是统计学成为一门系统的学科，却是近代的事情，距今只有三百余年的短暂历史. 统计学的发展大致可划分为古典记录统计学、近代描述统计学和现代推断统计学 3 个阶段.

1. 古典记录统计学

古典记录统计学的形成期大致在 17 世纪中叶至 19 世纪中叶. 由于天文学研究和政治科学的需要，人们初步建立了统计研究的方法和规则，并将概率论引进统计学，逐渐成为一项较成熟的统计方法. 最初卓有成效地把古典概率论引进统计学的是法国天文学家、数学家、统计学家拉普拉斯. 因此，后来比利时统计学家、数学家和天文学家凯特勒指出，统计学是从拉普拉斯开始. 这一阶段还发展了大数定律，进行了大样本推断的尝试，建立了最小二乘法和高斯分布. 这一阶段的主要代表性人物有：

（1）拉普拉斯（P.S. Laplace），1749—1827 年，法国天文学家、数学家、统计学家. 他最早系统地把概率论方法运用到统计学研究中，建立了严密的概率数学理论，并应用到人口统计、天文学等方面的研究上，推广了概率论在统计中的应用. 此外，他还明确了统计学的大数定律，进行了大样本推断的尝试. 尽管其方法和结果还相当粗略，但在统计发展史上，他利用样本来推断总体的思想方法，为后人开创了一条抽样调查的新路子.

（2）高斯（Gauss），1777—1855 年，德国数学家. 正态分布理论最早由法国数学家德莫佛（De Moiver）于 1733 年提出，后来高斯在进行天文观察和研究土地测量误差理论时又一次独立发布了正态分布（又称常态分布）的理论方程，提出了“误差分布曲线”，后人为了纪念他，将正态分布也称为高斯分布. 1798 年，高斯完成最小二乘法的整个理论结构，并于 1809 年正式提出了正态分布理论.

2. 近代描述统计学

近代描述统计学形成期大致在 19 世纪中叶至 20 世纪上半叶. 由于这种“描述”方法由一批研究生物进化的学者们提炼而成，因此历史上称他们为生物统计学派. 分布、卡方检验、回归与相关等均是在这一阶段提出和发现的. 这一阶段的主要代表性人物有：

（1）高尔顿（F. Galton），1822—1911 年，英国生物学家、统计学家. 1882 年高尔顿开设“人体测量实验室”，测量了 9337 人的信息，他深入钻研那些资料中隐藏着的内在联系，最终得出“祖先遗传法则”. 他努力探索那些能把大量数据加以描述与比较的方法和途径，引入了中位数、百分位数、四分位数、四分位差以及分布、相关、回归等重要的统计学概念与方法. 1889 年，高尔顿把总体的定量测定法引入遗传研究中，发表了第一篇生物统计论文《自然界的遗传》. 他于 1901 年创办了《生物统计学报》（*Biometricka*）杂志，首次明确生物统计（Biometry）一词. 所以后人推崇高尔顿为生物统计学的创始人.

（2）皮尔逊（Karl Pearson），1857—1936 年，英国数学家、哲学家，现代统计学创立者. 皮尔逊将生物统计学上升到通用方法论的高度. 他探索了变异数据的处理，首创了频数分布表与频数分布图，提出了分布曲线. 1900 年，皮尔逊独立地又重新发现了 χ^2 分布，并提出了有名的“卡方检验法”. 后经 R. 费歇尔补充，卡方检验法成为小样本推断统计的早期方法之一. 皮尔逊进一步发展了回归与相关的概念，得出至今仍被广泛使用的线性相关计算公式、回归方程式，以及回归系数的计算公式. 此外，在 1897—1905 年，皮尔逊还提出复相关、总相关、相关比等概念，不仅发展了高尔顿的相关理论，还为之建立了数学基础.

3. **现代推断统计学**

现代推断统计学形成期大致是 20 世纪初叶至 20 世纪中叶. 人类进入 20 世纪后，无论社会领域还是自然领域都对统计学提出更多的要求. 各种事物与现象之间繁杂的数量关系以及一系列未知的数量变化，单靠记录或描述的统计方法已难以奏效. 因此，相继产生"推断"的方法来掌握事物总体的真正联系并预测未来的发展. 从描述统计学到推断统计学，均是在农业田间试验领域中完成的. 因此，历史上称之为农业试验学派. 在这一阶段，发展了 t 检验与小样本思想、抽样分布、方差分析、试验设计等思想和方法，完善了统计产品与服务解决方案软件（SPSS）、统计分析系统（SAS）等统计软件. 这一阶段的主要代表性人物有：

（1）戈塞特（W.S. Gosset），1876—1937 年，英国统计学家. 戈塞特在长期从事实验和数据分析工作中，发现并提出了 t 分布，在 1908 年以笔名"Student"发表了此项成果，故后人又称它为"学生氏分布". 后来，戈塞特又连续发表了《相关系数的概率误差》(1909)、《非随机抽样的样本平均数分布》(1909)、《从无限总体随机抽样平均数的概率估算表》(1917) 等，这些论文的完成，为"小样本理论"奠定了基础. 由于戈塞特开创的理论使统计学开始由大样本向小样本、由描述向推断发展，因此，有人把戈塞特推崇为推断统计学（尤其是小样本理论研究）的先驱者.

（2）费歇尔（R.A. Fisher），1890—1962 年，英国统计学家. 费歇尔非常强调统计学是一门通用方法论，提出了假设无限总体的统计思想. 他于 1915 年对相关系数的一般公式做了论证，1918 年提出了方差和方差分析的概念并在 1925 年对方差和协方差分析进行了完整的叙述，1924 年对 t 分布、χ^2 分布和 Z 分布加以综合研究，1926 年提出了试验设计的基本思想和方法，1938 年与耶特斯合编了《F 分布显著性水平表》. 费歇尔在统计学发展史上的地位是显赫的. 这位多产作家的研究成果特别适用于农业与生物学领域，但它的影响已经渗透到一切应用统计学中，由此所提炼出来的推断统计学已越来越被广大领域所接受.

二、常用统计学术语

1. **总体**（population）**和样本**（sample）

任何统计研究都必须首先确定观察单位，亦称个体或试验单元(experimental unit). 试验单元是统计研究中最基本的单位，是试验处理实施的对象或观察对象，可以是一个人、一个家庭、一个地区、一个样品、一个采样点等.

总体是根据研究目的确定的具有相同性质的试验单元的全体，或者说，是具有相同性质的所有试验单元某种观察值（变量值）的集合，包含所研究的全部个体（元素）. 例如，欲研究浙江省 2011 年在校大学生的血红蛋白含量，那么，试验单元是每一个浙江省 2011 年的在校大学生，分析的变量是血红蛋白含量，变量值（观察值）是血红蛋白含量测定值，则浙江省 2011 年在校大学生血红蛋白含量值构成一个总体. 它的同质基础是同地区、同年份、同为在校大学生.

总体又分为有限总体和无限总体. 有限总体是指在某特定的时间与空间范围内，同质研究对象的所有试验单元的某变量值的个数为有限个，如研究化工厂的废液排放对废液流经的 5 个湖泊的水质的影响，分析某大学某专业某班同学的身高. 无限总体是抽象的，无时间和空间的限制，试验单元数是无限的. 如研究碘盐对缺碘性甲状腺病的防治效果，该总体的同质基础是缺碘性甲状腺病患者，均用碘盐防治；该总体应包括已使用和设想使用碘盐防治的所有缺碘性甲状腺病患者的防治效果，没有时间和空间范围的限制，因而观察单位数无限，该总体为无限总体.

在实际工作中，所要研究的总体无论是有限的还是无限的，通常都是采用抽样研究. 样本是按照随机化原则，从总体中抽取的有代表性的部分试验单元的变量值的集合，是实际研究中被分析的个体集合. 如从上例的有限总体（浙江省 2011 年在校大学生）中，随机抽取 200 名的在校大学生测定其血红蛋白含量，他们的血红蛋白含量值即为样本. 从总体中抽取样本的过程为抽样，抽取的样本数量即样本容量（sample size）. 样本容量的大小将影响样本的分析误差. 通常样本单位数大于 30 的样本可称为大样本，小于 30 的样本则称为小样本. 在实际应用中，我们应该根据调查的目的认真考虑样本容量的大小.

2. **变量**（variable）**和常数**（constant）

变量是指相同性质的事物间表现差异性或差异特征的数据，常用小写的英文字母 x、y、z 等表示. 变量值（value of variable）是指变量的观察结果. 如研究某品种水稻的株高，株高是变量，而株高的测量结果即变量值. 根据变量性质是否为连续分为连续变量和离散变量，如表示株高的变量为连续变量，而表示性别的变量为离散变量. 常数是指代表事物特征和性质的数值，通常由变量计算而来.

3. **参数**（parameter）**和统计量**（statistic）

为了描述总体和样本的数量特征，需要计算出几个特征数. 描述总体特征的数值称为参数. 总体参数一般未知，通过样本进行估计. 常用希腊字母表示参数，例如表示总体平均数的 μ，表示总体方差的 σ^2. 从样本中计算所得的特征数称为统计量. 常用拉丁字母表示统计量，例如用 $\bar{x}$ 表示样本平均数，用 S 表示样本标准差. 如果 $X_1,X_2,\cdots,X_i,\cdots,X_n$ 是总体的样本，则统计量是样本的已知函数为 $g(X_1,X_2,\cdots,X_i,\cdots,X_n)$，它不包含总体分布的任何未知参数.

4. **准确性**（accuracy）**和精确性**（precision）

准确性是指在调查或试验中某一试验指标或性状的观测值与其真值接近的程度，也称为准确度. 设某一试验指标或性状的真值为 μ，观测值为 x，若 x 与 μ 相差的绝对值 $|x-\mu|$ 小，则观测值 x 的准确性高；反之则低. 精确性指调查或试验中同一试验指标或性状的重复观测值彼此接近的程度，也称为精确度，用来描述多次测定值的变异程度. 若观测值彼此接近，即任意两个观测值 x_i、x_j 相差的绝对值小，则观测值精确性高；反之则低. 由于真值常常不知道，所以准确性不易衡量，但利用统计方法可衡量精确性.

5. **无偏性**（unbiasedness）**和有效性**（efficiency）

评价参数估计量优劣时，通常用无偏性和有效性来衡量. 如果估计量 $\hat{\theta}$ 是参数 θ 的点估计，并有 $E(\hat{\theta})=\theta$，则 $\hat{\theta}$ 是 θ 的无偏估计（unbiased estimation）. 对于某个参数，可能存在若干个无偏估计量，这些无偏估计量并不都是等效的. 如果参数的两个无偏估计量和的方差分别为 $\sigma^2(\hat{\theta}_1)$ 和 $\sigma^2(\hat{\theta}_2)$，并且 $\sigma^2(\hat{\theta}_1)<\sigma^2(\hat{\theta}_2)$，那么无偏估计量 $\hat{\theta}_1$ 比无偏估计量 $\hat{\theta}_2$ 更有效.

6. **误差**（error）**和错误**（mistake）

在科学试验中，试验指标除受试验因素影响外，还受到许多其他非试验因素的干扰，从而产生误差. 误差是指试验中不可控制因素引起的观测值偏离真值的差异. 误差分为随机误差（random error）与系统误差（systematic error）. 随机误差是由许多无法控制的内在和外在的偶然因素所造成，虽然在试验过程中尽可能地控制一致但难以做到绝对一致，如试验对象的初始条件、管理措施等. 随机误差带有偶然性质，只能通过控制试验条件尽可能地减小，但无法完全消除. 随机误差影响试验的精确性. 系统误差是由于试验条件未获得良好控制，使得试验结果出现一致性的变化趋势. 例如，称量设备未做有效校准，使得称量结果一致性地偏低或偏高. 系统误差影响试验的准确性，可通过良好的试验设计进行控制. 错误是指试验过程中人为作用引起的差错，是完全应该和可以避免的.

三、概率

在自然界、生产实践和科学试验中，有些事件是可预言其结果的，即在保持条件不变的情况下，重复进行试验，其结果总是确定的——必然发生（或必然不发生），这类事件称为必然事件（certain event），或不可能事件（impossible event），分别用 Ω 或 ϕ 表示. 而有些事件是事前不可预言其结果的，即在保持条件不变的情况下，重复进行试验，其结果未必相同. 例如，掷一枚质地均匀的硬币，其结果可能是出现正面，也可能出现反面，这类事件称为随机事件（random event），通常用 A、B、C 等来表示. 随机事件发生的可能性大小即概率（probability）. 事件 A 的概率记为 $P(A)$.

在相同条件下进行 n 次重复试验，如果随机事件 A 发生的次数为 m，那么 m/n 称为随机事件 A 的频率（frequency）；当试验重复数 n 逐渐增大时，随机事件 A 的频率越来越稳定地接近某一数值 p，那么就把 p 称为随机事件 A 的概率.

根据概率的定义，概率有如下基本性质：

（1）对于任何事件 A，有 $0\leqslant P(A)\leqslant 1$；

（2）必然事件的概率为 1，即 $P(\Omega)=1$；

（3）不可能事件的概率为 0，即 $P(\phi)=0$.

若随机事件的概率很小，例如小于 0.05、0.01、0.001，称之为小概率事件. 小概率事件虽然不是不可能事件，但在一次试验中出现的可能性很小，不出现的可能性很大，以至于实际上可以看成是不可能发生的. 在统计学上，把小概率事件在一次试验中看成是实际不可能发生的事件称为小概率事件实际不可能性原理，亦称为小概率原理. 小概率事件实际不可能性原理是统计学上进行假设检验（显著性检验）的基本依据.

四、概率分布

如果表示试验结果的变量 x，其可能取值为可列个，且以各种确定的概率取这些不同的值，则称 x 为离散型随机变量（discrete random variable），如出生小孩的性别，豌豆的花色. 如果表示试验结果的变量 x，其可能取值为某范围内的任何数值，且 x 在其取值范围内的任一区间中取值时，其概率是确定的，则称 x 为连续型随机变量（continuous random variable），如身高、产量. 事件的概率表示了一次试验某一个结果发生的可能性大小. 若要全面了解试验，则必须知道试验的全部可能结果及各种可能结果发生的概率，即必须知道随机试验的概率分布（probability distribution）. 根据随机变量性质的不同，分为离散型概率分布和连续型概率分布.

（一）离散型概率分布

设 x 是一个离散型随机变量，它的所有可能取值为 x_i（i=1，2，…）. 若 x 取这些值的概率为

$$P(x=x_i)=p\ (i=1,\ 2,\ \cdots), \tag{1-1}$$

则称式（1-1）为离散型随机变量 x 的概率分布（或概率函数），简称分布.

下表为概率分布的表格形式，为离散型随机变量的概率分布列：

x	x_1	x_2	…	x_n	…
$P(x=x_i)$	p_1	p_2	…	p_n	…

由概率定义可知，p_i 满足如下性质：

（1）$p_i \geqslant 0$（i=1，2，…）；

（2）$\sum\limits_i p_i = 1$.

当给定了 x_i 及 p_i（i=1，2，…），我们就能很好地描述随机变量 x 了，因为我们已经知道了它所取的值，以及它取这些值的概率.

下面介绍几种常见的离散型随机变量的概率分布.

1. 两点分布或（0，1）分布

若随机变量 x 的概率分布为

$$P(x=1)=p，P(x=0)=1-p=q，其中\ 0<p<1,$$

则称随机变量 x 服从两点分布［或（0，1）分布］，记为

$$x \sim (0,\ 1).$$

［例 1-1］ 掷一枚硬币的试验，观察其正反面的结果，令

$$x=\begin{cases}1，& 结果为正面，\\ 0，& 结果为反面，\end{cases}$$

则有 $P(x=1)=1/2$，$P(x=0)=1/2$，故随机变量 x 服从两点分布.

2. **二项分布**

若随机变量 x 的概率分布为

$$P(x=k)=C_n^k p^k(1-p)^{n-k}\text{，}(k=0,1,2,\cdots,n)\text{，}$$

其中 $0<p<1$，则称随机变量 x 服从以 n，p 为参数的二项分布，记为

$$x\sim B(n,p).$$

显然，概率 $C_n^k p^k(1-p)^{n-k}$ 就是 n 重伯努利试验中事件 A 发生 k 次的概率，且两点分布就是二项分布在 $n=1$ 时的特殊情况.

[例 1–2] 设一批产品共 1000 个，其中有 10 个次品，采用有放回抽样方式随机抽取 100 个样品，求样品中次品数 x 的概率分布.

解 从产品中任取一件为次品的概率 $p=0.01$，采用有放回抽样方式，每一次是否取到次品是相互独立的，因此样品中次品数 x 的可能取值为：0，1，2，…，100 且

$$P(x=k)=C_{100}^k 0.01^k(1-0.01)^{100-k}\text{，}k=0,1,2,\cdots,100.$$

3. **泊松分布**（Poisson **分布**）

若随机变量 x 的概率分布为

$$P(x=k)=\frac{\lambda^k}{k!}e^{-\lambda}\text{，}(k=0,1,2,\cdots)\text{，}$$

其中 $\lambda>0$ 为常数，则称 x 服从参数为 λ 的泊松分布，记为

$$x\sim P(\lambda).$$

在客观世界中，服从泊松分布的随机变量是常见的，如一页书中印刷错误出现的个数；一块试验地中发生病虫害的只数；公共汽车站到来的乘客数等都服从或近似服从泊松分布. 泊松分布的另一个重要意义是能作为二项分布的近似. 在数学上可以证明，当 n 充分大而 p 很小时（一般 $n>10$，$p<0.1$），二项分布 $B(n,p)$ 的概率函数近似等于泊松分布 $P(\lambda)$ 的概率函数即（$\lambda=n\times p$）

$$\lim_{x\to+\infty} C_n^k p^k(1-p)^{n-k}=\frac{\lambda^k}{k!}e^{-\lambda}.$$

（二）连续型概率分布

设离散型随机变量 X 在 $[a,b]$ 内取 n 个值，设为 $(x_1,x_2,x_3,\cdots,x_n)$，其中 $x_1=a$，$x_n=b$，则 X 的概率直方图如图 1–1 所示.

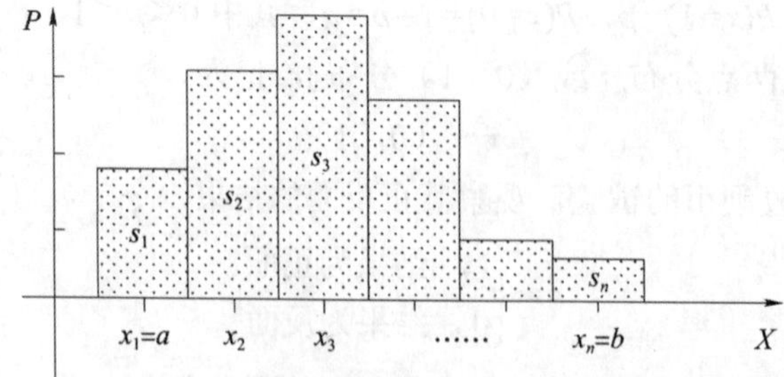

图 1–1 离散型随机变量 X 在 $[a,b]$ 内的概率直方图

则

$$P(a \leqslant X \leqslant b)=\sum_{i=1}^{n} s_i = \text{折线下面积之和}.$$

若 X 为连续型随机变量，由于 X 在［a，b］内连续取无穷多个值，折线将变为一条光滑曲线 $f(x)$，如图 1–2 所示.

则 $P(a \leqslant X \leqslant b)=\int_a^b f(x)\mathrm{d}x$，且 $P(-\infty \leqslant X \leqslant +\infty)=\int_{-\infty}^{+\infty} f(x)\mathrm{d}x=1$. $f(x)$ 称为 X 的概率分布密度函数，简称密度函数. 可见，连续型随机变量的概率由概率分布密度函数确定.

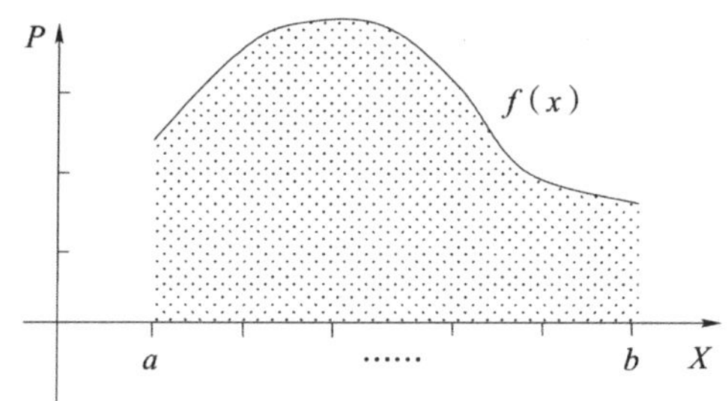

图 1–2　连续型随机变量 *X* 在［*a*，*b*］内的概率曲线

连续型随机变量概率分布具有以下 3 种性质.

（1）密度函数总是大于或等于 0，即 $f(x) \geqslant 0$.

（2）当随机变量 x 取某一特定值时，其概率等于 0，即

$$P(x=c)=\int_c^c f(x)\mathrm{d}x=0 \quad (c\text{ 为任意实数}).$$

因而，对于连续型随机变量，仅研究其在某一个区间内取值的概率，而不去讨论取某一个值的概率.

（3）在一次试验中随机变量 x 的取值必在 $-\infty < x < +\infty$ 范围内，为一必然事件. 所以

$$P(-\infty < x < +\infty)=\int_{-\infty}^{+\infty} f(x)\mathrm{d}x=1, \tag{1-2}$$

式（1–2）表示分布密度曲线之下、横轴之上的全部面积为 1.

下面介绍几种常用的连续型随机变量概率分布.

1. 均匀分布

若随机变量 x 的密度函数为

$$f(x)=\begin{cases} \dfrac{1}{b-a}, & a \leqslant x \leqslant b, \\ 0, & \text{其他}. \end{cases}$$

则称 x 服从 $[a, b]$ 上的均匀分布，记为 $x \sim U[a, b]$. 均匀分布的密度函数如图 1–3 所示.

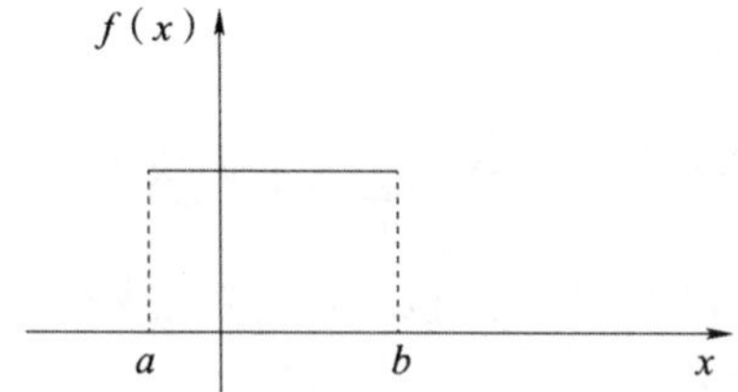

图 1–3　随机变量 x 在 $[a, b]$ 内的密度函数

由图 1–3 可知 x 的概率分布函数为

$$F(x)=\begin{cases}0, & x<a, \\ \dfrac{x-a}{b-a}, & a \leqslant x<b, \\ 1, & x \geqslant b .\end{cases}$$

2. **正态分布**

正态分布是最重要、最常用的一种分布，它在客观世界中有着广泛的应用，通常随机变量的取值范围有较集中的现象，如学生成绩的分布、人的身高和体重的分布等都服从正态分布.

如果随机变量 x 的密度函数为

$$f(x)=\frac{1}{\sqrt{2\pi}\sigma}\mathrm{e}^{-\frac{(x-\mu)^2}{2\sigma^2}}, \quad (-\infty<x<+\infty).$$

其中 μ，σ 均为常数，且 $\sigma>0$，则称 x 服从以 μ，σ 为参数的正态分布，记为 $x \sim N(\mu, \sigma^2)$.

利用微积分知识，我们可以证明：$\int_{-\infty}^{+\infty}\frac{1}{\sqrt{2\pi}\sigma}\mathrm{e}^{-\frac{(x-\mu)^2}{2\sigma^2}}\mathrm{d}x=1$，并且得到如下结果：

（1）正态分布的密度函数的图形是关于直线 $x=\mu$ 对称的；

（2）在 $x=\mu$ 处达到最大值 $\frac{1}{\sqrt{2\pi}\sigma}$；

（3）当 $x \to \pm\infty$ 时，曲线以 x 轴为渐近线；

（4）在正态分布的密度函数中有两个常数 μ 和 σ，若固定 σ 的值而 μ 变化时，则密度曲线的形状不变，它沿着 x 轴方向平行移动. 若固定 μ 的值而 σ 变化时，则密度曲线的位置不变，而其形状将改变，当 σ 大时曲线平缓，当 σ 小时曲线陡峭，分布集中在 $x=\mu$ 附近.

正态分布如图 1–4 和图 1–5 所示.

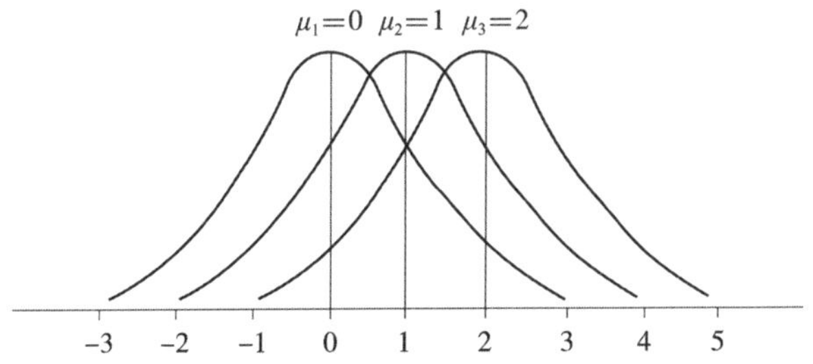

图 1-4 σ相同而μ不同的 3 个正态分布

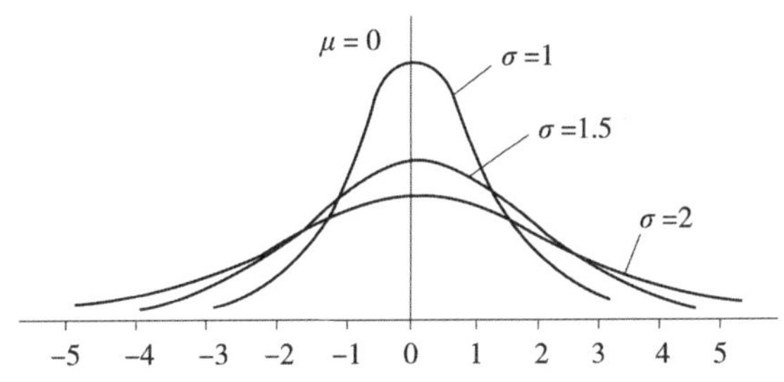

图 1-5 μ相同而σ不同的 3 个正态分布

特别地，当 μ=0，σ=1 时，称其为标准正态分布，其密度函数为

$$\varphi(x)=\frac{1}{\sqrt{2\pi}}e^{-\frac{x^2}{2}}，(-\infty<x<+\infty)，$$

记为 $x \sim N$（0，1），标准正态分布的分布函数为

$$\phi(x)=\int_{-\infty}^{x}\varphi(x)dx=\frac{1}{\sqrt{2\pi}}\int_{-\infty}^{x}e^{-\frac{x^2}{2}}dx.$$

由密度函数 $\varphi(x)$ 的对称性及分布函数 $\phi(x)$ 的定义，对任意实数 $a>0$ 有：

（1）$F(0)=0.5$；

（2）$\phi(-a)=1-\phi(a)$；

（3）$P(|x|>a)=\phi(-a)=2[1-\phi(a)]$；

（4）$P(|x|<a)=2\phi(a)-1$.

生物统计中，不仅关心随机变量 x 落在平均数加减不同倍数标准差区间（$\mu-k\sigma$，$\mu+k\sigma$）之内的概率，还很关心 x 落在此区间之外的概率. 我们把随机变量 x 落在平均数 μ 加减不同倍数标准差 σ 区间之外的概率称为双侧概率（两尾概率），记作 α. 对应双侧概率，可以求得随机变量 x 小于 $\mu-k\sigma$ 或大于 $\mu+k\sigma$ 的概率，称为单侧概率（一尾概率），记作 $\alpha/2$. 例如，x 落在（$\mu-1.96\sigma$，$\mu+1.96\sigma$）之外的双侧概率为 0.05，而单侧概率为 0.025，即

$$P(x<\mu-1.96\sigma)=P(x>\mu+1.96\sigma)=0.025.$$

又例如，x 落在（$\mu-2.58\sigma$，$\mu+2.58\sigma$）之外的双侧概率为 0.01，而单侧概率为

$$P(x<\mu-2.58\sigma)=P(x>\mu+2.58\sigma)=0.005.$$

双侧概率或单侧概率如图 1-6 所示.

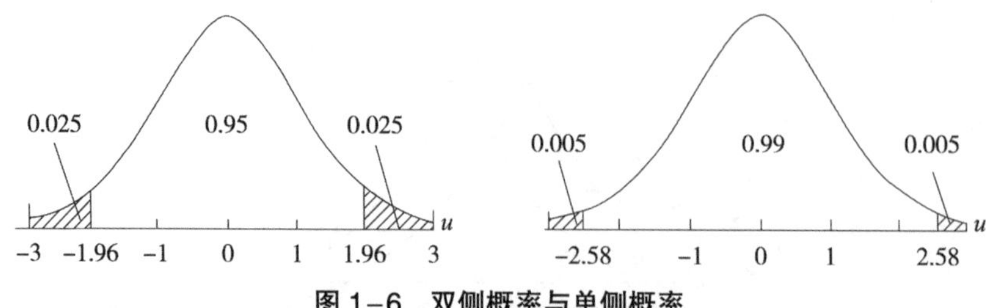

图 1-6　双侧概率与单侧概率

若随机变量 $x \sim N(\mu, \sigma^2)$，其分布函数为 $F(x)$，则可以经过变换 $x' = (x-\mu)/\sigma$，化为标准正态分布，即 $x' \sim N(0, 1)$.

（三）抽样分布

研究总体与样本之间的关系可从两方面着手，一是从总体到样本，即研究抽样分布（sampling distribution）问题；二是从样本到总体，即统计推断（statistical inference）问题. 统计推断是以总体分布和样本抽样分布的理论关系为基础. 为正确地利用样本去推断总体，并能正确地理解统计推断的结论，须对样本的抽样分布有所了解. 从总体中进行若干次随机抽样，每次抽样组成的样本，即使具有相等的样本容量，其统计量（如 $\bar{x}$，S）也将随样本的不同而有所不同，因而样本统计量也是随机变量，有其概率分布. 我们把统计量的概率分布称为抽样分布. 这就涉及统计中常用的分布，在概率分布中，我们已介绍了一些常用分布，在这里我们就不加证明地介绍几个与正态分布有关的分布，这些分布在生物统计中有着重要的应用.

1. χ^2 **分布**

从平均数为 μ，方差为 σ^2 的正态总体中，随机抽取 n 个独立样本，即具有了 n 个独立的随机变量：x_1，x_2，…，x_n，并求出其标准正态离差

$$u_1 = \frac{x_1 - \mu}{\sigma}，\ u_2 = \frac{x_2 - \mu}{\sigma}，\ \cdots，\ u_n = \frac{x_n - \mu}{\sigma}.$$

记这 n 个相互独立的标准正态离差的平方和为

$$\chi^2 = u_1^2 + u_2^2 + \cdots + u_n^2 = \sum u_i^2 = \sum\left(\frac{x_i - \mu}{\sigma}\right)^2 = \frac{\sum_{i=1}^{n}(x_i - \mu)^2}{\sigma^2},$$

服从自由度为 n 的 χ^2 分布，记为

$$\frac{\sum_{i=1}^{n}(x_i - \mu)^2}{\sigma^2} \sim \chi^2(n).$$

若用样本平均数 $\bar{x}$ 代替总体平均数 μ，则随机变量为

$$\chi^2 = \frac{\sum_{i=1}^{n}(x_i - \bar{x})^2}{\sigma^2} = \frac{(n-1)S^2}{\sigma^2},$$

服从自由度为 $n-1$ 的 χ^2 分布，记为

$$\frac{(n-1)S^2}{\sigma^2} \sim \chi^2(n-1).$$

自由度（degree of freedom，*df*）是指随机变量中所含独立随机变量的个数. 如果这些独立随机变量受到 k 个约束条件的限制，那么自由度就变为 $n-k$.

从上式可以看出，$\chi^2 \geqslant 0$，即 χ^2 的取值范围是 $[0, +\infty)$.

χ^2 分布的概率密度函数为

$$f(\chi^2)=\begin{cases}\dfrac{1}{2^{\frac{df}{2}}\Gamma\left(\dfrac{df}{2}\right)}(\chi^2)^{\frac{df}{2}-1}e^{-\frac{\chi^2}{2}}, & \chi^2>0, \\ 0, & \chi^2 \leqslant 0.\end{cases}$$

χ^2 分布密度曲线是随自由度不同而改变的一组偏态曲线. 随自由度的增大，曲线由偏斜渐趋于对称；$df \geqslant 30$ 时，$\sqrt{2\chi^2}$ 接近平均数为 $\sqrt{2df-1}$ 的正态分布. 图 1–7 给出了几个不同自由度的 χ^2 概率分布密度曲线.

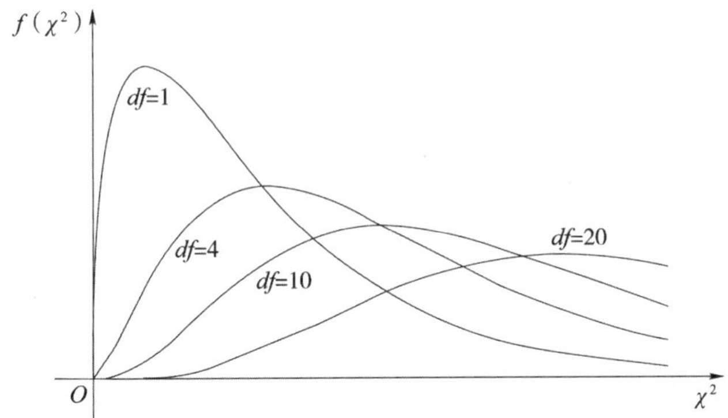

图 1–7 不同自由度的 χ^2 概率分布密度曲线

对给定的 $\alpha(0<\alpha<1)$ 和 n，称满足等式：

$$P\left[\chi^2 \geqslant \chi_\alpha^2(n)\right]=\int_{\chi_\alpha^2}^{+\infty} f(x^2)\mathrm{d}x=\alpha$$

的 $\chi_\alpha^2(n)$ 为 χ^2 分布的临界值. 对于不同的 α 和 n，临界值 $\chi_\alpha^2(n)$ 的值可由 χ^2 分布临界值表查得.

2. *t* 分布

有随机变量 $x \sim N(\mu, \sigma^2)$，x_1，x_2，…，x_n 是由 x 总体得来的随机样本，则统计量 $\bar{x}=\sum x/n$ 的概率分布也是正态分布，且有 $\mu_{\bar{x}}=\mu$，$\sigma_{\bar{x}}=\sigma/\sqrt{n}$，即 $\bar{x}$ 服从正态分布 $N(\mu, \sigma^2/n)$.

若随机变量 x 服从平均数是 μ，方差是 σ^2 的分布；x_1，x_2，…，x_n 是由此总体得来的随机样本，当 n 足够大时，统计量 $\bar{x}=\sum x/n$ 的概率分布逼近正态分布 $N(\mu, \sigma^2/n)$，

这就是中心极限定理.

对 $\bar{x}$ 进行标准化：

$$u=(\bar{x}-\mu)/\sigma_{\bar{x}}，则 u \sim N（0，1）.$$

当总体标准差 σ 未知，以样本标准差 S 代替 σ 所得到的统计量 $(\bar{x}-\mu)/S_{\bar{x}}$ 记为 t. t 变量不再服从标准正态分布，而是服从 t 分布（t-distribution）. 它的概率密度函数为

$$f(t)=\frac{1}{\sqrt{\pi df}}\frac{\Gamma[(df+1)/2]}{\Gamma(df/2)}\left(1+\frac{t^2}{df}\right)^{-\frac{df+1}{2}}.$$

式中，t 的取值范围是（$-\infty$，$+\infty$），自由度 df 为 $n-1$.

t 分布的平均数和标准差为：$\mu_t=0$（$df>1$），$\sigma_t=\sqrt{df/(df-2)}$（$df>2$）.

t 分布受自由度的制约，每一个自由度都有一条 t 分布密度曲线，如图 1–8 所示.

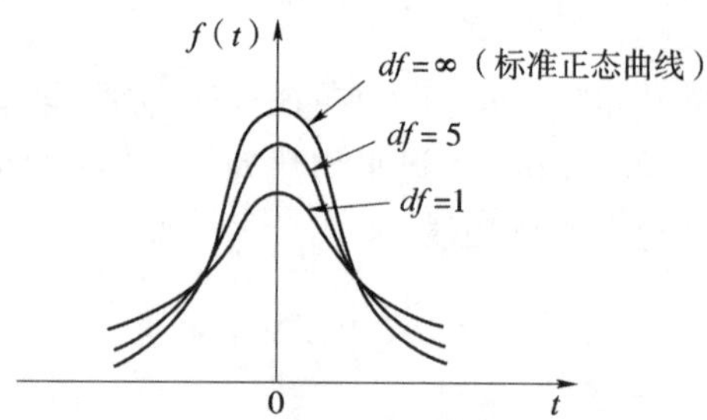

图 1–8 不同自由度的 t 分布密度曲线

t 分布密度曲线以纵轴为对称轴，左右对称，且在 $t=0$ 时，分布密度函数取得最大值. df 越大，t 分布越趋近于标准正态分布. 当 $df>30$ 时，t 分布与标准正态分布的区别很小；$df>100$ 时，t 分布基本与标准正态分布相同；$df\to\infty$ 时，t 分布与标准正态分布完全一致.

t 分布的概率分布函数为

$$F_{t(df)}=P(t<t_1)=\int_{-\infty}^{t_1}f(t)\mathrm{d}t.$$

对给定的 $\alpha(0<\alpha<1)$ 和 n，称满足等式

$$P[t\geqslant t_\alpha(n)]=\int_{t_\alpha(n)}^{+\infty}f(x)\mathrm{d}x=\alpha$$

的 $t_\alpha(n)$ 为 t 分布的临界值. 对于不同的 α 和 n，临界值 $t_\alpha(n)$ 的值可由 t 分布临界值表查得.

3. F 分布

设从一正态总体 N（μ，σ^2）中随机抽取样本容量为 n_1、n_2 的两个独立样本，其样本方差为 S_1^2、S_2^2，则其比值

$$F=S_1^2/S_2^2,$$

称为 F 值，具有两个自由度：$df_1=n_1-1, df_2=n_2-1$.

若在给定的 n_1、n_2 条件下，继续从该总体进行一系列抽样，则可获得一系列的 F 值. 这些 F 值所具有的概率分布称为 F 分布（F-distribution）. F 分布密度曲线是随自

由度 df_1、df_2 的变化而变化的一簇偏态曲线，其形态随着 df_1、df_2 的增大逐渐趋于对称，如图 1–9 所示.

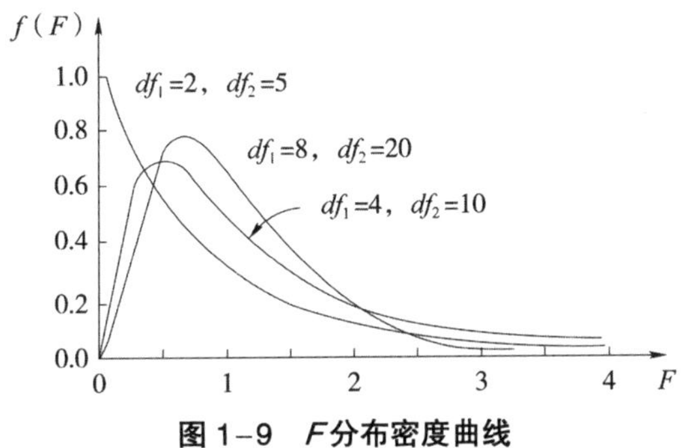

图 1–9　F 分布密度曲线

F 分布的取值范围是（0，+∞），其平均值 $\mu_F=1$.

用 $f(F)$ 表示 F 分布的概率密度函数：

$$f(F)=\begin{cases}\dfrac{\Gamma\left(\dfrac{df_1+df_2}{2}\right)}{\Gamma\left(\dfrac{df_1}{2}\right)\Gamma\left(\dfrac{df_2}{2}\right)}\left(\dfrac{df_1}{df_2}\right)\left(\dfrac{df_1}{df_2}F\right)^{\frac{df_1}{2}-1}\left(1+\dfrac{df_1}{df_2}F\right)^{-\frac{df_1+df_2}{2}}, F>0,\\ 0, F\leqslant 0.\end{cases}$$

则其分布函数 $F(F_\alpha)$ 为

$$F(F_\alpha)=P(F<F_\alpha)=\int_0^{F_\alpha}f(F)\mathrm{d}F.$$

因而 F 分布右尾从 F_α 到+∞的概率为

$$P(F\geqslant F_\alpha)=1-F(F_\alpha)=\int_{F_\alpha}^{+\infty}f(F)\mathrm{d}F.$$

对给定的 $\alpha(0<\alpha<1)$ 及 n_1，n_2，称满足等式

$$P[F\geqslant F_\alpha(n_1,n_2)]=\int_{F_\alpha(n_1,n_2)}^{+\infty}f(F)\mathrm{d}F=\alpha$$

的 $F_\alpha(n_1, n_2)$ 为 F 分布的临界值. 对于不同的 α 及 n_1、n_2，临界值 $F_\alpha(n_1, n_2)$的值可由 F 分布临界值表查得.

五、试验资料的特征数计算

变量的分布具有两个基本特征：集中性（centrality）和离散性（discreteness）. 集中性表示变量在趋势上向着某一中心聚集，或以某一数值为中心而分布的性质，常用平均数表示. 离散性表示变量有着离中心分散变异的性质，常用变异数表示.

（一）平均数

平均数是统计学中最常用的统计量，用来表明资料中各观测值相对集中较多的中心

位置. 平均数主要包括算术平均数（arithmetic mean）、中位数（median）、几何平均数（geometric mean）、众数（mode）等.

1. **算术平均数**

算术平均数是指资料中各观测值的总和除以观测值个数所得的商，简称均数，记为 $\bar{x}$. 算术平均数具有直观、简明的特点，是最常用的一种平均数，缺点是对孤立点（比如说某个数比其他的数大很多）很敏感. 设某一资料包含 n 个观测值：x_1，x_2，…，x_n，则样本算术平均数 $\bar{x}$ 可通过式（1–3）计算：

$$\bar{x}=\frac{x_1+x_2+\cdots+x_n}{n}=\frac{\sum_{i=1}^{n}x_i}{n}. \tag{1–3}$$

2. **算术平均数的基本性质**

（1）样本各观测值与算术平均数之差的和为零，即离均差之和等于零：

$$\sum_{i=1}^{n}(x_i-\bar{x})=0$$

或简写为：

$$\sum(x-\bar{x})=0\,.$$

（2）样本各观测值与算术平均数之差的平方和为最小，即离均差平方和为最小：

$$\sum_{i=1}^{n}(x_i-\bar{x})^2<\sum_{i=1}^{n}(x_i-a)^2\quad（常数\ a\neq\bar{x}\ ），$$

或简写为：

$$\sum(x-\bar{x})^2<\sum(x-\alpha)^2\,.$$

以上两个性质可用代数方法予以证明，这里从略.

对于总体而言，通常用 μ 表示总体算术平均数，则有限总体的算术平均数为

$$\mu=\frac{\sum_{i=1}^{n}x_i}{N},$$

式中，N 表示总体所包含的个体数.

当一个统计量的数学期望等于所估计的总体参数时，则称此统计量为该总体参数的无偏估计量. 统计学中常用样本算术平均数（ $\bar{x}$ ）作为总体算术平均数（μ）的估计量，并已证明样本算术平均数 $\bar{x}$ 是总体算术平均数 μ 的无偏估计量.

3. **中位数**

设某一资料包含 n 个观测值：x_1，x_2，…，x_n，将这些观测值按从小到大的顺序排列为：$x_{(1)},x_{(2)},\cdots,x_{(n)}$，则排序后的这组观测值中位于中间位置的那个观测值，称为中位数，记为 $M_{\rm d}$. 当 n 为奇数时，$M_{\rm d}=x_{(n+1)/2}$；当 n 为偶数时，$M_{\rm d}=\dfrac{x_{n/2}+x_{(n/2+1)}}{2}$. 中位数简称中数. 当所获得的数据资料呈偏态分布时，中位数的代表性优于算术平均数. 中位数的计算方法因资料是否分组而有所不同.

［例 1–3］ 测得某河流 9 个样品的重金属铅含量分别为 156、171、165、158、162、

163、167、166、159（单位：μg/kg），求其中位数.

解 首先将该组数据按从小到大的顺序排列，得到：156、158、159、162、163、165、166、167、171.

此例 n=9，为奇数，则

$$M_{\mathrm{d}}=x_{(n+1)/2}=x_{(9+1)/2}=x_5=163\ \mu\mathrm{g/kg},$$

即某河流重金属铅含量的中位数为 163 μg/kg.

［例 1–4］ 有 20 名病人的动脉收缩压（Y）的观测值见表 1–1（单位：kPa），求其中位数.

表 1–1 20 名病人的动脉收缩压观测值

序号	1	2	3	4	5	6	7	8	9	10
Y	15.85	19.16	12.63	14.93	9.80	22.48	14.25	14.02	14.65	17.94
序号	11	12	13	14	15	16	17	18	19	20
Y	8.86	19.59	15.55	10.61	17.04	21.28	16.59	10.86	14.71	13.51

解 首先将该组数据按从小到大的顺序排列，得到表 1–2.

表 1–2 20 名病人的动脉收缩压观测值（按从小到大排序）

序号	(1)	(2)	(3)	(4)	(5)	(6)	(7)	(8)	(9)	(10)
Y	8.86	9.80	10.61	10.86	12.63	13.51	14.02	14.25	14.65	14.71
序号	(11)	(12)	(13)	(14)	(15)	(16)	(17)	(18)	(19)	(20)
Y	14.93	15.55	15.85	16.59	17.04	17.94	19.16	19.59	21.28	22.48

此例 n=20，为偶数，则

$$M_{\mathrm{d}}=\frac{x_{n/2}+x_{(n/2+1)}}{2}=\frac{x_{10}+x_{11}}{2}=\frac{14.71+14.93}{2}=14.82(\mathrm{kPa}),$$

即 20 名病人的动脉收缩压（Y）的中位数为 14.82 kPa.

4. 几何平均数

n 个观测值相乘之积再开 n 次方所得的方根，称为几何平均数，记为 G. 几何平均数往往用于本质上有相乘关系或指数关系的数据. 比如说人口增长率、抗体的滴度、药物的效价等. 几何平均数受极端值的影响较算术平均数小. 如果变量值有负值，计算出的几何平均数就会成为负数或虚数. 它仅适用于具有等比或近似等比关系的数据. 几何平均数的对数是各变量值对数的算术平均数. 变量数列中任何一个变量值不能为 0，一个为 0，则几何平均数为 0. 其计算公式如下：

$$G=\sqrt[n]{x_1\cdot x_2\cdot x_3\cdots x_n}=(x_1\cdot x_2\cdot x_3\cdots x_n)^{\frac{1}{n}}. \tag{1–4}$$

为了计算方便，可将各观测值取对数后相加除以 n，得 $\lg G$，再求 $\lg G$ 的反对数，即

$$G=\lg^{-1}\left[\frac{1}{n}(\lg x_1+\lg x_2+\cdots+\lg x_n)\right]. \tag{1-5}$$

5. **众数**

资料中出现次数最多的那个观测值或次数最多的那一组的组中值，称为众数，记为 M_0.

（二）变异数

变异数表示样本资料变异程度的大小，常用的有极差（range）、方差（variance）、标准差（standard deviation）和变异系数（coefficient of variability）.

1. **极差**

极差，又称全距，样本变量中最大值和最小值之差，用 R 表示.

$$R=\max\{x_1,x_2,\cdots,x_n\}-\min\{x_1,x_2,\cdots,x_n\}.$$

极差是表示资料中各观测值变异程度大小最简便的统计量. 极差大，则资料中各观测值变异程度大；极差小，则资料中各观测值变异程度小. 但极差只利用了资料中的最大值和最小值，并不能准确表达资料中各观测值的变异程度. 当资料很多而又要迅速对资料的变异程度作出判断时，可以利用极差.

2. **方差**

方差是用来度量随机变量和其数学期望（均值）之间的偏离程度的一个统计量. 为了准确地表示样本内各个观测值的变异程度，可以平均数为标准，求出各个观测值与平均数的离差，即 $x_i-\bar{x}$，称为离均差，但离均差有正、有负，离均差之和为零，即 $\sum_i(x_i-\bar{x})=0$，因而不能用 $\sum_i(x_i-\bar{x})$ 来表示资料中所有观测值的总偏离程度. 为了解决上述问题，采用离均差平方和的办法，即 $\sum_i(x_i-\bar{x})^2$，简称平方和，记为 SS；由于离均差平方和常随样本大小而改变，为了消除样本大小的影响，用平方和除以样本大小；为了使所得的统计量是相应总体参数的无偏估计量，统计学证明，在求离均差平方和的平均数时，分母不用样本含量 n，而用自由度 $n-1$，于是，我们采用统计量 $\sum_i(x_i-\bar{x})^2/(n-1)$ 表示资料的变异程度，该统计量称为均方（mean square 缩写为 MS），又称样本方差，记为 S^2，即

$$S^2=\sum(x_i-\bar{x})^2/(n-1).$$

相应的总体参数称为总体方差，记为 σ^2. 对于有限总体而言，σ^2 的计算公式为

$$\sigma^2=\sum(x-\mu)^2/N.$$

3. **标准差**

由于样本方差带有原观测变量的平方单位，在实际应用中带来较多不便. 因此，对样本方差开平方根，统计学上把样本方差 S^2 的平方根称为样本标准差，记为 S，即

$$S=\sqrt{\frac{\sum(x-\bar{x})^2}{n-1}}.$$

相应的总体参数称为总体标准差，记为σ. 对于有限总体而言，σ的计算公式为

$$\sigma=\sqrt{\sum(x-\mu)^2/N}\ .$$

在统计学中，常用样本标准差S估计总体标准差σ.

标准差的大小，受资料中每个观测值的影响，如观测值间变异大，求得的标准差也大，反之则小. 在计算标准差时，各观测值加上或减去一个常数，其数值不变. 当各观测值乘以或除以一个常数a,则所得的标准差是原来标准差的a倍或$1/a$倍. 在资料服从正态分布的条件下，资料中约有68.26%的观测值在平均数左右1倍标准差（$\bar{x}\pm S$）范围内；约有95.43%的观测值在平均数左右2倍标准差（$\bar{x}\pm 2S$）范围内；约有99.73%的观测值在平均数左右3倍标准差（$\bar{x}\pm 3S$）范围内.

4. 变异系数

变异系数是衡量资料中各观测值变异程度的另一个统计量. 当进行两个或多个资料变异程度的比较时，如果计量单位和（或）平均数不同时，比较其变异程度就不宜采用前面的几个统计量，而需采用标准差与平均数的比值来比较. 标准差与平均数的比值称为变异系数，记为CV. 变异系数可以消除计量单位和（或）平均数不同时对两个或多个资料变异程度比较的影响.

变异系数的计算公式为

$$CV=\frac{S}{\bar{x}}\times 100\%\ .$$

注意，变异系数的大小同时受平均数和标准差两个统计量的影响，因而在利用变异系数表示资料的变异程度时，最好将平均数和标准差也列出.

练习题

1.1 生物统计学的两个基本内容是什么？

1.2 请举例解释误差和错误.

1.3 生物统计中常用的平均数有几种？各在什么情况下应用？

1.4 t分布与标准正态分布有何区别与联系？

1.5 为什么变异系数要与平均数、标准差配合使用？

1.6 某实验农场测得某品种小麦的10株株高分别为89.5、85.4、88.2、87.9、88.6、89.1、88.1、88.4、88.5、89.0（单位：cm)，求其株高的平均数、方差、标准差.

1.7 11只60日龄的雄鼠在X射线照射前后之体重数据见下表（单位：g)，试比较照射前后体重的变异程度.

编　号	1	2	3	4	5	6	7	8	9	10	11
照射前（$Y1$）	25.7	24.4	21.1	25.2	26.4	23.8	21.5	22.9	23.1	25.1	29.5
照射后（$Y2$）	22.5	23.2	20.6	23.4	25.4	20.4	20.6	21.9	22.6	23.5	24.3

第二章 统计推断

本章将讨论从样本到总体的方向，就是根据第一章中的理论分布由一个样本或一系列样本所得的结果来推断总体的特征，即统计推断问题. 统计推断（statistical inference）主要包括假设检验和参数估计两个方面. 假设检验是在总体理论分布和小概率原理基础上，通过提出假设、确定显著水平、计算统计数、作出推断等步骤来完成的在一定概率意义上的推断. 假设检验会出现两类错误. 根据检验对象不同，假设检验又分为参数检验和非参数检验. 常见的参数检验有一个样本和两个样本的平均数、频率、方差的检验等. 根据条件不同应用不同的检验方法，如 u 检验、t 检验、χ^2 检验、F 检验等. 总体参数估计又分为区间估计和点估计，与假设检验比较，二者只是表示结果的形式不同，其本质是一样的.

统计推断的任务是分析误差产生的原因，确定差异的性质，排除误差干扰，从而对总体的特征作出正确的判断.

第一节 假设检验的原理与方法

一、假设检验的概念

在生物学试验和研究中，当检验一种试验方法的效果、一个品种的优劣、一种药品的疗效等试验时，所得试验数据往往存在着一定差异，这种差异是由随机误差引起的，还是由试验处理的效应所造成的呢？例如，在同一饲养条件下喂养甲、乙两品系的肉鸡各 20 只，在二月龄时测得甲品系的平均体重 $\bar{x}_1=1.5$ kg，乙品系的平均体重 $\bar{x}_2=1.4$ kg，甲、乙品系的平均体重相差 0.1 kg. 这个 0.1 kg 的差值，究竟是由于甲、乙两品系来自两个不同的总体，还是由于抽样时随机误差所致？这个问题必须进行一番分析才能得出结论. 由于试验结果往往是处理效应和随机误差混淆在一起的，从表面上不容易分开，因此必须通过概率计算，采用假设检验的方法，才能作出正确的推断.

假设检验（hypothesis test），又称显著性检验（significance test），就是根据总体的理论分布和小概率原理，对未知或不完全知道的总体提出两种彼此对立的假设，然后对样本的实际结果，经过一定的计算，作出在一定概率意义上应该接受的那种假设的推断. 如果抽样结果是小概率发生的，则拒绝假设；如果抽样结果不是小概率发生的，则接受假设. 生物统计学中，一般认为小于或等于 0.05 或 0.01 的概率为小概率. 通过假设检验，可以正确区分处理效应和随机误差，得出可靠的结论.

二、假设检验的步骤

在进行假设检验时，一般应包括以下 4 个步骤.

（一）提出假设

假设检验首先要对总体提出假设，一般应做两个假设，一个是无效假设（ineffective hypothesis）或零假设（null hypothesis），记作 H_0；另一个是备择假设（alternative hypothesis），记作 H_A. 无效假设是直接检验的假设，是对总体提出的一个假想目标. 所谓“无效”意指处理效应与总体参数之间没有真实的差异，试验结果中的差异为误差所致. 备择假设是和无效假设相反的一种假设，即认为试验结果中的差异是由于总体参数不同所引起的. 因此，无效假设与备择假设是对立事件. 在检验中，如果接受 H_0 就否定 H_A，否定 H_0 则接受 H_A. 无效假设的形式是多种多样的，随研究内容不同而不同，但必须遵循两个原则：一是无效假设是有意义的；二是据之可算出因抽样误差而获得样本结果的概率.

1. 对一个样本平均数的假设

假设一个样本平均数 $\bar{x}$ 来自具有平均数 μ 的总体，则提出：

无效假设 H_0：$\mu=\mu_0$；

备择假设 H_A：$\mu\neq\mu_0$.

例如，甲状旁腺减退家兔的血钙值服从平均数 μ_0=2.83 mmol/L，σ^2=0.51（mmol/L）^{2} 的正态分布，即 N（2.83，0.51）. 现对 8 只家兔进行手术治疗，治疗 5 天后化验测得其平均血钙值 $\bar{x}$ =2.41 mmol/L. 试问手术治疗甲状旁腺减退是否能降低血钙值.

这是一个样本平均数的假设检验，是要检验治疗后的血钙值的总体平均数μ是否还是治疗前的 2.83 mmol/L，即 $\mu_0-\bar{x}$ =2.83−2.41=0.42（mmol/L）这一差值是由手术治疗造成的，还是由抽样误差所致. 首先提出无效假设 H_0：$\mu=\mu_0$ 的条件下，就服从一个平均数 $\mu=\mu_0$=2.83 mmol/L，$\sigma_{\bar{x}}^2=\dfrac{0.51}{8}$=0.064（mmol/L）^{2} 的正态分布，即 N（2.83，0.064），而样本 $\bar{x}$ =2.41 mmol/L 则是此分布中的一个随机变量.

2. 对两个样本平均数相比较的假设

假设两个样本平均数 $\bar{x}_1$ 和 $\bar{x}_2$ 分别来自具有平均数 μ_1 和 μ_2 的两个总体，则提出：

无效假设 H_0：$\mu_1=\mu_2$；

备择假设 H_A：$\mu_1\neq\mu_2$.

例如，要检验两种制剂的疗效是否相同，两个水稻品种的株高是否一致，成年男女的肺活量是否一样，等等，都属于两个样本平均数相比较的假设. 其无效假设认为两个样本所属各自总体的平均数是相等的，即这两个总体是同一总体，两个样本平均数之间的差值 $\bar{x}_1-\bar{x}_2$ 是由随机误差所引起的；其备择假设则认为两个样本所属各自总体的平均数是不相同的，即这两个总体不是同一总体，其分别抽样所得样本的平均数差值 $\bar{x}_1-\bar{x}_2$ 除随机误差之外，还包括真实的差异.

此外，样本频率、变异数以及多个平均数的假设检验，也应根据试验目的提出无效假设和备择假设.

提出上述无效假设的目的在于：可从假设的总体中推断其平均数的随机抽样分布，作为假设检验的理论依据.

（二）确定显著水平

在进行无效假设和备择假设后，要确定一个否定H_0的概率标准，这个概率标准称为显著水平（significance level）或概率水平（probability level），记作α. α是人为规定的小概率界限，生物统计学中常取α为0.05和0.01两个显著水平.

（三）计算概率

在假设H_0正确的前提下，根据样本平均数的抽样分布计算出由抽样误差造成的概率. 对于上面一个样本平均数的例子，在H_0：$\mu=\mu_0$的前提下，可求得

$$u=\frac{\bar{x}-\mu}{\sigma_{\bar{x}}}=\frac{2.83-2.41}{\sqrt{0.064}}=1.667.$$

查附表一，P（$|u|>1.667$）=0.097，即在N（2.83，0.51）的总体中，以n=8进行随机抽样，所得平均数$\bar{x}$=2.41与2.83相差0.42以上的概率为0.097. 这里需要指出的是，假设检验所计算的并不是实得差异本身的概率，而是超过实得差异的概率. 概率的大小，是推断H_0是否正确的依据. 在H_0假设下，由于$\bar{x}$有可能大于μ，也有可能小于μ，因此需要考虑差异的正和负两个方面，一般计算的都是双尾概率.

（四）推断是否接受假设

根据小概率原理作出是否接受H_0的判断. 小概率原理（little probability principle）指出：如果假设一些条件，并在假设的条件下能够准确地算出事件A出现的概率σ为很小，则在假设条件下的n次独立重复试验中，事件A将按预定的概率发生，而在一次试验中则几乎不可能发生. 统计学中，常把概率小于0.05、0.01、0.001作为小概率. 如果计算的概率大于0.05或0.01，则认为不是小概率事件，H_0的假设可能是正确的，应该接受，同时否定H_A；反之，所计算的概率小于0.05或0.01，则否定H_0，接受H_A. 通常把概率等于或小于0.05叫作差异显著标准（difference significance standard），或差异显著水平（difference significance level）；等于或小于0.01叫作差异极显著标准（difference highly significance standard），或差异极显著水平（difference highly significance level）. 一般差异达到显著水平，则在资料的右上方标以“*”. 差异达到极显著水平，则在资料的右上方标以“**”.

上例中，所计算的概率为0.097，大于0.05的显著水平，应接受H_0，可以推断手术治疗前后的血钙值未发现有显著差异，其差值0.42 mmol/L应归于误差所致.

在实际检验时，可将上述计算简化. 由于P（$|u|>1.96$）=0.05，P（$|u|>2.58$）=0.01，因此，在用u分布进行检验时，如果算得$|u|>1.96$，就是在检验时的水平上达到显著，

如果$|u|>2.58$，就是在$\alpha=0.01$的水平上达到显著，即达到极显著水平，无须再计算 u 值的概率.

综上所述，假设检验的步骤可概括为：

（1）对样品所属总体提出无效假设H_0和备择假设H_A；

（2）确定检验的显著水平 α；

（3）在H_0正确的前提下，根据抽样分布的统计数进行假设检验的概率计算；

（4）根据显著水平 α 的统计数（如 u 值）临界值，进行差异是否显著的推断.

三、双尾检验与单尾检验

进行假设检验时，需要提出无效假设和备择假设. 提出的这种假设，$\alpha=0.05$ 其总体平均数 μ 可能大于 μ_0，也可能小于 μ_0. 在样本平均数的抽样分布中，$\bar{x}$ 落在区间（$\mu-1.96\sigma_{\bar{x}},\mu+1.96\sigma_{\bar{x}}$）的概率有 0.95，$\bar{x}$ 落在这一区间外（即 $\bar{x}\leqslant\mu-1.96\sigma_{\bar{x}}$ 和 $\bar{x}\geqslant\mu+1.96\sigma_{\bar{x}}$）的概率只有0.05. 同理，$\alpha=0.01$时，$\bar{x}$ 落在区间（$\mu-2.58\sigma_{\bar{x}}$，$\mu+2.58\sigma_{\bar{x}}$）的概率有 0.99，$\bar{x}$ 落在这一区间外（即 $\bar{x}\leqslant\mu-2.58\sigma_{\bar{x}}$ 和 $\bar{x}\geqslant\mu+2.58\sigma_{\bar{x}}$）的概率只有 0.01. 在进行假设检验时，前者相当于接受H_0的区域，简称接受区（acceptance region）；后者相当于否定H_0的区域，简称否定区（rejection region）（图 2–1）. 一般将接受区和否定区的两个临界值（critical value）写作 $\mu\pm u_\alpha\sigma_{\bar{x}}$，即当 $\bar{x}$ 在（$\mu-u_\alpha\sigma_{\bar{x}}$，$\mu+u_\alpha\sigma_{\bar{x}}$）内为$H_0$的接受区，而$\bar{x}\leqslant\mu-u_\alpha\sigma_{\bar{x}}$和$\bar{x}\geqslant\mu+u_\alpha\sigma_{\bar{x}}$为$H_0$的两个否定区，$\bar{x}\leqslant\mu-u_\alpha\sigma_{\bar{x}}$为左尾否定区（left–tailed rejection region），$\bar{x}\geqslant\mu+u_\alpha\sigma_{\bar{x}}$为右尾否定区（right–tailed rejection region）.

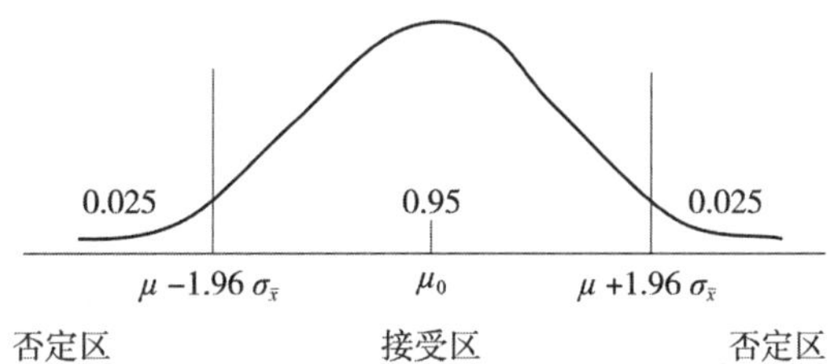

图 2–1 双尾时假设检验的接受区和否定区

上述假设检验的两个否定区，分别位于分布的两尾，称为双尾检验（two–tailed test）. 当假设检验的H_0：$\mu=\mu_0$时，则H_A：$\mu\neq\mu_0$，这时备择假设就有两种可能，或$\mu>\mu_0$或$\mu<\mu_0$，也就是说在$\mu\neq\mu_0$的情况下，样本平均数$\bar{x}$有可能落入左尾否定区，也有可能落入右尾否定区，这两种情况都属于$\mu\neq\mu_0$的情况. 例如，检验某种新药与旧药的治病疗效是否有差别，就是说新药疗效比旧药好还是旧药疗效比新药好，两种可能性都存在，相应的假设检验就应该用双尾检验. 在生物学研究中，双尾检验的应用是非常广泛的.

但在某些情况下，双尾检验不一定符合实际. 例如，我们已经知道新药疗效不可能低于旧药，于是其无效假设H_0：$\mu\leqslant\mu_0$，备择假设H_A：$\mu>\mu_0$，这时仅有一种可能性，其否定区只有一个，相应的检验也只能考虑一侧的概率，这种具有左尾或右尾一个否定区的检验叫单尾检验（one–tailed test）. 单尾检验的步骤与双尾检验相同，查 u 分布表或 t 分布表时，需将双尾概率乘以 2，再进行查表. 例如，进行$\alpha=0.05$的单尾检验时，对 H_0 ： $\mu \geqslant \mu_0$ ，需进行左尾检验，其否定区为 $\bar{x} \leqslant \mu - 1.64\sigma_{\bar{x}}$ ，对 H_0 ： $\mu \leqslant \mu_0$ ，需进行右尾检验，其否定区为 $\bar{x} \geqslant \mu + 1.64\sigma_{\bar{x}}$. 同理，进行 $\alpha = 0.01$ 的单尾检验时，对 H_0 : $\mu \geqslant \mu_0$ ，其否定区为 $\bar{x} \leqslant \mu - 2.33\sigma_{\bar{x}}$ ，对 H_0 : $\mu \leqslant \mu_0$ ，其否定区为 $\bar{x} \geqslant \mu + 2.33\sigma_{\bar{x}}$.

需要指出的是，双尾检验的临界正态离差 $|u|$ 大于单尾检验的 $|u|$. 例如， $\alpha = 0.05$ 时，双尾检验的 $|u|=1.96$，而单尾检验 $|u|=1.64$； $\alpha = 0.01$ 时，双尾检验的 $|u|=2.58$，而单尾检验的 $|u|=2.33$，所以单尾检验比双尾检验容易对 H_0 进行否定. 因此，在采用单尾检验时，应有足够的依据.

四、假设检验中的两类错误

假设检验是根据一定概率显著水平对总体特征进行推断. 否定了 H_0 ，并不等于已证明 H_0 不真实；接受了 H_0 ，也不等于已证明 H_0 是真实的. 如果 H_0 是真实的，假设检验却否定了它，就犯了一个否定真实假设的错误，这类错误叫第一类错误（type Ⅰ error），或称 α 错误，亦称弃真错误（error of abandoning trueness）.

如对样本平均数的抽样分布，当取概率显著水平 $\alpha = 0.05$ 时，$\bar{x}$ 落在区间（ $\mu - 1.96\sigma_{\bar{x}}$ ， $\mu + 1.96\sigma_{\bar{x}}$ ）的概率为 0.95，$\bar{x}$ 落在区间（ $\mu - 1.96\sigma_{\bar{x}}$ ， $\mu + 1.96\sigma_{\bar{x}}$ ）之外的概率为 0.05，当 $\bar{x}$ 一旦落在区间（ $\mu - 1.96\sigma_{\bar{x}}$ ， $\mu + 1.96\sigma_{\bar{x}}$ ）之外，假设检验时就会否定 H_0 ，接受 H_A ，这样就会导致错误的结论. 不过，犯这类错误的概率很小，只有 0.05. 如果取概率显著水平为 $\alpha = 0.01$ ，则 $\bar{x}$ 落在区间（ $\mu - 2.58\sigma_{\bar{x}}$ ， $\mu + 2.58\sigma_{\bar{x}}$ ）的概率为 0.99，落在区间（ $\mu - 2.58\sigma_{\bar{x}}$ ， $\mu + 2.58\sigma_{\bar{x}}$ ）之外的概率只有 0.01，即犯 α 错误的可能性更小，只有 0.01.

如果 H_0 不是真实的，假设检验时却接受了 H_0 ，否定了 H_A ，这样就犯了接受不真实假设的错误，这类错误叫第二类错误（type Ⅱ error），或称 β 错误，亦称纳伪错误（error of accepting mistake）.

第一类错误和第二类错误既有区别又有联系. 二者的区别是，第一类错误只有在否定 H_0 时才会发生，而第二类错误只有在接受 H_0 时才会发生. 二者的联系是，在样本容量相同的情况下，第一类错误减少，第二类错误就会增加；反之，第二类错误减少，第一类错误就会增加（图 2-2）. 比如，将概率显著水平 α 从 0.05 提高到 0.01，就更容易接受 H_0 ，因此犯第一类错误的概率就减少，但相应地增加了犯第二类错误的概率. 所以显著水平如果定得太高，虽然在否定 H_0 时减少了犯第一类错误的概率，但在接受 H_0 时却可能增大第二类错误的概率.

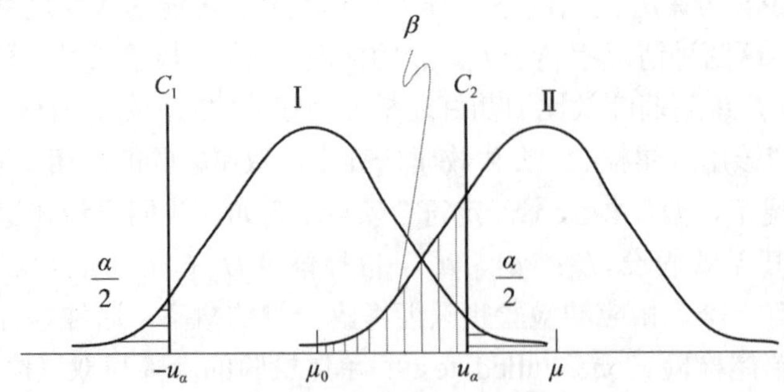

图 2-2　假设检验中两类错误的关系

以上说明，在假设检验时，一个假设的接受或否定，不可能保证百分之百的正确，肯定会出现一些错误的推断. 但如何减少犯这两类错误的概率呢？可从两个方面来考虑：

（1）概率显著水平的确定与犯两类错误有密切的关系，α取值太高或太低都会导致某一种错误的增加. 一般的做法是，将概率显著水平不要定得太高，以取$\alpha=0.05$作为小概率比较合适，这样可使犯两类错误的概率都比较小.

（2）在计算正态离差u时，总体平均数μ和样本平均数$\bar{x}$之间的差值不是随意能够进行主观改变的，但在试验研究中，$\sigma_{\bar{x}}$却是可以减少的. 从理论上讲，$\sigma_{\bar{x}}$可通过精密的试验设计和增大样本容量而减小到接近 0 的程度，这样正态分布中接受区就变得十分狭窄，μ和$\bar{x}$之间的差别就比较容易发现，所以减小$\sigma_{\bar{x}}$是减少两类错误的关键. 因此，在试验和研究中应用假设检验时，要有合理的试验设计和正确的试验技术，尽量增加样本容量，以减少标准误$\sigma_{\bar{x}}$.

第二节　方差的同质性检验

所谓方差的同质性，又称为方差齐性（homogeneity of variance），就是指各个总体的方差是相同的. 方差同质性检验（homogeneity test），就是要从各样本的方差来推断其总体方差是否相同. 方差同质性检验是样本平均数、频率假设检验的前提.

一、一个样本方差的同质性检验

从标准正态总体中抽取k个独立u^2之和为x^2，即

$$x^2=\sum\left(\frac{x-\mu}{\sigma}\right)^2=\frac{1}{\sigma^2}\sum(x-\mu)^2. \tag{2-1}$$

当用样本平均数$\bar{x}$估计总体平均数μ时，则有

$$x^2=\frac{1}{\sigma^2}\sum(x-\bar{x})^2. \tag{2-2}$$

根据样本方差$s^2=\dfrac{\sum(x-\bar{x})^2}{k-1}$，则式（2–2）可变换为

$$x^2=\frac{(k-1)s^2}{\sigma^2}, \tag{2-3}$$

上式中，分子表示样本的离散程度，分母表示总体方差，x^2服从自由度为$k-1$的χ^2分布.

由于χ^2检验是单尾检验且是右尾，因此，χ^2检验假设H_0为$\sigma^2=\sigma_0^2$，其否定区为$x^2>x_\alpha^2$. 附表四列出了单尾（右尾）概率.

［例 2–1］对一新品种桃树枝条的含氮量进行了 10 次测定，其结果为 2.38%、2.38%、2.41%、2.50%、2.47%、2.41%、2.38%、2.26%、2.32%、2.41%. 试检验此新品种桃树枝条含氮量方差是否与桃树常规含氮量的方差（0.065%）^{2}相同.

解 此题为一个样本方差与总体方差的同质性检验.

（1）假设 H_0：$\sigma^2=(0.065\%)^2$，即此新品种桃树枝条含氮量方差与桃树常规含氮量的方差（0.065%）^{2} 相同；H_A：$\sigma^2\neq(0.065\%)^2$；

（2）确定显著水平 $\alpha=0.05$；

（3）检验计算：

根据题目所给数据，可算出 $\bar{x}=2.39\%$，$s=0.0681\%$，因此

$$\chi^2=\frac{(n-1)s^2}{\sigma^2}=\frac{(10-1)\times(0.0681\%)^2}{(0.065\%)^2}=9.89,$$

查附表四，当 $df=10-1=9$ 时，$\chi^2_{0.05}=16.92$，所以 $\chi^2<\chi^2_{0.05}$；

（4）推断：接受 H_0，否定 H_A，即样本方差与总体方差是同质的，认为此新品种桃树枝条含氮量方差与桃树常规含氮量的方差（0.065%）^{2} 无显著差异.

二、两个样本方差的同质性检验

假设两个样本的样本容量分别为 n_1 和 n_2，方差分别为 s_1^2 和 s_2^2（一般把数值较大的样本方差作为 s_1^2），总体方差分别为 σ_1^2 和 σ_2^2，当检验 σ_1^2 和 σ_2^2 是否同质时，可用 F 检验法. 当两样本所属总体均服从正态分布，且两样本的抽样是随机的和独立的，其 F 值等于两样本方差 s_1^2 和 s_2^2 之比，即

$$F=\frac{s_1^2}{s_2^2},\tag{2-4}$$

并服从 $df_1=n_1-1$，$df_2=n_2-1$ 的 F 分布. 当 $F<F_\alpha$ 时，接受 H_0：$\sigma_1^2=\sigma_2^2$，即认为两样本的方差是同质的；当 $F>F_\alpha$ 时，否定 H_0：$\sigma_1^2=\sigma_2^2$，接受 H_A：$\sigma_1^2\neq\sigma_2^2$，即认为两样本的方差不是同质的.

［例 2-2］ 观察两种抗自由基药物对脑缺血再灌注损伤小鼠脑细胞坏死的影响，计算细胞坏死数目（单位：个/视野），结果是 $n_1=9$，$x_1=27.92$，$s_1^2=8.673$；$n_2=6$，$x_2=25.11$，$s_2^2=1.843$，试问这两种药物对脑缺血再灌注损伤小鼠脑细胞坏死的变异是否一致？

解 （1）假设 H_0：$\sigma_1^2=\sigma_2^2$，即两种药物对脑缺血再灌注损伤小鼠脑细胞坏死的变异一致；H_A：$\sigma_1^2\neq\sigma_2^2$，即两种药物对脑缺血再灌注损伤小鼠脑细胞坏死的变异不一致；

（2）确定显著水平 $\alpha=0.05$；

（3）检验计算：

$$F=\frac{s_1^2}{s_2^2}=\frac{8.673}{1.843}\approx 4.706,$$

查附表五，$df_1=9-1=8, df_2=6-1=5, F_{0.05}=4.82, F<F_{0.05}$，故 $P>0.05$；

（4）推断：接受 H_0，否定 H_A，即认为两种药物对脑缺血再灌注损伤小鼠脑细胞坏死的变异具有同质性.

三、多个样本方差的同质性检验

对 3 个或 3 个以上样本方差进行同质性检验，一般采用巴特勒检验法（Bartlett test）. 假设 H_0：$\sigma_1^2=\sigma_2^2=\cdots=\sigma_k^2$，即 k 个样本的方差是同质的；H_A：$\sigma_1^2,\sigma_2^2,\cdots,\sigma_k^2$ 不相等. 对 k 个独立样本方差 $s_1^2,s_2^2,\cdots,s_k^2$，求其合并方差 s_p^2、矫正数 C 和 x^2.

$$s_p^2=\frac{\sum_{i=1}^{k}s_i^2(n_i-1)}{\sum_{i=1}^{k}(n_i-1)}, \tag{2-5}$$

$$C=1+\frac{1}{3(k-1)}\left[\sum_{i=1}^{k}\frac{1}{n_i-1}-\frac{1}{\sum_{i=1}^{k}(n_i-1)}\right], \tag{2-6}$$

$$x^2=\frac{2.3026}{C}\left[\lg s_p^2\sum_{i=1}^{k}(n_i-1)-\sum_{i=1}^{k}(n_i-1)\lg s_i^2\right]. \tag{2-7}$$

上式服从 $df=k-1$ 的 χ^2 分布，其中，$2.3026=\ln 10$. 对确定的显著水平 α，如果 $x^2<\chi_\alpha^2$，接受 H_0，认为 $\sigma_1^2=\sigma_2^2=\cdots=\sigma_k^2$ 成立；如果 $x^2>\chi_\alpha^2$，则应否定 H_0，接受 H_A，表明这些方差不是同质的.

［**例 2-3**］假定有 3 个样本方差，分别为 4.2、6.0、3.1，各具有自由度分别为 4、5、11，试检验这 3 个样本所来自的总体方差是否相同.

解 此例为多个样本方差的同质性检验.

（1）假设 H_0：$\sigma_1^2=\sigma_2^2=\sigma_3^2$，即 3 个方差是同质的；$H_A$：3 个方差不相等；

（2）确定显著水平 $\alpha=0.05$；

（3）检验计算：

$$s_p^2=\frac{\sum_{i=1}^{3}s_i^2(n_i-1)}{\sum_{i=1}^{3}(n_i-1)}=\frac{4\times4.2+5\times6.0+11\times3.1}{4+5+11}=4.045,$$

$$C=1+\frac{1}{3\times(3-1)}\times\left[\sum_{i=1}^{3}\frac{1}{n_i-1}-\frac{1}{\sum_{i=1}^{3}(n_i-1)}\right]=1+\frac{1}{3\times(3-1)}\times\left[\frac{1}{4}+\frac{1}{5}+\frac{1}{11}-\frac{1}{4+5+11}\right]=1.0818,$$

$$x^2=\frac{2.3026}{C}\times\left[\lg s_p^2\sum_{i=1}^{3}(n_i-1)-\sum_{i=1}^{3}(n_i-1)\lg s_i^2\right]$$
$$=\frac{2.3026}{1.0818}\times[\lg 4.045\times(4+5+11)-(4\times\lg 4.2+5\times\lg 6.0+11\times\lg 3.1)]$$
$$=0.744,$$

查附表四，当 $df = 3-1 = 2$ 时，$\chi^2_{0.05} = 5.99$，$x^2 < \chi^2_{0.05}$，故 $p>0.05$；

（4）推断：接受 H_0，即认为这 3 个样本的方差是同质的.

第三节　样本平均数的假设检验

一、大样本平均数的假设检验——*u* 检验

当总体方差 σ^2 已知，或者总体方差未知但样本为大样本（$n \geqslant 30$）时，样本平均数的分布服从于正态分布，标准化后则服从于标准正态分布，即 *u* 分布. 因此，用 *u* 检验（u-test）法进行假设检验.

（一）一个样本平均数的 *u* 检验

根据总体方差 σ^2 是否已知，一个样本平均数的 *u* 检验分为两种情况.

1. 总体方差 σ^2 已知时的检验

当总体方差 σ^2 为已知时，检验一个样本平均数 $\bar{x}$ 的总体平均数 μ 是否属于某一平均数为 μ_0 的指定总体，不论其样本容量是否大于 30，均可采用 *u* 检验法.

[例 2-4] 某地区常规方法种植小麦平均每 667 m² 产量 300 kg，标准差 75 kg，现采用五氯硝基苯 1∶100 药剂拌种，随机抽取 30 块田测得平均每 667 m² 产量 330 kg，试问可否认为新方法比常规方法增产？

解　这里总体 $\sigma = 75\text{ kg}$，σ^2 为已知，故采用 *u* 检验，新方法平均每 667 m² 产量只有高于 300 kg，才可认为新方法比常规方法增产，故进行单尾检验. 检验步骤为：

（1）假设 H_0：$\mu \leqslant 300\text{ kg}$，即新方法与常规方法种植的小麦平均每 667 m² 产量相同；H_A：$\mu > 300\text{ kg}$；

（2）确定显著水平 $\alpha = 0.05$；

（3）检验计算：

$$\sigma_{\bar{x}} = \frac{\sigma}{\sqrt{n}} = \frac{75}{\sqrt{30}} = 13.71(\text{kg}),$$

$$u = \frac{\bar{x} - \mu}{\sigma_{\bar{x}}} = \frac{330 - 300}{13.71} = 2.19;$$

（4）推断：*u* 分布中，当 $\alpha = 0.05$ 时，单尾检验临界值 $u_{0.05} = 1.64$. 实得 $|u| > 1.64$，$p<0.05$，故在 0.05 显著水平上否定 H_0，接受 H_A，认为新方法比常规方法增产.

2. 总体方差 σ^2 未知时的检验

当总体方差 σ^2 未知时，只要样本容量 $n \geqslant 30$，可用样本方差 s^2 来代替总体方差 σ^2，仍可用 *u* 检验法.

[例 2-5] 已知玉米单交种群的平均穗重 $\mu_0 = 300\text{ g}$，喷药后，随机抽取 100 个果穗，

其平均穗重 $\bar{x}=308\text{ g}$， $s=9.62\text{ g}$，问喷药后与喷药前果穗重有无显著性差异？

解　由题可知， $\mu_0=300\text{ g}$， $\bar{x}=308\text{ g}$， $s=9.62\text{ g}$，而 σ^2 未知，但由于 n=100，属于大样本，故可用 s^2 来代替 σ^2 进行 u 检验；又由于喷药后与喷药前果穗重可以有显著差异，亦可以没有显著差异，故用双尾检验.

（1）假设 $H_0: \mu=\mu_0=300\text{ g}$，即喷药后与喷药前果穗重没有显著差异；$H_A: \mu\neq\mu_0$；

（2）确定显著水平 $\alpha=0.05$；

（3）检验计算：

$$s_{\bar{x}}=\frac{s}{\sqrt{n}}=\frac{9.62}{\sqrt{100}}=0.962(\text{g}),$$

$$u=\frac{\bar{x}-\mu}{s_{\bar{x}}}=\frac{308-300}{0.962}=8.316;$$

（4）推断：当 $\alpha=0.05$ 时，双尾检验临界值 $u_{0.05}=1.96$. 实得 $|u|>1.96$，$p<0.05$，故在 0.05 显著水平上否定 H_0，接受 H_A，认为喷药后与喷药前果穗重有显著差异，新方法可以使玉米单交种群穗重增加.

（二）两个样本平均数比较的 u 检验

两个样本平均数比较的 u 检验是要检验两个样本平均数 $\bar{x}_1$ 和 $\bar{x}_2$ 所属的总体平均数 μ_1 和 μ_2 是否来自同一个总体. 当两个样本方差 σ_1^2 和 σ_2^2 已知，或 σ_1^2 和 σ_2^2 未知，但两个样本都是大样本，即在 $n_1\geqslant30$ 和 $n_2\geqslant30$ 时，可用 u 检验法.

在进行两个大样本平均数的比较时，需要计算样本平均数差数的标准误 $\sigma_{\bar{x}_1-\bar{x}_2}$ 和 u 值. 当两样本方差 σ_1^2 和 σ_2^2 已知，两个样本平均数差数的标准误为

$$\sigma_{\bar{x}_1-\bar{x}_2}=\sqrt{\frac{\sigma_1^2}{n_1}+\frac{\sigma_2^2}{n_2}}. \tag{2–8}$$

当 $\sigma_1^2=\sigma_2^2=\sigma^2$ 时，式（2–8）为

$$\sigma_{\bar{x}_1-\bar{x}_2}=\sigma\sqrt{\frac{1}{n_1}+\frac{1}{n_2}}. \tag{2–9}$$

当 $n_1=n_2=n$ 时，式（2–8）为

$$\sigma_{\bar{x}_1-\bar{x}_2}=\sqrt{\frac{\sigma_1^2+\sigma_2^2}{n}}. \tag{2–10}$$

当 $\sigma_1^2=\sigma_2^2=\sigma^2$，且 $n_1=n_2=n$ 时，式（2–8）为

$$\sigma_{\bar{x}_1-\bar{x}_2}=\sigma\sqrt{\frac{2}{n}}. \tag{2–11}$$

u 值的计算公式为

$$u=\frac{(\bar{x}_1-\bar{x}_2)-(\mu_1-\mu_2)}{\sigma_{\bar{x}_1-\bar{x}_2}}. \tag{2-12}$$

在假设 H_0： $\mu_1=\mu_2=\mu$ 的条件下，u 值为

$$u=\frac{\bar{x}_1-\bar{x}_2}{\sigma_{\bar{x}_1-\bar{x}_2}}. \tag{2-13}$$

当两样本方差 σ_1^2 和 σ_2^2 未知时，由于两个样本都是大样本，故可用样本平均数差数的标准误 $s_{\bar{x}_1-\bar{x}_2}$ 代替 $\sigma_{\bar{x}_1-\bar{x}_2}$，其计算公式为

$$s_{\bar{x}_1-\bar{x}_2}=\sqrt{\frac{s_1^2}{n_1}+\frac{s_2^2}{n_2}}. \tag{2-14}$$

在假设 H_0： $\mu_1=\mu_2=\mu$ 的情况下，u 值计算公式为

$$u=\frac{\bar{x}_1-\bar{x}_2}{s_{\bar{x}_1-\bar{x}_2}}. \tag{2-15}$$

［**例 2-6**］根据多年资料，水稻平均穗长的标准差为 7.2 cm，现调查两个不同品种水稻的平均穗长，每个品种调查 20 株，平均穗长分别为 19.8 cm 和 18.5 cm（$\bar{x}_1=19.8$ cm，$\bar{x}_2=18.5$ cm），试比较品种一水稻的平均穗长与品种二是否相同？

解 根据题意，总体方差已知，$\sigma^2=\sigma_1^2=\sigma_2^2=(7.2\text{ cm})^2$，故用 u 检验；品种一水稻的平均穗长与品种二是否相同，需用双尾检验.

（1）假设 H_0： $\mu_1=\mu_2$，即品种一水稻的平均穗长与品种二相同； H_A： $\mu_1\neq\mu_2$；

（2）确定显著水平 $\alpha=0.05$；

（3）检验计算：

$$\sigma_{\bar{x}_1-\bar{x}_2}=\sigma\sqrt{\frac{1}{n_1}+\frac{1}{n_2}}=7.2\times\sqrt{\frac{1}{20}+\frac{1}{20}}=2.28(\text{cm}),$$

$$u=\frac{\bar{x}_1-\bar{x}_2}{\sigma_{\bar{x}_1-\bar{x}_2}}=\frac{19.8-18.5}{2.28}=0.57;$$

（4）推断：由于实得 $|u|<u_{0.05}=1.96$，$p>0.05$，故在 0.05 显著水平上接受 H_0，否定 H_A，即品种一水稻的平均穗长与品种二没有显著差别.

［**例 2-7**］为了比较“施硼肥”和“不施硼肥”对夏玉米产量的影响，两方法分别随机抽取 50 区和 70 区进行产量比较，平均产量分别为 41.48 kg 和 36.06 kg，方差分别为 38.07 kg^2 和 24.75 kg^2，试检验两处理产量之间是否有显著差别.

解 由题意，$\bar{x}_1=41.48$ kg，$\bar{x}_2=36.06$ kg，$s_1^2=38.07$ kg^2，$s_2^2=24.75$ kg^2，$n_1=50$，$n_2=70$，总体方差未知，但为大样本，可用 u 检验法.

（1）假设 H_0： $\mu_1=\mu_2$，即两处理产量之间没有显著差别； H_A： $\mu_1\neq\mu_2$；

（2）确定显著水平 $\alpha=0.01$；

（3）检验计算：

$$s_{\bar{x}_1-\bar{x}_2}=\sqrt{\frac{s_1^2}{n_1}+\frac{s_2^2}{n_2}}=\sqrt{\frac{38.07}{50}+\frac{24.75}{70}}=1.06(\text{kg}),$$

$$u=\frac{\bar{x}_1-\bar{x}_2}{s_{\bar{x}_1-\bar{x}_2}}=\frac{38.07-24.75}{1.06}=12.57;$$

（4）推断：现实得$|u|>u_{0.01}=2.58$，$p<0.01$，故否定H_0，接受H_A，即两处理产量存在极显著的差别，由于$\bar{x}_1>\bar{x}_2$，所以可以得出“施硼肥”的夏玉米产量显著高于“不施硼肥”的夏玉米产量.

二、小样本平均数的假设检验——*t* 检验

当样本容量 $n<30$ 且总体方差σ^2未知时，就无法使用 u 检验法对样本平均数进行假设检验. 这时，要检验样本平均数$\bar{x}$与指定总体平均数μ_0的差异显著性，就必须使用 t 检验（t-test）法. 事实上，在生物学研究中，由于试验条件和研究对象的限制，有许多研究的样本容量都很难达到30. 因此，采用小样本平均数的 t 检验法在生物学研究中具有重要的意义.

（一）一个样本平均数的 *t* 检验

这是检验总体方差σ^2未知，样本容量 $n<30$ 的平均数$\bar{x}$是否属于平均数为μ_0的指定总体的一种检验方法. 因为小样本的s^2和σ^2相差较大，故$\dfrac{\bar{x}-\mu}{s_{\bar{x}}}$遵循自由度 $df=n-1$ 的 t 分布.

［**例 2-8**］常规种植某水稻品种的千粒重为36 g，现施硫酸铵于水田表层，抽测8个样本得其千粒重分别为：37.6、39.6、35.4、37.1、34.7、38.8、37.9、36.6（单位：g），试检验该次抽样测定的水稻千粒重与多年平均值有无显著差别.

解 此题σ^2未知，且$n=8$，为小样本，故用 t 检验；又该次抽样测定的水稻千粒重可能高于也可能低于多年平均值，故用双尾检验.

（1）假设H_0：$\mu=\mu_0=36$，即该次抽样测定的水稻千粒重与多年平均值没有显著差别；H_A：$\mu\neq\mu_0$；

（2）确定显著水平$\alpha=0.05$；

（3）检验计算：

$$\bar{x}=\frac{1}{n}\sum x=\frac{1}{8}\times(37.6+39.6+\cdots+36.6)=37.2(\text{g}),$$

$$s=\sqrt{\frac{\sum x^2-\frac{(\sum x)^2}{n}}{n-1}}=\sqrt{\frac{37.6^2+39.6^2+\cdots+36.6^2-\frac{297.7^2}{8}}{8-1}}=1.64(\text{g}),$$

$$s_{\bar{x}}=\frac{s}{\sqrt{n}}=\frac{1.64}{\sqrt{8}}=0.58(\text{g}),$$

$$t=\frac{\overline{x}-\mu}{s_{\overline{x}}}=\frac{37.2-36}{0.58}=2.07,$$

查附表三，当 $df=n-1=7$ 时，$t_{0.05}=2.365$，实得 $|t|<t_{0.05}$，故 $p>0.05$；

（4）推断：接受 H_0，认为该次抽样测定的水稻千粒重与多年平均值没有显著差别，$\overline{x}$ 与 μ 相差 1.2 g 属于随机误差所致.

（二）成组数据平均数比较的 t 检验

成组数据（pooled data）平均数比较的假设检验和成对数据平均数比较的假设检验都是检验两个样本平均数 $\overline{x}_1$ 和 $\overline{x}_2$ 所属总体平均数 μ_1 和 μ_2 是否相等的检验方法. 它们经常用于处理生物学研究中比较不同处理效应的差异显著性.

成组数据资料的特点是两个样本的各个变量是从各自总体中抽取的，两个样本之间的变量没有任何关联，即两个抽样样本彼此独立. 这样，不论两样本的容量是否相同，所得数据皆为成组数据. 两组数据以组平均数进行相互比较，来检验其差异的显著性. 当总体方差 σ_1^2 和 σ_2^2 已知，或总体方差 σ_1^2 和 σ_2^2 未知，但两个样本均为大样本时，采用 u 检验法检验两组平均数的差异显著性，这已在本节的第一部分进行了介绍. 这里，介绍当总体方差 σ_1^2 和 σ_2^2 未知，且两样本为小样本（$n_1<30, n_2<30$）时，进行两组平均数差异显著性检验的 t 检验法.

1. 两样本的总体方差 σ_1^2 和 σ_2^2 未知，但可假设 $\sigma_1^2=\sigma_2^2=\sigma^2$ 时的检验

首先，用样本方差 s_1^2 和 s_2^2 进行加权求出平均数差数的方差 s_e^2，作为对 σ^2 的估计，计算公式为

$$s_e^2=\frac{s_1^2(n_1-1)+s_2^2(n_2-1)}{(n_1-1)+(n_2-1)}, \tag{2-16}$$

求得 s_e^2 后，可得出两样本平均数的差数标准误为

$$s_{\overline{x}_1-\overline{x}_2}=\sqrt{\frac{s_e^2}{n_1}+\frac{s_e^2}{n_2}}. \tag{2-17}$$

当 $n_1=n_2=n$ 时，式（2-17）可变为

$$s_{\overline{x}_1-\overline{x}_2}=\sqrt{\frac{2s_e^2}{n}}. \tag{2-18}$$

t 值的计算公式为

$$t=\frac{(\overline{x}_1-\overline{x}_2)-(\mu_1-\mu_2)}{s_{\overline{x}_1-\overline{x}_2}}. \tag{2-19}$$

在假设 H_0：$\mu_1=\mu_2=\mu$ 的条件下，t 值为

$$t=\frac{\overline{x}_1-\overline{x}_2}{s_{\overline{x}_1-\overline{x}_2}}, \tag{2-20}$$

它具有自由度 $df=(n_1-1)+(n_2-1)=n_1+n_2-2$.

[**例 2–9**] 采用 [例 2–2] 数据，试检验这两种药物对脑缺血再灌注损伤小鼠脑细胞坏死的影响差异是否显著？

解 这是两样本平均数的假设检验，由于本题总体方差未知，故首先要做 F 检验.

（1）假设 H_0：$\sigma_1^2=\sigma_2^2$，即两种药物对脑缺血再灌注损伤小鼠脑细胞坏死的变异一致；H_A：$\sigma_1^2\neq\sigma_2^2$，即两种药物对脑缺血再灌注损伤小鼠脑细胞坏死的变异不一致；

（2）确定显著水平 $\alpha=0.05$；

（3）检验计算：

$$F=\frac{s_1^2}{s_2^2}=\frac{8.673}{1.843}=4.706,$$

查附表五，$df_1=9-1=8, df_2=6-1=5, F_{0.05}=4.82, F<F_{0.05}$, 故 $p>0.05$；

（4）推断：接受 H_0，否定 H_A，即认为两种药物对脑缺血再灌注损伤小鼠脑细胞坏死的变异具有同质性.

再进行平均数的假设检验. 通过 F 检验得知，两总体方差 $\sigma_1^2=\sigma_2^2$，但 σ_1^2 和 σ_2^2 未知，且为小样本，用 t 检验；又事先不知两种药物对脑缺血再灌注损伤小鼠脑细胞坏死的影响孰高孰低，故用双尾检验.

（1）假设 H_0：$\mu_1=\mu_2$，即两种药物对脑缺血再灌注损伤小鼠脑细胞坏死的影响没有差别；
H_A：$\mu_1\neq\mu_2$；

（2）确定显著水平 $\alpha=0.05$；

（3）检验计算：

$$s_e^2=\frac{s_1^2(n_1-1)+s_2^2(n_2-1)}{(n_1-1)+(n_2-1)}=\frac{8.673\times(9-1)+1.843\times(6-1)}{(9-1)+(6-1)}=6.046(\text{个/视野})^2,$$

$$s_{\bar{x}_1-\bar{x}_2}=\sqrt{\frac{s_e^2}{n_1}+\frac{s_e^2}{n_2}}=\sqrt{\frac{6.046}{9}+\frac{6.046}{6}}=1.296(\text{个/视野}),$$

$$t=\frac{\bar{x}_1-\bar{x}_2}{s_{\bar{x}_1-\bar{x}_2}}=\frac{27.92-25.11}{1.296}=2.168,$$

查附表三，$df=9+6-2=13$，$t_{0.05}=2.160$，现实得 $|t|>t_{0.05}$，故 $p<0.05$；

（4）推断：否定 H_0，接受 H_A，认为两种药物对脑缺血再灌注损伤小鼠脑细胞坏死的影响差异达到显著水平.

2. 两样本的总体方差 σ_1^2 和 σ_2^2 未知，且 $\sigma_1\neq\sigma_2$（可由 F 检验得知），但 $n_1=n_2=n$ 时的检验

这种情况仍可用 t 检验法，其计算也与假设两总体方差 $\sigma_1^2=\sigma_2^2$ 的情况一样，只是自由度 $df=n-1$，而不是 $df=2(n-1)$.

[**例 2–10**] 研究缺氧对肺动脉高压的影响，将 20 只雄性 Wistar 大鼠随机分为：

低氧组：$n_1=10$，$\bar{x}_1=24.9\ \text{mmHg}$，$s_1=6.8\ \text{mmHg}$；

对照组：$n_2=10$，$\overline{x}_2=14.3\ \text{mmHg}$，$s_1=2.4\ \text{mmHg}$；

试检验缺氧对大鼠肺动脉高压的影响是否显著.

解 这是两样本平均数的假设检验，由于本题总体方差未知，故首先要做 F 检验.

（1）假设 H_0：$\sigma_1^2=\sigma_2^2$，即缺氧组和对照组肺动脉高压的变异一致；H_A：$\sigma_1^2\neq\sigma_2^2$，即缺氧组和对照组肺动脉高压的变异不一致；

（2）确定显著水平 $\alpha=0.01$；

（3）检验计算：

$$F=\frac{s_1^2}{s_2^2}=\frac{6.8^2}{2.4^2}=8.028,$$

查附表五，$df_1=10-1=9, df_2=10-1=9, F_{0.01}=5.35$，$F>F_{0.01}$，故 $p<0.01$；

（4）推断：否定 H_0，接受 H_A，即认为缺氧组和对照组肺动脉高压的方差具有极显著差异，不具有同质性.

再进行平均数的假设检验. 通过 F 检验知，两总体方差 $\sigma_1^2\neq\sigma_2^2$，但 σ_1^2 和 σ_2^2 未知，且为小样本，用 t 检验；又事先不知缺氧组和对照组肺动脉高压孰高孰低，故用双尾检验.

（1）假设 H_0：$\mu_1=\mu_2$，即缺氧对大鼠肺动脉高压无显著影响；H_A：$\mu_1\neq\mu_2$；

（2）确定显著水平 $\alpha=0.05$；

（3）检验计算：

$$s_e^2=\frac{s_1^2(n_1-1)+s_2^2(n_2-1)}{(n_1-1)+(n_2-1)}=\frac{6.8^2\times(10-1)+2.4^2\times(10-1)}{(10-1)+(10-1)}=26(\text{mmHg}^2),$$

$$s_{\overline{x}_1-\overline{x}_2}=\sqrt{\frac{s_e^2}{n_1}+\frac{s_e^2}{n_2}}=\sqrt{\frac{2\times 26}{10}}=2.28(\text{mmHg}),$$

$$t=\frac{\overline{x}_1-\overline{x}_2}{s_{\overline{x}_1-\overline{x}_2}}=\frac{24.9-14.3}{2.28}=4.649,$$

查附表三，$df=10-1=9$，$t_{0.05}=2.262$，现实得 $|t|>t_{0.05}$，故 $p<0.05$；

（4）推断：否定 H_0，接受 H_A，认为缺氧对大鼠肺动脉高压有显著影响.

3. 两样本的总体方差 σ_1^2 和 σ_2^2 未知，且 $\sigma_1^2\neq\sigma_2^2$，$n_1\neq n_2$ 时的检验

这种情况所构成的统计数 t 不再服从相应的 t 分布，因而只能进行近似的 t 检验. 由于 $\sigma_1^2\neq\sigma_2^2$，所以两样本平均数差数的标准误不能使用加权方差，需用两个样本方差 s_1^2 和 s_2^2 分别估计总体方差 σ_1^2 和 σ_2^2，即

$$s_{\overline{x}_1-\overline{x}_2}=\sqrt{\frac{s_1^2}{n_1}+\frac{s_2^2}{n_2}}. \tag{2-21}$$

做 t 检验时，须先计算 R 和 df'：

$$R=\frac{s_{\overline{x}_1}^2}{s_{\overline{x}_1}^2+s_{\overline{x}_2}^2}, \tag{2-22}$$

$$df' = \frac{1}{\frac{R^2}{n_1 - 1} + \frac{R^2}{n_2 - 1}}, \tag{2-23}$$

$$t_{df'} = \frac{\bar{x}_1 - \bar{x}_2}{s_{\bar{x}_1 - \bar{x}_2}}. \tag{2-24}$$

式（2–24）的 $t_{df'}$ 近似服从于 t 分布，其自由度为 df'，查 t 值表得 $t_{\alpha(df')}$ 临界值.

[例 2–11]测定催产素对产妇总产程（单位：h）的影响，得催产素组 $n_1 = 13$，$\bar{x}_1 = 7.52$，$s_1^2 = 5.73$；对照组 $n_2 = 8$，$\bar{x}_2 = 11.33$，$s_2^2 = 1.23$，问催产素对产妇产程影响是否有显著差异.

解　这是两样本平均数的假设检验，由于本题总体方差未知，故首先要做 F 检验.

（1）假设 H_0：$\sigma_1^2 = \sigma_2^2$，H_A：$\sigma_1^2 \neq \sigma_2^2$；

（2）确定显著水平 $\alpha = 0.05$；

（3）检验计算：

$$F = \frac{s_1^2}{s_2^2} = \frac{5.73}{1.23} = 4.66,$$

查附表五，$df_1 = 13 - 1 = 12, df_2 = 8 - 1 = 7, F_{0.05} = 3.58, F > F_{0.05}$，故 $p < 0.05$；

（4）推断：否定 H_0，接受 H_A，即认为两组间方差不齐.

接着做平均数的假设检验，由于 $\sigma_1^2 \neq \sigma_2^2$ 又由于 $n_1 \neq n_2$，故需计算 $t_{df'}$，做近似的 t 检验，使用双尾检验.

（1）假设 H_0：$\mu_1 = \mu_2$，即是否使用催产素对产妇产程没有显著的差异；H_A：$\mu_1 \neq \mu_2$；

（2）确定显著水平 $\alpha = 0.05$；

（3）检验计算：

$$s_{\bar{x}_1}^2 = \frac{s_1^2}{n_1} = \frac{5.73}{13} = 0.44(\mathrm{h}^2),$$

$$s_{\bar{x}_2}^2 = \frac{s_2^2}{n_2} = \frac{1.23}{8} = 0.15(\mathrm{h}^2),$$

$$R = \frac{s_{\bar{x}_1}^2}{s_{\bar{x}_1}^2 + s_{\bar{x}_2}^2} = \frac{0.44}{0.44 + 0.15} = 0.75,$$

$$df' = \frac{1}{\frac{R^2}{n_1 - 1} + \frac{(1-R)^2}{n_2 - 1}} = \frac{1}{\frac{0.75^2}{13-1} + \frac{(1-0.75)^2}{8-1}} = 17.89 \approx 18,$$

$$s_{\bar{x}_1 - \bar{x}_2} = \sqrt{\frac{s_1^2}{n_1} + \frac{s_2^2}{n_2}} = \sqrt{\frac{5.73}{13} + \frac{1.23}{8}} = 0.77(\mathrm{h}),$$

$$t_{df'} = \frac{\bar{x}_1 - \bar{x}_2}{s_{\bar{x}_1 - \bar{x}_2}} = \frac{7.52 - 11.33}{0.77} = -4.95,$$

查附表三，当 $df'=18$ 时，$t_{0.05}=2.10$，现实得 $|t_{df'}|>t_{0.05}$，故 $p<0.05$；

（4）推断：否定 H_0，接受 H_A，认为使用催产素对产妇产程具有显著的差异.

（三）成对数据平均数比较的 t 检验

若试验设计是将两个性质相同的单元一一成对的组合起来，然后把相比较的两个处理分别随机分配到每一对中的两个供试单元上，由此得到的观测值为成对数据（paired data）. 成对数据的比较要求两样本间配偶成对，每一对除随机地给予不同处理外，其他试验条件尽量一致. 例如对比设计是以土地条件最为近似的两个相邻小区为一对，布置两个不同处理；或在同一植株某一器官的对称部位上施行两种不同处理；或在做药效实验时，测定若干实验动物服药前后的有关数值，服药前后的一对数值是一个对子；或用若干同窝的两只动物做不同处理，每一窝的两只动物是一个对子等.

由于同一配对内两个供试单位的试验条件非常接近，而不同配对间的条件差异又可以通过各个配对差数予以消除，因而，可以控制试验误差，成对数据具有较高精确度. 在进行假设检验时，只要假设两样本的总体差数 $\mu_d=\mu_1=\mu_2=0$，而不必假定两样本的总体方差 σ_1^2 和 σ_2^2 相同. 一些成组数据，即使 $n_1=n_2$，也不能用作成对数据的比较，因为成组数据的每一变量都是独立的，没有配对的基础. 所以在试验研究中，为加强某些试验条件的控制，做成成对数据的比较效果较好.

设两样本的变量分别为 x_1 和 x_2，共配成 n 对，各对的差数为 $d=x_1-x_2$，则样本差数平均数 $\bar{d}$ 为

$$\bar{d}=\frac{\sum d}{n}=\frac{\sum(x_1-x_2)}{n}=\frac{\sum x_1}{n}-\frac{\sum x_2}{n}=\bar{x}_1-\bar{x}_2. \tag{2-25}$$

样本差数方差 s_d^2 为

$$s_d^2=\frac{\sum(d-\bar{d})^2}{n-1}=\frac{\sum d^2-\frac{(\sum d)^2}{n}}{n-1}. \tag{2-26}$$

样本差数平均数的标准误（standard error of the sample difference mean）$s_{\bar{d}}$ 为

$$s_{\bar{d}}=\sqrt{\frac{s_d^2}{n}}=\sqrt{\frac{\sum(d-\bar{d})^2}{n(n-1)}}=\sqrt{\frac{\sum d^2-\frac{(\sum d)^2}{n}}{n(n-1)}}. \tag{2-27}$$

因而，t 值为

$$t=\frac{\bar{d}-\mu_d}{s_{\bar{d}}}. \tag{2-28}$$

若设 H_0：$\mu_d=0$，则式（2–28）为

$$t=\frac{\bar{d}}{s_{\bar{d}}}, \tag{2-29}$$

它具有自由度 $df=n-1$.

［**例 2-12**］采用对比设计鉴定甲、乙两个玉米品种的产量（单位：kg/小区），重复 8 次测定结果列入表 2-1，问这两个品种产量之间是否有显著差异.

表 2-1 甲、乙两个不同品种玉米种子的产量结果

配对	甲品种	乙品种	差数 d	d^2
1	21	15	6	36
2	20	17	3	9
3	18	15	3	9
4	17	16	1	1
5	16	16	0	0
6	17	16	1	1
7	19	17	2	4
8	20	19	1	1
Σ			17	61

解 对比设计是以土地条件最为近似的两个相邻小区为一对，属于成对数据，因甲、乙两个玉米品种的产量孰大孰小，事先并不明确，故用双尾检验.

（1）假设 H_0： $\mu_{\mathrm{d}}=0$，即甲、乙两个玉米品种的产量没有显著差异； H_{A}： $\mu_{\mathrm{d}}\neq 0$；

（2）确定显著水平 $\alpha=0.05$；

（3）检验计算：

$$\bar{d}=\frac{\sum d}{n}=\frac{17}{8}=2.125\,(\text{kg/小区}),$$

$$s_d^2=\frac{\sum d^2-\frac{(\sum d)^2}{n}}{n-1}=\frac{61-\frac{17^2}{8}}{8-1}=3.55\,(\text{kg/小区})^2,$$

$$s_{\bar{d}}=\sqrt{\frac{s_d^2}{n}}=\sqrt{\frac{3.55}{8}}=0.667\,(\text{kg/小区}),$$

$$t=\frac{\bar{d}}{s_{\bar{d}}}=\frac{2.125}{0.667}=3.19,$$

查附表三，当 $df=8-1=7$ 时， $t_{0.05}=2.365$，现实得 $|t|>t_{0.05}$，故 $p<0.05$；

（4）推断：否定 H_0，接受 H_{A}，甲、乙两个玉米品种的产量存在显著差异.

第四节　样本频率的假设检验

在生物学研究中，有许多数据资料是用频率（或百分数、成数）表示的. 当总体或样本中的个体分属两种属性，如药剂处理后害虫的死与活、种子的发芽与不发芽、动物的雌与雄等，类似这些性状组成的总体通常服从二项分布，因此叫二项总体，即由“非此即彼”性状的个体组成的总体. 有些总体中的个体有多个属性，但可根据研究目的经适当的统计处理分为“目标性状”和“非目标性状”两种属性，也可看作二项总体. 在二项总体中抽样，样本中的“此”性状出现的情况可用次数表示，也可用频率表示，因此频率的假设检验可按二项分布进行，即从二项式$(p+q)^n$的展开式中求出“此”性状频率p的概率，然后作出统计推断. 但是，如果样本容量n较大，$0.1 \leqslant p \leqslant 0.9$时，$np$和$nq$又均不小于5，$(p+q)^n$的分布就趋于正态分布，因而可将频率资料做正态分布处理，从而作出近似的检验.

一、一个样本频率的假设检验

这是检验一个样本频率p与某一理论频率p_0的差异显著性. 根据n和p的大小，其检验方法是不一样的. 当np或$nq<5$，则由二项式$(p+q)^n$展开式直接检验；当$5<np$或$nq<30$时，二项分布趋近正态，可用u检验（$n \geqslant 30$）或t检验（$n<30$），但需进行连续性矫正（continuity correction）；如np、nq均大于30时，则可不进行连续性矫正，用u检验.

样本频率的标准误（standard error of the sample frequency）$\sigma_{\bar{p}}$为

$$\sigma_{\bar{p}}=\sqrt{\frac{pq}{n}}. \tag{2-30}$$

在不需进行连续性矫正时，u值的计算公式为

$$u=\frac{\bar{p}-p}{\sigma_{\bar{p}}}, \tag{2-31}$$

需要进行连续性矫正时，u_c值（或t_c值，$df=n-1$）的计算公式为

$$u_c=\frac{(\bar{p}-p)\mp\frac{0.5}{n}}{\sigma_{\bar{p}}}=\frac{|\bar{p}-p|-\frac{0.5}{n}}{\sigma_{\bar{p}}}, \tag{2-32}$$

式（2-32）中的“$\mp$”表示在$\bar{p}>p$时取“$-$”号，在$\bar{p}<p$时取“$+$”号.

［**例 2-13**］据往年调查资料，某地区乳牛的隐性乳腺炎发病率一般为30%，现对某养殖场500头乳牛进行检测，结果有175头乳牛凝集反应呈阳性，问该养殖场乳牛隐性乳腺炎发病率与往常有无显著差异.

解　本题中，$p_0=30\%$，$n=500$，由于np和nq都大于30，故不需进行连续性矫正.

（1）假设H_0：$p=p_0=30\%$，即该养殖场乳牛隐性乳腺炎发病率仍为30%；H_A：$p\neq p_0$；

（2）确定显著水平$\alpha=0.05$；

（3）检验计算：

$$q=1-p=1-0.3=0.7,$$

$$\bar{p}=\frac{x}{n}=\frac{175}{500}=0.35,$$

$$\sigma_{\bar{p}}=\sqrt{\frac{pq}{n}}=\sqrt{\frac{0.3\times0.7}{500}}=0.0205,$$

$$u=\frac{\bar{p}-p}{\sigma_{\bar{p}}}=\frac{0.35-0.3}{0.0205}=2.439;$$

（4）推断：由于$|u|>u_{0.05}=1.96$，$P<0.05$，故否定H_0，接受H_A，认为该养殖场乳牛隐性乳腺炎发病率与往年资料相比具有显著差异.

［**例 2-14**］规定种蛋的孵化率$p_0>0.80$为合格，现对一批种蛋随机抽取100枚进行孵化检验，结果有79枚孵出，问这批种蛋是否合格.

解 此题中，np、nq都大于5，但$nq<30$，故需进行连续性矫正. 又只有孵化率$\leqslant0.80$才认为是不合格，故使用单尾检验.

（1）假设H_0：$p\leqslant p_0$，即该批种蛋不合格；H_A：$p>p_0$；

（2）确定显著水平$\alpha=0.05$；

（3）检验计算：

$$q=1-p=1-0.80=0.20,$$

$$\bar{p}=\frac{x}{n}=\frac{79}{100}=0.79,$$

$$\sigma_{\bar{p}}=\sqrt{\frac{pq}{n}}=\sqrt{\frac{0.80\times0.20}{100}}=0.04,$$

$$u=\frac{|\bar{p}-p|-\frac{0.5}{n}}{\sigma_{\bar{p}}}=\frac{|0.79-0.80|-\frac{0.5}{100}}{0.04}=0.125;$$

（4）推断：由于$|u|<u_{0.05}=1.645$，$P>0.05$，接受H_0，认为这批种蛋不合格.

二、两个样本频率的假设检验

适用于检验两个样本频率$\bar{p}_1$和$\bar{p}_2$差异显著性. 一般假定两个样本的方差是相等的，即$\sigma_{p_1}^2=\sigma_{p_2}^2$. 这类检验在实际应用中具有更重要的意义. 由于在抽样试验中，其理论频率p为未知数，就不能对两样本中某属性出现的次数进行比较，只能进行频率的比较. 和单个样本频率的假设检验一样，当np或$nq<5$，则按二项分布直接进行检验；当$5<np$或$nq<30$时，用u检验（$n\geqslant30$）或t检验（$n<30$），并需进行连续性矫正；当np、nq均大于30时，则可不进行连续性矫正，用u检验.

两个样本频率差数标准误（standard error of the sample difference）$s_{\bar{p}_1-\bar{p}_2}$为

$$s_{\bar{p}_1-\bar{p}_2}=\sqrt{\frac{\bar{p}_1\bar{q}_1}{n_1}+\frac{\bar{p}_2\bar{q}_2}{n_2}}\,, \tag{2-33}$$

在H_0：$p_1=p_2$的条件下，两个样本频率差数标准误$s_{\bar{p}_1-\bar{p}_2}$为

$$s_{\bar{p}_1-\bar{p}_2}=\sqrt{\bar{p}\,\bar{q}\left(\frac{1}{n_2}+\frac{1}{n_1}\right)}\,, \tag{2-34}$$

式（2–34）中，$\bar{p}=\dfrac{x_1+x_2}{n_1+n_2}$，$\bar{q}=1-\bar{p}$，$x_1$、$x_2$分别代表两样本中某属性出现的次数，$n_1$、$n_2$分别为两样本的容量. 当$n_1=n_2=n$时，式（2–34）可简化为

$$s_{\bar{p}_1-\bar{p}_2}=\sqrt{\frac{2\bar{p}\,\bar{q}}{n}}\,. \tag{2-35}$$

不需进行连续性矫正的u值为

$$u=\frac{(\bar{p}_1-\bar{p}_2)-(p_1-p_2)}{s_{\bar{p}_1-\bar{p}_2}}\,, \tag{2-36}$$

需要进行连续性矫正的u_c值（或t_c值，$df=n_1+n_2-2$）为

$$u_c=\frac{\left|(\bar{p}_1-\bar{p}_2)-(p_1-p_2)\right|-\dfrac{0.5}{n_1}-\dfrac{0.5}{n_2}}{s_{\bar{p}_1-\bar{p}_2}}\,. \tag{2-37}$$

［**例 2–15**］研究 A、B 两药对某病的治疗效果. A 药治疗病畜 700 例，治愈 530 例；B 药治疗病畜 750 例，治愈 620 例，问两药治愈率是否有显著差异.

解 本题np和nq均大于 30，不需进行连续性矫正. 又事先不知两个养殖场的锈病发病率孰高孰低，故进行双尾检验.

（1）假设H_0：$p_1=p_2$，即 A、B 两药治愈率没有显著差异；H_A：$p_1\neq p_2$；

（2）确定显著水平$\alpha=0.01$；

（3）检验计算：

$$\bar{p}_1=\frac{x_1}{n_1}=\frac{530}{700}=0.757\,,$$

$$\bar{p}_2=\frac{x_2}{n_2}=\frac{620}{750}=0.827\,,$$

$$\bar{p}=\frac{x_1+x_2}{n_1+n_2}=\frac{530+620}{700+750}=0.793\,,$$

$$\bar{q}=1-\bar{p}=1-0.793=0.207,$$

$$s_{\bar{p}_1-\bar{p}_2}=\sqrt{\bar{p}\,\bar{q}\left(\frac{1}{n_1}+\frac{1}{n_2}\right)}=\sqrt{0.793\times0.207\times\left(\frac{1}{700}+\frac{1}{750}\right)}=0.02129,$$

$$u=\frac{\bar{p}_1-\bar{p}_2}{s_{\bar{p}_1-\bar{p}_2}}=\frac{0.757-0.827}{0.02129}=-3.288;$$

（4）推断：由于$|u|>u_{0.01}=2.58$，$P<0.01$，故否定H_0，接受H_A，认为A、B两药治愈率有极显著差异.

［例 2-16］ 比较胺碘酮与索他洛尔对房颤患者的长效治疗作用，随访12个月仍维持窦性心律且无不良反应者，胺碘酮组有53例，$n_1=70$；索他洛尔组有62例，$n_2=75$，问胺碘酮与索他洛尔对房颤的长效治疗作用是否相同.

解　本题nq小于30，需要进行连续性矫正. 采用双尾检验.

（1）设H_0：$p_1=p_2$，即胺碘酮与索他洛尔对房颤的长效治疗作用没有显著差异；H_A：$p_1\neq p_2$；

（2）确定显著水平$\alpha=0.05$；

（3）检验计算：

$$\bar{p}_1=\frac{x_1}{n_1}=\frac{53}{70}=0.757,$$

$$\bar{p}_2=\frac{x_2}{n_2}=\frac{62}{75}=0.827,$$

$$\bar{p}=\frac{x_1+x_2}{n_1+n_2}=\frac{53+62}{70+75}=0.793,$$

$$\bar{q}=1-\bar{p}=1-0.793=0.207,$$

$$s_{\bar{p}_1-\bar{p}_2}=\sqrt{\bar{p}\,\bar{q}\left(\frac{1}{n_1}+\frac{1}{n_2}\right)}=\sqrt{0.793\times0.207\times\left(\frac{1}{70}+\frac{1}{75}\right)}=0.067,$$

$$u_c=\frac{|\bar{p}_1-\bar{p}_2|-\frac{0.5}{n_1}-\frac{0.5}{n_2}}{s_{\bar{p}_1-\bar{p}_2}}=\frac{|0.757-0.827|-\frac{0.5}{70}-\frac{0.5}{75}}{0.067}=0.839;$$

（4）推断：$|u|<u_{0.05}=1.96$，$P>0.05$，故接受H_0，否定H_A，认为胺碘酮与索他洛尔对房颤患者的长效治疗作用没有显著差异.

第五节　χ^2检验的原理与方法

一、χ^2检验的原理

χ^2的原意是从平均数为μ、方差为σ^2的正态总体中独立随机抽取k个独立样本x_1，x_2，…，x_k，并求出其标准正态离差：

$$u_1=\frac{x_1-\mu}{\sigma}，\ u_2=\frac{x_2-\mu}{\sigma}，\ \dots，\ u_k=\frac{x_k-\mu}{\sigma}，$$

记这 k 个相互独立的标准正态离差的平方和为

$$\chi^2=u_1^2+u_2^2+\cdots+u_k^2=\sum_{i=1}^{k}u_i^2=\sum_{i=1}^{k}\left(\frac{x_i-\mu}{\sigma}\right)^2=\frac{\sum_{i=1}^{k}(x_i-\mu)^2}{\sigma^2}. \tag{2-38}$$

若用样本平均数 $\bar{x}$ 代替总体平均数 μ，则

$$\chi^2=\frac{\sum_{i=1}^{k}(x_i-\bar{x})^2}{\sigma^2}=\frac{(k-1)S^2}{\sigma^2}, \tag{2-39}$$

随机变量服从自由度为 $k-1$ 的 χ^2 分布.

对计数资料或属性资料进行 χ^2 检验，其基本原理是应用理论值（expected value，E）与观测值（observed value，O）之间的偏离程度来决定 χ^2 值的大小. 理论值与观测值之间偏差越大，χ^2 值就越大，观测值越不符合理论值；偏差越小，χ^2 值就越小，观测值越趋于符合理论值；若两值完全相等时，χ^2 值就为零，表明观测值完全符合理论值. 在计算理论值 E 与观测值 O 之间的符合程度时，最简单的方法是比较两者差数的大小，但由于 $O-E$ 值有正有负，则 $\sum(O-E)$ 趋近于零，不能真实地反映理论值与观测值差值的大小，故采用 $\sum(O-E)^2$ 以解决正负抵消的问题. 观测值与理论值相差越大，$\sum(O-E)^2$ 也越大，反之亦然. 偏离 $\sum(O-E)^2$ 似乎可以衡量观测值与理论值的偏离程度，但实际上这个绝对差异数还不足以表示偏离程度. 例如，根据遗传学理论，动物的性别比例是 1∶1. 统计某羊场一年所产的 876 只羔羊中，有公羔 428 只，母羔 448 只. 按 1∶1 的性别比例计算，公、母羔均应为 438 只. 以 O 表示观测次数，E 表示理论次数，可将上述情况列成表 2-2.

表 2-2　羔羊性别观测次数与理论次数

单位：只

性别	观测值 O	理论值 E	$O-E$
公	428（O_1）	438（E_1）	−10
母	448（O_2）	438（E_2）	10
合计	876	876	0

从表 2-2 中看到，观测次数与理论次数存在一定的差异，这里公、母各相差 10 只. 显然不能用这两个差数之和来表示观测次数与理论次数的偏离程度. 为了避免正、负抵消，可将两个差数 O_1-E_1、O_2-E_2 平方后再相加，即计算 $\sum(O-E)^2$，其值越大，观测次数与理论次数相差亦越大，反之则越小. 但利用 $\sum(O-E)^2$ 表示观测次数与理论次数的偏离程度尚有不足. 为了弥补这一不足，可先将各差数平方除以相应的理论次数后再相加，并记之为 χ^2，即

$$\chi^2=\sum\frac{(O-E)^2}{E}, \tag{2-40}$$

式（2−40）中，O 为观测值，E 为理论值.

由式（2−40）可知，χ^2 最小值为 0，随着 χ^2 值的增大，观测值与理论值符合程度越来越小，所以 χ^2 的分布是由 0 到无限大的变数. 实际上其符合程度由 χ^2 概率决定. 由 χ^2 分布表（附表四）可知，χ^2 值与概率 p 成反比，χ^2 值越小，p 值越大；χ^2 越大，p 值越小. 因此，可用 χ^2 分布对计数资料或属性资料进行假设检验. χ^2 检验的步骤为：

（1）提出无效假设 H_0：观测值与理论值的差异由抽样误差引起，即观测值=理论值. 同时给出相应的备择假设 H_A：观测值与理论值的差值不等于 0，即观测值≠理论值.

（2）确定显著水平 α. 一般可确定为 0.05 或 0.01.

（3）计算样本的 χ^2. 求得各个理论次数 E_i，并根据各观测次数 O_i，代入式（2−40），计算样本的 χ^2.

（4）进行统计推断. 由于 $df=k-1$，从附表四中查出 χ^2_α 值，如果实得 $\chi^2<\chi^2_\alpha$，即表明 $p>\alpha$，应接受 H_0，否定 H_A，则说明在 α 显著水平下理论值与观测值差异不显著，二者之间的差异系由抽样误差引起；如果实得 $\chi^2>\chi^2_\alpha$，即表明 $p<\alpha$，应否定 H_0，接受 H_A，则说明在 α 显著水平下理论值与观测值差异是显著的，二者之间的差异是真实存在的.

由于 χ^2 分布是连续的，而计数资料或属性资料是离散的，故所得的 χ^2 值是一个近似值. 为了使离散型变量的计算结果与连续型变量 χ^2 分布的概率相吻合，在计算 χ^2 时应注意以下两个问题：

（1）任何一组的理论次数 E_i 都必须大于 5，如果 $E_i\leqslant 5$，统计量会明显偏离 χ^2 分布，则需要并组或增大样本容量，以满足 $E_i>5$.

（2）在自由度 $df=1$ 时，需进行连续性矫正，其矫正的 χ^2_c 为

$$\chi^2_c=\sum_{i=1}^{k}\frac{\left(\left|O_i-E_i\right|-0.5\right)^2}{E_i}. \tag{2-41}$$

对同一资料，进行矫正的 χ^2_c 值要比未矫正的 χ^2 值小. 当自由度 $df\geqslant 2$ 时，由于 χ^2_c 与 χ^2 相差不大，所以一般不再进行连续性矫正.

二、适合性检验

（一）适合性检验的意义

判断实际观察的属性类别分配是否符合已知属性类别分配理论或学说的假设检验称为适合性检验. 在适合性检验中，无效假设为 H_0：实际观察的属性类别分配符合已知属性类别分配的理论或学说；备择假设为 H_A：实际观察的属性类别分配不符合已知属性类别分配的理论或学说. 同时在无效假设成立的条件下，按已知属性类别分配的理论或学说计算各属性类别的理论次数. 因所计算得到的各个属性类别理论次数的总和应等于各个属性类别观测次数的总和，所以独立的理论次数的个数等于属性类别分类数减 1. 也就是说，适合性检验的自由度等于属性类别分类数减 1. 若属性类别分类数为 k，

则适合性检验的自由度为 $k-1$. 然后根据式（2–40）或式（2–41）计算出 χ^2 或 χ_c^2. 将所计算得的 χ^2 或 χ_c^2 值与根据自由度 $k-1$ 查 χ^2 分布表（附表四）所得的临界 χ^2 值 $\chi^2_{0.05}$ 和 $\chi^2_{0.01}$ 进行比较：若 χ^2（或 χ_c^2）$<\chi^2_{0.05}$，$p>0.05$，表明观测次数与理论次数差异不显著，可以认为观测的属性类别分配符合已知属性类别分配的理论或学说；若 $\chi^2_{0.05}\leqslant\chi^2$（或 χ_c^2）$<\chi^2_{0.01}$，$0.01<P\leqslant0.05$，表明观测次数与理论次数差异显著，观测的属性类别分配不符合已知属性类别分配的理论或学说；若 χ^2（或 χ_c^2）$\geqslant\chi^2_{0.01}$，$P\leqslant0.01$，表明观测次数与理论次数差异极显著，观测的属性类别分配极显著不符合已知属性类别分配的理论或学说.

（二）适合性检验的方法

下面结合实例说明适合性检验方法.

[例 2–17] 在进行大豆花色的遗传研究时，观察了 F_2 代 260 株，其中 181 株为紫色，79 株为白色，问大豆花色 F_2 代性状分离比率是否符合孟德尔遗传分离定律的 3∶1 比例.

解 检验步骤如下：

（1）假设 H_0：F_2 代分离现象符合 3∶1 的理论比例；H_A：F_2 二代分离现象不符合 3∶1 的理论比例.

（2）确定显著水平 $\alpha=0.05$.

（3）检验计算：

由于本例涉及两种花色（紫色与白色），属性类别分类数 $k=2$，自由度 $df=k-1=2-1=1$，须使用式（2–41）来计算 χ_c^2. 根据理论比率 3∶1 求理论次数，并将上述情况列成表 2–3.

紫色理论次数：$E_1=260\times\dfrac{3}{4}=195$；

白色理论次数：$E_2=260\times\dfrac{1}{4}=65$；或 $E_2=260-E_1=260-195=65$.

表 2—3 χ_c^2 计算表

性 状	观测次数（O）	理论次数（E）	$O-E$	χ_c^2
紫 色	181	195	−14	0.935
白 色	79	65	+14	2.804
总 和	260	260	0	3.739

将观测值和理论值代入式（2–41）有

$$\chi_c^2=\sum_{i=1}^{2}\frac{(|O-E_i|-0.5)^2}{E_i}=\frac{(|181-195|-0.5)^2}{195}+\frac{(|79-65|-0.5)^2}{65}=3.74.$$

（4）推断：当自由度 $df=1$ 时，查得 $\chi^2_{0.05(1)}=3.84$，计算的 $\chi^2_c<\chi^2_{0.05(1)}$，故 $p>0.05$，

不能否定H_0，表明观测次数与理论次数差异不显著，可以认为大豆花色F_2代性状分离比率符合孟德尔遗传分离定律 3∶1 的理论比例.

遗传学中，有许多显性、隐性比率可以划分为两组的资料，如欲测其与某种理论比率的适合性，则χ^2值也可用表 2–4 中的简式进行计算.

表 2–4　检验两种资料与某种理论比率符合度的χ^2值公式

理论比率（显性：隐性）	χ^2计算公式
1∶1	$\dfrac{(\lvert A-a\rvert-1)^2}{n}$
2∶1	$\dfrac{(\lvert A-2a\rvert-1.5)^2}{2n}$
3∶1	$\dfrac{(\lvert A-3a\rvert-2)^2}{3n}$
15∶1	$\dfrac{(\lvert A-15a\rvert-8)^2}{15n}$
9∶7	$\dfrac{(\lvert 7A-9a\rvert-8)^2}{63n}$
r∶1	$\dfrac{\left(\lvert A-ra\rvert-\dfrac{r+1}{2}\right)^2}{rn}$
r∶m	$\dfrac{\left(\lvert mA-ra\rvert-\dfrac{r+m}{2}\right)^2}{rmn}$

注：A为显性观测值，a为隐性观测值，$n=A+a$.

上例用表 2–4 中的简式进行计算如下：

$$\chi_c^2=\frac{(\lvert A-3a\rvert-2)^2}{3n}=\frac{(\lvert 181-3\times 79\rvert-2)^2}{3\times 260}=3.74\ .$$

由以上计算结果可知，用式（2–41）和表 2–4 中公式进行计算的结果是完全一样的.

三、独立性检验

（一）独立性检验的意义

独立性检验（independence test）是研究两个或两个以上因子彼此之间是相互独立的还是相互影响的一类统计方法.

对次数资料，除进行适合性检验外，有时需要分析两类因子是相互独立还是彼此相关. 如研究两类药物对家畜某种疾病治疗效果的好坏，先将病畜分为两组，一组用第一种药物治疗，另一组用第二种药物治疗，然后统计每种药物的治愈头数和未治愈头数. 这时需要分析药物种类与疗效是否相关，若两者彼此相关，表明疗效因药物不同而异，即两种药物疗效不相同；若两者相互独立，表明两种药物疗效相同. 这种根据次数资料判断两类因子彼此相关或相互独立的假设检验就是独立性检验. 独立性检验实际上是基于次数资料对因子间相关性的研究.

独立性检验与适合性检验是两种不同的检验方法，除了研究目的不同外，还有以下区别：

（1）独立性检验的次数资料是按两因子属性类别进行归组. 根据两因子属性类别数的不同而构成 2×2、2×c、r×c 列联表（r 为行因子的属性类别数，c 为列因子的属性类别数）. 而适合性检验只按某一因子的属性类别将性别、表现型等次数资料归组.

（2）适合性检验按已知的属性分类理论或学说计算理论次数. 独立性检验在计算理论次数时没有现成的理论或学说可以利用，理论次数是在两因子相互独立的假设下进行计算.

（3）在适合性检验中确定自由度时，只有一个约束条件：各理论次数之和等于各实际次数之和，自由度为属性类别数减 1. 而在 r×c 列联表的独立性检验中，共有 rc 个理论次数，但受到以下条件的约束：① rc 个理论次数的总和等于 rc 个实际次数的总和；② r 个横行中的每一个横行理论次数总和等于该行实际次数的总和，但由于 r 个横行实际次数之和的总和应等于 rc 个实际次数之和，因而独立的行约束条件只有 $r-1$ 个；③ 类似地，独立的列约束条件有 $c-1$ 个. 因而在进行独立性检验时，自由度为 $rc-1-(r-1)-(c-1)=(r-1)\times(c-1)$，即等于：（横行属性类别数−1）×（竖列属性类别数−1）.

（二）独立性检验的方法

下面结合实例分别介绍 2×2、2×c、r×c 列联表独立性检验的具体过程.

1. 2×2 列联表的独立性检验

2×2 列联表的一般形式见表 2-5，其自由度 $df=(c-1)\times(r-1)=(2-1)\times(2-1)=1$，在进行 χ^2 检验时，需做连续性矫正，应计算 χ_c^2 值.

表 2-5　2×2 列联表的一般形式

	1	2	行总和 $T_{i\cdot}$
r_1	O_{11}（E_{11}）	O_{12}（E_{12}）	$R_1=O_{11}+O_{12}$
r_2	O_{21}（E_{21}）	O_{22}（E_{22}）	$R_2=O_{21}+O_{22}$
列总和 $T_{\cdot j}$	$C_1=O_{11}+O_{21}$	$C_2=O_{12}+O_{22}$	$T_{\cdot\cdot}=O_{11}+O_{12}+O_{21}+O_{22}$

注：O_{ij} 为观测次数，E_{ij} 为理论次数.

［例 2–18］某猪场用 80 头猪检验某种疫苗是否有预防效果．结果是注射疫苗的 44 头猪中有 12 头发病，32 头未发病；未注射的 36 头猪中有 22 头发病，14 头未发病，问该疫苗是否有预防效果．

解　先将资料整理成列联表（表 2–6 括号内的数据为相应的理论次数）．

表 2–6　2×2 列联表

	发病/头	未发病/头	行总和 $T_{i\cdot}$	发病率
注射	12（18.7）	32（25.3）	$T_{1\cdot}$：44	27.3%
未注射	22（15.3）	14（20.7）	$T_{2\cdot}$：36	61.1%
列总和 $T_{\cdot j}$	$T_{\cdot 1}$：34	$T_{\cdot 2}$：46	$T_{\cdot\cdot}$：80	

（1）假设 H_0：发病与否和注射疫苗无关，即两因子相互独立；H_A：发病与否和注射疫苗有关，即两因子彼此相关．

（2）确定显著水平 $\alpha=0.01$．

（3）检验计算：

根据两因子相互独立的假设，由样本数据计算出各个理论次数．两因子相互独立，就是说注射疫苗与否不影响发病率．也就是说注射组与未注射组的理论发病率应当相同，均应等于总发病率 34/80=0.425．依此计算出各个理论次数如下：

注射组的理论发病数：E_{11}=44 头的理论发病数 18.7 头；

注射组的理论未发病数：E_{12}=44 头的理论未发病数 25.3 头，或：E_{12}=44−18.7=25.3(头)；

未注射组的理论发病数：E_{21}=36 头的理论发病数 15.3 头，或：E_{21}=34−18.7=15.3(头)；

未注射组的理论未发病数：E_{22}=36 头的理论未发病数 20.7 头，或：E_{22}=36−15.3=20.7(头)．

从上述各理论次数 E_{ij} 的计算可以看到，理论次数的计算利用了行、列总和，总总和，4 个理论次数仅有一个是独立的．

将表 2–6 中的观测次数、理论次数代入式（2–41）得

$$\chi_c^2=\sum_{i=1}^{4}\frac{(|O_i-E_i|-0.5)^2}{E_i}=\frac{(|12-18.7|-0.5)^2}{18.7}+\frac{(|32-25.3|-0.5)^2}{25.3}+\frac{(|22-15.3|-0.5)^2}{15.3}$$

$$+\frac{(|14-20.7|-0.5)^2}{20.7}\approx 7.944\,(头^2).$$

（4）推断：查χ^2分布表（附表四），由自由度 df=1，查临界χ^2值，作出统计推断．

因为$\chi^2_{0.01(1)}$=6.63，而 χ_c^2=7.944＞$\chi^2_{0.01(1)}$，p＜0.01，否定 H_0，接受 H_A，表明发病率与是否注射疫苗极显著相关，这里表现为注射组发病率极显著低于未注射组，说明该疫苗是有预防效果的．

在进行 2×2 列联表独立性检验时，还可利用下述简化公式计算

$$\chi_c^2=\frac{(|O_{11}O_{22}-O_{12}O_{21}|-E_{\cdot\cdot}/2)^2E_{\cdot\cdot}}{E_{11}E_{12}E_{21}E_{22}},\tag{2–42}$$

在式（2–42）中，不需要先计算理论次数，直接利用观测次数 O_{ij}，行、列总和 E_i、T_j，

总总和 $T_{..}$进行计算，比利用式（2-41）计算简便，且舍入误差小.

对于［例 2-18］利用式（2-42）可得

$$\chi_c^2=\frac{\left(|12\times14-32\times22|-\frac{80}{2}\right)^2\times80}{34\times46\times36\times44}\approx7.944.$$

所得结果与前面计算结果相同.

2. 2×c 列联表的独立性检验

2×c 列联表是行因子的属性类别数为 2，列因子的属性类别数为 c（$c\geqslant3$）的列联表. 其自由度 $df=(2-1)\times(c-1)$，因为 $c\geqslant3$，所以自由度大于等于 2，在进行χ^2检验时，不需做连续性矫正. 2×c 列联表的一般形式见表 2-7.

表 2-7　2×c 列联表的一般形式

	1	2	…	c	行总和 $T_{i\cdot}$
1	O_{11}	O_{12}	…	O_{1c}	R_1
2	O_{21}	O_{22}	…	O_{2c}	R_2
列总和 $T_{\cdot j}$	C_1	C_2	…	C_c	总总和 $T_{..}$

注：O_{ij}（$i=1$，2；$j=1$，2，…，c）为观测次数.

［例 2-19］某研究小组进行农村新型合作医疗的试点调查研究，收集了男、女医疗费用负担形式的构成情况，结果见表 2-8，问男、女在医疗费用负担形式的构成上有无差异.

表 2-8　男、女医疗费用负担形式的构成情况

单位：元

性别	公费劳保	自费	合作医疗	医疗保险	行总和 $T_{i\cdot}$
男	44	3013	340	406	3803
女	12	2991	338	263	3604
列总和 $T_{\cdot j}$	56	6004	678	669	7407

解　这是一个 2×4 列联表独立性检验的问题，检验步骤如下：

（1）假设 H_0：男、女在医疗费用负担形式的构成上无差异；H_A：男、女在医疗费用负担形式的构成上有差异.

（2）确定显著水平 $\alpha=0.01$.

（3）检验计算：

计算各个理论次数，并填在各观测次数后的括号中，见表 2-9.

$E_{11}=3803\times56/7407=28.75$(元)；

$E_{21}=3604\times56/7407=27.25$(元)；

$E_{12}=3803\times6004/7407=3082.65$(元)；

E_{22}=3604×6004/7407=2921.35(元)；
E_{13}=3803×678/7407=348.11(元)；
E_{23}=3604×678/7407=329.89(元)；
E_{14}=3803×669/7407=343.49(元)；
E_{24}=3604×669/7407=325.51(元).

计算χ^2值：

$$\chi^2=\frac{(44-28.75)^2}{28.75}+\frac{(3013-3082.65)^2}{3082.65}+\cdots+\frac{(338-329.89)^2}{329.89}+\frac{(263-325.51)^2}{325.51}$$
$$\approx 43.626(元).$$

表 2-9　男、女医疗费用负担形式的理论情况

单位：元

性别	公费劳保	自费	合作医疗	医疗保险	行总和 $T_{i\cdot}$
男	44（28.75）	3013（3082.65）	340（348.11）	406（343.49）	3803
女	12（27.25）	2991（2921.35）	338（329.89）	263（325.51）	3604
列总和 $T_{\cdot j}$	56	6004	678	669	7407

（4）推断：由自由度 df=3 查临界χ^2值，作出统计推断.

因为$\chi^2_{0.01(3)}$=11.34，而χ^2=43.626＞$\chi^2_{0.01(3)}$，p＜0.01，否定 H_0，接受 H_A，认为男、女在医疗费用负担形式的构成上有显著性差异.

在进行 2×c 列联表独立性检验时，还可利用下述简化式（2-43）或式（2-44）计算

$$\chi^2=\frac{T_{\cdot\cdot}^2}{R_1.R_2.}\left[\sum\frac{O_{1j}^2}{C_{\cdot j}}-\frac{R_1^2.}{T_{\cdot\cdot}}\right],\tag{2-43}$$

或

$$\chi^2=\frac{T_{\cdot\cdot}^2}{R_1.R_2.}\left[\sum\frac{O_{2j}^2}{C_{\cdot j}}-\frac{R_2^2.}{T_{\cdot\cdot}}\right].\tag{2-44}$$

式（2-43）或式（2-44）的计算结果相同但区别在于：式（2-43）利用第一行中的观测次数 O_{1j} 和行总和 C_1 计算；式（2-44）利用第二行中的观测次数 O_{2j} 和行总和 C_2 计算. 利用式（2-43）计算χ^2值得：

$$\chi^2=\frac{7407^2}{3803\times3604}\times\left(\frac{44^2}{56}+\frac{3013^2}{6004}+\frac{340^2}{678}+\frac{406^2}{669}-\frac{3803^2}{7407}\right)=43.649(元).$$

计算结果与利用式（2-41）计算的结果因舍入误差略有不同.

此外，在畜牧、水产科学研究中，有时需将数量性状资料以等级分类，如剪毛量分为特等、一等、二等，产奶量分为高产与低产等，这些由数量性状资料转化为质量性状的次数资料检验，也可用χ^2检验.

3. $r\times c$ 列联表的独立性检验

$r\times c$ 列联表是指行因子的属性类别数为 r（r＞2），列因子的属性类别数为 c（c＞2）

的列联表. 其一般形式见表 2-10.

表 2-10　$r\times c$ 列联表的一般形式

	1	2	…	c	行总和 $T_{i\cdot}$
1	O_{11}	O_{12}	…	O_{1c}	R_1
2	O_{21}	O_{22}	…	O_{2c}	R_2
⋮	⋮	⋮	⋮	⋮	⋮
r	O_{r1}	O_{r2}	…	O_{rc}	R_r
列总和 $T_{\cdot j}$	C_1	C_2	…	C_c	$T_{\cdot\cdot}$

注：O_{ij}（i=1，2，…，r；j=1，2，…，c）为观测次数.

$r\times c$ 列联表各个理论次数的计算方法与上述 2×2、2×c 列联表独立性检验类似. 但一般用简化公式计算 χ^2 值，其公式为

$$\chi^2 = T_{\cdot\cdot}\left(\sum\frac{O_{ij}^2}{R_{i\cdot}C_{\cdot j}}-1\right). \tag{2-45}$$

［例 2-20］采用 A、B、C 3 种不同治疗方法治疗瘢痕疙瘩，效果列于表 2-11 中（单位：人），问不同治疗方法与治疗效果是否有关.

表 2-11　不同方法治疗瘢痕疙瘩效果比较

治疗方法	治愈	显效	无效	总和
A	67	41	9	117
B	38	63	21	122
C	23	58	39	120
总和	128	162	69	359

解　检验步骤如下：

（1）假设 H_0：治疗效果与治疗方法无关，即二者相互独立；H_A：治疗效果与治疗方法有关，即不同治疗方法治疗效果不同；

（2）确定显著水平 $\alpha=0.05$；

（3）检验计算：

利用式（2-45）计算 χ^2 值，得

$$\chi^2 = 359\times\left(\frac{67^2}{117\times128}+\frac{41^2}{117\times162}+\cdots+\frac{39^2}{120\times69}-1\right)=48.54(\text{人}).$$

（4）推断：查临界 χ^2 值，进行统计推断由自由度 df=（3−1）×（3−1）=4，查临界 χ^2 值得：$\chi^2_{0.05(4)}$=9.49，因为计算所得的 $\chi^2>\chi^2_{0.05(4)}$，$p<0.05$，否定 H_0，认为不同治疗方法治疗效果不同.

在不同治疗方法与治疗效果有关的基础上，可以将表 2-11 的 3×3 列联表做成 3 个 2×3 列联表，检验两个治疗方法之间的疗效差异.

① A 法与 B 法治疗效果比较：

$$\chi^2=(117+122)\times\left(\frac{67^2}{117\times(67+38)}+\frac{41^2}{117\times(41+63)}+\cdots+\frac{21^2}{122\times(9+21)}-1\right)=17.35(\text{人}).$$

② A 法与 C 法治疗效果比较：

$$\chi^2=(117+120)\times\left(\frac{67^2}{117\times(67+23)}+\frac{41^2}{117\times(41+58)}+\cdots+\frac{39^2}{120\times(9+39)}-1\right)=43.16(\text{人}).$$

③ B 法与 C 法治疗效果比较：

$$\chi^2=(122+120)\times\left(\frac{38^2}{122\times(38+23)}+\frac{63^2}{122\times(63+58)}+\cdots+\frac{39^2}{120\times(21+39)}-1\right)=9.29(\text{人}).$$

由自由度 df=2 查临界χ^2值，作出统计推断. 因为$\chi^2_{0.01\,(2)}$ =9.21，说明 A 法与 B 法、C 法，B 法与 C 法在治疗瘢痕疙瘩上疗效差异极显著.

第六节　参数的区间估计与点估计

参数估计（estimation of parameter）是统计推断的另一个方面，它是指样本结果对总体参数在一定概率水平下所作出的估计. 参数估计包括区间估计（interval estimation）和点估计（point estimation）.

一、参数的区间估计和点估计原理

参数的区间估计和点估计是建立在一定理论分布基础上的一种方法. 由中心极限定理和大数定理可知，只要抽样为大样本，不论其总体是否为正态分布，其样本平均数都近似服从 $N(\mu,\sigma_{\bar{x}}^2)$的正态分布，因而，当显著水平 $\alpha=0.05$ 或 0.01 时，即置信度（degree of confidence）在 $P=1-\alpha=0.95$ 或 0.99 的条件下，有

$$P(\mu-1.96\sigma_{\bar{x}}\leqslant\bar{x}\leqslant\mu+1.96\sigma_{\bar{x}})=0.95,\tag{2-46}$$

$$P(\mu-2.58\sigma_{\bar{x}}\leqslant\bar{x}\leqslant\mu+2.58\sigma_{\bar{x}})=0.99,\tag{2-47}$$

由式（2-46）、式（2-47）可得

$$P(\bar{x}-1.96\sigma_{x}\leqslant\mu\leqslant\bar{x}+1.96\sigma_{\bar{x}})=0.95,\tag{2-48}$$

$$P(\bar{x}-2.58\sigma_{\bar{x}}\leqslant\mu\leqslant\bar{x}+2.58\sigma_{\bar{x}})=0.99,\tag{2-49}$$

因此，对于某一概率标准α，则有通式

$$P(\bar{x}-u_\alpha\sigma_{\bar{x}}\leqslant\mu\leqslant\bar{x}+u_\alpha\sigma_{\bar{x}})=1-\alpha,\tag{2-50}$$

式（2-50）中，u_α为正态分布下置信度 $P=1-\alpha$ 时 u 的临界值.

上面公式表明，尽管我们只知道$\bar{x}$而不知道μ，但知道区间（$\bar{x}-u_\alpha\sigma_{\bar{x}}$，$\bar{x}+u_\alpha\sigma_{\bar{x}}$）内包含$\mu$在内的可靠程度为$1-\alpha$. 其中，（$\bar{x}-u_\alpha\sigma_{\bar{x}}$，$\bar{x}+u_\alpha\sigma_{\bar{x}}$）被称作$\mu$的$1-\alpha$置信区间（confidence interval），因此，对于μ的$1-\alpha$置信区间的下限L_1和上限L_2可以写为

$$L_1=\bar{x}-u_\alpha\sigma_{\bar{x}},L_2=\bar{x}+u_\alpha\sigma_{\bar{x}}, \tag{2-51}$$

区间（L_1，L_2）便是用样本平均数$\bar{x}$对总体平均数μ的置信度为$P=1-\alpha$的区间估计. 那么，可用

$$L=\bar{x}\pm u_\alpha\sigma_{\bar{x}} \tag{2-52}$$

表示样本平均数$\bar{x}$对总体平均数μ的置信度为$P=1-\alpha$的点估计.

当$\alpha=0.05$时，包含有μ的置信度为0.95的区间估计和点估计为

$$(\bar{x}-1.96\sigma_{\bar{x}},\bar{x}+1.96\sigma_{\bar{x}}), \tag{2-53}$$

$$L=\bar{x}\pm1.96\sigma_{\bar{x}}. \tag{2-54}$$

当$\alpha=0.01$时，包含有μ的置信度为0.99的区间估计和点估计为

$$(\bar{x}-2.58\sigma_{\bar{x}},\bar{x}+2.58\sigma_{\bar{x}}), \tag{2-55}$$

$$L=\bar{x}\pm2.58\sigma_{\bar{x}}. \tag{2-56}$$

实际上，参数的区间估计也可用于假设检验，因为置信区间是在一定置信度$P=1-\alpha$下总体参数的所在范围，故对参数所进行的假设如果落在该区间内，就说明这个假设与真实情况没有不同，因而就可以接受H_0；反之，如果对参数所进行的假设落在区间之外，则说明假设与真实情况有本质的不同，就应否定H_0，接受H_A.

需要指出的是，无论区间估计还是点估计，都与概率显著水平α的大小联系在一起，α越小，则相应的置信区间越大，也就是说用样本平均数对总体平均数估计的可靠程度越高，但这时估计的精确度就降低了. 在实际应用中，应合理选取显著水平α的大小，不能认为α取值越小越好.

二、一个总体平均数μ的区间估计与点估计

当总体方差σ^2为已知或未知但为大样本时，可以利用样本平均数$\bar{x}$和总体方差σ^2做出在置信度为$P=1-\alpha$的总体平均数μ的区间估计为

$$(\bar{x}-u_\alpha\sigma_{\bar{x}},\bar{x}+u_\alpha\sigma_{\bar{x}}).$$

由式（2–51）可知，其置信区间的下限L_1和上限L_2为:

$$L_1=\bar{x}-u_\alpha\sigma_{\bar{x}},L_2=\bar{x}+u_\alpha\sigma_{\bar{x}}.$$

由式（2–52）可知，总体平均数μ的点估计为:

$$L=\bar{x}\pm u_\alpha\sigma_{\bar{x}}.$$

当样本为小样本且总体方差σ^2未知时，σ^2需由样本方差s^2来估计，于是置信区间为$P=1-\alpha$的总体平均数μ的置信区间可估计为

$$(\bar{x}-t_\alpha s_{\bar{x}},\bar{x}+t_\alpha s_{\bar{x}}), \tag{2-57}$$

其置信区间的下限L_1和上限L_2为

$$L_1=\bar{x}-t_\alpha s_{\bar{x}},L_2=\bar{x}+t_\alpha s_{\bar{x}}, \tag{2-58}$$

总体平均数μ的点估计为

$$L = \bar{x} \pm t_{\alpha} s_{\bar{x}} , \tag{2-59}$$

上式中，t_{α} 为 t 分布下置信度 $P = 1-\alpha$ 时的 t 临界值，$df = n-1$.

［**例 2-21**］随机抽取 20 株小麦，得平均株高 82.3 cm，标准差为 6.23 cm，求 99% 置信度下小麦株高的区间估计与点估计.

解　由于总体方差 σ^2 未知，需用 s^2 估计 σ^2. 查附表三，当 $df = 20-1 = 19$ 时，$t_{0.01} = 2.861$. 具体计算为

$$s_{\bar{x}} = \frac{s}{\sqrt{n}} = \frac{6.23}{\sqrt{20}} \approx 1.39 \text{ cm}.$$

于是小麦株高的置信区间下限 L_1 和上限 L_2 为

$$L_1 = \bar{x} - t_{\alpha} s_{\bar{x}} = 82.3 - 2.861 \times 1.39 = 78.32(\text{cm}),$$
$$L_2 = \bar{x} + t_{\alpha} s_{\bar{x}} = 82.3 + 2.861 \times 1.39 = 86.28(\text{cm}).$$

小麦株高的点估计为

$$L = \bar{x} \pm t_{\alpha} s_{\bar{x}} = 82.3 \pm 2.861 \times 1.39 = 82.3(\text{cm}) \pm 3.98(\text{cm}).$$

三、两个总体平均数差数 $\mu_1 - \mu_2$ 的区间估计与点估计

当两个总体方差 σ_1^2 和 σ_2^2 为已知，或总体方差 σ_1^2 和 σ_2^2 未知但为大样本时，在置信度 $P = 1-\alpha$ 下，两个总体平均数差数 $\mu_1 - \mu_2$ 的区间估计为

$$\left((\bar{x}_1 - \bar{x}_2) - u_{\alpha}\sigma_{\bar{x}_1-\bar{x}_2}, (\bar{x}_1 - \bar{x}_2) + u_{\alpha}\sigma_{\bar{x}_1-\bar{x}_2}\right), \tag{2-60}$$

其置信区间的下限 L_1 和上限 L_2 为

$$L_1 = (\bar{x}_1 - \bar{x}_2) - u_{\alpha}\sigma_{\bar{x}_1-\bar{x}_2}, L_2 = (\bar{x}_1 - \bar{x}_2) + u_{\alpha}\sigma_{\bar{x}_1-\bar{x}_2}. \tag{2-61}$$

两个总体平均数差数 $\mu_1 - \mu_2$ 的点估计为

$$L = (\bar{x}_1 - \bar{x}_2) \pm u_{\alpha}\sigma_{\bar{x}_1-\bar{x}_2}. \tag{2-62}$$

当两个样本为小样本，且两总体方差 σ_1^2 和 σ_2^2 未知，但两总体方差相等，即 $\sigma_1^2 = \sigma_2^2 = \sigma^2$ 时，可由两样本方差 s_1^2 和 s_2^2 估计总体方差 σ_1^2 和 σ_2^2，用 t_{α} 代替 u_{α}，自由度 $df = n_1 + n_2 - 2$. 在置信度为 $P = 1-\alpha$ 下，两总体平均数差数 $\mu_1 - \mu_2$ 的区间估计为

$$\left((\bar{x}_1 - \bar{x}_2) - t_{\alpha}s_{\bar{x}_1-\bar{x}_2}, (\bar{x}_1 - \bar{x}_2) + t_{\alpha}s_{\bar{x}_1-\bar{x}_2}\right). \tag{2-63}$$

其置信区间的下限 L_1 和上限 L_2 为

$$L_1 = (\bar{x}_1 - \bar{x}_2) - t_{\alpha}s_{\bar{x}_1-\bar{x}_2}, L_2 = (\bar{x}_1 - \bar{x}_2) + t_{\alpha}s_{\bar{x}_1-\bar{x}_2}. \tag{2-64}$$

两总体平均数差数 $\mu_1 - \mu_2$ 的点估计为

$$L = (\bar{x}_1 - \bar{x}_2) \pm t_{\alpha}s_{\bar{x}_1-\bar{x}_2}. \tag{2-65}$$

当两个样本为小样本，两总体方差 σ_1^2 和 σ_2^2 未知，且两总体方差不等，即 $\sigma_1^2 \neq \sigma_2^2$ 时，由两样本方差 s_1^2 和 s_2^2 对总体方差 σ_1^2 和 σ_2^2 的估计而算出的 t 值，已不是自由度 $df = n_1 + n_2 - 2$ 的 t 分布，而是近似服从自由度为 df' 的 t 分布，在置信度为 $P = 1-\alpha$ 下，

两总体平均数差数 $\mu_1-\mu_2$ 的区间估计为

$$((\bar{x}_1-\bar{x}_2)-t_{\alpha(df')}s_{\bar{x}_1-\bar{x}_2},(\bar{x}_1-\bar{x}_2)+t_{\alpha(df')}s_{\bar{x}_1-\bar{x}_2}), \tag{2-66}$$

其置信区间的下限 L_1 和上限 L_2 为

$$L_1=(\bar{x}_1-\bar{x}_2)-t_{\alpha(df')}s_{\bar{x}_1-\bar{x}_2},L_2=(\bar{x}_1-\bar{x}_2)+t_{\alpha(df')}s_{\bar{x}_1-\bar{x}_2}, \tag{2-67}$$

两总体平均数差数 $\mu_1-\mu_2$ 的点估计为

$$L=(\bar{x}_1-\bar{x}_2)\pm t_{\alpha(df')}s_{\bar{x}_1-\bar{x}_2}. \tag{2-68}$$

上面式（2–66）到式（2–68）中，$t_{\alpha(df')}$ 为置信度为 $P=1-\alpha$ 时自由度为 df' 的 t 临界值.

当两样本为成对资料时，在置信度为 $P=1-\alpha$ 时，两总体平均数差数 $\mu_1-\mu_2$ 的区间估计为

$$\left(\bar{d}-t_\alpha s_{\bar{d}},\bar{d}+t_\alpha s_{\bar{d}}\right), \tag{2-69}$$

其置信区间的下限 L_1 和上限 L_2 为

$$L_1=\bar{d}-t_\alpha s_{\bar{d}},L_2=\bar{d}+t_\alpha s_{\bar{d}}, \tag{2-70}$$

两总体平均数差数 $\mu_1-\mu_2$ 的点估计为

$$L=\bar{d}\pm t_\alpha s_{\bar{d}}, \tag{2-71}$$

其中 t_α 具有自由度 $df=n-1$.

[例 2–22] 对［例 2–2］中的数据进行置信度为 95%时两种药物对脑缺血再灌注损伤小鼠脑细胞坏死的影响差异的区间估计和点估计.

解 在［例 2–2］中，已知 $\bar{x}_1=27.92$ 个/视野，$\bar{x}_2=25.11$ 个/视野，$s_{\bar{x}_1-\bar{x}_2}=1.296$ 个/视野，并从附表三查得，当 $df=13$ 时，$t_{0.05}=2.160$，所以置信度为 95%时两种药物对脑缺血再灌注损伤小鼠脑细胞坏死的影响差异的置信区间的下限 L_1 和上限 L_2 为

$$L_1=\left(\bar{x}_1-\bar{x}_2\right)-t_\alpha s_{\bar{x}_1-\bar{x}_2}=(27.92-25.11)-2.160\times1.296=0.01\ (\text{个/视野}),$$

$$L_2=\left(\bar{x}_1-\bar{x}_2\right)+t_\alpha s_{\bar{x}_1-\bar{x}_2}=(27.92-25.11)+2.160\times1.296=5.61(\text{个/视野}).$$

两种药物对脑缺血再灌注损伤小鼠脑细胞坏死的影响差异的点估计为

$$L=(\bar{x}_1-\bar{x}_2)\pm t_\alpha s_{\bar{x}_1-\bar{x}_2}=(27.92-25.11)\pm2.160\times1.296=2.81(\text{个/视野})\pm2.80(\text{个/视野}).$$

[例 2–23] 试对［例 2–12］资料进行置信度为 99%的区间估计和点估计.

解 在［例 2–12］中，已算得：$\bar{d}=2.125\ \text{kg}/\text{小区}$，$s_{\bar{d}}=0.667\ \text{kg}/\text{小区}$，并从附表三中查得，当 $df=7$ 时，$t_{0.01}=3.499$. 于是，甲、乙两个玉米品种的产量差数的置信区间的下限 L_1 和上限 L_2 为

$$L_1=\bar{d}-t_\alpha s_{\bar{d}}=2.125-3.499\times0.667=-0.21(\text{kg}/\text{小区}),$$

$$L_2=\bar{d}+t_\alpha s_{\bar{d}}=2.125+3.499\times0.667=4.50(\text{kg}/\text{小区}).$$

甲、乙两个玉米品种的产量差数的点估计为

$$L=\bar{d}\pm t_\alpha s_{\bar{d}}=2.125\pm3.499\times0.667=2.125(\text{kg}/\text{小区})\pm2.334(\text{kg}/\text{小区}).$$

四、一个总体频率 p 的区间估计与点估计

在置信度 $P=1-\alpha$ 下，对一个总体频率 p 的区间估计为

$$\left(\overline{p}-u_{\alpha}\sigma_{\overline{p}},\overline{p}+u_{\alpha}\sigma_{\overline{p}}\right). \tag{2-72}$$

其置信区间的下限 L_1 和上限 L_2 为

$$L_1=\overline{p}-u_{\alpha}\sigma_{\overline{p}},L_2=\overline{p}+u_{\alpha}\sigma_{\overline{p}}. \tag{2-73}$$

总体频率 p 的点估计

$$L=\overline{p}\pm u_{\alpha}\sigma_{\overline{p}}. \tag{2-74}$$

当样本容量较小或者 np、nq 小于 30 时，对总体频率 p 进行的区间估计和点估计，需要做连续性矫正，其矫正后区间估计为

$$\left(\overline{p}-u_{\alpha}\sigma_{\overline{p}}-\frac{0.5}{n},\overline{p}+u_{\alpha}\sigma_{\overline{p}}+\frac{0.5}{n}\right). \tag{2-75}$$

总体频率 p 的点估计

$$L=\overline{p}\pm u_{\alpha}\sigma_{\overline{p}}\pm\frac{0.5}{n}. \tag{2-76}$$

[例 2–24] 探讨肿瘤坏死因子（TNF）与云南地方性猝死的关系，调查新发病区病例 100 例，其中 TNF 阳性 17 例，试进行置信度为 95%的 TNF 阳性率的区间估计和点估计.

解　调查 100 例地方性猝死病例，得 TNF 阳性的病例为 17 例，即 $\overline{p}=0.17$ 或 $np=17$，需进行连续性矫正.

由式（2–30），可算得

$$\sigma_{\overline{p}}=\sqrt{\frac{\overline{p}(1-\overline{p})}{n}}=\sqrt{\frac{0.17\times(1-0.17)}{100}}=0.038.$$

当 $\alpha=0.05$ 时，$u_{0.05}=1.96$. 于是，置信度为 95%的 TNF 阳性率的置信区间的下限 L_1 和上限 L_2 为

$$L_1=\overline{p}-u_{\alpha}\sigma_{\overline{p}}=0.17-1.96\times0.038-\frac{0.5}{100}=0.0905,$$

$$L_2=\overline{p}+u_{\alpha}\sigma_{\overline{p}}=0.17+1.96\times0.038+\frac{0.5}{100}=0.2495.$$

置信度为 95%的 TNF 阳性率的点估计为

$$L=\overline{p}\pm u_{\alpha}\sigma_{\overline{p}}=0.17\pm1.96\times0.038\pm\frac{0.5}{100}=0.17\pm0.0795.$$

五、两个总体频率差数 p_1-p_2 的区间估计与点估计

在进行两个总体频率差数 p_1-p_2 的区间估计与点估计时，一般应明确两个频率有显著差异才有意义. 在置信度为 $P=1-\alpha$ 下，两总体频率差数 p_1-p_2 的区间估计为

$$((\overline{p}_1-\overline{p}_2)-u_\alpha\sigma_{\overline{p}_1-\overline{p}_2},(\overline{p}_1-\overline{p}_2)+u_\alpha\sigma_{\overline{p}_1-\overline{p}_2}), \tag{2-77}$$

其置信区间的下限 L_1 和上限 L_2 为

$$L_1=(\overline{p}_1-\overline{p}_2)-u_\alpha\sigma_{\overline{p}_1-\overline{p}_2},L_2=(\overline{p}_1-\overline{p}_2)+u_\alpha\sigma_{\overline{p}_1-\overline{p}_2}. \tag{2-78}$$

两总体频率差数 p_1-p_2 的点估计为

$$L=(\overline{p}_1-\overline{p}_2)\pm u_\alpha\sigma_{\overline{p}_1-\overline{p}_2}. \tag{2-79}$$

［例 2–25］利用［例 2–15］计算结果，试进行置信度为 99%的两药治愈率差数的区间估计和点估计.

解 在［例 2–15］中，已得出：$\overline{p}_1=0.757$，$\overline{p}_2=0.827$，$s_{\overline{p}_1-\overline{p}_2}=0.021$，由于 np、nq 均大于 30，故可以用 $s^2_{\overline{p}_1-\overline{p}_2}$ 估计 $\sigma^2_{\overline{p}_1-\overline{p}_2}$，不用进行连续性矫正. 当 $P=1-\alpha=0.99$ 时，$\alpha=0.01$，$u_{0.01}=2.58$. 所以置信度为 99%的两个养殖场锈病发病率差数的置信区间的下限 L_1 和上限 L_2 为

$$L_1=(\overline{p}_1-\overline{p}_2)-u_\alpha s_{\overline{p}_1-\overline{p}_2}=(0.757-0.827)-2.58\times0.021=-0.124,$$

$$L_2=(\overline{p}_1-\overline{p}_2)-u_\alpha s_{\overline{p}_1-\overline{p}_2}=(0.757-0.827)+2.58\times0.021=-0.016.$$

两个养殖场锈病发病率差数的点估计为

$$L=(\overline{p}_1-\overline{p}_2)\pm u_\alpha s_{\overline{p}_1-\overline{p}_2}=(0.757-0.827)\pm2.58\times0.021=-0.07\pm0.054.$$

练习题

2.1 什么是假设检验？统计假设有哪几种？

2.2 什么是统计推断？统计推断中有哪两类错误？如何降低两类错误？

2.3 显著性检验的基本步骤是什么？根据什么确定显著水平？

2.4 饲养场规定，只有当肉用鸡平均体重达到 3 kg 时方可屠宰，现从鸡群中随机抽出 20 只，平均体重为 2.8 kg，标准差为 0.2 kg，问该批鸡可否屠宰？

2.5 某地区发现，在 896 名 14 岁以下儿童中有 52%为男孩，用 0.95 置信水平估计这群儿童的性别比是否合理（正常性别比为 1∶1）？$\chi^2_{0.05(1)}=3.84$.

2.6 测量了 85 株某品种水稻的株高，得到平均株高为 66.3 cm，从以往的研究中知道 σ=8.3 cm，试分析该品种水稻的平均株高与常规水稻株高 65.0 cm 有无显著差异，并求出该品种水稻的总体平均株高的 95%置信区间.

2.7 测得两个品种水稻的蛋白质含量各 5 次，结果如下：

A 品种：16、20、17、15、22；

B 品种：15、28、17、22、33.

比较 A 品种和 B 品种之间蛋白质含量的方差及均值是否存在差异.

第三章　方差分析

单样本与总体或两样本间平均数差异的显著性检验已经在前面章节进行了学习. 然而，在生物学研究中，常收集到多样本的数据. 对这些多样本间平均数差异进行统计分析的方法即为**方差分析**（analysis of variance，ANOVA），方差分析又叫变异量分析，它是对多个样本平均数差异显著性检验的一种引申. 在对多个样本平均数差异显著性进行比较时，如果用 t 检验不仅检验次数多，计算烦琐，还会产生较大的误差，提高犯 α 错误的概率. 例如，我们用 t 检验一对一比较的方法检验 4 个样本平均数之间的差异显著性，就需要做 $C_4^2=6$ 次检验，每次无效假设的概率都是 $1-\alpha=0.95$. 而且这些检验都是独立的，那么 6 次都接受的概率是 $(0.95)^6=0.735$，犯 α 错误的概率为 $1-0.735=0.265$，即 6 次犯错误可能性的累积，因此所犯错误的概率大大增加，使用方差分析就可以避免这一问题.

方差分析就是将多个处理的观测值和平均数作为一个整体来加以考虑，把总变异的自由度和平方和分解为不同变化来源的平方和和自由度，从而获得不同变异来源的总体方差的数量估值，然后比较不同变异来源方差所占的分量（F 检验），判断各样本平均值是否有显著差异. 方差分析是科学试验设计和分析中的一个十分重要的工具，其可将总变异分解成各个因素的相应变异，发现各个因素在变异中所占的重要程度，同时可以得到不同来源的变异信息，提供更为准确的试验误差估计. 本章主要从方差分析的基本原理、方差分析的基本假定、单因素方差分析、二因素方差分析、多因素方差分析以及方差分析的数据转换等几个方面进行阐述.

第一节　方差分析的基本原理

在一个多试验处理中，可以得出一系列不同的观测值. 造成观测值不同的原因是多方面的，有的是处理不同引起的，称为处理效应或条件变异，有的是试验过程中偶然性因素的干扰和测量误差所致，这一类误差称试验误差. 方差分析的基本思想是将测量数据的总变异按照变异原因不同分解为处理效应和试验误差，并作出其数量估计.

通过方差比较以确定各种原因在总变异中所占的重要程度，即将处理效应和试验误差在一定意义下进行比较，如二者相差不大，说明试验处理对指标影响不大，如二者相差较大，处理效应比试验误差大得多，说明试验处理影响是很大的，不可忽视. 除处理效应外，剩余变异就是由试验误差引起的，从而作为统计推断依据，由此在试验中选择合适的试验处理或确定进一步试验的方向.

方差分析的用途非常广泛，可用于多个样本平均数的比较、分析多个因素间的交互作用、回归方程的假设检验、方差的同质性检验等.

一、数学模型

假定有 k 组观测数据，每组有 n 个观测值. 则描述每一观测值的线性可加模型为

$$x_{ij}(i=1,\cdots,k;j=1,\cdots,n)=\mu+\tau_i+\varepsilon_{ij}, \tag{3-1}$$

式（3-1）中，x_{ij} 是在第 i 次处理下的第 j 次观测值，μ 为总体平均数，τ_i 为处理效应，ε_{ij} 为试验误差，要求 ε_{ij} 是相互独立的，且服从正态分布 $N\left(0,\sigma^2\right)$.

由样本估计的线性模型为

$$x_{ij}=\overline{x}+t_i+e_{ij}, \tag{3-2}$$

式（3-2）中，$\overline{x}$ 为总体平均数，t_i 为处理效应，e_{ij} 为试验误差，依据对 τ_i 的不同假定，将数学模型分为固定模型和随机模型.

（一）固定模型（fixed model）

固定模型中，各个处理的效应值 τ_i 是固定的，各个处理的平均效应 $\tau_i=\mu_i-\mu$ 是一个常量，且 $\sum\tau_i=0$. 在试验中，我们只能讨论参加试验的个体而不是随机选择的样本，就是说除去随机误差之后每个处理所产生的效应是固定的. 实际上试验因素的各水平常常是根据试验目的事先主观选定的而不是随机选定的，如几种不同湿度下小麦的发芽情况，不同月龄小白鼠抗药性的测定等. 在这些试验中处理的水平是特意选择的，得到的结论只适合于方差分析中所考虑的那几个水平，上述的温度、月龄等因素称为固定因素，在生产实践和科学实验中有很多这样的情况.

在固定模型中，τ_i 是处理平均数与总平均数的离差，为常量，因而

$$\sum_{i=1}^{n}\tau_i=0.$$

要检验 n 个处理效应的相等性，就要判断各 τ_i 是否都等于 0，若各 τ_i 都等于 0，则各处理效应之间无差异. 因此，零假设为

$$H_0\text{：}\tau_1=\tau_2=\cdots=\tau_n=0.$$

备择假设为

$$H_A\text{：}\tau_i\neq0\ (i\geqslant1).$$

若接受 H_0，则不存在处理效应，每个观测值都是由总平均数加上随机误差所构成. 若拒绝 H_0，则存在处理效应，每个观测值是由总平均数、处理效应及误差 3 部分构成的.

（二）随机模型（random model）

随机模型中，各个处理的效应值 τ_i 不是固定的数值，而是由随机因素所引起的效应.

这里 τ_i 是一个随机变量，是从期望均值为 0，方差为 σ^2 的正态总体中得到的随机变量. 可以将这个结论推广到多个随机因素的所有水平上. 如果某些试验条件不能人为控制或通过样本对所属总体作出推断时属于随机模型，例如，将从美国引进我国的黑核桃品种在不同纬度生态条件下试种，来观察该品种对不同地理条件的适应情况，这时各地的气候、水肥、土壤条件是无法人为控制的，就要用随机模型来处理. 有时固定因素与随机因素很难区分，除上面所讲的原则外，还可以从另一角度鉴别. 固定因素是指因素的水平可以严格地人为控制，它的效应值也是固定的，试验重复时可以得到相同的结果. 随机因素的水平不能严格地人为控制，在水平确定之后其效应值并不固定，重复试验时也很难得出相同的结果.

在随机模型中，对单个处理效应的检验是无意义的，所要检验的是关于 σ_τ 的变异性的假设，因而

$$H_0：\sigma_\tau^2 = 0,$$

$$H_A：\sigma_\tau^2 > 0.$$

如果接受 H_0：$\sigma_\tau^2 = 0$，则表示处理之间没有关联；若拒绝 H_0，而接受 H_A：$\sigma_\tau^2 > 0$，则表示处理之间存在差异.

对于多因素试验来说还会出现混合模型的情况.

由于随机模型和固定模型在设计思想和统计推断上有明显不同，因此进行方差分析时的公式推导也有所不同. 虽然所推导的平方和及自由度的分解公式没有区别，但在进行统计推断时假设检验构成的统计数是不同的. 另外，模型分析的侧重点也不完全相同，方差期望值也不一样. 固定模型主要侧重于效应值 σ_τ 的估计和比较，而随机模型则侧重效应方差的估计和检验. 因此在进行分析及试验设计之前就要明确关于模型的基本假设.

对于单因素方差分析来说，两种模型无太多区别.

二、平方和及自由度的分解

方差是离均差平方和除以自由度的商，即 $\sigma^2 = \dfrac{\sum(x-\mu)^2}{N}$，或 $s^2 = \dfrac{\sum(x-\bar{x})^2}{n-1}$，因此，要把一个试验的总变异依据变异来源分为相应的变异，首先要将总平方和和总自由度分解为各个变异来源的相应部分.

（一）平方和的分解

设某试验具有 k 个处理样本，每个样本有 n 个观测值，则该试验共有 nk 个观测值. 其样本资料可用表 3-1 来表示.

表 3-1　每组具有 n 个观测值的 k 组样本符号表

处理	A_1	A_2	…	A_i	…	A_k	
	A_{11}	A_{21}	…	A_{i1}	…	A_{k1}	
	A_{12}	A_{22}	…	A_{i2}	…	A_{k2}	
	…	…	…	…	…	…	
	A_{1i}	A_{2i}	…	A_{ii}	…	A_{ki}	
	…	…	…	…	…	…	
	A_{1n}	A_{2n}	…	A_{in}	…	A_{kn}	
总和 T_i	T_1	T_2	…	T_i	…	T_k	$T=\sum x_{ij}$
平均 $\overline{x}_i$	$\overline{x}_1$	$\overline{x}_2$	…	$\overline{x}_i$	…	$\overline{x}_k$	$\overline{x}$

从方差分析的基本指导思想出发，引起观测值出现变异的原因有处理效应和试验误差. 处理间平均数的差异由处理的效应所致；同一处理内的变异则由随机误差引起，根据线性可加数学模型，有

$$\left(x_{ij}-\overline{x}..\right)=\left(x_{ij}-\overline{x}_i\right)+\left(\overline{x}_i-\overline{x}..\right),$$

等式两边平方

$$\begin{aligned}\left(x_{ij}-\overline{x}..\right)^2&=\left[\left(x_{ij}-\overline{x}_i\right)+\left(\overline{x}_i-\overline{x}..\right)\right]^2\\&=\left(x_{ij}-\overline{x}_i\right)^2+2\left(x_{ij}-\overline{x}_i\right)\left(\overline{x}_i-\overline{x}..\right)+\left(\overline{x}_i-\overline{x}..\right)^2,\end{aligned}$$

所有处理的 n 个观测值离均差平方和累加，有

$$\sum_{i=1}^{k}\sum_{j=1}^{n}\left(x_{ij}-\overline{x}..\right)^2=\sum_{i=1}^{k}\sum_{j=1}^{n}\left(x_{ij}-\overline{x}_i\right)^2+2\sum_{k=1}^{k}\sum_{j=1}^{n}\left(x_{ij}-\overline{x}_i\right)\left(\overline{x}_i-\overline{x}..\right)+\sum_{i=1}^{k}\left(\overline{x}_i-\overline{x}..\right)^2.$$

由于 $2\sum_{i=1}^{k}\sum_{j=1}^{n}\left(x_{ij}-\overline{x}_i\right)\left(\overline{x}_i-\overline{x}..\right)=0$，则

$$\sum_{i=1}^{k}\sum_{j=1}^{n}\left(x_{ij}-\overline{x}..\right)^2=\sum_{i=1}^{k}\sum_{j=1}^{n}\left(x_{ij}-\overline{x}_i\right)^2+\sum_{i=1}^{k}\left(\overline{x}_i-\overline{x}..\right)^2.$$

把 k 个处理的离均差平方再累加，得：

$$\sum_{i=1}^{k}\sum_{j=1}^{n}\left(x_{ij}-\overline{x}..\right)^2=\sum_{i=1}^{k}\sum_{j=1}^{n}\left(x_{ij}-\overline{x}_i\right)^2+n\sum_{i=1}^{k}\left(\overline{x}_i-\overline{x}..\right)^2\ ,\qquad(3-3)$$

式（3–3）中，$\sum_{i=1}^{k}\sum_{j=1}^{n}\left(x_{ij}-\overline{x}..\right)^2$ 表示总平方和，用 SS_{T} 表示；$n\sum_{i=1}^{k}\left(\overline{x}_i-\overline{x}..\right)^2$ 表示处理间或组间平方和，用 SS_{t} 表示；$\sum_{i=1}^{k}\sum_{j=1}^{n}\left(x_{ij}-\overline{x}_i\right)^2$ 表示处理内或组内平方和，用 SS_{e} 表示.

式（3–3）还可以写为

$$SS_T = SS_t + SS_e, \tag{3-4}$$

即，总平方和=处理间平方和+处理内平方和，实际计算时，SS_T 及 SS_t 可用下面推导的公式

$$\begin{aligned} SS_T &= \sum_{i=1}^{k}\sum_{j=1}^{n}\left(x_{ij} - \bar{x}_{..}\right)^2 \\ &= \sum_{i=1}^{k}\sum_{j=1}^{n}x_{ij}^2 - \frac{\left(\sum_{i=1}^{k}\sum_{j=1}^{n}x_{ij}^2\right)^2}{kn} \\ &= \sum_{i=1}^{k}\sum_{j=1}^{n}x_{ij}^2 - \frac{T^2}{kn}. \end{aligned}$$

令矫正数 $C = \frac{T^2}{kn}$，则

$$SS_T = \sum_{i=1}^{k}\sum_{j=1}^{n}x_{ij}^2 - C, \tag{3-5}$$

$$\begin{aligned} SS_t &= n\sum_{i=1}^{k}\left(\bar{x}_i - \bar{x}_{..}\right)^2 \\ &= n\sum_{i=1}^{k}\left(\bar{x}_i^2 - 2\bar{x}_i\bar{x}_{..} + \bar{x}_{..}^2\right) \\ &= n\sum_{i=1}^{k}\bar{x}_i^2 - 2n\bar{x}_{..}\sum_{i=1}^{k}\bar{x}_i + nk\bar{x}_{..}^2 \\ &= n\sum_{i=1}^{k}\bar{x}_i^2 - 2nk\bar{x}_{..}^2 + nk\bar{x}^2 \\ &= n\sum_{i=1}^{k}\bar{x}_i^2 - nk\bar{x}_{..}^2 \\ &= \frac{n\sum_{i=1}^{k}T_i^2}{n^2} - \frac{nkT^2}{(nk)^2} \\ &= \frac{\sum_{i=1}^{k}T_i^2}{n} - C, \end{aligned}$$

即

$$SS_t = \frac{1}{n}\sum_{i=1}^{k}T_i^2 - C, \tag{3-6}$$

$$SS_e = SS_T - SS_t. \tag{3-7}$$

（二）自由度的分解

总自由度也可分解为处理间自由度和处理内自由度，即：总自由度＝处理间自由度＋处理内自由度，用公式表示为

$$df_{\mathrm{T}} = df_{\mathrm{t}} + df_{\mathrm{e}}. \tag{3-8}$$

式（3-8）中，df_{T}表示总自由度，df_{t}表示处理间自由度，df_{e}表示处理内自由度，其中

$$df_{\mathrm{T}} = nk - 1, \tag{3-9}$$

$$df_{\mathrm{t}} = k - 1, \tag{3-10}$$

$$\begin{aligned} df_{\mathrm{e}} &= df_{\mathrm{T}} - df_{\mathrm{t}} \\ &= (nk-1) - (k-1) \\ &= k(n-1). \end{aligned} \tag{3-11}$$

根据各变异部分的平方和和自由度，可求得处理间方差s_{t}^2和处理内方差s_{e}^2：

$$s_{\mathrm{t}}^2 = \frac{SS_{\mathrm{t}}}{df_{\mathrm{t}}}, \tag{3-12}$$

$$s_{\mathrm{e}}^2 = \frac{SS_{\mathrm{e}}}{df_{\mathrm{e}}}. \tag{3-13}$$

［**例 3-1**］某养鱼场对同一批鱼苗分别用 4 种不同的饲料进行喂养，培养 6 个月后选择生长特征具代表性的 5 尾鱼对其增重进行测定，测定结果列于表 3-2，试进行方差分析.

表 3-2　喂 4 种不同饲料的鱼苗 6 个月后的增加重量（10 g）

重复	饲料种类				总和
	A_1	A_2	A_3	A_4	
1	31.9	24.8	22.1	27.0	
2	27.9	25.7	23.6	30.8	
3	31.8	26.8	27.3	29.0	
4	28.4	27.9	24.9	24.5	
5	35.9	26.2	25.8	28.5	
总和 T_i	155.9	131.4	123.7	139.8	550.8
平均数 $\overline{x_i}$	31.18	26.28	24.74	27.96	27.54

解　这是一个单因素试验，处理数 k=4，重复数 n=5，观测数据总数为 nk=5×4=20.

（1）平方和计算：

$$C = \frac{T^2}{kn} = \frac{550.8^2}{20} = 15169.03,$$

$$SS_T=\sum_{i=1}^{k}\sum_{j=1}^{n}x_{ij}^2-C$$
$$=31.9^2+27.9^2+\cdots+24.5^2+28.5^2-C$$
$$=15368.7-15169.03$$
$$=199.67,$$

$$SS_t=\frac{1}{n}\sum_{i=1}^{k}T_i^2-C$$
$$=\frac{1}{5}\times\left(155.9^2+131.4^2+123.7^2+139.8^2\right)-C$$
$$=15283.3-15169.03$$
$$=114.27,$$

$$SS_e=SS_T-SS_t$$
$$=199.67-114.27$$
$$=85.40.$$

（2）自由度的计算：

$$df_T=nk-1=5\times4-1=19,$$
$$df_t=k-1=4-1=3,$$
$$df_e=k(n-1)=4\times(5-1)=16.$$

（3）方差计算：

$$s_t^2=\frac{SS_t}{df_t}=\frac{114.27}{3}=38.09,$$
$$s_e^2=\frac{SS_e}{df_e}=\frac{85.40}{16}=5.34.$$

三、统计假设的显著性检验——*F* 检验

上面不同饲料组内方差可以作为误差方差的估计量，而不同饲料组间方差则可作为饲料增重差异的估计量. 为比较不同饲料品种对鱼增重效果有无差别，要应用 F 分布进行 F 检验.

从一个总体随机抽取两个样本，其样本方差 s_1^2 和 s_2^2 的比值为 F. 即

$$F=\frac{s_1^2}{s_2^2}.$$

其 F 分布曲线随 df_1 和 df_2 的变化而变化. 由于 F 分布表是一尾表，一般将大方差作为分子，小方差作为分母，使 F 值大于 1，因此，分布表上的 df_1 代表大方差的自由度，df_2 代表小方差的自由度.

进行不同处理差异显著性的 F 检验时，一般是把处理间方差作为分子，称为大方差. 误差方差作为分母，称为小方差. 无效假设把各个处理的变量假设来自同一总体，即处

理间方差不存在处理效应，只有误差的影响，因而处理间的样本方差σ_t^2与误差的样本方差σ_e^2相等，即H_0：$\sigma_t^2=\sigma_e^2$，同时给出H_A：$\sigma_t^2\neq\sigma_e^2$.

无效假设是否成立，决定了计算的F值在F分布中出现的概率. 上例中，F值为

$$F=\frac{s_t^2}{s_e^2}=\frac{38.09}{5.34}=7.13.$$

然后根据确定的显著水平α从F分布表中查出在df_t和df_e下的F_α值. 如果所计算的$F<F_{0.05}$，$P>0.05$，则接受H_0，说明处理间差异不显著，若$F\geqslant F_{0.05}$，$P\leqslant 0.05$，应否定H_0，接受$\sigma_t^2>\sigma_e^2$，说明处理间差异是显著的，并在计算的F值的右上角标上“*”号；如果$F\geqslant F_{0.01}$，$P\leqslant 0.01$，说明处理间差异达到极显著标准，则在F值的右上角标上“**”号. 如果处理间方差小于误差方差，则可不必进行检验，即可作出结论.

上例$df_t=3$，$df_e=16$，查F分布表得$F_{0.01(3,16)}=5.29$，所以$F>F_{0.01}$，应否定H_0：$\sigma_t^2=\sigma_e^2$，接受H_A：$\sigma_t^2\neq\sigma_e^2$，说明食用不同饲料鱼的增重具有显著差异.

将方差分析结果列成方差分析表，见表 3–3.

表 3–3　食用不同饲料鱼的增重的方差分析表

变异来源	df	SS	s^2	F
品种间	3	114.27	38.09	7.13**
品种内	16	85.40	5.34	
总变异	19	199.67		

四、多重比较

假定对一个固定效应模型经过方差分析之后，结论是拒绝H_0，即处理之间存在差异. 但这并不是说在每对处理之间都存在差异. 为了弄清究竟在哪些对之间存在显著差异，哪些对之间无显著差异，必须在各处理平均数之间一对一对地做比较，这就是**多重比较**（multiple comparison）. 多重比较的方法很多，这里只介绍最小显著差数检验（LSD 检验）和邓肯检验（Duncan 检验）.

（一）最小显著差数（least significant difference）检验

最小显著差数检验又称为LSD检验，它的计算方法简述如下. 对于任意两组数据平均数差数$(\bar{x}_1-\bar{x}_2)$的差异显著性检验，可以用成组数据t检验：

$$t=\frac{\bar{x}_1-\bar{x}_2}{s_{(\bar{x}_1-\bar{x}_2)}},$$

$$s_{(\bar{x}_1-\bar{x}_2)}=\sqrt{s_e^2\left(\frac{1}{n_1}+\frac{1}{n_2}\right)}.$$

当$n_1=n_2=n$时：

$$s_{(\bar{x}_1-\bar{x}_2)}=\sqrt{\frac{2s_e^2}{n}}.$$

其中 s_e^2 为误差均方，n 为每一处理的重复数，于是

$$t=\frac{\bar{x}_1-\bar{x}_2}{\sqrt{\frac{2s_e^2}{n}}}，\quad df=kn-k.$$

当 $t>t_{0.05}$ 时差异显著，当 $t>t_{0.01}$ 时差异极显著. 因此，当差异显著时：

$$t=\frac{\bar{x}_1-\bar{x}_2}{\sqrt{\frac{2s_e^2}{n}}}>t_{0.05},$$

并可得到，当

$$|\bar{x}_1-\bar{x}_2|>t_{0.05}\sqrt{\frac{2s_e^2}{n}} \tag{3-14}$$

时差异显著. $t_{0.05}\sqrt{\frac{2s_e^2}{n}}$ 称为最小显著差数，记为LSD. 每一对平均数的差与LSD比较，当 $|d_{\bar{x}}|>$ LSD时，差异显著；否则差异不显著.

上例中，

$$s_{(\bar{x}_1-\bar{x}_2)}=\sqrt{\frac{2s_e^2}{n}}=\sqrt{\frac{2\times5.34}{5}}=1.462.$$

查 t 分布表得

$$t_{0.05(df_e)}=t_{0.05(16)}=2.120,$$

$$t_{0.01(df_e)}=t_{0.01(16)}=2.921.$$

因此，显著水平为0.05和0.01的最小差数为

$$\text{LSD}_{0.05}=t_{0.05}\sqrt{\frac{2s_e^2}{n}}=2.120\times1.462=3.099,$$

$$\text{LSD}_{0.01}=t_{0.01}\sqrt{\frac{2s_e^2}{n}}=2.921\times1.462=4.271.$$

最小显著差数的比较结果见表3–4.

表3–4　食用不同饲料鱼的增重的最小显著差数多重比较结果

处理	平均数 $\bar{x}_i$	$\bar{x}_i-24.74$	$\bar{x}_i-26.28$	$\bar{x}_i-27.96$
A_1	31.18	6.44**	4.90**	3.22*
A_4	27.96	3.22*	1.68	
A_2	26.28	1.54		
A_3	24.74			

（二）Duncan 检验

LSD 检验是一种很有用的检验方法，计算起来很方便，也容易比较. 但是它有难以克服的缺点，这种比较方法将会加大犯 α 错误的概率.

为了克服上述缺点，纽曼（Newman，1939）、图基（Tukey，1953）和邓肯（Duncan，1955）等人都提出过不同的解决方法. 比较普遍使用的是纽曼–科伊尔斯（Newman–Keuls）检验和 Duncan 检验. 1973 年卡默（Carmer）和斯旺森（Swanson）比较了上述诸法及其他的检验方法后指出：在确定各平均数对子之间真正的差异时，Duncan 检验优于 Newman–Keuls 检验. 因此，在这里只介绍 **Duncan 多范围检验**（Duncan multiple range test）. 检验方法如下.

首先，将需要比较的 k 个平均数依次排列好：

$$\bar{x}_1 > \bar{x}_2 > \cdots > \bar{x}_k,$$

并将每一对 $\bar{x}$ 之间的差列成表 3–5.

表 3–5　多重比较均值比较表

	k	$k-1$	$\cdots$	3	2
1	$\bar{x}_1-\bar{x}_k$	$\bar{x}_1-\bar{x}_{k-1}$	$\cdots$	$\bar{x}_1-\bar{x}_3$	$\bar{x}_1-\bar{x}_2$
2	$\bar{x}_2-\bar{x}_k$	$\bar{x}_2-\bar{x}_{k-1}$	$\cdots$	$\bar{x}_2-\bar{x}_3$	
$\vdots$	$\vdots$	$\vdots$	$\vdots$		
$k-2$	$\bar{x}_{k-2}-\bar{x}_k$	$\bar{x}_{k-2}-\bar{x}_{k-1}$			
$k-1$	$\bar{x}_{k-1}-\bar{x}_k$				

Duncan 检验与 LSD 检验的一个明显不同是 Duncan 检验中，不同对平均数的差有不同的临界值 R_k .

$$R_k = r_k s_{\bar{x}}, k = 2,3,\cdots \tag{3–15}$$

其中

$$s_{\bar{x}} = \sqrt{\frac{s_e^2}{n}}, \tag{3–16}$$

$r_k(k,df)$ 的值可以从多重比较的 Duncan 表（附表八）中查出：表的最左边一列是误差项自由度 $df = k(n-1)$，最上一行为 k 值，表体为 $r_k(k,df)$. 表中的 k 是相比较的两个平均数之间所包含的平均数的个数. 如两个要比较的平均数相邻时 $k=2$，两个要比较的平均数中间隔一个平均数时 $k=3$，依此类推. 因为平均数共有 k 个，所以须查出 $k-1$ 个 r_k，分别乘以 $s_{\bar{x}}$，得

$$R_k = r_k(k,df)s_{\bar{x}}, R_{k-1} = r_{k-1}(k-1,df)s_{\bar{x}}, \cdots, R_3 = r_3(3,df)s_{\bar{x}}, R_2 = r_2(2,df)s_{\bar{x}}.$$

先从表的第一行最左边的一个 $\bar{x}_1-\bar{x}_k$ 开始比较. 若 $\bar{x}_1-\bar{x}_k>R_k$,则 $\bar{x}_1$ 与 $\bar{x}_k$ 的差异显著；否则差异不显著，然后比较下一个. 若 $\bar{x}_1-\bar{x}_{k-1}>R_{k-1}$,则 $\bar{x}_1$ 与 $\bar{x}_{k-1}$ 的差异显著；否则差异不显著. 第 1 行比较完之后用同样的方法比较第 2 行. 先从第 2 行最左边的一个差 $\bar{x}_2-\bar{x}_k$ 开始，在 $\bar{x}_2$ 到 $\bar{x}_k$ 这个范围内共包含 $k-1$ 个平均数，因此 $\bar{x}_2-\bar{x}_k$ 应与 R_{k-1} 比较. 若 $\bar{x}_2-\bar{x}_k>R_{k-1}$，则差异显著，否则不显著. 第 2 行比较完再比较第 3 行. 直到所有平均数的差均与其相应的 R_k 比较完为止. 对于显著的标上“*”，极显著的标上“**”.

由上例可知

$$s_{\bar{x}}=\sqrt{\frac{s_e^2}{n}}=\sqrt{\frac{5.34}{5}}=1.033,$$

对于 $k=2,3,4,df=k(n-1)=4\times(5-1)=16$，分别求出 $r_{0.05},r_{0.01}$ 和 R_k 值并列成表 3-6.

表 3-6　多重比较 R_k 表

df	k	$r_{0.05}$	R_k	$r_{0.01}$	R_k
16	2	3.00	3.09	4.13	4.27
	3	3.15	3.25	4.34	4.48
	4	3.23	3.34	4.45	4.60

Duncan 检验比较结果见表 3-7.

表 3-7　食用不同饲料鱼增重的 Duncan 检验多重比较结果

处理	4	3	2
1	6.44**	4.90**	3.22*
2	3.22	1.68	
3	1.54		

第二节　方差分析的基本假定

一、方差分析满足的 3 个条件

对试验数据进行方差分析是有条件的，即方差分析的有效性建立在一些基本假定上，如果分析的数据不符合这些基本假定，得出的结论就不会正确. 一般地说，在试验设计时，就应考虑方差分析的条件.

（1）正态性. 试验误差应当是服从正态分布的独立的随机变量. 因为方差分析只能估计随机误差，顺序排列或顺序取样资料不能做方差分析. 应用方差分析的资料应服从正态分布，即每一观测值 x_{ij} 应围绕相应的平均数呈正态分布，非正态分布的资料进行适当数据转换后，亦能进行方差分析.

（2）可加性. 处理效应与误差效应应该是可加的，并服从方差分析的数学模型，即 $x_{ij}=\mu+\alpha_i+\varepsilon_{ij}$，这样才能将试验的总变异分解为各种原因所引起的变异，以确定各变异在总变异中所占的比例，对试验结果作出客观评价. 可加性是否显著有专门的统计方法.

（3）方差同质性. 所有试验的误差方差应具备同质性，也叫方差齐性，即 $\sigma_1^2=\sigma_2^2=\cdots=\sigma_n^2$. 因为方差分析是将各个处理的试验误差合并以得到一个共同误差方差，所以必须假定资料中有这样一个共同方差存在. 误差异质将使假设检验中某些处理效应得出不正确的结果. 方差的同质性检验前面已介绍过. 如果发现有这种现象，可将变异特别明显的数据剔除，当然剔除数据时应十分小心，以免失掉某些信息. 或者将试验分成几个部分分析，使每部分具有同质的方差.

以上 3 个条件中，可加性是比较容易满足的. 正态性与方差齐性相比，方差齐性对分析结果影响更大. 虽然当各处理的样本含量相等时可以减少不齐性的影响，但不等于没有影响. 因此在做方差分析之前应先做多个方差齐性的检验. 只有在具备方差齐性条件下才可做方差分析，否则方差分析的结果并不可信.

二、多个方差齐性检验

在方差分析的 3 个条件中以方差齐性这一条件对试验结果的影响最大，因此在做方差分析之前，首先要检验各处理组的方差是否具有齐性，即对以下假设做检验.

$$H_0\text{：}\ \sigma_1^2=\sigma_2^2=\cdots=\sigma_n^2,$$

$$H_A\text{：至少有两个 } \sigma_i^2 \text{ 不具有齐性.}$$

多个**方差齐性检验**（homogeneity test for variance）的诸多方法中，使用最广泛的是 **Bartlett 检验**（Bartlett test）. Bartlett 检验的基本原理是：当 a 个随机样本是从独立正态总体中抽取时，可以计算出统计量 K^2. 当 $n=\min\limits_{1\leqslant t\leqslant \alpha} n_t$ 充分大时 $(n>3)$，K^2 的抽样分布非常接近于 $a-1$ 自由度的 χ^2 分布. 检验统计量

$$K^2=2.3026\frac{q}{c}. \tag{3-17}$$

其中

$$q=(N-k)\lg s_{\mathrm{p}}^2-\sum_{i=1}^{k}(n_i-1)\lg s_i^2,$$

$$c=1+\frac{1}{3(k-1)}\times\left[\sum_{i=1}^{k}(n_i-1)^{-1}-(N-a)^{-1}\right],$$

$$s_{\mathrm{p}}^2=\frac{\sum\limits_{i=1}^{k}(n_i-1)s_i^2}{N-a}.$$

$s_i^2\,(i=1,2,\cdots,a)$ 是第 i 个总体的样本方差. 当样本方差 s_i^2 变异很大时，q 值也很大；当 s_i^2 相等时，q 值等于 0. 因此，当 K^2 值相当大，以至于

$$K^2 > \chi^2_{a-1,\alpha}$$

时拒绝 H_0.

已经证明，当满足正态性的假设时，Bartlett 检验是很敏感的. 在正态性假设不能满足时，不能使用 Bartlett 检验.

第三节 单因素方差分析

在试验中所考虑的因素只有一个时，称为单因素试验. 单因素方差分析依组内观测数目不同而分为两种情况.

一、组内观测次数相等的方差分析

这是在 k 组处理中，每一处理皆含有 n 个观测值，其方差分析方法前面已做介绍，这里以方差分析表的形式给出有关计算公式（表 3–8）.

表 3–8 组内观测值相等的单因素方差分析表

变异来源	df	SS	s^2	F
处理间	$k-1$	$SS_t = \frac{1}{n}\sum_{i=1}^{k} T_i^2 - C$	s_t^2	$\frac{s_t^2}{s_e^2}$
处理内	$k(n-1)$	$SS_e = SS_T - SS_t$	s_e^2	
总变异	$kn-1$	$SS_T = \sum_{i=1}^{k}\sum_{j=1}^{n} x_{ij}^2 - C$		

［**例 3–2**］抽测 5 个不同品种的若干头母猪的窝产仔数，结果见表 3–9，试检验不同品种母猪平均窝产仔数的差异是否显著.

表 3–9 5 个不同品种母猪的窝产仔数

单位：头/窝

品种	观测值					T_i	$\overline{x_i}$
A	8	13	12	9	9	51	10.2
B	7	8	10	9	7	41	8.2
C	13	14	10	11	12	60	12
D	13	9	8	8	10	48	9.6
E	12	11	15	14	13	65	13
总计						$\sum x = 265$	

解 此例为一个单因素试验，$k=5,n=5$. 对此试验结果进行方差分析如下：

（1）平方和的计算：

$$C=\frac{T^2}{kn}=\frac{265^2}{5\times5}=2809.00\ (\text{头/窝})^2,$$

$$\begin{aligned}SS_\text{T}&=\sum_{i=1}^{k}\sum_{j=1}^{n}x_{ij}^2-C\\&=8^2+13^2+\cdots+14^2+13^2-C\\&=2945.00-2809.00\\&=136.00\ (\text{头/窝})^2,\end{aligned}$$

$$\begin{aligned}SS_\text{t}&=\frac{1}{n}\sum_{i=1}^{k}T_i^2-C\\&=\frac{1}{5}\times(51^2+41^2+60^2+48^2+65^2)-C\\&=2882.20-2809.00\\&=73.20\ (\text{头/窝})^2,\end{aligned}$$

$$\begin{aligned}SS_\text{e}&=SS_\text{T}-SS_\text{t}\\&=136.00-73.20\\&=62.80\ (\text{头/窝})^2.\end{aligned}$$

（2）自由度的计算：

$$\begin{aligned}df_\text{T}&=nk-1=5\times5-1=24,\\df_\text{t}&=k-1=5-1=4,\\df_\text{e}&=k(n-1)=5\times(5-1)=20.\end{aligned}$$

（3）方差计算：

$$s_\text{t}^2=\frac{SS_\text{t}}{df_\text{t}}=\frac{73.20}{4}=18.30\ (\text{头/窝})^2,$$

$$s_\text{e}^2=\frac{SS_\text{e}}{df_\text{e}}=\frac{62.80}{20}=3.14\ (\text{头/窝})^2.$$

（4）方差检验：

$$F=\frac{s_\text{t}^2}{s_\text{e}^2}=\frac{18.30}{3.14}\approx5.83.$$

本例 $df_\text{t}=4$，$df_\text{e}=20$，查 F 分布表得 $F_{0.01(4,20)}=4.43$，所以 $F>F_{0.01}$，应否定 H_0：$\sigma_\text{t}^2=\sigma_\text{e}^2$，接受 H_A：$\sigma_\text{t}^2\neq\sigma_\text{e}^2$，说明不同品种母猪的窝产仔数具有极显著差异.

将方差分析结果列成方差分析表（表 3−10）.

表 3-10　5 个不同品种母猪的窝产仔数的方差分析表

变异来源	df	SS / (头 / 窝) ^{2}	s^2 / (头 / 窝) ^{2}	F
品种间	4	73.20	18.30	5.83**
品种内	20	62.80	3.14	
总变异	24	136.00		

（5）多重比较：

采用 Duncan 检验进行多重比较，因为 $s_e^2 = 3.14$ (头 / 窝) $^2, n = 5$，因此

$$s_{\bar{x}} = \sqrt{\frac{s_e^2}{n}} = \sqrt{\frac{3.14}{5}} = 0.793\ (头 / 窝).$$

根据 $df_e = 20$，秩次距 $k = 2,3,4,5$，由 Duncan 检验附表八查出 $\alpha = 0.05$ 和 $\alpha = 0.01$ 的各临界 r 值，乘以 $s_{\bar{x}} = 0.793$，即得各最小显著极差，将所得结果列于表 3-11.

表 3-11　多重比较 R_k 表

df	k	$r_{0.05}$	R_k / (头 / 窝)	$r_{0.01}$	R_k / (头 / 窝)
20	2	2.95	2.34	4.02	3.19
	3	3.10	2.46	4.22	3.35
	4	3.18	2.52	4.33	3.43
	5	3.25	2.58	4.40	3.49

Duncan 检验比较结果见表 3-12.

表 3-12　5 个不同品种母猪的窝产仔数的 Duncan 检验多重比较结果

单位：头/窝

处理	平均数	$\bar{x}_i - \bar{x}_B$	$\bar{x}_i - \bar{x}_D$	$\bar{x}_i - \bar{x}_A$	$\bar{x}_i - \bar{x}_C$
E	13.0	4.8**	3.4*	2.8*	1.0
C	12.0	3.8**	2.4	1.8	
A	10.2	2.0	0.6		
D	9.6	1.4			
B	8.2				

二、组内观测次数不相等的方差分析

有时由于试验条件的限制，不同处理的观测次数不同，k 个处理的观测次数依次是 n_1，n_2，…，n_k 的单因素分组资料，上面所述的方差分析方法仍然可用，但由于总观测次数不是 kn，而是 $\sum_{i=1}^{k} n_i$ 次，在计算平方和时公式稍有改变（表 3-13）.

表 3－13　组内观测值不相等的单因素方差分析表

变异来源	df	SS	s^2	F
处理间	$k-1$	$SS_t=\frac{1}{n}\sum_{i=1}^{k}T_i^2-C$	s_t^2	$\frac{s_t^2}{s_e^2}$
处理内	$\sum_{i=1}^{k}n_i-k$	$SS_e=SS_T-SS_t$	s_e^2	
总变异	$\sum_{i=1}^{k}n_i-1$	$SS_T=\sum_{i=1}^{k}\sum_{j=1}^{n}x_{ij}^2-C$		

［例 3－3］5 个不同品种猪的育肥试验，后期 30 天增重见表 3－14. 试比较品种间增重有无差异.

表 3－14　5 个不同品种猪 30 天增重

品种	增重/kg						n_i	T_i /kg	$\bar{x}_i$ /kg
A	21.5	19.5	20.0	22.0	18.0	20.0	6	121.0	20.2
B	16.0	18.5	17.0	15.5	20.0	16.0	6	103.0	17.2
C	19.0	17.5	20.0	18.0	17.0		5	91.5	18.3
D	20.0	18.5	19.0	20.0			4	78.5	19.375
E	15.5	18.0	17.0	16.0			4	66.5	16.6
总计							25	$\sum x=460.5$ kg	

解　此例为一个单因素试验，处理数 $k=5$，各处理的重复数不等. 对此试验结果进行方差分析如下：

（1）平方和的计算：

$$C=\frac{T^2}{\sum n_i}=\frac{460.5^2}{25}=8482.41(\text{kg}^2)，$$

$$\begin{aligned}SS_T&=\sum_{i=1}^{k}\sum_{j=1}^{n}x_{ij}^2-C\\&=21.5^2+19.5^2+\cdots+17.0^2+16.0^2-C\\&=8567.75-8482.41\\&=85.34(\text{kg}^2)，\end{aligned}$$

$$\begin{aligned}SS_t&=\frac{1}{n}\sum_{i=1}^{k}T_i^2-C\\&=\left(\frac{121.0^2}{6}+\frac{103.0^2}{6}+\frac{91.5^2}{5}+\frac{78.5^2}{4}+\frac{66.5^2}{4}\right)-C\\&=8528.91-8482.41\\&=46.50(\text{kg}^2)，\end{aligned}$$

$$SS_e = SS_T - SS_t = 85.34 - 46.50 = 38.84(\text{kg}^2).$$

（2）自由度的计算：

$$df_T = \sum_{i=1}^{k} n_i - 1 = 25 - 1 = 24,$$
$$df_t = k - 1 = 5 - 1 = 4,$$
$$df_e = \sum_{i=1}^{k} n_i - k = 25 - 5 = 20.$$

（3）方差计算：

$$s_t^2 = \frac{SS_t}{df_t} = \frac{46.50}{4} = 11.63(\text{kg}^2),$$

$$s_e^2 = \frac{SS_e}{df_e} = \frac{38.84}{20} = 1.94(\text{kg}^2).$$

（4）方差检验：

$$F = \frac{s_t^2}{s_e^2} = \frac{11.63}{1.94} = 5.99.$$

本例 $df_t = 4$ ，$df_e = 20$ ，查 F 分布表得 $F_{0.01(4,20)} = 4.43$ ，所以 $F > F_{0.01}$ ，应否定 H_0：$\sigma_t^2 = \sigma_e^2$ ，接受 H_A：$\sigma_t^2 \neq \sigma_e^2$ ，说明不同品种猪后期 30 天增重具有显著差异.

将方差分析结果列成方差分析表，见表 3–15.

表 3–15 5 个不同品种猪 30 天增重的方差分析表

变异来源	df	SS / kg^2	s^2 / kg^2	F
品种间	4	46.50	11.63	5.99^{**}
品种内	60	38.84	1.94	
总变异	24	85.34		

（5）多重比较：

采用 Duncan 检验进行多重比较，因为各处理重复数不等，应先计算出平均重复次数 n_0 来代替标准误 $s_{\bar{x}} = \sqrt{\frac{s_e^2}{n}}$ 中的 n .

$$n_0 = \frac{1}{k-1}\left(\sum_{i=1}^{k} n_i - \frac{\sum_{i=1}^{k} n_i^2}{\sum_{i=1}^{k} n_i}\right) = \frac{1}{5-1}\left(25 - \frac{6^2+6^2+5^2+4^2+4^2}{25}\right) = 4.96,$$

$$s_{\bar{x}}=\sqrt{\frac{s_e^2}{n_0}}=\sqrt{\frac{1.94}{4.96}}=0.625(\text{kg}).$$

根据 $df_e=20$，秩次距 k=2，3，4，5，由 Duncan 检验附表八查出 $\alpha=0.05$ 和 $\alpha=0.01$ 的各临界 r 值，乘以 $s_{\bar{x}}=0.625$，即得各最小显著极差，将所得结果列于表 3－16.

表 3－16　多重比较 R_k 表

df	k	$r_{0.05}$	R_k	$r_{0.01}$	R_k
20	2	2.95	1.84	4.02	2.51
	3	3.10	1.94	4.22	2.64
	4	3.18	1.99	4.33	2.71
	5	3.25	2.03	4.40	2.75

Duncan 检验比较结果见表 3－17.

表 3－17　5 个不同品种猪 30 天增重的 Duncan 检验多重比较结果

单位：kg

处理	平均数	$\bar{x}_i-\bar{x}_B$	$\bar{x}_i-\bar{x}_D$	$\bar{x}_i-\bar{x}_A$	$\bar{x}_i-\bar{x}_C$
A	20.2	3.6**	3.0**	1.9	0.6
D	19.6	3.0**	2.4*	1.3	
C	18.3	1.7	1.1		
B	17.2	0.6			
E	16.6				

第四节　二因素方差分析（有无交互作用）

在第三节中讲了单因素方差分析，这是方差分析中最简单的情况. 在实际工作中经常会遇到两个或两个以上因素共同影响试验结果的情况. 例如，一组病人同时服用两种药物，每一种药物有不同剂量（水平），通过试验选出这两种药物的最佳配伍剂量. 假设 A 药物有 a 水平，B 药物有 b 水平，共有 ab 个剂量组合，每一组合重复 n 次. 共有 abn 名病人参加试验. 这样的试验设计称为**交叉分组设计**（cross over design）. 对于两因素交叉分组设计的试验应采用**两因素方差分析**（two－factors analysis of variance）或者称为**两种方式分组的方差分析**（two－way classification analysis of variance）方法分析试验结果. 第一节中已经讲过，因素可以分为固定因素和随机因素. 在两因素试验中，当两个因素都是固定因素时，称为**固定模型**（fixed model）；两个因素均为随机因素时称为**随机模型**（random model）；两个因素中一个是固定因素，另一是随机因素时称为**混合模型**（mixed model）. 这 3 种模型虽然在计算时没有多大不同，但在设计试验时，特别是各因素水平的获得时却有很大区别. 因为它们的均方期望不同，所以检验方法和对结果解释都存在极大不同.

一、无重复观测值的二因素方差分析

依据经验或专业知识，判断二因素无交互作用用时，每个处理可只设一个观测值，即假定A因素有a个水平，B因素有b个水平，每个处理组合只有一个观测值. 这种无重复观测值的二因素分组资料模式见表3-18.

表3-18 无重复观测值的二因素方差分析表

因素A	因素B				总和$T_{i.}$	平均数$\bar{x}_{i.}$
	B_1	B_2	…	B_b		
A_1	x_{11}	x_{12}	…	x_{1b}	$T_{1.}$	$\bar{x}_{1.}$
A_2	x_{21}	x_{22}	…	x_{2b}	$T_{2.}$	$\bar{x}_{2.}$
⋮	⋮	⋮	⋮	⋮	⋮	⋮
A_a	x_{a1}	x_{a2}	…	x_{ab}	$T_{a.}$	$\bar{x}_{a.}$
总和$T_{.j}$	$T_{.1}$	$T_{.2}$	…	$T_{.b}$	T	
平均数$\bar{x}_{.j}$	$\bar{x}_{.1}$	$\bar{x}_{.2}$	…	$\bar{x}_{.b}$		$\bar{x}$

二因素方差分析的线性模型可以单因素模型为基础导出. 若因素间不存在交互作用，则二因素方差分析观测值的线性模型为

$$x_{ij}=\mu+\alpha_i+\beta_j+\varepsilon_{ij}. \tag{3-18}$$

上式中α_i和β_j是A因素和B因素的效应（其中$i=1,2,\cdots,a; j=1,2,\cdots,b$），可以是固定的，也可以是随机的，且$\sum\alpha_i=\sum\beta_j=0$. ε_{ij}是随机误差，彼此独立且服从$N\left(0,\sigma^2\right)$.

（1）平方和分解：

$$\left.\begin{aligned}
&C=\frac{T^2}{ab},\\
&SS_{\mathrm{T}}=\sum_{i=1}^{a}\sum_{j=1}^{b}(x_{ij}-\bar{x}_{..})^2=\sum_{i=1}^{a}\sum_{j=1}^{b}x_{ij}^2-C,\\
&SS_{\mathrm{A}}=b\sum_{i=1}^{a}(\bar{x}_{i.}-\bar{x}_{..})^2=\frac{\sum_{i=1}^{a}T_{i.}^2}{b}-C,\\
&SS_{\mathrm{B}}=a\sum_{j=1}^{b}(\bar{x}_{.j}-\bar{x})^2=\frac{\sum_{i=1}^{b}T_{.j}^2}{a}-C,\\
&SS_{\mathrm{e}}=\sum_{i=1}^{a}\sum_{j=1}^{b}(x_{ij}-\bar{x}_{i.}-\bar{x}_{.j}+\bar{x}_{..})^2=SS_{\mathrm{T}}-SS_{\mathrm{A}}-SS_{\mathrm{B}}.
\end{aligned}\right\} \tag{3-19}$$

（2）与平方和相应的自由度分解：

$$\left.\begin{aligned} df_T &= ab-1, \\ df_A &= a-1, \\ df_B &= b-1, \\ df_e &= (a-1)(b-1). \end{aligned}\right\} \qquad (3-20)$$

（3）各项的方差：

$$\left.\begin{aligned} s_A^2 &= \frac{SS_A}{df_A}, \\ s_B^2 &= \frac{SS_B}{df_B}, \\ s_e^2 &= \frac{SS_e}{df_e}. \end{aligned}\right\} \qquad (3-21)$$

将以上结果及期望方差列入方差分析表 3−19 中.

表 3−19　无重复观测值的二因素方差分析表

变异来源	df	SS	s^2	F	期望方差 $E(s^2)$		
					固定模型	随机模型	混合模型
A 因素	$a-1$	SS_A	s_A^2	$\frac{s_A^2}{s_e^2}$	$\sigma^2+b\eta_\alpha^2$	$\sigma^2+b\sigma_\alpha^2$	$\sigma^2+b\eta_\alpha^2$
B 因素	$b-1$	SS_B	s_B^2	$\frac{s_B^2}{s_e^2}$	$\sigma^2+a\eta_\beta^2$	$\sigma^2+a\sigma_\alpha^2$	$\sigma^2+a\eta_\beta^2$
误差	$(a-1)(b-1)$	SS_e	s_e^2		σ^2	σ^2	σ^2
总变异	$ab-1$	SS_T					

注：A 为固定，B 为随机.

［**例 3−4**］将 4 种品系的老鼠，用 3 种不同剂量水平的雌激素进行注射试验，30 天后分别对每只老鼠进行增重称重（单位：g）（表 3−20）. 试做方差分析和多重比较.

表 3−20　4 种品系老鼠注射不同剂量雌激素 30 天后增加重量

品系 A	雌激素注射剂量 B /（mg/100 g）			合计 $x_{i.}$ /（mg/100 g）	平均 $\bar{x}_i$ /（mg/100 g）
	$B_1(0.2)$	$B_2(0.4)$	$B_3(0.8)$		
A_1	106	116	145	367	122.3
A_2	42	68	115	225	75.0
A_3	70	111	133	314	104.7
A_4	42	63	87	192	64.0
合计 $x_{.j}$	260	358	480	1098	
平均 $\bar{x}_j$	65.0	89.5	120.0		91.5

解　这是一个二因素单独观测值试验. A 因素（品系）有 4 个水平，即 $a=4$；B 因素（雌激素注射剂量）有 3 个水平，即 $b=3$，共有 $a\times b=4\times3=12$ 个观测值. 方差分析如下：

（1）平方和的计算：

$$C=\frac{T^2}{ab}=\frac{1098^2}{12}=100467.00(\text{mg}/100\ \text{g})^2,$$

$$\begin{aligned}SS_{\text{T}}&=\sum_{i=1}^{a}\sum_{j=1}^{b}x_{ij}^2-C\\&=106^2+116^2+\cdots+63^2+87^2-C\\&=113542.00-100467.00\\&=13075.00(\text{mg}/100\ \text{g})^2,\end{aligned}$$

$$\begin{aligned}SS_{\text{A}}&=\frac{\sum_{i=1}^{a}T_{i.}^2}{b}-C\\&=\frac{367^2+225^2+314^2+192^2}{3}-C\\&=106924.67-100467.00\\&=6457.67\ (\text{mg}/100\ \text{g})^2,\end{aligned}$$

$$\begin{aligned}SS_{\text{B}}&=\frac{\sum_{j=1}^{b}T_{.j}^2}{a}-C\\&=\frac{260^2+358^2+480^2}{4}-C\\&=106541.00-100467.00\\&=6074.00(\text{mg}/100\ \text{g})^2,\end{aligned}$$

$$\begin{aligned}SS_{\text{e}}&=SS_{\text{T}}-SS_{\text{A}}-SS_{\text{B}}\\&=13075.00-6457.67-6074.00\\&=543.33(\text{mg}/100\ \text{g})^2.\end{aligned}$$

（2）自由度的计算：

$$df_{\text{T}}=ab-1=4\times3-1=11,$$

$$df_{\text{A}}=a-1=4-1=3,$$

$$df_{\text{B}}=b-1=3-1=2,$$

$$df_{\text{e}}=(a-1)(b-1)=3\times2=6.$$

（3）方差计算：

$$s_{\text{A}}^2=\frac{SS_{\text{A}}}{df_{\text{A}}}=\frac{6457.67}{3}=2152.56(\text{mg}/100\ \text{g})^2,$$

$$s_{\text{B}}^2=\frac{SS_{\text{B}}}{df_{\text{B}}}=\frac{6074.00}{2}=3037.00(\text{mg}/100\ \text{g})^2,$$

$$s_e^2=\frac{SS_e}{df_e}=\frac{543.33}{6}=90.56(\text{mg}/100\ \text{g})^2.$$

（4）方差检验：

$$F=\frac{s_A^2}{s_e^2}=\frac{2152.56}{90.56}=23.77,$$

$$F=\frac{s_B^2}{s_e^2}=\frac{3037.00}{90.56}=33.54.$$

本例 $df_1=df_A=3$，$df_e=6$，查 F 值表得 $F_{0.01(3,6)}=9.78$；$df_1=df_B=2$，$df_e=6$，查 F 值表得 $F_{0.01(2,6)}=10.92$. 因为A因素的 F 值为 $23.77>F_{0.01(3,6)}$，表明不同品系间差异极显著；B因素的 F 值为 $33.54>F_{0.01(2,6)}$，表明不同雌性激素剂量组间差异极显著.

将方差分析结果列成方差分析表，见表3–21.

表3–21　4种品系老鼠注射不同剂量雌激素30天后增加重量的方差分析表

变异来源	df	$SS/(\text{mg}/100\ \text{g})^2$	$s^2/(\text{mg}/100\ \text{g})^2$	F
A因素（品系）	3	6457.67	2152.56	23.77**
B因素（剂量）	2	6074.00	3037.00	33.54**
误差	6	543.33	90.56	
总变异	11	13075.00		

（5）多重比较：

①不同品系间的多重比较

采用Duncan检验进行多重比较，因为 $s_e^2=90.56(\text{mg}/100\ \text{g})^2, b=3$，因此

$$s_{\bar{x}}=\sqrt{\frac{s_e^2}{b}}=\sqrt{\frac{90.56}{3}}=5.49(\text{mg}/100\ \text{g}).$$

根据 $df_e=6$，秩次距 $k=2,3,4$，由Duncan检验附表八查出 $\alpha=0.05$ 和 $\alpha=0.01$ 的各临界 r 值，乘以 $s_{\bar{x}}=5.49(\text{mg}/100\ \text{g})$，即得各最小显著极差，将所得结果列于表3–22.

表3–22　多重比较 R_k 表

df	k	$r_{0.05}$	$R_k/(\text{mg}/100\ \text{g})$	$r_{0.01}$	$R_k/(\text{mg}/100\ \text{g})$
6	2	3.46	19.00	5.24	28.77
	3	3.58	19.65	5.51	30.25
	4	3.64	19.98	5.65	31.02

不同品系间Duncan检验比较结果见表3–23.

表 3-23 不同品系间的 Duncan 检验多重比较结果

单位：mg/100 g

品系	平均数	$\bar{x}_i - \bar{x}_{A_4}$	$\bar{x}_i - \bar{x}_{A_2}$	$\bar{x}_i - \bar{x}_{A_3}$
A_1	122.3	58.3**	47.3**	17.6
A_3	104.7	40.7**	29.7*	
A_2	75.0	11.0		
A_4	64.0			

②雌性激素剂量组的多重比较

采用 Duncan 检验进行多重比较，因为 $s_e^2 = 90.56(\text{mg}/100\text{ g})^2, a = 4$，因此

$$s_{\bar{x}} = \sqrt{\frac{s_e^2}{a}} = \sqrt{\frac{90.56}{4}} = 4.76(\text{mg}/100\text{ g}).$$

根据 $df_e = 6$，秩次距 $k = 2,3$，由 Duncan 检验附表八查出 $\alpha = 0.05$ 和 $\alpha = 0.01$ 的各临界 r 值，乘以 $s_{\bar{x}} = 4.76$，即得各最小显著极差，将所得结果列于表 3-24.

表 3-24 多重比较 R_k 表

df	k	$r_{0.05}$	R_k / (mg / 100 g)	$r_{0.01}$	R_k / (mg / 100 g)
6	2	3.46	16.47	5.24	24.94
	3	3.58	17.04	5.51	26.23

不同雌性激素剂量组间 Duncan 检验比较结果见表 3-25.

表 3-25 不同雌性激素剂量组间 Duncan 检验多重比较结果

单位：mg/100 g

雌性激素剂量	平均数	$\bar{x}_i - \bar{x}_{B_1}$	$\bar{x}_i - \bar{x}_{B_2}$
$B_3(0.8)$	120.0	55.0**	30.5**
$B_2(0.4)$	89.5	24.5*	
$B_1(0.2)$	65.0		

二、具有重复观测值的二因素方差分析

以上调查资料是两个因素的作用结果，所估计的误差实际上是这两个因素的相互作用，这是在两个因素不存在相互作用，或相互作用很小的情况下进行估计的. 如果存在两个因素的相互作用，方差分析中就不能用相互作用来估计误差，必须在有重复观测值的情况下对试验误差进行估计. 具有重复观测值的二因素试验的典型设计是：假定 A 因素有 a 水平，B 因素有 b 水平，则每一次重复都包括 ab 次试验，设试验重复 n 次，则资料模式见表 3-26.

表 3-26　具有重复观测值的二因素分组资料

因素 A	因素 B				$T_{i\cdot}$	$\bar{x}_{i\cdot}$
	B_1	B_2	…	B_b		
A_1	x_{111} x_{112} ⋮ x_{11n}	x_{121} x_{122} ⋮ x_{12n}	… … ⋮ …	x_{1b1} x_{12n} ⋮ x_{1bn}	$T_{1\cdot}$	$\bar{x}_{1\cdot}$
A_2	x_{211} x_{212} ⋮ x_{21n}	x_{221} x_{222} ⋮ x_{22n}	… … ⋮ …	x_{2b1} x_{22n} ⋮ x_{2bn}	$T_{2\cdot}$	$\bar{x}_{2\cdot}$
⋮	⋮	⋮	⋮	⋮	⋮	⋮
A_a	x_{a11} x_{a12} ⋮ x_{a1n}	x_{a21} x_{a22} ⋮ x_{a2n}	… … ⋮ …	x_{ab1} x_{a2n} ⋮ x_{abn}	$T_{a\cdot}$	$\bar{x}_{a\cdot}$
$T_{\cdot j}$	$T_{\cdot 1}$	$T_{\cdot 2}$	…	$T_{\cdot b}$	T	
$\bar{x}_{\cdot j}$	$\bar{x}_{\cdot 1}$	$\bar{x}_{\cdot 2}$	…	$\bar{x}_{\cdot b}$		$\bar{x}$

二因素具有重复观测值的方差分析可用式（3-22）线性模型来描述：

$$x_{ijk} = \mu + \alpha_i + \beta_j + (\alpha\beta)_{ij} + \varepsilon_{ijk}. \tag{3-22}$$

式（3-22）中，x_{ijk} 表示 A 因素第 i 水平，B 因素第 j 水平和第 k 次重复的观测值（其中 $i=1,2,\cdots,a; j=1,2,\cdots,b; k=1,2,\cdots,n$）；$\mu$ 为总平均数；α_i 是 A 因素第 i 水平的效应，β_j 是 B 因素第 j 水平的效应，$(\alpha\beta)_{ij}$ 是 α_i 和 β_j 的交互作用，且有 $\sum\alpha_i = \sum\beta_j = \sum(\alpha\beta)_{ij} = 0$，$\varepsilon_{ijk}$ 是随机误差，彼此独立且服从 $N(0,\sigma^2)$.

因试验共有 n 次重复，试验的总次数为 abn 次. 方差分析步骤和前面介绍的相类似，唯一不同的是 F 检验的方法.

（1）平方和的分解：

$$\left.\begin{aligned}
&C=\frac{T^2}{abn},\\
&SS_{\mathrm{T}}=\sum_{i=1}^{a}\sum_{j=1}^{b}\sum_{k=1}^{n}(x_{ijk}-\bar{x}_{..})^2=\sum_{i=1}^{a}\sum_{j=1}^{b}\sum_{k=1}^{n}x_{ijk}^2-C,\\
&SS_{\mathrm{A}}=bn\sum_{i=1}^{a}\left(\bar{x}_{i\cdot}-\bar{x}\right)^2=\frac{\sum_{i=1}^{a}T_{i.}^2}{bn}-C,\\
&SS_{\mathrm{B}}=an\sum_{j=1}^{b}\left(\bar{x}_{\cdot j}-\bar{x}\right)^2=\frac{\sum_{j=1}^{b}T_{.j}^2}{an}-C,\\
&SS_{\mathrm{AB}}=n\sum_{i=1}^{a}\sum_{j=1}^{b}\left(\bar{x}_{ij}-\bar{x}_{i\cdot}-\bar{x}_{\cdot j}+\bar{x}\right)^2=\frac{\sum_{i=1}^{a}\sum_{j=1}^{b}T_{ij}^2}{n}-C-SS_{\mathrm{A}}-SS_{\mathrm{B}},\\
&SS_{\mathrm{e}}=\sum_{i=1}^{a}\sum_{j=1}^{b}\sum_{k=1}^{n}\left(x_{ijk}-\bar{x}_{ij}\right)^2=SS_T-SS_A-SS_B-SS_{AB}.
\end{aligned}\right\}\qquad(3-23)$$

（2）自由度的分解：

$$\left.\begin{aligned}
&df_{\mathrm{T}}=abn-1,\\
&df_{\mathrm{A}}=a-1,\\
&df_{\mathrm{B}}=b-1,\\
&df_{\mathrm{AB}}=(a-1)(b-1),\\
&df_{\mathrm{e}}=ab(n-1).
\end{aligned}\right\}\qquad(3-24)$$

（3）各项的方差分别为：

$$\left.\begin{aligned}
&s_{\mathrm{A}}^2=\frac{SS_{\mathrm{A}}}{df_{\mathrm{A}}},\\
&s_{\mathrm{B}}^2=\frac{SS_{\mathrm{B}}}{df_{\mathrm{B}}},\\
&s_{\mathrm{AB}}^2=\frac{SS_{\mathrm{AB}}}{df_{\mathrm{AB}}},\\
&s_{\mathrm{e}}^2=\frac{SS_{\mathrm{e}}}{df_{\mathrm{e}}}.
\end{aligned}\right\}\qquad(3-25)$$

（4）F 检验：

①固定模型：在固定模型中，α_i、β_j 及 $(\alpha\beta)_{ij}$ 均为固定效应. 在 F 检验时，A 因素、B 因素和 A×B 交互作用项均以 s_e^2 作为分母.

②随机模型：对于随机模型，α_i、β_j、$(\alpha\beta)_{ij}$ 和 ε_{ijk} 是相互独立的随机变量，都遵从正态分布. 做 F 检验时，先检验 A×B 是否显著有

$$F_{AB}=\frac{s_{AB}^2}{s_e^2}. \tag{3-26}$$

检验 A 因素、B 因素时，有

$$\left.\begin{aligned}F_A&=\frac{s_A^2}{s_{AB}^2},\\F_B&=\frac{s_B^2}{s_{AB}^2}.\end{aligned}\right\} \tag{3-27}$$

③混合模型（以 A 为固定因素，B 为随机因素为例）：在混合模型中，A 和 B 的效应为非可加性，α_i 为固定效应，β_j 及 $(\alpha\beta)_{ij}$ 为随机效应. 对 A 做检验时同随机模型，对 B 和 A×B 做检验时同固定模型，即

$$\left.\begin{aligned}F_A&=\frac{s_A^2}{s_{AB}^2},\\F_B&=\frac{s_B^2}{s_e^2},\\F_{AB}&=\frac{s_{AB}^2}{s_e^2}.\end{aligned}\right\} \tag{3-28}$$

为了便于比较，将 3 种模型的方差分析表列在一起，见表 3-27 和表 3-28.

在实际应用中，固定模型应用最多，随机模型和混合模型相对较少.

表 3-27 具重复观测值的二因素分组资料方差分析表

变异来源	df	SS	s^2
A 因素	$a-1$	SS_A	s_A^2
B 因素	$b-1$	SS_B	s_B^2
A×B	$(a-1)(b-1)$	SS_{AB}	s_{AB}^2
误　差	$ab(n-1)$	SS_e	s_e^2
总变异	$abn-1$	SS_T	

表 3-28 具重复观测值的二因素分组资料方差分析不同模型的期望方差分析表

变异来源	固定模型		随机模型		混合模型（A 固定，B 随机）	
	F	期望方差	F	期望方差	F	
A 因素	$\frac{s_A^2}{s_e^2}$	$\sigma^2-bn\eta_\alpha^2$	$\frac{s_A^2}{s_{AB}^2}$	$\sigma^2+n\sigma_{AB}^2+bn\sigma_\alpha^2$	$\frac{s_A^2}{s_e^2}$	$\sigma^2+n\sigma_{AB}^2+bn\eta_\alpha^2$
B 因素	$\frac{s_B^2}{s_e^2}$	$\sigma^2+an\eta_\beta^2$	$\frac{s_B^2}{s_{AB}^2}$	$\sigma^2+n\sigma_{AB}^2+an\sigma_\beta^2$	$\frac{s_B^2}{s_{AB}^2}$	$\sigma^2+an\sigma_\beta^2$
A×B	$\frac{s_{AB}^2}{s_e^2}$	$\sigma^2+n\eta_{\alpha\beta}^2$	$\frac{s_{AB}^2}{s_e^2}$	$\sigma^2+n\sigma_{\alpha\beta}^2$	$\frac{s_{AB}^2}{s_e^2}$	$\sigma^2+n\sigma_{\alpha\beta}^2$
误　差		σ^2		σ^2		σ^2

［例 3-5］为了研究饲料中钙磷含量对牛生长发育的影响，将钙（A）、磷（B）在饲料中的含量各分 4 个水平进行交叉分组试验. 选用品种、性别、日龄相同，初始体重基本一致的小牛 48 头，随机分成 16 组，每组 3 头，用能量、蛋白质含量相同的饲料在不同钙磷用量搭配下各喂一组牛，经俩月试验，小牛增重结果（单位：kg）列于表 3-29，试对钙磷对小牛生长发育的影响做方差分析和多重比较.

表 3-29　不同钙磷用量的试验牛增重结果表

钙（%）/kg		磷（%）/kg				合计 kg	平均 kg
		$B_1(0.8)$	$B_1(0.6)$	$B_1(0.4)$	$B_1(0.2)$		
$A_1(1.0)$		22.0	30.0	32.4	30.5	324.9	27.1
		26.5	27.5	26.5	27.0		
		24.4	26.0	27.0	25.1		
	合计	72.9	83.5	85.9	82.6		
	平均	24.3	27.8	28.6	27.5		
$A_2(0.8)$		23.5	33.2	38.0	26.5	350.1	29.2
		25.8	28.5	35.5	24.0		
		27.0	30.1	33.0	25.0		
	合计	76.3	91.8	106.5	75.5		
	平均	25.4	30.6	35.5	25.2		
$A_3(0.6)$		30.5	36.5	28.0	20.5	332.4	27.7
		26.8	34.0	30.5	22.5		
		25.5	33.5	24.6	19.5		
	合计	82.8	104.0	83.1	62.5		
	平均	27.6	34.7	27.7	20.8		
$A_4(0.4)$		34.5	29.0	27.5	18.5	319.5	26.6
		31.4	27.5	26.3	20.0		
		29.3	28.0	28.5	19.0		
	合计	95.2	84.5	82.3	57.5		
	平均	31.7	28.2	27.4	19.2		
合计		327.2	363.8	357.8	278.1	1326.9	
平均		27.3	30.3	29.8	23.2		27.6

解 这是一个二因素有重复观测值试验. A 因素（钙）有 4 个水平，即 $a=4$；B 因素（磷）有 4 个水平，即 $b=4$，共有 $a\times b=4\times4=16$ 个水平组合，每个水平组合重复数为 $n=3$，试验总共有 $a\times b\times n=4\times4\times3=48$ 个观测值. 方差分析如下：

（1）平方和的计算：

$$C=\frac{T^2}{abn}=\frac{1326.9^2}{48}=36680.49(\text{kg}^2),$$

$$\begin{aligned}SS_{\text{T}}&=\sum x^2-C\\&=22.0^2+26.5^2+\cdots+20.0^2+19.0^2-C\\&=37662.81-36680.49\\&=982.32\ (\text{kg}^2),\end{aligned}$$

$$\begin{aligned}SS_{\text{A}}&=\frac{\sum\limits_{i=1}^{a}T_{i.}^2}{bn}-C\\&=\frac{324.9^2+350.1^2+332.4^2+319.5^2}{12}-C\\&=36725.00-36680.49\\&=44.51\ (\text{kg}^2),\end{aligned}$$

$$\begin{aligned}SS_{\text{B}}&=\frac{\sum\limits_{j=1}^{b}T_{.j}^2}{an}-C\\&=\frac{327.2^2+363.8^2+357.80^2+278.1^2}{12}-C\\&=37064.23-36680.49\\&=383.74\ (\text{kg}^2),\end{aligned}$$

$$\begin{aligned}SS_{\text{AB}}&=\frac{\sum\limits_{i=1}^{a}\sum\limits_{j=1}^{b}T_{ij}^2}{n}-C-SS_A-SS_B\\&=\frac{72.9^2+83.5^2+\cdots+57.5^2}{3}-C-SS_{\text{A}}-SS_{\text{B}}\\&=37515.40-36680.49-44.51-383.74\\&=406.66\ (\text{kg}^2),\end{aligned}$$

$$\begin{aligned}SS_{\text{e}}&=SS_{\text{T}}-SS_{\text{A}}-SS_{\text{B}}-SS_{\text{AB}}\\&=982.32-44.51-383.74-406.66\\&=147.41(\text{kg}^2).\end{aligned}$$

（2）自由度的计算：

$$df_{\text{T}}=abn-1=4\times4\times3-1=47,$$

$$df_A = a-1 = 4-1 = 3,$$
$$df_B = b-1 = 4-1 = 3,$$
$$df_{AB} = (a-1)(b-1) = 3\times 3 = 9,$$
$$df_e = ab(n-1) = 4\times 4\times (3-1) = 32.$$

（3）方差计算：

$$s_A^2 = \frac{SS_A}{df_A} = \frac{44.51}{3} = 14.84\ (\text{kg}^2),$$
$$s_B^2 = \frac{SS_B}{df_B} = \frac{383.740}{3} = 127.91\ (\text{kg}^2),$$
$$s_{AB}^2 = \frac{SS_{AB}}{df_{AB}} = \frac{406.66}{9} = 45.18\ (\text{kg}^2),$$
$$s_e^2 = \frac{SS_e}{df_e} = \frac{147.41}{32} = 4.61(\text{kg}^2).$$

（4）方差检验：

$$F_A = \frac{s_A^2}{s_e^2} = \frac{14.84}{4.61} = 3.22,$$
$$F_B = \frac{s_B^2}{s_e^2} = \frac{127.91}{4.61} = 27.77,$$
$$F_{AB} = \frac{s_{AB}^2}{s_e^2} = \frac{45.18}{4.61} = 9.81.$$

本例 $df_1 = df_A = 3$，$df_e = 32$；$df_1 = df_B = 3$，$df_e = 32$；$df_1 = df_{AB} = 9$，$df_e = 32$，查 F 值表得 $F_{0.05(3,32)} = 2.90$，$F_{0.01(3,32)} = 4.47$，$F_{0.01(9,32)} = 3.02$．因为 A 因素的 F 值为 $3.22 > F_{0.05(3,32)}$，表明添加不同钙组间差异显著；B 因素的 F 值为 $27.77 > F_{0.01(3,32)}$，表明添加不同磷组间差异极显著；A×B 交互作用的 F 值为 $9.81 > F_{0.01(9,32)}$，表明添加不同钙和磷组合间差异极显著.

将方差分析结果列成方差分析表，见表 3-30.

表 3-30　不同钙磷用量对牛增重结果影响的方差分析表

变异来源	df	SS / (kg²)	s^2 / (kg²)	F
A 因素（钙）	3	44.51	14.84	3.22*
B 因素（磷）	3	383.74	127.91	27.77**
A×B（交互作用）	9	406.66	45.18	9.81**
误差	32	147.41	4.61	
总变异	47	982.32		

（5）多重比较：

①不同钙含量组间的多重比较

采用 Duncan 检验进行多重比较得到

$$s_{\bar{x}}=\sqrt{\frac{s_e^2}{bn}}=\sqrt{\frac{4.61}{12}}=0.62(\text{kg}).$$

根据 $df_e=32$，秩次距 $k=2,3,4$，由 Duncan 检验附表八查出 $\alpha=0.05$ 和 $\alpha=0.01$ 的各临界 r 值，乘以 $s_{\bar{x}}=0.62$ kg，即得各最小显著极差，将所得结果列于表 3-31.

表 3-31　多重比较 R_k 表

df	k	$r_{0.05}$	R_k / kg	$r_{0.01}$	R_k / kg
32	2	2.88	1.79	3.88	2.41
	3	3.03	1.88	4.05	2.51
	4	3.11	1.93	4.15	2.57

不同钙含量组间 Duncan 检验比较结果见表 3-32.

表 3-32　不同钙含量组间的 Duncan 检验多重比较结果

单位：kg

钙含量	平均数	$\bar{x}_i-\bar{x}_{A_4}$	$\bar{x}_i-\bar{x}_{A_1}$	$\bar{x}_i-\bar{x}_{A_3}$
$A_2(0.8)$	29.2	2.6**	2.1*	1.5
$A_3(0.6)$	27.7	1.1	0.6	
$A_1(1.0)$	27.1	0.5		
$A_4(0.4)$	26.6			

②不同磷含量组间的多重比较

采用 Duncan 检验法进行多重比较得到

$$s_{\bar{x}}=\sqrt{\frac{s_\text{e}^2}{an}}=\sqrt{\frac{4.61}{12}}=0.62(\text{kg}).$$

根据 $df_\text{e}=32$，秩次距 $k=2,3,4$，由 Duncan 检验附表八查出 $\alpha=0.05$ 和 $\alpha=0.01$ 的各临界 r 值，乘以 $s_{\bar{x}}=0.62$ kg，即得各最小显著极差，所得结果列于表 3-33.

表 3-33　多重比较 R_k 表

df	k	$r_{0.05}$	R_k / kg	$r_{0.01}$	R_k / kg
32	2	2.88	1.79	3.88	2.41
	3	3.03	1.88	4.05	2.51
	4	3.11	1.93	4.15	2.57

不同磷含量组间 Duncan 检验比较结果见表 3-34.

表 3-34　不同磷含量组间的 Duncan 检验多重比较结果

单位：kg

钙含量	平均数	$\bar{x}_i-\bar{x}_{A_4}$	$\bar{x}_i-\bar{x}_{A_1}$	$\bar{x}_i-\bar{x}_{A_3}$
$B_2(0.6)$	30.3	7.1**	3.0**	0.5
$B_3(0.4)$	29.8	6.6**	2.5*	
$B_1(0.8)$	27.3	4.1**		
$B_4(0.2)$	23.2			

③不同钙磷水平组合间的多重比较

采用 Duncan 检验进行多重比较，水平组合的重复数为 3，因此

$$s_{\bar{x}}=\sqrt{\frac{s_e^2}{n}}=\sqrt{\frac{4.61}{3}}=1.24(\text{kg}).$$

根据 $df_e=32$, 秩次距 $k=2,3,4,\cdots,16$，由 Duncan 检验附表八查出 $\alpha=0.05$ 和 $\alpha=0.01$ 的各临界 r 值，乘以 $s_{\bar{x}}=1.24\ \text{kg}$，即得各最小显著极差，将所得结果列于表. 然后将 16 个不同钙磷水平组合的平均数按从大到小进行排列，按照与不同钙和不同磷组间的多重比较相同的方法进行比较，由于数据表较大，不再一一列出.

第五节　多因素方差分析

实际工作中，往往需要考察 3 个或多个因素的效应. 这相当于把二因素方差分析扩展到一般情况. 如在一个试验中，A 因素有 a 水平，B 因素有 b 水平，C 因素有 c 水平等. 假设每一处理都有 n 次重复，那么总观测次数为 $abcn$ 次. 本节仅对三因素的情况进行分析.

设有一个三因素方差分析模型，各取了 a、b、c 个水平，每一处理有 n 次重复. 观测值 x_{ijkl} 其线性数学模型为

$$x_{ijkl}=\mu+\alpha_i+\beta_j+\gamma_k+(\alpha\beta)_{ij}+(\alpha\gamma)_{ik}+(\beta\gamma)_{jk}+(\alpha\beta\gamma)_{ijk}+\varepsilon_{ijkl}. \tag{3-29}$$

上式中，x_{ijkl} 表示 A 因素第 i 水平，B 因素第 j 水平，C 因素第 k 水平，第 l 次重复的观测值（其中 $i=1,2,\cdots,a$; $j=1,2,\cdots,b$; $k=1,2,\cdots,c$; $l=1,2,\cdots,n$）；μ 为总体平均数，$\alpha_i,\beta_j,\gamma_k$ 分别表示 A 因素、B 因素、C 因素的效应，$(\alpha\beta)_{ij},(\alpha\gamma)_{ik},(\beta\gamma)_{jk}$ 分别表示 A×B，A×C，B×C 的交互效应，$(\alpha\beta\gamma)_{ijk}$ 表示三因素的交互效应（A×B×C），ε_{ijkl} 表示试验误差. 同时，应满足条件：① $\sum\alpha_i=\sum\beta_j=\sum\gamma_k=0$；② $\sum(\alpha\beta)_{ij}=\sum(\alpha\gamma)_{ik}=\sum(\beta\gamma)_{jk}=0$；③ $\sum(\alpha\beta\gamma)_{ijk}=0$；④ ε_{ijkl} 是独立分布，服从 $N(0,\sigma^2)$.

实际分析时，可列出 3 个两向表，把三因素方差分析化为二因素方差分析. 例如把 A、B 条件下的全部结果列成 1 个两向表，见表 3-35.

表 3-35 三因素方差分析的两向表

因素		B_j			
A_i	C_1	x_{ij11}	x_{ij12}	…	x_{ij1n}
	C_2	x_{ij21}	x_{ij22}	…	x_{ij2n}
	⋮	⋮	⋮	⋮	⋮
	C_c	x_{ijc1}	x_{ijc2}	…	x_{ijcn}

这样，可用二因素方差分析计算出 SS_A, SS_B, SS_{AB}. 类似地，也可把 A、C，B、C 二因素的数据列成两向表，用同样的方法计算出 SS_A、SS_C、SS_{AC} 及 SS_B、SS_C、SS_{BC}，其中 SS_A、SS_B、SS_C 不需重复计算. 误差平方和 SS_e 显然等于在同一处理下数据的变异平方和，即

$$SS_e = \sum_{i=1}^{a}\sum_{j=1}^{b}\sum_{k=1}^{c}\sum_{l=1}^{n}\left(x_{ijkl} - \overline{x}_{ijk}\right)^2. \tag{3-30}$$

三因素方差分析表见表 3-36 和表 3-37.

表 3-36 三因素方差分析表（固定模型）

变异来源	SS	df	s^2	固定模型	
				F	期望方差
A	SS_A	$a-1$	s_A^2	$\frac{s_A^2}{s_e^2}$	$\sigma^2 + bcn\eta_\alpha^2$
B	SS_B	$b-1$	s_B^2	$\frac{s_B^2}{s_e^2}$	$\sigma^2 + acn\eta_\beta^2$
C	SS_C	$c-1$	s_C^2	$\frac{s_C^2}{s_e^2}$	$\sigma^2 + abn\eta_\gamma^2$
A×B	SS_{AB}	$(a-1)(b-1)$	s_{AB}^2	$\frac{s_{AB}^2}{s_e^2}$	$\sigma^2 + cn\eta_{\alpha\beta}^2$
A×C	SS_{AC}	$(a-1)(c-1)$	s_{AC}^2	$\frac{s_{AC}^2}{s_e^2}$	$\sigma^2 + bn\eta_{\alpha\gamma}^2$
B×C	SS_{BC}	$(b-1)(c-1)$	s_{BC}^2	$\frac{s_{BC}^2}{s_e^2}$	$\sigma^2 + an\eta_{\beta\gamma}^2$
A×B×C	SS_{ABC}	$(a-1)(b-1)(c-1)$	s_{ABC}^2	$\frac{s_{ABC}^2}{s_e^2}$	$\sigma^2 + n\eta_{\alpha\beta\gamma}^2$
误差	SS_e	$abc(n-1)$	s_e^2		σ^2

表 3-37　三因素方差分析不同模型的期望方差表

变异来源	随机模型		混合模型（A、B 固定，C 随机）	
	F	期望方差	F	期望方差
A		$\sigma^2+bcn\sigma_\alpha^2+cn\sigma_{\alpha\beta}^2+bn\sigma_{\alpha\gamma}^2+n\sigma_{\alpha\beta\gamma}^2$	$\frac{s_A^2}{s_{AC}^2}$	$\sigma^2+bcn\eta_\alpha^2+bn\sigma_{\alpha\gamma}^2$
B		$\sigma^2+acn\sigma_\beta^2+cn\sigma_{\alpha\beta}^2+an\sigma_{\beta\gamma}^2+n\sigma_{\alpha\beta\gamma}^2$	$\frac{s_B^2}{s_{BC}^2}$	$\sigma^2+acn\eta_\beta^2+an\sigma_{\beta\gamma}^2$
C		$\sigma^2+abn\sigma_\gamma^2+bn\sigma_{\alpha\gamma}^2+an\sigma_{\beta\gamma}^2+n\sigma_{\alpha\beta\gamma}^2$	$\frac{s_C^2}{s_e^2}$	$\sigma^2+abn\sigma_\gamma^2$
A×B	$\frac{s_{AB}^2}{s_{ABC}^2}$	$\sigma^2+cn\sigma_{\alpha\beta}^2+n\sigma_{\alpha\beta\gamma}^2$	$\frac{s_{AB}^2}{s_{ABC}^2}$	$\sigma^2+cn\eta_{\alpha\beta}^2+n\sigma_{\alpha\beta\gamma}^2$
A×C	$\frac{s_{AC}^2}{s_{ABC}^2}$	$\sigma^2+bn\sigma_{\alpha\gamma}^2+n\sigma_{\alpha\beta\gamma}^2$	$\frac{s_{AC}^2}{s_e^2}$	$\sigma^2+bn\sigma_{\alpha\gamma}^2$
B×C	$\frac{s_{BC}^2}{s_{ABC}^2}$	$\sigma^2+an\sigma_{\beta\gamma}^2+n\sigma_{\alpha\beta\gamma}^2$	$\frac{s_{BC}^2}{s_e^2}$	$\sigma^2+an\sigma_{\beta\gamma}^2$
A×B×C	$\frac{s_{ABC}^2}{s_e^2}$	$\sigma^2+n\sigma_{\alpha\beta\gamma}^2$	$\frac{s_{ABC}^2}{s_e^2}$	$\sigma^2+n\sigma_{\alpha\beta\gamma}^2$
误差		σ^2		σ^2

注：η 代表固定因素引起的变异；σ 代表含有随机因素引起的变异；α、β、γ 下标分别代表 A、B、C 因素单独作用引起的变异；$\alpha\beta$、$\beta\gamma$、$\alpha\gamma$ 下标分别代表 A、B；B、C 和 A、C 两因素分别联合作用引起的变异；$\alpha\beta\gamma$ 下标代表 A、B、C 3 个因素共同作用引起的变异.

［例 3-6］用不同的基础液、血浆种类以及不同的血浆浓度水平研究其对某种支原体细胞培养计算的影响，结果见表 3-38，用方差分析说明基础液、血浆种类和浓度对支原体细胞培养的影响.

表 3-38　支原体细胞培养数记录表

基础液(A)	血浆种类(B)	血浆浓度(C)	支原体细胞数量/个				合计/个	平均/个
缓冲液(A_1)	兔血清(B_1)	5%(C_1)	648	1246	1398	909	4201	1050.25
		8%(C_2)	1144	1877	1671	1845	6537	1634.25
	胎盘血清(B_2)	5%(C_1)	830	853	441	1030	3154	788.50
		8%(C_2)	578	669	643	1002	2892	723.00

续表

基础液(A)	血浆种类(B)	血浆浓度(C)	支原体细胞数量/个				合计/个	平均/个
蒸馏水(A_2)	兔血清(B_1)	5%(C_1)	1763	1241	1381	2421	6806	1701.50
		8%(C_2)	1447	1883	1896	1926	7152	1788.00
	胎盘血清(B_2)	5%(C_1)	920	709	848	574	3051	762.75
		8%(C_2)	933	1024	1092	742	3791	947.75
自来水(A_3)	兔血清(B_1)	5%(C_1)	580	1026	1026	830	3462	865.50
		8%(C_2)	1789	1215	1434	1651	6089	1522.25
	胎盘血清(B_2)	5%(C_1)	1126	1176	1280	1212	4794	1198.50
		8%(C_2)	685	546	595	566	2392	598.00
合计							54321	
平均								1131.69

解 由于基础液、血浆种类和血浆浓度都是可以控制的，所以适用固定模型.

（1）将数据分别累加，列入表 3−39、表 3−40 及表 3−41 中.

表 3−39 A×B 表

血浆种类(B)	基础液(A)/个			$T_{.j.}$/个
	缓冲液(A_1)	蒸馏水(A_2)	自来水(A_3)	
兔血清(B_1)	10738	13958	9551	34247
胎盘血清(B_2)	6046	6842	7186	20074
$T_{i..}$	16784	20800	16737	54321

表 3−40 A×C 表

血浆浓度(C)	基础液(A)/个			$T_{..k}$/个
	缓冲液(A_1)	蒸馏水(A_2)	自来水(A_3)	
5%(C_1)	7355	9857	8256	25468
8%(C_2)	9429	10943	8481	28853
$T_{i..}$	16784	20800	16737	54321

表 3-41　B×C 表

血浆浓度(C)	基础液(B)/个		$T_{\cdot\cdot k}$/个
	兔血清(B_1)	胎盘血清(B_2)	
5%(C_1)	14469	10999	25468
8%(C_2)	19778	9075	28853
$T_{\cdot j\cdot}$	34247	20074	54321

（2）平方和的计算：

这里 $a=3,b=2,c=2,n=4$，得

$$C=\frac{T^2}{abcn}=\frac{54321^2}{3\times2\times2\times4}=61474396.69(\text{个}^2),$$

$$SS_T=\sum_{i=1}^{a}\sum_{j=1}^{b}\sum_{k=1}^{c}\sum_{l=1}^{n}x_{ijkl}^2-C=648^2+1246^2+\cdots+566^2-61474396.69$$
$$=10387496.31(\text{个}^2),$$

$$SS_A=\frac{1}{bcn}\sum_{i=1}^{a}T_{i\cdot\cdot}^2-C=\frac{1}{16}\times\left(16784^2+20800^2+16737^2\right)-61474396.69$$
$$=679967.38(\text{个}^2),$$

$$SS_B=\frac{1}{acn}\sum_{j=1}^{b}T_{\cdot j\cdot}^2-C=\frac{1}{24}\times\left(34247^2+20074^2\right)-61474396.69=238713.02(\text{个}^2),$$

$$SS_C=\frac{1}{abn}\sum_{k=1}^{c}T_{\cdot\cdot k}^2-C=\frac{1}{24}\times\left(25468^2+28853^2\right)-61474396.69=4184873.52(\text{个}^2),$$

$$SS_{AB}=\frac{1}{cn}\sum_{i=1}^{a}\sum_{j=1}^{b}T_{ij\cdot}^2-C-SS_A-SS_B$$
$$=\frac{1}{8}\times\left(10738^2+6046^2+\cdots+7186^2\right)-61474396.69-679967.38-238713.02$$
$$=107005.54(\text{个}^2),$$

$$SS_{AC}=\frac{1}{bn}\sum_{i=1}^{a}\sum_{k=1}^{c}T_{i\cdot k}^2-C-SS_A-SS_C$$
$$=\frac{1}{8}\times\left(7355^2+9429^2+\cdots+8481^2\right)-61474396.69-679967.38-4184873.52$$
$$=705473.04(\text{个}^2),$$

$$SS_{BC}=\frac{1}{an}\sum_{i=1}^{b}\sum_{k=1}^{c}T_{\cdot jk}^2-C-SS_B-SS_C$$
$$=\frac{1}{12}\times\left(14469^2+10999^2+\cdots+9075^2\right)-61474396.69-238713.02-4184873.52$$
$$=1089922.69(\text{个}^2),$$

$$SS_{ABC}=\frac{1}{n}\sum_{i=1}^{a}\sum_{j=1}^{b}\sum_{k=1}^{c}T_{ijk}^2-C-SS_A-SS_B-SS_C-SS_{AB}-SS_{AC}-SS_{BC}$$

$$=\frac{1}{4}\times\left(4201^2+6537^2+\cdots+2392^2\right)-61474396.69-679967.38-238713.02$$

$$-4184873.52-107005.54-705473.04-1089922.69$$

$$=922307.37(\text{个}^2),$$

$$SS_e=SS_T-SS_t=10387469.31-\left(\frac{4201^2+6537^2+\cdots+2392^2}{4}-61474396.69\right)$$

$$=2459233.75(\text{个}^2).$$

（3）自由度的分解：

$$df_T=abcn-1=3\times2\times2\times4-1=47,$$

$$df_A=a-1=3-1=2,$$

$$df_B=b-1=2-1=1,$$

$$df_C=c-1=2-1=1,$$

$$df_{AB}=(a-1)(b-1)=(3-1)\times(2-1)=2,$$

$$df_{AC}=(a-1)(c-1)=(3-1)\times(2-1)=2,$$

$$df_{BC}=(b-1)(c-1)=(2-1)\times(2-1)=1,$$

$$df_{ABC}=(a-1)(b-1)(c-1)=(3-1)\times(2-1)\times(2-1)=2,$$

$$df_e=abc(n-1)=3\times2\times2\times(4-1)=36.$$

（4）计算方差：

$$s_A^2=\frac{SS_A}{df_A}=\frac{679967.38}{2}=339983.69(\text{个}^2),$$

$$s_B^2=\frac{SS_B}{df_B}=\frac{238713.02}{1}=238713.02(\text{个}^2),$$

$$s_C^2=\frac{SS_C}{df_C}=\frac{4184873.52}{1}=4184873.52(\text{个}^2),$$

$$s_{AB}^2=\frac{SS_{AB}}{df_{AB}}=\frac{107005.54}{2}=53502.77(\text{个}^2),$$

$$s_{AC}^2=\frac{SS_{AC}}{df_{AC}}=\frac{705473.04}{2}=352736.52(\text{个}^2),$$

$$s_{BC}^2=\frac{SS_{BC}}{df_{BC}}=\frac{1089922.69}{1}=1089922.69(\text{个}^2),$$

$$s_{\mathrm{ABC}}^2=\frac{SS_{\mathrm{ABC}}}{df_{\mathrm{ABC}}}=\frac{922307.37}{2}=461153.69(\text{个}^2),$$

$$s_{\mathrm{e}}^2=\frac{SS_{\mathrm{e}}}{df_{\mathrm{e}}}=\frac{2459233.75}{36}=68312.05(\text{个}^2).$$

将以上结果列成方差分析表，见表 3−42.

表 3−42 支原体细胞培养数方差分析表

变异来源	df	SS /个^2	s^2 /个^2	F
基础液(A)	2	679967.38	339983.69	4.98*
血浆种类(B)	1	238713.02	238713.02	3.49
血浆浓度(C)	1	4184873.52	4184873.52	61.26**
A×B	2	107005.54	53502.77	0.78
A×C	2	705473.04	352736.52	5.16*
B×C	1	1089922.69	1089922.69	15.96**
A×B×C	2	922307.37	461153.69	6.75**
误差	36	2459233.75	68312.05	
总变异	47	10387496.31		

方差分析结果表明，基础液和血浆浓度对支原体细胞培养数有显著影响，血浆种类影响并不显著. 基础液和血浆种类相互作用没有对支原体培养数产生显著影响，其他交互作用组合均对支原体培养数产生了显著影响.

第六节 方差分析的数据转换

在生物学中有时会遇到一些样本，其来自的总体和上面提到的方差分析基本假定相抵触，这些数据在做方差分析之前必须经过适当处理即数据转换来变更测量标尺. 样本的非正态性、不可加性和方差的异质性通常连带出现，变换的目的主要是满足方差齐性的要求，同时也可对正态性以及可加性的要求得到较好的满足. 常用的转换方法有以下几种.

一、平方根转换

有些生物学观测数据为泊松分布而非正态分布，比如一定面积上某种杂草株数或昆虫头数等，样本平均数与其方差有比例关系，采用平方根转换可获得同质的方差. 一般将原观测值转换成$\sqrt{x}$，当数据较小时转换为$\sqrt{x+1}$.

[例 3−7] 不同除草剂使用后土壤软体动物个数见表 3−43. 总体看数据的方差与平均数成正比关系，需进行平方根转换. 进行平方根转换后的数据见表 3−44，转换后的数

据标准差变化不大.

表 3-43　不同除草剂使用后土壤软体动物个数

区组	除草剂/个					合计/个
	A_1	A_2	A_3	A_4	A_5	
1	538	438	77	115	17	1185
2	422	442	61	57	31	1013
3	377	319	157	100	87	1040
4	315	380	52	45	16	808
合计	1652	1579	347	317	151	4052
平均	413	394.8	86.8	79.3	37.8	202.6
标准差	117.3	57.9	48.00	33.6	33.5	

表 3-44　不同除草剂使用后土壤软体动物个数平方根转换后数据

区组	除草剂/个					合计/个
	A_1	A_2	A_3	A_4	A_5	
1	23.2	20.9	8.8	10.7	4.2	67.8
2	20.5	21.0	7.8	7.5	5.1	61.9
3	19.4	17.9	12.5	10.0	8.8	63.6
4	17.7	19.5	7.2	6.7	4.0	55.2
合计	80.8	79.3	36.3	34.9	22.1	253.9
平均	20.2	19.8	9.1	8.7	5.7	202.6
标准差	2.3	1.5	2.4	1.9	2.1	

二、对数转换

如果已知资料中的效应成比例而不是可加的，或者标准差(或极差)与平均数大体成比例，或者效应为相乘性或非相加性时，可以使用对数变换. 将原数据变换为对数（$\lg x$ 或 $\ln x$）后，可以使方差变成比较一致的而且使效应由相乘性变成相加性. 如果原数据包括有 0，可以采用 $\lg(x+1)$ 或 $\ln(x+1)$ 变换的方法.

［**例 3-8**］不同测定仪器测定的细菌数量见表 3-45. 总体看数据的平均数和标准差均较大，变异系数比较接近，表明平均数与标准差之间成一定的比例关系，需进行对数转换. 进行对数转换后的数据见表 3-46，转换后的数据标准差较为接近.

表 3-45　不同测定仪器测定的细菌数量

区组	测定仪器/个			
	A_1	A_2	A_3	A_4
1	4000000	22000	6000	780
2	1500000	13000	3400	720
3	10000000	30000	10000	1900
4	10000	8500	5200	550
平均/个	3900000	18375	7650	987.5
标准差/个	4374928.6	9568.8	5672	616.0
变异系数	1.1	0.5	0.7	0.6

表 3-46　不同测定仪器测定的细菌数量对数转换后数据

区组	测定仪器/个			
	A_1	A_2	A_3	A_4
1	6.6	4.3	3.7	2.9
2	6.2	4.1	3.5	2.9
3	7.0	4.5	4.2	3.3
4	5.0	3.9	3.7	2.7
平均/个	6.2	4.2	3.8	2.95
标准差/个	0.86	0.26	0.3	0.25
变异系数	0.14	0.06	0.08	0.09

三、反正弦转换

反正弦转换也称角度转换. 如果数据是比例数或以百分比表示的，如发病率、感染率、病死率、受胎率，其分布趋向于二项分布，方差分析时应做反正弦转换：

$$\theta = \sin^{-1}\sqrt{P}$$

其中，P 为百分数资料，θ 为相应的角度值.

转换后的数值是以度为单位的角度. 二项分布的特点是其方差与平均数有着函数关系. 这种关系表现在，当平均数接近极端值（即接近于 0 和 100%）时，方差趋向于较小；而当平均数处于中间数值附近（50%左右）时，方差趋向于较大.

［例 3-9］ 不同大豆品种发芽率见表 3-47. 方差和平均数之间有函数关系，需进行反正弦转换. 进行反正弦转换后的数据同见表 3-47，转换后的数据方差和平均数之间紧密的关联被弱化.

表 3-47　不同大豆品种发芽率转换前后数据

培养液		品种/个					
		A_1	A_2	A_3	A_4	A_5	A_6
转换前	B_1	19.3	10.1	25.2	14.0	3.3	3.1
	B_2	29.2	34.7	36.5	30.2	35.8	9.6
	B_3	1.0	14.0	23.4	7.2	1.1	1.0
	B_4	6.4	5.6	12.9	8.9	2.0	1.0
转换后	B_1	26.1	18.5	30.1	22.0	10.5	10．1
	B_2	32.7	36.1	37.2	33.3	36.8	18.0
	B_3	5.7	22.0	28.9	15.6	6.0	5.7
	B_4	14.6	13.7	21.0	17.4	8.1	5.7

练习题

3.1　方差分析的基本思想是什么？进行方差分析一般有哪些步骤？

3.2　什么是多重比较？多重比较有哪些方法？多重比较的结果如何表示？

3.3　方差分析有哪些基本假定？为什么有些数据需经过转换后才能进行方差分析？

3.4　下表是 6 种溶液以及对照组的雌激素活度鉴定，指标是小鼠子宫重量（单位：g）. 计算各平均数，做方差分析，若差异是显著的则需做多重比较.

盆号	培养法						
	对照	Ⅰ	Ⅱ	Ⅲ	Ⅳ	Ⅴ	Ⅵ
1	89.9	84.4	64.4	75.2	88.4	56.4	65.6
2	93.8	116.0	79.8	62.4	90.2	83.2	79.4
3	88.4	84.4	88.0	62.4	73.2	90.4	65.6
4	112.6	68.6	69.4	73.8	87.8	85.6	70.2

3.5　5 组不同品种的幼猪在相同的饲养管理条件下的增重记录如下（单位：g）：

组别	增重					
A	40	24	46	20	35	30
B	29	27	39	20	45	25
C	41	61	47	67	69	40
D	27	31	38	43	31	20
E	24	30	26	35	33	32

求：①对上述资料进行方差分析. ②如果方差分析的结果为差异显著，分别用两种方法进行多重比较.

3.6 下表是在 3 个地区随机抽查的奶牛隐性乳腺炎的阳性率（%），试分析这 3 个地区的奶牛隐性乳腺炎的阳性率有无差异.

地区	隐性乳腺炎的阳性率						
1	54.3	64.1	47.7	43.6	50.4	40.5	57.8
2	26.7	19.4	42.1	30.6	40.9	18.6	40.9
3	18.0	35.0	20.7	31.6	26.8	11.4	19.7

3.7　有 7 窝小鼠，分别选出雄性，同一窝的小鼠分别给予不同的配方饲料，测定出生后 6 周的雄性小鼠体重的平均值，以 g 为单位，看不同饲料配方对小鼠平均体重有无显著影响.

窝别	不同饲料配方所得的小鼠平均体重/g				
	Ⅰ	Ⅱ	Ⅲ	Ⅳ	Ⅴ
1	15.0	10.9	10.3	9.2	13.5
2	13.4	12.8	10.1	6.7	12.7
3	12.7	8.3	8.8	8.9	16.4
4	19.2	14.4	11.5	11.0	
5	14.3		10.3	10.2	
6	14.8			7.6	
7				7.8	

3.8　以 5 种不同浓度的生长激素溶液浸渍某种大豆种子，浸渍时间有 3 种，出苗 45 天后得各处理每一植株的平均干物重（单位：g）. 试做方差分析与多重比较.

浓度(A)	时间(B)/g		
	B_1	B_2	B_3
A_1	13	14	14
A_2	12	12	13
A_3	3	3	3
A_4	10	9	10
A_5	2	5	4

3.9 将12只同龄幼猪随机分为4组，每组3只，将抗生素和维生素B_{12}加到食物中喂饲，抗生素的剂量为每克食物加0 μg或40 μg，维生素B_{12}的剂量为每克食物加0 μg或5 μg，每天定时称重，猪的平均日增重（磅）记入表内，并进行方差分析.

		体重增加/μg		
		Ⅰ	Ⅱ	Ⅲ
维生素（0）	B_{12}（0）	1.30	1.19	1.08
	B_{12}（5）	1.26	1.21	1.19
维生素（40）	B_{12}（0）	1.05	1.00	1.05
	B_{12}（5）	1.52	1.56	1.55

3.10 选定两种不同性别和4种不同年龄的猕猴，测定血液中α_2球蛋白，结果见下表，试进行方差分析.

性别(A)	年龄(B)							
	1～3岁		4～6岁		7～10岁		>10岁	
雌	13.0	15.8	13.8	12.5	8.6	11.1	13.0	13.7
	14.9	16.6	13.8	13.4	17.4	8.5	8.6	14.1
	26.3	18.2	13.1	12.0	18.1	10.4	12.1	10.6
	16.4	13.5	12.9	20.3	9.5	12.1	16.2	8.8
	21.7	16.0	6.5	15.6	13.2	12.1	9.4	11.0
雄	18.9	16.1	13.3	7.5	12.2	13.5	8.4	11.6
	17.8	12.7	8.8	15.6	11.1	11.1	8.8	13.1
	19.1	19.0	8.7	21.1	12.1	14.1	16.6	12.1
	22.4	17.9	15.1	13.0	8.7	17.2	24.3	10.4
	18.2	19.3	19.8	14.0	10.1	12.8	8.9	11.5

3.11 在药物处理大豆种子试验中，使用了大粒、中粒、小粒 3 种类型种子，分别用 5 种浓度、2 种处理时间，播种后 45 天对每种处理各取两个样本，每个样本 10 株测定其干物质，求其平均数，结果见下表，试进行方差分析.

处理时间(A)	种子类型(C)	浓度(B)				
		B_1（0）	B_2（10）	B_3（20）	B_4（30）	B_5（40）
A_1（12 h）	C_1（小粒）	7.0	12.8	22.0	21.3	24.2
		6.5	11.4	21.8	20.3	23.2
	C_2（中粒）	13.5	13.2	20.8	19.0	24.6
		13.8	14.2	21.4	19.6	23.8
	C_3（大粒）	10.7	12.4	22.6	21.3	24.5
		10.3	13.2	21.8	22.4	24.2
A_2（24 h）	C_1（小粒）	3.6	19.7	4.7	12.4	13.6
		1.5	8.8	3.4	10.5	13.7
	C_2（中粒）	4.7	9.8	2.7	12.4	14.0
		4.9	10.5	4.2	13.2	14.2
	C_3（大粒）	8.7	9.6	3.4	13.0	14.8
		3.5	9.7	4.2	12.7	12.6

3.12 写出三因素有重复交叉分组试验设计（A 、B 、C 均为固定因素）的各项均方期望及检验统计量.

3.13 写出三因素有重复交叉分组试验设计（A 、B 、C 均为随机因素）的各项均方期望. 在这一试验设计中所有的主效应及交互作用都能找到检验统计量吗？

第四章　回归分析

前面所讨论的问题，都只涉及一种变量. 例如，在品种比较试验中，每一品种的平均数可以测知产量的集中点，标准差反映产量的离散程度，方差分析及多重比较可检验不同品种产量平均数间的差异是否显著. 所有这些问题的研究对象，都只有产量一种变量. 施肥量与产量的关系，灌溉量对产量的影响等均未考虑. 两个量或两个以上量互相制约，互相依存的例子，在生物界俯拾即是. 这类问题属于两个变量或多个变量间的关系问题. 两变量或多变量之间的关系，总体来说可以分为两类：一类是函数关系，例如气体定律 $PV = RT$ 中的各个量依公式的关系而存在，4 个量中若有 3 个已知时，第 4 个就能精确求出. 这种确定关系的例子，在生物界中是极少见的. 生物界中，大量存在的情况是，一种变量受另一种变量的影响，两者之间既有关系，但又不存在完全确定的函数关系. 知道其中一种变量，并不能精确求出另一变量. 下面举几个例子加以说明.

（1）单位面积的施肥量、播种量和产量三者之间的关系. 一般来说，施肥量与播种量适合时，产量较高；施肥量与播种量不适合时，产量较低. 但是这种关系并不是完全确定的. 即使在施肥量与播种量完全相同的情况下，产量也并不完全相同.

（2）人类血压与年龄的关系. 通常，年龄越大，血压越高. 但是影响血压的因素很多，并不能根据一个人的年龄，得出他的血压值.

（3）森林中，树木相同位置的直径（胸径）与树木高度的关系. 一般来说，胸径越大树木越高，胸径越小树木越矮. 但这种关系也不是确定的，仅仅依树木的胸径并不能确定其高度.

（4）玉米的穗长与穗重的关系. 一般来说，穗越长，越重. 但是，仅凭穗长，并不能得出穗重.

（5）人的身高与体重的关系. 通常，身体越高体重越重；身体越矮，体重越轻. 但是身高与体重并不存在严格的函数关系. 知道身高并不能得知准确体重.

在生物学中，研究两变量间的关系，主要是为了探求两变量的内在联系，或者是从一个变量 X（可以是随机变量，也可以是一般的变量），去推测另一个随机变量 Y. 例如，我们希望通过施肥量 X 去推测产量 Y. 施肥量是可以严格地人为控制的，因此它只是一个一般的变量. 在由穗长（X）去推测穗重（Y）的情况下，因为穗长并不能人为控制，所以是一个随机变量. 如果对于变量 X 的每一个可能的值 x_i，都有随机变量 Y 的一个分布相对应，则称随机变量 Y 对变量 X 存在回归（regression）关系. X 称为**自变量**（independent variable），Y 称为**因变量**（dependent variable）.

在具有回归关系的两变量之间对于任一 x_i 都不会有一个确切的 y_i 与之相对应，但为了描述两变量间的数量关系，可以选择当 $X = x_i$ 时 Y 的平均数 $\mu_{Y,X=x_i}$ 与之相对应，$\mu_{Y,X=x_i}$

称为Y的**条件平均数**（conditional mean）. 如何估计$\mu_{Y,X=x_i}$，就是下节所要讨论的回归分析问题. 若X也是一个随机变量，在Y对X存在回归关系的同时，X对Y也存在回归关系，这时称X和Y间存在相关关系. 在生物学的实际应用时，并不严格区分相关与回归，可以交叉使用.

回归分析是确定两种或两种以上变量间相互依赖的定量关系的一种统计分析方法. 运用十分广泛，回归分析按照涉及的自变量的多少，可分为一元回归分析和多元回归分析；按照自变量和因变量之间的关系类型，可分为线性回归分析和非线性回归分析. 如果在回归分析中，只包括一个自变量和一个因变量，且两者的关系可用一条直线近似表示，这种回归分析称为一元线性回归分析. 如果回归分析中包括两个或两个以上的自变量，且因变量和自变量之间是线性关系，则称为多元线性回归分析. 本章主要介绍直线回归分析和多元线性回归分析.

第一节　直线回归分析

一、直线回归方程的建立

如果两个变量在散点图上呈线性关系，就可用直线回归方程来描述. 其一般形式为

$$\hat{y}=a+bx. \tag{4-1}$$

式（4-1）读作“y依x的直线回归方程”. 其中，x是自变量，$\hat{y}$是与x值相对应的因变量y的点估计值；a是当$x=0$时的$\hat{y}$值，即直线在y轴上的截距，叫回归截距；b是回归直线的斜率，叫回归系数，其含义是自变量x增加一个单位，y平均增加或减少的单位数.

回归直线在平面坐标系中的位置取决于a,b的取值，为了使$\hat{y}=a+bx$能更好地反映y和x两变量间的数量关系，根据最小二乘法，必须使

$$Q=\sum_{1}^{n}\left(y-\hat{y}\right)^{2}=\sum_{1}^{n}\left(y-a-bx\right)^{2}=\text{最小值}. \tag{4-2}$$

根据微积分学中的极值原理，必须使Q对a,b的一阶偏导数值为0，则

$$\frac{\partial Q}{\partial a}=-2\sum\left(y-a-bx\right)=0,$$

$$\frac{\partial Q}{\partial b}=-2\sum x\left(y-a-bx\right)=0.$$

整理得正规方程组

$$\begin{cases}an+b\sum z=\sum y,\\ a\sum x+b\sum x^{2}=\sum xy.\end{cases}$$

解方程组，得

$$a=\bar{y}-b\bar{x}, \tag{4-3}$$

$$b=\frac{\sum xy-(\sum x)(\sum y)/n}{\sum x^2-(\sum x)^2/n}=\frac{\sum(x-\bar{x})(y-\bar{y})}{\sum(x-\bar{x})^2}=\frac{SP}{SS_x}. \tag{4-4}$$

式（4–4）中的分子$\sum(x-\bar{x})(y-\bar{y})$是$x$的离均差和$y$的离均差的乘积之和，简称乘积和，记作$SP$，分母是$x$的离均差平方和，记作$SS_x$.

a和b均可取正值，也可以取负值，因具体资料而异. 由图 4–1 看出，$a>0$，表示回归直线在第Ⅰ象限与y轴相交；$a<0$，表示回归直线在第Ⅰ象限与x轴相交. $b>0$，表示y随x的增加而增加；$b<0$，表示y随x的增加而减少；$b=0$或与 0 差异不显著时，表示y的变化与x的取值无关，两变量不存在直线回归关系. 这只是对a和b的统计学解释，对于具体资料，a和b往往还有专业上的实际意义.

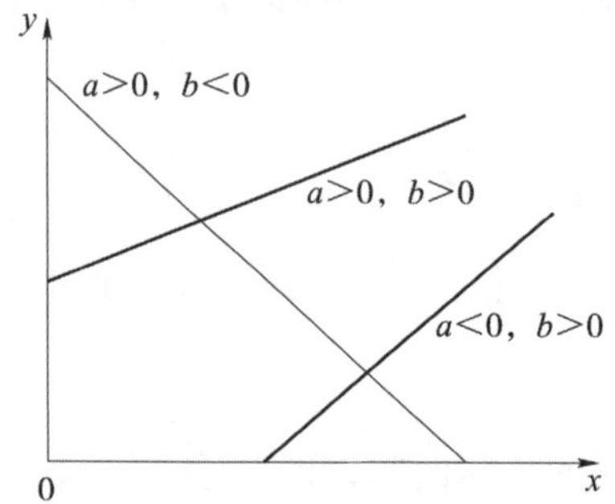

图 4–1 直线回归方程 $\hat{y}=a+bx$ 的图像

将x的取值范围代入直线回归方程，可计算出$\hat{y}$值，研究y和$\hat{y}$之间的关系，可发现回归方程的 3 个基本性质：

性质 1 $Q=\sum\left(y-\hat{y}\right)^2=$最小值；

性质 2 $\sum\left(y-\hat{y}\right)=0$；

性质 3 回归直线必须通过中心点$(\bar{x},\bar{y})$.

如果将式（4–3）代入式（4–1），得到直线回归方程的另一种形式：

$$\hat{y}=\bar{y}-b\bar{x}+bx=\bar{y}+b(x-\bar{x}). \tag{4-5}$$

［例 4–1］ 在四川白鹅的生产性能研究中，得到如下一组关于雏鹅重（单位：g）与 70 日龄重（单位：g）的数据，试建立 70 日龄重(y)与雏鹅重(x)的直线回归方程.

表 4-1 四川白鹅雏鹅重与 70 日龄重测定结果

单位：g

编号	1	2	3	4	5	6	7	8	9	10	11	12
雏鹅重 (x)	80	86	98	90	120	102	95	83	113	105	110	100
70 龄重 (y)	2350	2400	2720	2500	3150	2680	2630	2400	3080	2920	2960	2860

解 首先，由表 4-1 算得回归分析所必需的 5 个一级数据：

$$\sum x = 80 + 86 + \cdots + 100 = 1182(\mathrm{g}),$$

$$\sum x^2 = 80^2 + 86^2 + \cdots + 100^2 = 118112(\mathrm{g}^2),$$

$$\sum y = 2350 + 2400 + \cdots + 2860 = 32650(\mathrm{g}),$$

$$\sum y^2 = 2350^2 + 2400^2 + \cdots + 2860^2 = 89666700(\mathrm{g}^2),$$

$$\sum xy = 80 \times 2350 + 86 \times 2400 + \cdots + 100 \times 2860 = 3252610(\mathrm{g}).$$

然后，由一级数据算得 5 个二级数据：

$$SS_x = \sum x^2 - \frac{\left(\sum x\right)^2}{n} = 118112 - \frac{1112^2}{12} = 1685(\mathrm{g}^2),$$

$$SS_y = \sum y^2 - \frac{\left(\sum y\right)^2}{n} = 89666700 - \frac{32650^2}{12} = 831491.67(\mathrm{g}^2),$$

$$SP = \sum xy - \frac{\left(\sum x \sum y\right)}{n} = 3252610 - \frac{1182 \times 32650}{12} = 36585(\mathrm{g}^2),$$

$$\bar{x} = \frac{\sum x}{n} = \frac{1812}{12} = 98.5(\mathrm{g}),$$

$$\bar{y} = \frac{\sum y}{n} = \frac{32650}{12} = 2720.83(\mathrm{g}).$$

由二级数据算得

$$b = \frac{SP}{SS_x} = \frac{36585}{1685} = 21.71,$$

$$a = \bar{y} - b\bar{x} = 2720.83 - 21.71 \times 98.5 = 582.18(\mathrm{g}).$$

故 70 日龄重 (y) 与雏鹅重 (x) 的直线回归方程为

$$\hat{y} = 582.18 + 21.71x.$$

从回归方程可知，雏鹅平均每增加 1 g，70 日龄重就增加 21.71 g. 由于本例雏鹅重量取自 80 g～100 g 之间，其他重量的雏鹅与其 70 日龄重的关系是否符合 $\hat{y} = 582.18 + 21.71x$ 的变化规律，有待于验证.

二、直线回归的数学模型和基本假定

在直线回归中，y 总体的每一个观测值可分解为 3 部分，即 y 的总体平均值 μ_y，因

x 引起的 y 的变异 $\beta(x-\mu_x)$ 以及 y 的随机误差 ε. 因此，直线回归的数学模型为

$$y=\mu_y+\beta(x-\mu_x)+\varepsilon \text{，} \tag{4-6}$$

或

$$y=\alpha+\beta x+\varepsilon. \tag{4-7}$$

式（4–6）、式（4–7）为总体资料的数学模型，α 为总体回归截距，β 为总体回归系数，ε 为随机误差.

如果是样本资料，直线回归的数学模型为

$$y=\bar{y}+b(x-\bar{x})+e, \tag{4-8}$$

$$y=a+bx+e. \tag{4-9}$$

式（4–8）、式（4–9）中，a、b、e 分别估计 α、β、ε.

按上述直线回归模型进行回归分析，应符合如下基本假定：

（1）x 是没有误差的固定变量，至少和 y 比较起来，x 的误差是小到可以忽略的，而 y 是随机变量，且具有随机误差；

（2）x 的任一值都对应着一个 y 总体，且做正态分布，其平均数 $\mu_{y/x}=\alpha+\beta x$，方差 $\sigma_{y/x}^2$ 受偶然因素的影响，不因 x 的变化而改变；

（3）随机误差 ε 是相互独立的，且作正态分布，具有 $N(0,\sigma_\varepsilon^2)$.

直线回归分析是建立在以上这些基本假定之上，如果试验资料不满足这些假定，就不能进行直线回归分析，有些资料可做适当处理后再进行分析，下文将做讨论.

三、直线回归的假设检验

任何两个变量之间都可通过前面的方法建立一个直线回归方程，该方程是否有意义，能不能指导实践，关键在于回归是否达到显著水平. 如何判断是否存在线性关系？我们先探讨因变量 y 的变异，然后再做统计推断.

在直线回归中，因变量 y 是随机变量，y 的平方和可以分解为由 x 变异引起 y 变异的平方和和误差因素引起的平方和两部分（图 4–2），即

$$\begin{aligned}\Sigma(y-\bar{y})^2&=\Sigma\left(y-\bar{y}+\hat{y}-\hat{y}\right)^2\\&=\Sigma\left[\left(\hat{y}-\bar{y}\right)+\left(y-\hat{y}\right)\right]^2\\&=\Sigma\left(\hat{y}-\bar{y}\right)^2+\Sigma\left(y-\hat{y}\right)^2+2\Sigma\left(\hat{y}-\bar{y}\right)\left(y-\hat{y}\right).\end{aligned}$$

由于 $\left(y-\hat{y}\right)$ 为随机误差，是相互独立的，所以式中 $2\Sigma\left(\hat{y}-\bar{y}\right)\left(y-\hat{y}\right)=0$，因此：

$$\sum\left(y-\overline{y}\right)^2=\sum\left(\hat{y}-\overline{y}\right)^2+\sum\left(y-\hat{y}\right)^2. \tag{4-10}$$

式（4-10）中，$\sum\left(y-\overline{y}\right)^2$ 为因变量 y 的平方和，即 SS_y；$\sum\left(\hat{y}-\overline{y}\right)^2$ 为因 x 变异引起 y 变异的平方和，称为回归平方和，记作 U；$\sum\left(y-\hat{y}\right)^2$ 为误差因素引起的平方和，称为离回归平方和，记作 Q.

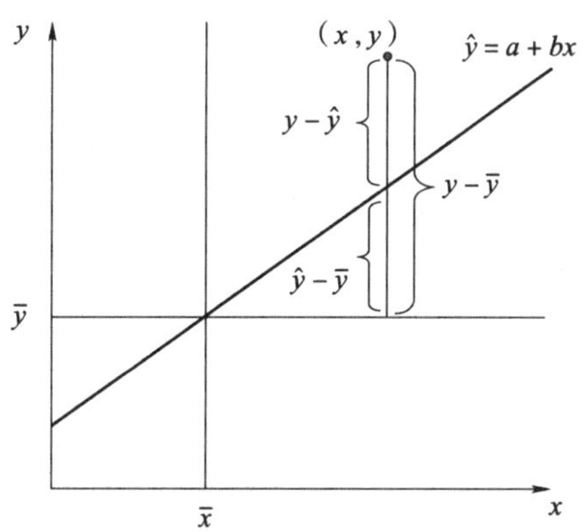

图 4-2　y 的总平方和的分解图

$$\begin{aligned}U&=\sum\left(\hat{Y}-\overline{Y}\right)^2\\&=\sum\left[\overline{y}+b\left(x-\overline{x}\right)-\overline{y}\right]^2\\&=b^2\sum\left(x-\overline{x}\right)\left(y-\overline{y}\right)\\&=b^2SS_x\\&=b\sum\left(x-\overline{x}\right)\left(y-\overline{y}\right)\\&=bSP,\end{aligned} \tag{4-11}$$

$$Q=SS_y-U. \tag{4-12}$$

由于直线回归只涉及 1 个自变量，所以回归平方和的自由度为 1，回归平方和等于回归方差，离回归平方和的自由度为 $n-1-1=n-2$，离回归平方和除以相应自由度即离回归方差，记作 $s_{y/x}^2$，$s_{y/x}^2$ 的正根值为离回归标准差，习惯上称作回归估计标准误，即

$$s_{y/x}=\sqrt{\frac{Q}{n-2}}. \tag{4-13}$$

［例 4-2］试计算［例 4-1］资料的回归平方和和离回归平方和以及回归估计标准误.

解　根据前面计算结果，可得

$$U = bSP = 21.71 \times 36585 = 794260.35(\mathrm{g}^2),$$

$$Q = SS_y - U = 831491.67 - 794260.35 = 37231.32(\mathrm{g}^2),$$

$$s_{y/x} = \sqrt{\frac{Q}{n-2}} = \sqrt{\frac{37231.32}{12-2}} = 61.02(\mathrm{g}).$$

（一）F 检验

两个变量是否存在线性关系，可采用 F 检验法进行. 假设 H_0：两变量间无线性关系，H_A：有线性关系. 在无效假设下，回归方差和离回归方差的比值服从 $df_1 = 1$ 和 $df_2 = n-2$ 的 F 分布，所以，可用

$$F = \frac{U/1}{Q/(n-2)} = \frac{U}{Q} \cdot (n-2) \tag{4-14}$$

来检验直线回归关系的显著性.

［例 4-3］试检验［例 4-1］资料直线回归关系的显著性.

解 假设 H_0：雏鹅重 x 与 70 日龄重 y 之间无线性关系，H_A：两者存在线性关系.

将 F 检验结果列于表 4-2.

表 4-2 ［例 4-1］资料回归结果的假设检验

变异来源	df	SS/g^2	s^2/g^2	F	$F_{0.05}$	$F_{0.01}$
回归	1	794260.35	794260.35	213.33**	4.96	10.04
离回归	10	37231.32	3723.13			
总变异	11	831491.67				

由于 $F > F_{0.01(1,10)}$，说明雏鹅重与 70 日龄重之间存在极显著的直线关系.

（二）t 检验

采用 t 检验也可以检验线性回归关系的显著性. 假设 H_0: $\beta = 0$，H_A: $\beta \neq 0$. 该方法是检验样本回归系数 b 是否来自 $\beta = 0$ 的双变量总体，以推断线性回归的显著性.

回归系数的标准误 s_b 和 t 值为

$$s_b = \sqrt{\frac{\sum\left(y-\hat{y}\right)^2}{(n-2)\sum\left(x-\bar{x}\right)^2}} = \frac{s_{y/x}}{\sqrt{SS_x}}, \tag{4-15}$$

$$t = \frac{b-\beta}{s_b}. \tag{4-16}$$

式（4-16）遵循 $df = n-2$ 的 t 分布，由 t 值可得出样本回归系数 b 落在 $\beta = 0$ 总体中

的区间概率.

[例 4-4] 用 t 检验法检验［例 4-1］资料的回归关系的显著性.

解　前面计算得出 $s_{y/x}=61.02$，$SS_x=1685$，$b=21.71$，所以

$$s_b=\frac{s_{y/x}}{\sqrt{SS_x}}=\frac{61.02}{\sqrt{1685}}=1.48,$$

$$t=\frac{b-\beta}{s_b}=\frac{21.71-0}{1.48}=14.62.$$

查附表三，当 $df=n-2=12-2=10$ 时，$t_{0.01(10)}=3.169$，$t=14.62>3.169$，应否定 H_0: $\beta=0$，接受 H_A: $\beta\neq0$，即认为雏鹅重与 70 日龄重之间存在极显著的直线关系.

上述 t 和 F 检验，都是对直线回归关系的假设检验，二者完全一致的，因为在同一概率值下，$df_1=1, df_2=n-2$ 的一尾 F 值恰巧为 $df=n-2$ 的两尾 t 值的平方，且计算出 F 值也是 t 值的平方，本例中 $t^2=14.62^2=213.74$ 与 $F=213.33$ 的微小差异是因四舍五入造成的. 由下式（4-17）可以看出

$$t^2=\left(\frac{b-\beta}{s_b}\right)^2=\frac{b^2}{s_b^2}=\frac{b^2}{s_{y/x}^2/SS_x}=\frac{b^2SS_x}{s_{y/x}^2}=\frac{U}{Q/(n-2)}=F. \tag{4-17}$$

四、直线回归的区间估计

当直线回归关系显著之后，既可用样本统计数 a、b 来估计总体参数 α、β，又可利用回归方程去估计某一 x 值对应 y 总体的平均数和预测单个 y 值所在的区间.

（一）回归截距和回归系数的置信区间

根据公式 $a=\overline{y}-b\overline{x}$，得到回归截距 a 的方差为

$$s_\alpha^2=s_{y/x}^2\left(\frac{1}{n}+\frac{\overline{x}^2}{SS_x}\right),$$

因而回归截距 a 的标准误 s_α 和 t 值为

$$s_\alpha=s_{y/x}\sqrt{\frac{1}{n}+\frac{\overline{x}^2}{SS_x}}, \tag{4-18}$$

$$t=\frac{a-\alpha}{s_\alpha}. \tag{4-19}$$

由于式（4-19）服从 $df=n-2$ 的 t 分布，所以总体回归截距的置信区间为

$$\left.\begin{aligned}L_1=a-t_\alpha s_\alpha\\L_2=a+t_\alpha s_\alpha\end{aligned}\right\}. \tag{4-20}$$

由于 $(b-\beta)/s_b$ 服从 $df=n-2$ 的 t 分布，所以总体回归系数 β 的置信区间为

$$\left.\begin{aligned}L_1=b-t_\alpha s_b\\L_2=b+t_\alpha s_b\end{aligned}\right\}. \tag{4-21}$$

［例 4－5］试计算［例 4－1］资料回归截距和回归系数的 95%置信区间.

解 由式（4－18）求得：

由于 $df=10$，查附表三得 $t_{0.05(10)}=2.228$，根据式（4－20），所得回归截距 95%的置信区间为

$$L_1=a-t_{0.05}s_{\alpha}=528.18-2.228\times147.69=199.13(\mathrm{g}),$$

$$L_2=a+t_{0.05}s_{\alpha}=528.18+2.228\times147.69=857.23(\mathrm{g}),$$

由此说明在研究雏鹅重与 70 日龄重关系时，将有 95%的样本回归截距落在（199.13, 857.23）区间内.

同理，根据式（4－21），所求回归系数 95%的置信区间为

$$L_1=b-t_{0.05}s_b=21.71-2.228\times148=18.41(\mathrm{g}),$$

$$L_2=b+t_{0.05}s_b=21.71+2.228\times1.48=25.01(\mathrm{g}).$$

这说明雏鹅重与 70 日龄重的总体回归系数 β 落在（18.41,25.01）区间的可靠度为 95%.

（二）$\mu_{y/x}$ 的置信区间和单个 y 的预测区间

由于 x 的任一值对应 y 总体的平均数 $\mu_{y/x}$ 的样本估计值为：$\hat{y}=\overline{y}+b\left(x-\overline{x}\right)$，它不包含随机误差；如果由回归方程去预测 x 为某一值时 y 的观测值所在区间，则 y 观测值不仅受到 $\overline{y}$ 和 b 的影响，还受到随机误差的影响. 对于给定的 x，预测总体的平均数 $\mu_{y/x}$ 时 $\overline{y}$ 的方差为

$$s_{\overline{y}}^2=s_{y/x}^2\left[\frac{1}{n}+\frac{\left(x-\overline{x}\right)^2}{SS_x}\right].$$

于是，$\overline{y}$ 的标准误为

$$s_{\overline{y}}=s_{y/x}\sqrt{\frac{1}{n}+\frac{\left(x-\overline{x}\right)^2}{SS_x}},\qquad(4-22)$$

而且 $\dfrac{\hat{y}-\mu_{y/x}}{s_{\overline{y}}}$ 服从 $df=n-2$ 的 t 分布，所以 $\mu_{y/x}$ 的置信区间为

$$\left.\begin{aligned}L_1=\hat{y}-t_{\alpha}s_{\overline{y}}\\ L_2=\hat{y}+t_{\alpha}s_{\overline{y}}\end{aligned}\right\}.\qquad(4-23)$$

预测单个 y 观测值的方差为

$$s_y^2=s_{y/x}^2\left[1+\frac{1}{n}+\frac{\left(x-\overline{x}\right)^2}{SS_x}\right],$$

单个 y 的标准误为

$$s_y=s_{y/x}\sqrt{1+\frac{1}{n}+\frac{\left(x-\overline{x}\right)^2}{SS_x}},\qquad(4-24)$$

而且 $\dfrac{y-\hat{y}}{s_y}$ 近似服从 $df=n-2$ 的 t 分布，所以某一 x 值对应 y 观测值的预测区间为

$$\left.\begin{aligned} L_1 &= \hat{y}-t_\alpha s_y \\ L_2 &= \hat{y}+t_\alpha s_y \end{aligned}\right\}. \tag{4-25}$$

［例 4-6］ 试根据［例 4-1］资料，估计出重为 90 g 雏鹅的 70 天龄重为多少（取 95%置信概率）？若雏鹅的平均重为 90 g，那雏鹅的 70 天平均龄重为多少（取 95%置信概率）？

解　根据题意可知，第一问是估计 $x=90$ 时 y 总体平均数的置信区间，第二问是估计 $x=90$ 时对应 y 观测值所在的预测区间.

当 $x=90$ 时，有

$$\hat{y}=a+bx=582.18+21.71\times 90=2536.08(\text{g}).$$

根据式（4-22）和式（4-24），则有

$$s_{\bar{y}}=s_{y/x}\sqrt{\frac{1}{n}+\frac{(x-\bar{x})^2}{SS_x}}=61.02\times\sqrt{\frac{1}{12}+\frac{(90-98.5)^2}{1685}}=21.48(\text{g}),$$

$$s_y=s_{y/x}\sqrt{1+\frac{1}{n}+\frac{(x-\bar{x})^2}{SS_x}}=61.02\times\sqrt{1+\frac{1}{12}+\frac{(90-98.5)^2}{1685}}=64.69(\text{g}).$$

所以，由式（4-23），当 $x=90$ 时，$\mu_{y/x}$ 的 95%的置信区间为

$$L_1=\hat{y}-t_\alpha s_{\bar{y}}=2536.08-4.96\times 21.48=2429.54\ (\text{g}),$$

$$L_2=\hat{y}+t_\alpha s_{\bar{y}}=2536.08+4.96\times 21.48=2642.62\ (\text{g}),$$

即雏鹅为 90 g 重时，其 70 天龄重的 95%置信区间为$(2429.54,2642.62)$.

由式（4-25），当 $x=90$ 时对应 y 观测值的 95%的置信区间为

$$L_1=\hat{y}-t_\alpha s_y=2536.08-4.96\times 64.69=2215.22(\text{g}),$$

$$L_2=\hat{y}+t_\alpha s_y=2536.08+4.96\times 64.69=2856.94(\text{g}),$$

即雏鹅平均体重为 90 g 重时，其 70 天龄重的 95%置信区间为$(2215.22,2856.94)$.

第二节　多元线性回归分析

一、多元线性回归模型

在回归问题中，一个量只受一种因素影响的情况是较少的，往往是很多因素共同影

响一个量. 例如，农作物的产量，除受种植密度影响之外，还受施肥量、灌水量和田间管理次数等的影响. 动物体重的增加与饲料中蛋白质含量、饲料总量和每日投料次数等都有关. 特别是当几个自变量之间还存在相关时，只考虑一个自变量与因变量的关系，往往得不到正确的结果. 必须同时考虑几个因素的共同作用，才能得到比较客观的结论. 这就是本节所要讨论的**多元回归**（multiple regression）问题.

一个典型的多元回归资料，可以列成表 4–3.

表 4–3　一个典型的多元线性回归数据

观测次数	Y	X_1	X_2	…	X_j	…	X_k
1	y_1	x_{11}	x_{21}	…	x_{j1}	…	x_{k1}
2	y_2	x_{12}	x_{22}	…	x_{j2}	…	x_{k2}
⋮	⋮	⋮	⋮	⋮	⋮	⋮	⋮
p	y_p	x_{1p}	x_{2p}	…	x_{jp}	…	x_{kp}
⋮	⋮	⋮	⋮	⋮	⋮	⋮	⋮
n	y_n	x_{1n}	x_{2n}	…	x_{jn}	…	x_{kn}

第 p 次观测值为

$$y_p=\alpha+\beta_1x_{1p}+\beta_2x_{2p}+\cdots+\beta_kx_{kp}+\varepsilon_p,p=1,2,\cdots,n\,,\qquad(4-26)$$

或

$$y_p=\alpha+\sum_{j=1}^{k}\beta_jx_{jp}+\varepsilon_p,p=1,2,\cdots,n,$$

其中 $\varepsilon_1,\varepsilon_2,\cdots,\varepsilon_n$ 是相互独立且服从正态分布 $N\left(0,\sigma^2\right)$ 的随机变量. 式（4–26）即所谓的多元线性回归模型（multiple linear regression model）.

二、正规方程

多元回归和一元回归一样，可用最小二乘法求 α 和 β_j 的估计值 a 和 b_j . 所不同的是，一元回归中，只需求出 a 和 1 个 b ，而多元回归中则需求出 a 和 k 个 b . 用 a 和 $b_1,b_2,\cdots,b_k$ 分别表示 α 和 $\beta_1,\beta_2,\cdots,\beta_k$ 的估计值. 根据最小二乘法，回归方程

$$\hat{y}=a+b_1x_{1p}+b_2x_{2p}+\cdots+b_kx_{kp}$$

中的 a 和 b_j 应使得全部实际观察值

$$y_p=a+b_1x_{1p}+b_2x_{2p}+\cdots+b_kx_{kp}+e_p,p=1,2,\cdots,n$$

与回归估计值 $\hat{y}_p$ 的离差平方和达到最小，即

$$\sum_{p=1}^{n}\left(y_p-\hat{y}_p\right)^2=\sum_{p=1}^{n}e_p^2$$

达到最小. 以 L 表示离差平方和，则

$$L=\sum_{p=1}^{n}e_p^2=\sum_{p=1}^{n}\left(y_p-a-b_1x_{1p}-\cdots-b_kx_{kp}\right)^2$$

是 $a,b_1,b_2,\cdots,b_k$ 的函数. 为了求出最小值，令

$$\begin{cases}\dfrac{\partial L}{\partial a}=0,\\ \dfrac{\partial L}{\partial b_j}=0,\end{cases}$$

求出 a 和 b_j. 下面仅以 $\dfrac{\partial L}{\partial b_1}$ 为例说明.

$$\begin{aligned}\frac{\partial L}{\partial b_1}&=\frac{\partial}{\partial b_1}\sum_{p=1}^{n}\left(y_p-a-b_1x_{1p}-\cdots-b_kx_{kp}\right)^2\\&=\sum_{p=1}^{n}\frac{\partial}{\partial b_1}\left(y_p-a-b_1x_{1p}-\cdots-b_kx_{kp}\right)^2\\&=\sum_{p=1}^{n}2\left(y_p-a-b_1x_{1p}-\cdots-b_kx_{kp}\right)\left(-x_{1p}\right)\\&=2\left(-\sum_{p=1}^{n}x_{1p}y_p+a\sum_{p=1}^{n}x_{1p}+b_1\sum_{p=1}^{n}x_{1p}^2+\cdots+b_k\sum_{p=1}^{n}x_{1p}x_{kp}\right)\\&=0.\end{aligned}$$

移项后，得

$$a\sum_{p=1}^{n}x_{1p}+b_1\sum_{p=1}^{n}x_{1p}^2+\cdots+b_k\sum_{p=1}^{n}x_{1p}x_{kp}=\sum_{p=1}^{n}x_{1p}y_p\ .$$

按上述方式计算 a 及各个 b_j 并略去下标 p，得

$$\begin{cases}na+b_1\sum x_1+b_2\sum x_2+\cdots+b_k\sum x_k=\sum y, & (1)\\ a\sum x_1+b_2\sum x_1^2+b_2\sum x_1x_2+\cdots+b_k\sum x_1x_k=\sum x_1y, & (2)\\ a\sum x_2+b_1\sum x_2x_1+b_2\sum x_2^2+\cdots+b_k\sum x_2x_k=\sum x_2y, & (3)\\ \vdots\\ a\sum x_k+b_1\sum x_kx_1+b_2\sum x_kx_2+\cdots+b_k\sum x_k^2=\sum x_ky. & (4)\end{cases}\tag{4-27}$$

由（1）式得

$$a=\frac{\sum y}{n}-\frac{\sum x_1}{n}b_1-\frac{\sum x_2}{n}b_2-\cdots-\frac{\sum x_k}{n}b_k.$$

将a代入（2）式，得

$$\left[\sum x_1^2-\frac{\left(\sum x_1\right)^2}{n}\right]b_1+\left[\sum x_1x_2-\frac{\sum x_1x_2}{n}\right]b_2+\cdots+\left[\sum x_1x_k-\frac{\sum x_1\sum x_k}{n}\right]b_k$$

$$=\sum x_1y-\frac{\sum x_1\sum y}{n}$$

分别用$S_{11},S_{12},\cdots S_{1k}$及$S_{1Y}$，代替上式等号左边中括号内的部分及等号右边的部分，则（2）式变为

$$S_{11}b_1+S_{12}b_2+\cdots+S_{1k}b_k=S_{1Y}.$$

用同样方法，整理其他各式，可以得到以下一组方程：

$$\begin{cases}S_{11}b_1+S_{12}b_2+\cdots+S_{1k}b_k=S_{1Y}, \\ S_{21}b_1+S_{22}b_2+\cdots+S_{2k}b_k=S_{2Y}, \\ \quad\vdots \\ S_{k1}b_1+S_{k2}b_2+\cdots+S_{kk}b_k=S_{kY}.\end{cases} \tag{4-28}$$

解上述方程组，可以得到$b_1,b_2,\cdots,b_k$. a由下式给出，

$$a=\overline{y}-b_1\overline{x}_1-b_2\overline{x}_2-\cdots-b_k\overline{x}_k. \tag{4-29}$$

式（4−27）称为**正规方程**（normal equation），在做多元线性回归分析时，可直接使用式（4−28），式（4−28）只有k元，而式（4−27）有$k+1$元，因此解式（4−28）方程组比解式（4−27）方程组要容易些. 由实际观测值，计算得到的b_j是β_j的无偏估计量，a是α的无偏估计量，于是得到多元回归方程

$$\hat{Y}=a+b_1X_1+b_2X_2+\cdots+b_kX_k. \tag{4-30}$$

其中，a为常数项；$b_1,b_2,\cdots,b_k$称为偏回归系数（partial regression coefficient），它表示当其他自变量都固定时，某一自变量每变化一个单位而使因变量平均改变的数量.

三、多元回归方程的计算

举一个二元回归的例子说明多元回归的计算方法.

[例 4−7] 牛的体重，在农村条件下一般是不易称重的，但根据与其有较高相关且易度量的一些性状值，可以得出估计的多元线性回归方程. 表 4−4 为 20 头鲁西黄牛的体长、胸围和体重资料，试根据鲁西黄牛体重（y）、体长（x_1）和胸围（x_2）的数据估算二元线性回归方程.

表 4-4　20 头鲁西黄牛的体长、胸围和体重

牛号	体长(x_1) cm	胸围(x_2) cm	体重(y) kg	牛号	体长(x_1) cm	胸围(x_2) cm	体重(y) kg
1	151.5	186	462	11	138.0	172	378
2	156.2	186	496	12	142.5	192	446
3	146.0	193	458	13	141.5	180	396
4	138.1	193	463	14	149.0	183	426
5	146.2	172	388	15	154.2	193	506
6	149.8	188	485	16	152.0	187	457
7	155.0	187	455	17	158.0	190	506
8	144.5	175	392	18	146.8	189	455
9	147.2	175	398	19	147.3	183	478
10	145.2	185	437	20	151.3	191	454

解　计算一级数据

$$\sum x_1 = 151.5+156.2+\cdots+151.3 = 2960.3(\text{cm}),$$

$$\sum x_2 = 186+186+\cdots+191 = 3700(\text{cm}),$$

$$\sum y = 462+496+\cdots+454 = 8936(\text{kg}),$$

$$\sum x_1^2 = 151.5^2+156.2^2+\cdots+151.3^2 = 438767.27(\text{cm}^2),$$

$$\sum x_2^2 = 186^2+186^2+\cdots+191^2 = 685408(\text{cm}^2),$$

$$\sum y^2 = 462^2+496^2+\cdots+454^2 = 4022062(\text{kg}^2),$$

$$\sum x_1x_2 = 151.5\times186+156.2\times186+\cdots+151.3\times191 = 547903.8(\text{cm}^2),$$

$$\sum x_1y = 151.5\times462+156.2\times496+\cdots+151.3\times454 = 1325419.9(\text{cm}\cdot\text{kg}),$$

$$\sum x_2y = 151.5\times462+156.2\times496+\cdots+151.3\times454 = 1657363(\text{cm}\cdot\text{kg}).$$

计算二级数据

$$\bar{x}_1 = \frac{\sum x_1}{n} = \frac{2960.3}{20} = 148.02(\text{cm}),$$

$$\bar{x}_2 = \frac{\sum x_2}{n} = \frac{3700}{20} = 185.00\ (\text{cm}),$$

$$\bar{y} = \frac{\sum y}{n} = \frac{8936}{20} = 446.8(\text{kg}),$$

$$S_{11} = \sum x_1^2 - \frac{\left(\sum x_1\right)^2}{20} = 438767.27 - \frac{2960.3^2}{20} = 598.5(\text{cm}^2),$$

$$S_{22}=\sum x_2^2-\frac{\left(\sum x_2\right)^2}{20}=685408-\frac{3700^2}{20}=908(\text{cm}^2),$$

$$S_{YY}=\sum y^2-\frac{\left(\sum y\right)^2}{n}=4022062-\frac{8936^2}{20}=29457.2(\text{kg}^2),$$

$$S_{1Y}=\sum x_1y-\frac{\sum x_1\sum y}{n}=1325419.9-\frac{2960.3\times8936}{20}=2757.9(\text{cm}\cdot\text{kg}),$$

$$S_{2Y}=\sum x_2y-\frac{\sum x_2\sum y}{n}=1657363-\frac{3700\times8936}{20}=4203(\text{cm}\cdot\text{kg}),$$

$$S_{12}=\sum x_1x_2-\frac{\sum x_1\sum x_2}{n}=547903.8-\frac{2960.3\times3700}{20}=248.3(\text{cm}^2).$$

根据式（4-28）列出正规方程，因为只有 b_1 和 b_2 两个未知数，所以是二元联立方程组：

$$\begin{cases}598.5b_1+248.3b_2=2757.9, & (1)\\ 248.3b_1+908b_2=4203. & (2)\end{cases}$$

用消去法

$$(1)\times\frac{-248.3}{598.5}\qquad -248.3b_1-103.01b_2=-1144.17,\qquad(3)$$

$$(2)+(3)\qquad 804.99b_2=3058.8,$$

$$b_2=3.80,\qquad(4)$$

$$(4)带入(1)\qquad 598.5b_1=2757.9-248.3\times3.80,$$

$$b_1=3.03.$$

由式（4-29）可计算出

$$a=446.8-3.03\times148.02-3.80\times185=-704.7,$$

从而得到二元回归方程

$$\hat{Y}=-704.7+3.03X_1+3.80X_2.$$

方程中的 3.03 和 3.80 都称为偏回归系数，3.03 表示在胸围相同的情况下，体长每改变一个单位，体重平均改变 3.03 个单位. 同样，3.80 表示在体长相同的情况下，胸围每改变一个单位，所引起体重平均改变的单位数. 由此可见，偏回归系数是指在其他自变量都固定时，其中一个自变量对因变量的影响. 在上述两个自变量同时影响一个因变量的情况下只有用二元回归分析，才能得到可靠的结果. 反之，若只考虑其中的一个因素，用一元回归分析，另一个因素并不固定，这时所得到的回归系数 b，并不能真正表示该变量对因变量贡献的大小.

四、多元线性回归方程的方差分析

多元线性方程求出之后，往往需要做关于模型参数的检验. 在多元线性回归模型中，随机误差为服从 $N\left(0,\sigma^2\right)$ 的独立正态随机变量. 因此，Y 亦为独立正态随机变量，服从

$N\left(\alpha+\sum_{j=1}^{k}\beta_j x_j,\sigma^2\right)$. 在多元线性回归中，关于回归显著性检验的假设是：

$$H_0\text{：}\ \beta_1=\beta_2=\cdots=\beta_k=0\ ,$$
$$H_A\text{：}\ \text{至少有一个}\beta_j\neq 0\ ,$$

拒绝 H_0 意味着至少有一个自变量对因变量有影响.

检验的程序与一元的情况基本相同，即用方差分析的方法. 将总平方和分解为回归平方和与剩余平方和：

$$\mathrm{SST}=\mathrm{SSR}+\mathrm{SSE}. \tag{4-31}$$

回归平方和由式（4−32）计算，

$$\mathrm{SSR}=\sum_{j=1}^{k}b_j S_{jY}\ , \tag{4-32}$$

剩余平方和为

$$\mathrm{SSE}=\mathrm{SST}-\mathrm{SSR}=S_{YY}-\sum_{j=1}^{k}b_j S_{jY}. \tag{4-33}$$

总的自由度为 $n-1$，回归项的自由度等于自变量的个数 k，剩余项的自由度为 $n-k-1$. 下面对［例 4−7］的回归方程做显著性检验. 回归平方和与剩余平方和分别为

$$\mathrm{SSR}=\sum_{j=1}^{k}b_j S_{jY},j=1,2,$$

$$\mathrm{SSR}=b_1 S_{1Y}+b_2 S_{2Y}=3.03\times 2757.9+3.80\times 4203=24327.84(\mathrm{cm}\cdot\mathrm{kg})\ ,$$

$$\mathrm{SSE}=S_{YY}-\mathrm{SSR}=29457.2-24327.84=5129.36(\mathrm{cm}\cdot\mathrm{kg}).$$

因此

$$\mathrm{MSR}=\frac{\mathrm{SSR}}{2}=\frac{24327.84}{2}=12163.92(\mathrm{cm}\cdot\mathrm{kg}),$$

$$\mathrm{MSE}=\frac{\mathrm{SSE}}{20-2-1}=\frac{5129.36}{17}=301.73(\mathrm{cm}\cdot\mathrm{kg}).$$

检验统计量

$$F=\frac{\mathrm{MSR}}{\mathrm{MSE}}=\frac{12163.92}{301.73}=40.31.$$

列成方差分析表，见表 4−5.

表 4-5 [例 4-7] 的方差分析表

变异来源	平方和 /(cm·kg)	自由度	均方 /(cm·kg)	F
回归	24327.84	2	12163.92	40.31**
剩余	5129.36	17	301.73	
总变异	29457.2	19		

$F_{0.01(2.17)}=6.11$， $F>F_{0.01(2.17)}$ 即 $P<0.01$，拒绝 H_0：$\beta_j=0$. 结论是 Y 与 X_j 之间的回归极显著.

练习题

4.1 什么叫作回归分析？直线回归方程、回归截距、回归系数的统计意义是什么？如何计算直线回归方程？如何对直线回归做假设检验？

4.2 年龄与平均身高数据如下：

年龄 X/ 岁	4.5	5.5	6.5	7.5	8.5	9.5	10.5
身高 Y/cm	101.1	106.6	112.1	116.1	121.0	125.5	129.2

试求其回归方程，并对方程进行检验.

4.3 动物饲养试验中，原始体重 X 与所增体重 Y 如下，求回归方程并检验回归系数的显著性.

X	52	49	57	57	55	60	54	62
Y	59	58	59	60	60	60	53	70

4.4 调查了某品种猪 7 窝仔猪的初生平均个体重（单位：kg）与 20 日龄平均个体重（单位：kg），资料如下，试做回归分析

初生平均个体重	1.663	1.492	1.420	1.315	1.245	1.243	1.157
20 日龄平均个体重	5.925	5.177	5.110	4.914	4.883	4.824	4.790

求：①20 日龄平均个体重对初生平均个体重的线性回归方程. ②对回归方程和回归系数进行显著性检验. ③总体回归系数的置信度为 95%的置信区间.

4.5 遗传力的估计方法很多，在自花授粉的作物中，可以用 F_2 单株形状为自变量 X，F_3 形状的系统平均值为因变量 Y，计算回归系数 b 作为 F_2 遗传力的估计值. 请计算表中 3 个性状的遗传力.

株高		穗长		穗重	
F_2	F_3	F_2	F_3	F_2	F_3
61.5	82.4	8.6	9.5	2.3	1.97
71.0	84.1	10 8	9.3	2.9	1.83
51.0	89.9	9.2	9.7	0.8	1.83
55.0	84.1	8.5	9.2	1.6	2.07
58.0	81.2	10.2	8.9	3.1	1.83
57.5	79.4	9.0	9.1	2.6	1.73
52.0	88.7	8.0	9.3	2.0	1.98
60.0	86.4	8.5	8.5	1.7	1.56
72.5	91.4	10.5	9.9	1.8	1.92
60.0	84.6	9.5	9.3	2.3	2.07

4.6　测定 13 块南京 11 号高产田的每 1/15 hm^2 穗数（x_1，单位：10^4）、每穗实粒数（x_2，单位：10^4）和每 1/15 hm^2 稻谷产量（y，单位：500 g），其结果记录在下表中．试建立每 1/15 hm^2 穗数、每穗粒数对每 1/15 hm^2 产量的二元线性回归方程．

$x_1/10^4$	$x_2/10^4$	y/500 g
26.7	73.4	1008
31.3	59.0	959
30.4	65.9	1051
33.9	58.2	1022
34.6	64.6	1097
33.8	64.6	1103
30.4	62.1	992
27.0	71.4	945
33.3	64.5	1074
30.4	64.1	1029
31.5	64.1	1004
33.1	56.0	995
34.0	59.8	1045

4.7　下表给出了从田间取得的 20 个烟草试样的含氮率 X_1，含氯率 X_2，含钾率 X_3，以及以秒计的烟叶燃烧时间的对数 Y，求回归方程并进行检验．

编号	含氮率 X_1	含氯率 X_2	含钾率 X_3	燃烧时间的对数 Y
1	3.05	1.45	5.67	0.34
2	4.22	1.35	4.86	0.11
3	3.34	0.26	4.19	0.38
4	3.77	0.23	4.42	0.68
5	3.52	1.10	3.17	0.18
6	3.54	0.76	2.76	0.00
7	3.74	1.59	3.31	0.08
8	3.78	0.39	3.23	0.11
9	2.92	0.39	5.44	1.53
10	3.10	0.64	6.16	0.77
11	2.86	0.82	5.48	1.17
12	2.78	0.64	4.62	1.01
13	2.22	0.85	4.49	0.89
14	2.67	0.90	5.59	1.40
15	3.12	0.92	5.86	1.05
16	3.03	0.97	6.60	1.15
17	2.45	0.18	4.51	1.49
18	4.12	0.62	5.31	0.51
19	4.61	0.51	5.16	0.18
20	3.94	0.45	4.45	0.34

第五章　协方差分析

协方差分析是将方差分析和回归分析结合起来的一种统计方法，他主要是利用辅助变量（instrumental variable），也称为协变量（co－variable），来降低试验误差，以达到提高检验功效的目的. 在进行任何试验时，除了根据试验目的而设置各种不同处理外，其他试验条件应力求一致，使处理的真实效果能够体现出来，不受到试验条件不一致的影响. 例如：在比较不同的饲料对猪的增重速度的效果时，应选用初始体重相同（或相近）的猪来进行分组试验（每组各饲喂一种饲料），因为不同体重的猪的增重速度是不同的，如果我们用初始体重有差异的猪来做试验，则不同的猪在增重上的差异除了源于不同饲料和随机误差外，还受到初始体重差异的影响. 这个影响可能会增大组间差异，使得不同饲料的差异不能被真正体现；也可能会增大组内差异，从而降低检验功效. 但有时，由于受到客观条件的限制，我们无法找到足够数量的体重相近的猪. 这时，我们所能做的就是用统计学的方法将这种体重差异的影响降到最低（注意，任何方法都不能完全消除这种影响，因而首先还是应尽量用体重相近的猪来进行试验）. 在学习过回归分析后，我们知道初始体重对增重的影响可以通过用增重对初始体重的回归来度量，因而可以用回归分析先对初始体重的影响进行校正，然后再进行方差分析. 这样的分析方法就是协方差分析（analysis of covariance, ANCOVA）.

第一节　协方差分析的作用和原理

一、协方差分析的作用

（一）降低试验误差，矫正处理平均数，实现统计控制

要提高试验的精确度和灵敏度，必须严格控制试验条件的均匀性，使各处理处于尽可能一致的条件，这叫作试验控制. 但在某些情况下，试验控制不一定很理想. 例如：研究水稻的结实率或棉花的蕾铃脱落率，要求各处理在单位面积上有相同的颖花数或蕾铃数，这就很难办到. 在动物试验上，希望各供试动物不仅同窝，而且始重相同，也是不易办到的. 但是，对于家畜饲养中的饲料试验，如果我们选择同窝、同性别而不顾始重只是对其加以度量，然后将始重作为自变量，增重作为因变量，利用协方差分析中的回归将试验结果增重矫正到始重处于同样水平上，再进行方差分析，并对各处理平均数进行互比差异性检验，这样就可以从试验结果增重的总变异中去掉由于始重不同引起的变异，从而降低试验误差，又能使试验结果增重的相互比较在始重相同的情况下进行，

实现统计控制.

（二）作出不同变异来源的相关关系分析

在随机模型的方差分析中，根据方差和期望方差的关系，可以得到不同来源的总体方差的估计值. 在协方差分析中，根据协方差分析和期望协方差的关系，也可以得到不同变异来源的总体协方差的估计值. 有了这些估计值，就能作出相应的相关关系分析. 这些分析在遗传育种和生态、环保等方面的研究上是很有用处的.

（三）估计缺失数据

方差分析缺失数据的估计是建立在最小剩余平方和的基础上的，但处理平方和却向上偏倚，如果用协方差分析的方法估计缺失数据，则既可保证剩余平方和最小，又能得到无偏的处理平方和.

二、协方差的原理

（一）数学模型

假设随机变量 y 来自 p 个不同的正态总体，而且都受到协变量 x 的干扰，有如下的线性关系式

$$y_i = \mu + a_i + bx_i + e_i\,,\quad i = 1, 2, 3, \cdots, p, \tag{5-1}$$

其中 $e_i \sim N\left(0, \sigma^2\right)$ 且相互独立.

这 p 个总体可以理解为某个因素 A 的 p 个水平. 如果第 i 组取 n_i 个观测值，那么观测资料将有如下的结构式

$$y_{ij} = \mu + a_i + bx_{ij} + e_{ij}\,,\quad i = 1, 2, 3, \cdots, p,\ j=1, 2, 3, \cdots, n_i\,. \tag{5-2}$$

式中，μ 是总平均数，a_i 是因素 A 的第 i 个水平 A_i 的效应值，b 是 x 对 y 的影响的回归系数. 在这个模型中，x 对所有各个总体的影响都是相同的，也可称为公共的回归系数，e_{ij} 为随机误差，它们满足条件 $\sum_{i=1}^{p} n_i a_i = 0$ ，$e_{ij} \sim N\left(0, \sigma^2\right)$ 且相互独立.

如果各组中 x 对 y 的干扰不同，那么有关系

$$y_{ij} = \mu + a_i + b_i x_{ij} + e_{ij}\,,\quad i = 1, 2, 3, \cdots, p,\ j=1, 2, 3, \cdots, n_i\,. \tag{5-3}$$

这个关系还可以写成

$$y_{ij} = \mu + a_i + \beta_i x_{ij} + bx_{ij} + e_{ij}\,,\quad b_i = b + \beta_i\,, \tag{5-4}$$

其中 β_i 为回归系数 b_i 的效应值，它满足条件

$$\sum_{i=1}^{p} n_i \beta_i = 0.$$

不难看出式（5-3）与式（5-2）一致，也就是说 x 对 y 的影响相同（有公共的回归系数）的充要条件是 $\beta_i = 0$，$i = 1, 2, 3, \cdots, p$.

（二）协变量影响的排除

在式（5-1）中，我们的兴趣在于分析因素 A 的各个水平是否存在差异，但这时协变量 x 的变化干扰着我们的分析. 为分析因素 A 各水平之间的差异，就必须设法排除变量 x 的影响，即在没有 x 影响的条件下进行分析或者把 x 调整在相同的水平之下来比较 A_i 之间的效应. 因此排除协变量 x 的影响是协方差分析中的一个重要问题.

为简单起见，我们只讨论直线回归的线性模型.

为了了解协方差分析的基本思想，让我们回忆下在上一章对线性模型所作的分析，使用样本观测值，我们得到了回归直线

$$\hat{y} = \hat{a} + \hat{b}x\text{，其中 } \hat{b} = \frac{l_{xy}}{l_{xx}}\text{，}\ \hat{a} = \bar{y} - \hat{b}x\text{，} \tag{5-5}$$

它们分别是 b 和 a 的最小二乘估计值. 由上一章的分析可知，回归值 $\hat{y}_i$ 的平方和，即回归平方和

$$U = \Sigma(\hat{y}_i - \bar{y})^2 = \frac{l_{xy}^2}{l_{xx}}$$

的数值除了随机误差 σ^2 之外主要取决于量 $b^2 l_{xx}$ 的大小. 因此可以认为在式（5-5）中，回归值 $\hat{y}$ 主要反映了变量 x 对 y 的影响（如果它存在的话），而剩余值 $l = y - \hat{y}$ 则反映了在排除掉变量 x 的影响之后变量 y 的随机波动，而残差平方和

$$Q = l_{yy} - \frac{l_{xy}^2}{l_{xx}}$$

将是排除掉变量 x 的影响之后变量 y 随机变化的一个度量.

这个思想将是后面要进行的协方差分析的基础和出发点.

第二节　协方差分析计算及应用

一、协方差的计算过程

（一）协方差分析计算过程

（1）对各处理水平，分别计算协变量与因变量的回归方程，并求出各处理内的剩余平方和 SS_e^{Gi}，令 $SS_e^G = \sum_{i=1}^{a} SS_e^{Gi}$，称其为组内剩余平方和，其自由度 $df_e^G = a(n-2)$.

（2）令 $MS_{\mathrm{e}}^{Gi} = SS_{\mathrm{e}}^{Gi}/(n-2)$，$i=1,2,3,\cdots,a$，并利用它们检验方差齐性. 可选取差异最大的两个的比值做 $F_{\max}$ 统计检验. 若无显著差异，则可认为具有方差齐性.

（3）把各处理水平的平方和及交叉乘积和合并得到 E_{yy}，E_{xx}，E_{xy}；并求得公共回归系数 $b^* = \dfrac{E_{xy}}{E_{xx}}$，及 $SS_{\mathrm{e}} = E_{yy} - E_{xy}^2/E_{xx}$，称为误差平方和，它的自由度为 $df_{\mathrm{e}} = a(n-1)-1$.

（4）检验各处理水平的回归线是否平行.

H_0：$\beta_1 = \beta_2 = \cdots = \beta_a = \beta$. 由于组内剩余平方和 SS_{e}^G 完全是由随机误差引起的，而用共同的 b^* 计算出的 SS_{e} 则包含了随机误差及各水平回归系数 b_i 的差异的影响，而且可证明它是可以分解的，所以有

$$SS_{\mathrm{b}} = SS_{\mathrm{e}} - SS_{\mathrm{e}}^G,$$

其自由度 $df_{\mathrm{b}} = df_{\mathrm{e}} - df_{\mathrm{e}}^G = a-1$，令

$$MS_{\mathrm{b}} = SS_{\mathrm{b}}/df_{\mathrm{b}},$$

然后用

$$F = MS_{\mathrm{b}}/MS_{\mathrm{e}}^G$$

做检验. 若差异不显著，则可认为各 β_i 相等.

（5）检验回归是否显著.

H_0：$\beta=0$. 利用（3）中的结果，即

$$SS_{\mathrm{R}} = E_{xy}^2/E_{xx},\quad df_{\mathrm{R}} = 1,$$

$$SS_{\mathrm{e}} = E_{yy} - SS_{\mathrm{R}},\quad df_{\mathrm{e}} = a(n-1)-1,$$

令

$$ME_{\mathrm{e}} = SS_{\mathrm{e}}/(an-a-1),$$

可用

$$F = SS_{\mathrm{R}}/MS_{\mathrm{e}} \sim F(1, an-a-1)$$

对上述 H_0 做检验. 若差异显著则做协方差分析. 若差异不显著，则直接做单因素方差分析.

（6）协方差分析.

计算

$$S_{yy} = \sum_{i=1}^{a}\sum_{j=1}^{n} y_{ij}^2 - \frac{1}{an}y_{..}^2,$$

$$S_{xx} = \sum_{i=1}^{a}\sum_{j=1}^{n} x_{ij}^2 - \frac{1}{an}x_{..}^2,$$

$$S_{xy} = \sum_{i=1}^{a}\sum_{j=1}^{n} x_{ij}y_{ij} - \frac{1}{an}(x..)\cdot(y..),$$

令

$$SS_{\mathrm{e}} = SS_{yy} - S_{xy}^2/S_{xx},$$

$$F=\frac{\dfrac{SS_e-SS_e^G}{a-1}}{MS_e}\sim F(a-1,an-a-1),$$

利用上述统计量F对H_0：$a_i=0$，$i=1,2,3,\cdots,a$做上单尾检验. 若差异显著，则认为各处理水平间效果有显著差异.

（7）计算调整平均数，即a_i的估计值

$$\overline{y}'_i=\overline{y}_{i.}-b^*\left(\overline{x}_{i.}-\overline{x}_{..}\right)\ i=1,2,3,\cdots,a,$$

其标准差为

$$S_{y'_i}=\sqrt{MS_e\left[\frac{1}{n}+\frac{\left(\overline{x}_{i.}-\overline{x}_{..}\right)^2}{E_{xx}}\right]}.$$

必要时，可用它对上述估计值间差异是否显著做检验.

（二）总结：协方差分析的原理及步骤（设$a=3$）

1. 检验条件

（1）先做3条回归线，求出各组的误差估计SS_e^{Gi}并检验是否相等（方差齐性），通过检验后合并各SS_e^{Gi}求出MS_e^G为误差估计.

（2）再假设3线平行（有共同的b^*），在此假设下求出SS_e，用$SS_e-SS_e^G$对SS_e^G检验上述假设. 通过检验后用MS_e代替MS_e^G.

（3）再检验b^*是否为0. 令$SS_R=E_{xy}^2/E_{xx}$，$F=SS_R/MS_e$，通过检验则直接做方差分析，否则做协方差分析.

2. 协方差分析

检验各水平效应是否均为$0:H_0:a_i=0$. 在此假设下，可把3组数据合并，做一个回归方程，它的剩余平方和SS'_e包含了a_i的影响. 令

$$F=\frac{\dfrac{SS_e-SS_e^G}{a-1}}{MS_e},$$

这一统计量实际是检验a_i影响是否明显比随机误差大.

3. 对平均数进行调整

即对a_i做出估计，必要时进行多重比较.

二、协方差的应用

［**例5-1**］为了验证棘胸蛙的前肢长是否存在两性差异，测定了雌雄棘胸蛙的体重、前肢长，x_{ij}为棘胸蛙的体重，y_{ij}为棘胸蛙的前肢长，数据如下表，请做统计检验.

表 5-1　棘胸蛙的体重及前肢长度数据

雌性		雄性	
体重/g	前肢长/mm	体重/g	前肢长/mm
162.22	70.49	62.74	49.57
108.28	52.85	104.37	54.10
94.21	51.47	87.88	41.22
94.41	50.46	53.38	45.19
39.93	36.75	100.00	55.99
126.42	59.78	175.89	62.24
126.04	51.11	79.58	47.28
164.65	58.68	87.85	50.49
89.59	48.28	116.00	51.99
138.86	60.63	128.66	50.05
65.34	42.12	133.46	51.28
95.34	49.88	98.03	54.18
110.33	54.94	130.52	58.77

解　分析：比较雌性和雄性棘胸蛙前肢长是否存在差异，简单一看，只要进行 t 检验就可以了. 但仔细分析，我们会发现雌性和雄性棘胸蛙的体重有很大的不同，雄性棘胸蛙的体重明显大于雌性，经验告诉我们，体重和前肢长是存在相关关系的，往往体重越重，前肢长越长，因而简单的 t 检验，并不能真实反映雌性和雄性棘胸蛙前肢长是否存在差异，必须运用协方差分析的方法，矫正体重对前肢长的影响，获得真实的结果. 具体分析方法和步骤如下：

（1）求 x 和 y 变量的各项平方和及自由度：

$$T_x = T_{1(x)} + T_{2(x)} = 2773.98(\text{g}),$$

$$T_y = T_{2(y)} + T_{2(y)} = 1359.79(\text{mm}),$$

$$k = 2，\ n = 13，\ kn = 26,$$

$$SS_{\text{T}(x)} = \sum x^2 - \frac{(\sum x)^2}{nk} = 28136.73(\text{g}^2),$$

$$df_{\text{T}(x)} = kn - 1 = 25,$$

$$SS_{\text{t}(x)} = \sum \frac{T_{i(x)}^2}{n} - \frac{(T_x)^2}{kn} = 1284.381(\text{g}^2),$$

$$df_{\text{t}(x)} = k - 1 = 1,$$

$$SS_{\text{e}(x)} = SS_{\text{T}(x)} - SS_{\text{t}(x)} = 26852.35(\text{g}^2),$$

$$df_{\text{e}(x)} = df_{\text{T}(x)} - df_{\text{t}(x)} = 24,$$

$$SS_{\mathrm{T}(y)}=\sum y^2-\frac{(\sum y)^2}{nk}=1253.636(\mathrm{mm}^2),$$

$$df_{\mathrm{T}(y)}=kn-1=25,$$

$$SS_{\mathrm{t}(y)}=\sum\frac{T_{i(y)}^2}{n}-\frac{(T_y)^2}{kn}=506.8561(\mathrm{mm}^2),$$

$$df_{\mathrm{t}(y)}=k-1=1,$$

$$SS_{\mathrm{e}(y)}=SS_{\mathrm{T}(y)}-SS_{\mathrm{t}(y)}=751.771(\mathrm{mm}^2),$$

$$SP_{\mathrm{T}}=\sum\sum x_{ij}y_{ij}-\frac{T_x\cdot T_y}{kn}=4965.999(\mathrm{g}\cdot\mathrm{mm}),$$

$$df_{\mathrm{T}(x,y)}=kn-1=25,$$

$$SP_{\mathrm{t}(x,y)}=\sum\frac{T_{i(x)}\cdot T_{i(y)}}{n}-\frac{T_x\cdot T_y}{kn}=802.8612(\mathrm{g}\cdot\mathrm{mm}),$$

$$df_{\mathrm{t}(x,y)}=k-1=1,$$

$$SP_{\mathrm{e}}=SP_{\mathrm{T}}-SP_{\mathrm{t}(x,y)}=4163.1378(\mathrm{g}\cdot\mathrm{mm}),$$

$$df_{\mathrm{e}(x,y)}=df_{\mathrm{T}(x,y)}-df_{\mathrm{t}(x,y)}=24.$$

（2）检验体重和前肢长是否存在直线回归关系. 计算误差值（处理内项）的回归系数 b_e，并对线性回归关系进行显著性检验，其目的是要从组内项变异中找出始重 x 与 y 之间是否存在真实的线性回归关系. 在对回归系数进行显著性检验时，假设 H_0：$\beta=0$，对 H_A：$\beta\neq0$．若接受 H_0：$\beta=0$，则二者之间回归关系不显著，说明增重 y 不受始重 x 的影响，即 y 与 x 无关，可以不用考虑始重 x，而直接对增重 y 进行方差分析；若否定 H_0：$\beta=0$，则二者之间存在显著的直线回归关系，表明增重 y 受始重 x 的影响，应当用线性回归关系来矫正 y 值以消除 x 的不同而产生的影响，然后根据矫正后的 y 值进行方差分析.

$$b_e=\frac{SP_e}{SS_{e(x)}}=0.1550\ \mathrm{mm}\cdot\mathrm{g}^{-1},$$

$$U_e=\frac{(SP_e)^2}{SS_{e(x)}}=645.445\ \mathrm{mm}^2,$$

$$df_{e(U)}=1,$$

$$Q_e=SS_{e(y)}-U_e=106.326\ \mathrm{mm}^2,$$

$$df_{e(Q)}=df_e-df_{e(U)}=23,$$

$$s_{e(y/x)}=\sqrt{\frac{Q_e}{df_{e(Q)}}}=2.1501\ \mathrm{mm},$$

$$s_{b_e}=\frac{s_{e(y/x)}}{\sqrt{SS_{e(x)}}}=0.01312\ \mathrm{mm}\cdot\mathrm{g}^{-1},$$

$$t = \frac{b_e}{s_{b_e}} = 11.814.$$

据 $df = 23$，查附表三，$t_{0.01} = 2.807$，$t > t_{0.01}$.

说明：x 与 y 存在极显著直线回归关系，由于回归关系极显著，所以必须对反应量 y 进行矫正.

（3）测定矫正后 $\overline{x}_i(x = \overline{x})$ 的差异性：

$$Q_{\mathrm{T}} = SS_y - \frac{(SP)^2}{SS_x} = 377.161,$$

$$df = n \cdot k - 2 = 24,$$

$$Q_{kc} = Q_T - Q_e = 270.835,$$

$$MS_k = \frac{Q_{kc}}{k-1} = 270.835,$$

$$MS_{\mathrm{e}} = \frac{Q_{\mathrm{e}}}{V_{\mathrm{e}}} = 4.430,$$

$$F = \frac{MS_k}{MS_{\mathrm{e}}} = 61.136.$$

（4）列协方差分析表. 将协方差分析列于表 5–2.

表 5–2　棘胸蛙试验协方差分析表

变异来源	df	SS_x	SS_y	SP	b	离回归分析			
						df	Q	MS	F
总变异	25	28136.73	1253.636	4965.999		26	377.161		
处理间	1	1284.381	506.8561	802.8612					
处理内	24	26852.35	751.771	4163.1378	0.1550	24	106.326	4.430	
矫正平均数（y）间的差异						1	270.835	270.835	61.136**

查 F 分布表（附表五），$df_1=1$，$df_2=24$ 时，$F_{0.01}$=7.82，因为 $F > F_{0.01\,(1,\,24)}$，所以 F 值达到极显著水平. 通过矫正消除体重影响后，雄蛙的前肢长极显著长于雌蛙前肢.

练习题

5.1　协方差分析的主要作用是什么？

5.2　为了检测不同孵化温度下乌龟对卵物质和能量的影响，试验设计了 4 个孵化温度（24 ℃、27 ℃、30 ℃和 33 ℃），分别测定了乌龟孵化前的初始卵重和孵化后的干物质重量（单位：g），数据如下，试说明乌龟卵的孵化温度是否影响孵化后的干物质重量.

24 ℃	初始卵重	7.23	6.45	6.88	6.56	6.34	7.23	6.44	6.02	6.78
	干物质	0.89	0.74	0.80	0.76	0.70	0.92	0.76	0.65	0.71
27 ℃	初始卵重	7.28	7.56	7.89	8.34	7.22	7.12	6.89	6.78	7.23
	干物质	0.87	0.91	0.96	0.98	0.85	0.79	0.75	0.65	0.75
30 ℃	初始卵重	6.29	6.22	6.88	6.36	6.34	7.23	6.55	6.42	6.45
	干物质	0.77	0.71	0.80	0.76	0.73	0.88	0.78	0.69	0.21
33 ℃	初始卵重	7.45	8.23	8.11	9.12	7.56	8.11	6.59	8.21	7.33
	干物质	0.91	1.12	0.87	1.22	0.78	0.92	0.72	0.93	0.89

第六章　相关分析

第一节　相关分析概述

一、相关分析的意义

相关分析是研究两个或两个以上处于同等地位的随机变量间的相关关系的统计分析方法. 例如，人的身高和体重之间；空气中的相对湿度与降雨量之间的相关关系都是相关分析研究的问题. 相关分析与回归分析之间的区别：回归分析侧重于研究随机变量间的依赖关系，以便用一个变量去预测另一个变量;相关分析侧重于发现随机变量间的种种相关特性. 相关分析在工农业、水文、气象、社会经济和生物学等方面都有应用.

我们知道，现象总体包含很多单位，表明单位特征的数量标志可能有一个、两个、三个或者更多，只要我们仔细分析和留意观察就会发现总体中往往有两个有关系的数量标志——变量，它们所出现的变量值是一一对应的. 相关分析就是对总体中确实具有联系的标志进行分析，其主体是对总体中具有因果关系标志的分析. 它是描述客观事物相互间关系的密切程度并用适当的统计指标表示出来的过程. 一般来说，在总体中，如果对变量 x 的每一个数值，相应的还有第二个变量 y 的数值，则各对变量的变量值所组成的总体称为二元总体. 推而广之，由两个以上相互对应的变量组成的总体，称为多元总体.

相关分析就是研究两个或两个以上变量之间相互关系的统计分析方法，它是研究二元总体和多元总体的重要方法. 其中二元总体分析方法提供了一般的模式，本章就是对这种总体进行相关关系分析进行介绍.

二、相关关系的概念

对社会生活中各种现象所做的统计研究，要做到数量上能反映现象间复杂的相互联系，首先要凭借研究者所掌握的科学知识、工作能力和判断能力做定性分析，以免把不相关或虚假相关现象拿来进行相关分析. 定性分析能对总体的一系列标志找到其中有联系的成对标志，确定哪个是因素标志，哪个是结果标志，即自变量和因变量. 因果关系是客观世界普遍联系和相互制约的重要表现形式. 相关分析就是对总体中确实具有联系的标志进行分析，其主体是对总体中具有因果关系标志的分析.

根据结果标志对因素标志的不同反映，可以把现象总体数量上所存在的依存关系划分为两种不同的类型，一种是函数关系，一种是相关关系. 函数关系是指事物或现象之间存在着严格的依存关系，其主要特征是它的确定性，即对一个变量的每一个值，另一个变量都具有唯一确定的值与之相对应. 变量之间的函数关系通常可以用函数式 $Y=f(X)$ 确切地表示出来. 例如，圆的周长 C 对于半径 r 的依存关系就是函数关系：$C=2\pi r$.

如果我们所研究的事物或现象之间，存在着一定的数量关系，即当一个或几个相互联系的变量取一定数值时，与之相对应的另一变量的值虽然不确定，但按某种规律在一定的范围内变化. 我们把变量之间的这种不稳定、不精确的变化关系称为相关关系. 相关的概念是 19 世纪后期，英国弗朗西斯·高尔顿爵士在研究遗传的生物与心理特性时提出的.

相关关系是不完全确定的随机关系. 在具有相关关系的情况下，因素标志的每一个数值，都有可能有若干个结果标志的数值，例如：身高与体重、体温与脉搏、年龄与血压、产前检查与婴儿体重、乙肝病毒与乙肝等. 在这些有关系的现象中，它们之间联系的程度和性质也各不相同，相关关系是一种不完全的依存关系. 究其原因是现象在数量上受各种各样因素的影响，其中错综复杂的关系有些属于人们暂时还没有认识到的，有些虽已被认识到但无法控制，而计量上的可能误差，都会造成现象之间变量关系的不确定性. 但是不确定的变量关系还是有规律可循的，经过人们大量观察，会发现许多现象变量之间确实存在着某种规律性，这就是大数定律的作用，把那些影响结果标志数值的其他一些次要、偶然因素抵消，抽象了，使相关关系通过平均值明显地表现出来.

函数关系与相关关系的联系表现在，对具有相关关系的现象分析时，必须利用相应的函数关系数学表达式来表明现象之间的相关方程式. 相关关系是相关分析的研究对象，函数关系是相关分析的工具. 也可以说，函数关系是相关关系的特殊表现形式.

三、相关的种类

从不同的分类角度进行分析，相关关系可以有多种分类.

（1）根据相关程度的不同，相关关系可分为完全相关、不完全相关和无相关. 当一种现象的数量变化完全由另一种现象的数量变化所确定，这两种现象间的关系为完全相关. 在这种情况下，相关关系就是变成了函数关系. 因此我们也可以说函数关系是相关关系的一个特例. 如果两个现象之间互不影响，其数量变化各自独立，我们称其为不相关现象. 如果两种现象之间的关系介于不相关和完全相关之间，则称其为不完全相关. 通常我们看到的相关现象都属于这种不完全相关.

（2）根据变量值变动方向的趋势，相关关系可分为正相关和负相关. 正相关是指一个变量数值增加或减少时，另一个变量的数值也随之增加或减少，两个变量变化方向相同. 负相关是指两个变量变化方向相反，即随着一个变量数值的增加，另一个变量的数值反而减少；或随着一个变量数值的减少，另一个变量数值反而增加.

（3）按照相关的形式分为线性相关和非线性相关. 两个变量中的一个变量增加，另一个变量随之发生大致均等的增加或减少，近似地表现为一条直线，这种相关关系就称为直线相关. 直线相关在相关散点图上可呈现为一条直线的倾向. 线性相关又称简单相关，用于双变量正态分布（bivariate normal distribution）的情况，一般说来，两个变量都是随机变动的，不分主次，处于同等地位. 两变量间的直线相关关系用相关系数 r 描述. 直线相关的性质可由散点图（图 6－1）直观地说明.

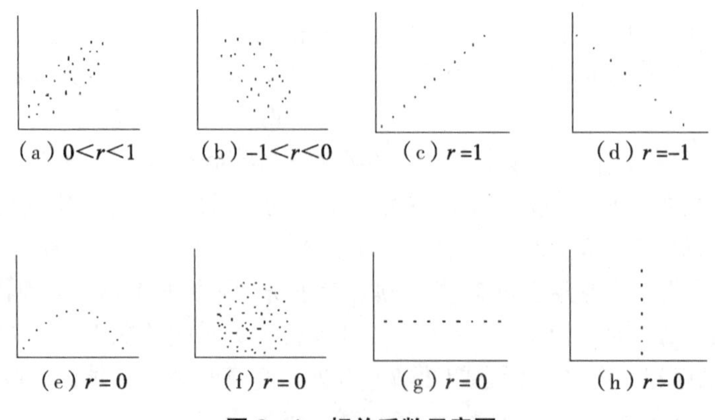

图 6-1　相关系数示意图

图 6-1（a）散点呈椭圆形分布，从宏观而言两变量 X、Y 变化趋势是同向的，称为正线性相关或正相关（$0<r<1$）；反之，图 6-1（b）中的 X、Y 间呈反向变化，称为负线性相关或负相关（$-1<r<0$）. 图 6-1（c）的散点在一条直线上、且 X、Y 是同向变化，称为完全正相关（$r=1$）；反之，图 6-1（d）中的 X、Y 呈反向变化，称为完全负相关（$r=-1$）. 图 6-1（e）和图 6-1（h），两变量间毫无联系或可能存在一定程度的曲线联系而没有直线相关关系，称为零相关（$r=0$）. 正相关或负相关并不一定表示一个变量的改变是另一个变量变化的原因，有可能同受另一个因素的影响.

当两个变量中的一个变量变动时，另一个变量也相应地发生变动，但这种变动不是均等的，近似地表现为一条曲线，这种相关关系被称为非线性相关. 非线性相关在相关散点图上可呈现为弯月形.

（4）根据研究变量的多少，可分为单相关、复相关. 研究的只是两个变量之间的相关关系，可称为单相关. 如果研究的是一个变量与两个或两个以上的其他变量的相关关系，称为复相关.

第二节　一元线性相关分析

在统计学中，一般将描述和分析两个或两个以上变量之间相关的性质及其相关程度的过程，称之为相关分析. 相关分析的目的主要是力求通过具体的数量描述，呈现研究变量之间的相互关系的密切程度及其变化规律，探求相互关系的研究模式，以利于统计预测和推断，为正确决策提供参考依据.

一、相关分析的作用

相关分析在科学研究中的作用是多方面的，具体概括如下：

（1）判断变量之间有无联系. 确定研究现象之间是否具有依存关系，这是相关分析的起点，也是我们研究各种现象之间相互关系的前提条件. 因为只有确定了依存关系的存在，才有继续研究和探索各种现象之间相互作用、制约以及变化规律的必要和价值.

（2）确定选择相关关系的表现形式及相关分析方法. 在确定了变量之间存在依存关系之后，就需要明确体现变量相互关系的具体表现形式. 在此基础上，选择恰当的相关分析方法，只有这样才能确保研究目的的实现，收到预期的效果. 否则，如果把非线性相关错判为线性相关，按照线性相关的性质选择相关分析的方法，就会导致错误的结论.

（3）把握相关关系的方向与密切程度. 我们知道，变量之间的相关关系是一种不精确的数量关系，相关分析就是要从这种不确定的数量关系中，判断相关关系的方向和密切程度.

（4）进行预测及评价测量量具. 相关分析不但可以描述变量之间的关系状况，而且可以用来进行预测. 另外，相关分析还可以用来评价测量量具的信度、效度以及项目的区分度等.

二、相关系数

相关系数是在直线相关条件下，说明两个变量之间相关程度以及相关方向的统计分析指标. 相关系数一般可以通过计算得到. 作为样本相关系数，常用字母 r 表示；作为总体相关系数，常用字母 ρ 表示.

相关系数的数值范围是介于–1 与+1 之间（即 $-1\leqslant r\leqslant 1$），常用小数形式表示，一般要取小数点后两位数字来表示，以便比较精确地描述其相关程度.

两个变量之间的相关程度用相关系数 r 的绝对值表示，其绝对值越接近 1，表明两个变量的相关程度越高；其绝对值越接近于 0，表明两个变量相关程度越低. 如果其绝对值等于 1，则表示两个变量完全直线相关. 如果其绝对值为零，则表示两个变量完全不相关（不是直线相关）.

变量相关的方向通过相关系数 r 所具有的符号来表示，“+”号表示正相关，即 $0< r\leqslant 1$. “–”表示负相关，即 $-1\leqslant r<0$.

在使用相关系数时应该注意下面的几个问题：

（1）相关系数只是一个比率值，并不具备与相关变量相同的测量单位. 正因为如此，相关系数不适于进行算术四则运算，在比较相关程度时，只能说相关系数绝对值大者要比绝对值小者相关更密切一些，不能用倍数或差数来说明彼此的关系. 例如，我们可以说相关系数 r 为 0.7 的两个变量比相关系数 r 为 0.35 的两个变量之间的相关程度要更密切一些，但不能说相关系数 r 为 0.7 的两个变量的相关程度是相关系数 r 为 0.35 的两个变量的相关程度的二倍. 同样，我们也不能认为相关系数从 0.4 增加到 0.7 所反映的相关程度与相关系数从 0.6 增加到 0.9 所反映的相关程度相等.

（2）相关系数 r 受变量取值区间大小及样本数目多少的影响比较大. 一般来说，变量的取值区间越大，样本数目越多，相关系数 r 受抽样误差的影响就越小越可靠. 否则，如果变量取值区间小，样本所含数目较少，受抽样误差的影响较大，就有可能对本来无关的两种现象计算出较大的相关系数，得出错误的结论. 例如，研究学生的身高与学习有无关系，如果只选六七个人，就很可能遇到身材越矮学习越好的巧合，那么，这时计算出来的相关系数可能很大（甚至接近于 1），但实际上这两类现象之间并无关系. 因此，在研究现象之间关系的时候，应该适当加大变量的取值区间并收集足够多的样本数目.

一般计算相关的成对数据的数目不应少于 30 对.

（3）来自不同群体且不同质的事物的相关系数不能进行比较.

（4）对于不同类型的数据，计算相关系数的方法也不相同.

三、一元线性相关分析的主要方法

进行相关分析的主要方法有图示法和计算法. 图示法是通过绘制相关散点图来进行相关分析，计算法则是根据不同类型的数据，选择不同的计算方法求出相关系数来进行相关分析.

1. 图示法

图示法的具体做法就是绘制相关散点图.

相关散点图是观察两个变量之间关系的一种非常直观的方法. 具体绘制的方法是：以横轴表示两个变量中的一个变量（作为自变量），以纵轴表示另一个变量（作为因变量）将两个变量之间相对应的变量值以坐标点的形式逐一标在直角坐标系中，通过点的分布形状和疏密程度来形象描述两个变量之间的相关关系.

相关散点图可以通过手工绘制而得到. 但如果面对的变量值比较多，手工绘制的过程就会既比较费时，又不够精确. 因此，我们还可以利用电子表格软件 Excel，快捷地绘制出相应的相关散点图（详见第十章）.

利用 Excel 绘制出相关散点图的具体步骤如下：

（1）将研究的原始数据制成 Excel 工作表；

（2）选定工作表中要绘制相关散点图的两列数据；

（3）在 Excel 主菜单上，选择图表向导栏；

（4）出现“图表向导—图表类型”框图，在其中选择“XY 散点图”项；

（5）进入“图表向导—图表选项”框图，在“标题”“坐标轴”“网络线”“图例”以及“数据标志”等栏目中选定适当的选项；

（6）进入“图表向导—图表位置”框图，点击“完成”按钮，Excel 便生成所需的相关散点图.

2. 计算法

计算法就是通过计算相关系数来分析变量之间相互关系的方法. 计算相关系数的方法很多，由于我们所面对的各种变量都具有不同的性质和类型，因此应当根据变量的特点选择适当的相关分析的方法. 下面介绍两种适用于不同类型的变量相关分析的计算方法.

1）积差相关法

（1）积差相关的概念及其适用条件

积差相关是 20 世纪初英国统计学家卡尔·皮尔逊提出的一种计算相关的方法，故又称为皮尔逊积差相关法，它是最常用的计算直线相关的方法. 积差相关系数通常用字母 r 表示.

其基本公式为

$$r=\frac{\frac{1}{n}\sum(X-\bar{X})(Y-\bar{Y})}{\sqrt{\frac{1}{n}\sum(X-\bar{X})^2}\sqrt{\frac{1}{n}\sum(Y-\bar{Y})^2}}. \tag{6-1}$$

式中：r 为积差相关系数，n 为成对数据的对数；$\bar{X},\bar{Y}$ 分别表示变量 X 与 Y 的平均数. $(X-\bar{X})$ 表示 X 变量的离差，$(Y-\bar{Y})$ 表示 Y 变量的离差.

积差是两个变量中每对变量值离均差相乘之积 $(X-\bar{X})(Y-\bar{Y})$，它是协方差 $\frac{\sum(X-\bar{X})(Y-\bar{Y})}{N}$ 的主要内容，计算积差相关系数离不开协方差 $\frac{\sum(X-\bar{X})(Y-\bar{Y})}{N}$，它的离差乘积和的大小，能反映两个变量之间的关系. 当 X 与 Y 两个变量值的变化为 X 大于 $\bar{X}$ 时，Y 也大于 $\bar{Y}$，而 X 小于 $\bar{X}$ 时，Y 也小于 $\bar{Y}$，在这种情况下两个离差乘积和为正，且数值较大，说明两个变量的变化方向一致，且关系密切；当两个变量值的变化为 X 小于 $\bar{X}$ 时，Y 反而大于 $\bar{Y}$，而 X 大于 $\bar{X}$ 时，Y 反而小于 $\bar{Y}$，在这种情况下，两个离差乘积和为负，且数值较大，这说明两个变量的变化方向相反，但关系密切；当两个变量值的变化为 X 大于 $\bar{X}$ 时，Y 可能大于 $\bar{Y}$，也可能小于 $\bar{Y}$，两个离差乘积和趋于 0，说明两个变量之间无相关. 所以协方差 $\frac{\sum(X-\bar{X})(Y-\bar{Y})}{N}$ 是两个变量 X, Y 的"一致性"测量. 但是，协方差是带有具体单位的绝对量数，它不能与单位不同的资料相比较. 而协方差是积差相关量计算的基础，为了使协方差变成相对数，与不同单位的资料可以进行比较，所以将两个离差除以相应的标准差，再将两个标准分数的乘积和除以 n，便得到了积差相关系数.

该方法的适用条件是：

①两变量的测量值都是测量数据，并且两个变量的总体是正态分布或近似正态分布.

②两个变量之间具有线性关系，并且样本容量应大于 30.

（2）积差相关系数的计算方法

积差相关系数有多种计算方法.

①用定义公式计算积差相关系数

定义公式为

$$r=\frac{\frac{1}{n}\sum(X-\bar{X})(Y-\bar{Y})}{\sqrt{\frac{1}{n}\sum(X-\bar{X})^2}\sqrt{\frac{1}{n}\sum(Y-\bar{Y})^2}},$$

由于公式中的分子和分母都含有共因子 $\frac{1}{n}$，同时将其约掉，r 的公式可写成

$$r=\frac{\sum(X-\bar{X})(Y-\bar{Y})}{\sqrt{\sum(X-\bar{X})^2\times\sum(Y-\bar{Y})^2}}. \tag{6-2}$$

[例 6-1] 对某河流的上游（X）与下游（Y）的 10 个采样点中的水生昆虫类蜉蝣目

的密度（单位：个/m^{-2}）分别进行采样统计（见表6–1），试求出其积差相关系数. 已知 $\bar{X}=71, \bar{Y}=72.3$.

解

表6–1　10个采样点中上游（X）与下游（Y）的水生昆虫类蜉蝣目密度（个/m^{-2}）积差相关系数计算表（一）

序号（1）	X（2）	Y（3）	$(X-\bar{X})$（4）	$(Y-\bar{Y})$（5）	$(X-\bar{X})(Y-\bar{Y})$（6）	$(X-\bar{X})^2$（7）	$(Y-\bar{Y})^2$（8）
1	74	76	3	3.7	11.1	9	13.69
2	71	75	0	2.7	0	0	7.29
3	72	71	1	−1.3	−1.3	1	1.69
4	68	70	−3	−2.3	6.9	9	5.29
5	76	76	5	3.7	18.5	25	13.69
6	73	79	2	6.7	13.4	4	44.89
7	67	65	−4	−7.3	29.2	16	53.29
8	70	77	−1	4.7	−4.7	1	22.09
9	65	62	−6	−10.3	61.8	36	106.09
10	74	72	3	−0.3	−2.7	9	0.09
总和	710	723	0	0	134	110	268.10

因为：$\sum(X-\bar{X})(Y-\bar{Y})=134$，$\sum(X-\bar{X})^2=110$，$\sum(Y-\bar{Y})^2=268.10$，
代入式（6–2）得

$$r=\frac{\sum(X-\bar{X})(Y-\bar{Y})}{\sqrt{\sum(X-\bar{X})^2\times\sum(Y-\bar{Y})^2}}=\frac{134}{\sqrt{110\times 268.10}}=\frac{134}{\sqrt{29491}}=\frac{134}{171.73}=0.78.$$

② 用原始数据计算积差相关系数

利用定义公式计算积差相关系数是通过求出 $X-\bar{X}$ 和 $Y-\bar{Y}$ 的数值而进行的，当 $\bar{X}$、$\bar{Y}$ 为除不尽的小数时，计算既麻烦又影响其精确性. 因此在实际问题中，一般采用原始数据计算法，其计算公式为

$$r=\frac{\sum XY-\dfrac{\sum X\sum Y}{n}}{\sqrt{\sum X^2-\dfrac{1}{n}(\sum X)^2}\sqrt{\sum Y^2-\dfrac{1}{n}(\sum Y)^2}}. \tag{6–3}$$

式中：$\sum XY$ 为两个变量 X 与 Y 每对变量值的乘积之和；$\sum X$ 为 X 变量的变量值的

总和；$\sum Y$ 为 Y 变量的变量值的总和；$\sum X^2$ 为 X 变量的变量值的平方和；$\sum Y^2$ 为 Y 变量的变量值的平方和.

式（6–3）是由式（6–1）推导而来的，推导过程如下.

式（6–1）为

$$r=\frac{\frac{1}{n}\sum(X-\bar{X})(Y-\bar{Y})}{\sqrt{\frac{1}{n}\sum(X-\bar{X})^2}\sqrt{\frac{1}{n}\sum(Y-\bar{Y})^2}},$$

而

$$\begin{aligned}\frac{1}{n}\sum(X-\bar{X})(Y-\bar{Y})&=\frac{1}{n}\sum(XY-\bar{X}Y-X\bar{Y}+\bar{X}\bar{Y})\\&=\frac{1}{n}\sum XY-\bar{X}\frac{1}{n}\sum Y-\bar{Y}\frac{1}{n}\sum X+\bar{X}\bar{Y}=\frac{1}{n}\sum XY-2\bar{X}\bar{Y}+\bar{X}\bar{Y}\\&=\frac{1}{n}\sum XY-\frac{\sum X}{n}\frac{\sum Y}{n}=\frac{1}{n}\left(\sum XY-\frac{\sum XY}{n}\right),\end{aligned}$$

又因为

$$\begin{aligned}&\sqrt{\frac{1}{n}\sum(X-\bar{X})^2}\sqrt{\frac{1}{n}\sum(Y-\bar{Y})^2}\\&=\frac{1}{n}\sqrt{\sum(X^2-2X\bar{X}+\bar{X}^2)}\sqrt{\sum(Y^2-2Y\bar{Y}+Y^2)}\\&=\frac{1}{n}\sqrt{\sum X^2-2\bar{X}\sum X+n\bar{X}^2}\sqrt{\sum Y^2-2\bar{Y}\sum Y+n\bar{Y}^2}\\&=\frac{1}{n}\sqrt{\sum X^2-\frac{2(\sum X)^2}{n}+\frac{(\sum X)^2}{n}}\sqrt{\sum Y^2-\frac{2(\sum Y)^2}{n}+\frac{(\sum Y)^2}{n}}\\&=\frac{1}{n}\sqrt{\sum X^2-\frac{(\sum X)^2}{n}}\sqrt{\sum Y^2-\frac{(\sum Y)^2}{n}},\end{aligned}$$

所以

$$r=\frac{\sum XY-\frac{\sum XY}{n}}{\sqrt{\sum X^2-\frac{1}{n}(\sum X)^2}\sqrt{\sum Y^2-\frac{1}{n}(\sum Y)^2}}.$$

［例 6–2］根据表 6–2 的有关数据资料，用式（6–3）求其积差相关系数.

解

表 6-2　10 个采样点中上游（X）与下游（Y）的水生昆虫类蜉蝣目密度（个/m^{-2}）积差相关系数计算表（二）

采样点 （1）	X （2）	Y （3）	X^2 （4）	Y^2 （5）	XY （6）
1	74	76	5476	5776	5624
2	71	75	5041	5625	5325
3	72	71	5184	5041	5112
4	68	70	4624	4900	4760
5	76	76	5776	5776	5776
6	73	79	5329	6241	5767
7	67	65	4489	4225	4355
8	70	77	4900	5929	5390
9	65	62	4225	3844	4030
10	74	72	5476	5184	5328
总和	710	723	50520	52541	51467

$$r=\frac{\sum XY-\frac{\sum XY}{n}}{\sqrt{\sum X^2-\frac{1}{n}(\sum X)^2}\sqrt{\sum Y^2-\frac{1}{n}(\sum Y)^2}}$$

$$=\frac{51467-\frac{710\times 723}{10}}{\sqrt{50520-\frac{(710)^2}{10}}\sqrt{52541-\frac{(723)^2}{10}}}$$

$$=0.780.$$

2）等级相关法

在进行相关分析的过程中，我们经常会遇到一些并不在积差相关方法适用范围之内的具有等级顺序的测量数据，在这种情况下，要研究两个或两个以上变量的相关，就需要采用等级相关. 这种相关方法对变量的总体分布不作要求，因此又称这种相关为非参数相关. 计算等级相关的方法很多，本节只介绍其中比较重要且常用的一种等级相关法——斯皮尔曼等级相关.

（1）斯皮尔曼等级相关的概念及其适用条件. 当两列变量值是以等级次序排列或以等级次序表示时，并且变量值所属的两个总体并不一定呈正态分布，样本容量也不一定大于 30，表示这样两种变量之间的相关称为斯皮尔曼等级相关. 由于这种相关是英国统计学家斯皮尔曼根据积差相关公式推导得到的，因此有人认为斯皮尔曼等级相关是积差相关的一种特殊形式.

斯皮尔曼等级相关的适用条件：

①两个变量的变量值是以等级次序表示的资料.

②一个变量的变量值是等级数据，另一个变量的变量值是等距或比率数据，且其两总体不是正态分布，样本容量 n 不一定大于 30.

从斯皮尔曼等级相关适用条件中可以看出，等级相关的应用范围要比积差相关广泛，它的突出优点是对数据的总体分布、样本大小都不作要求. 但缺点是计算精度不高. 斯皮尔曼等级相关系数常用符号 r_s 来表示.

（2）斯皮尔曼等级相关系数的计算方法. 其基本公式为

$$r_s = 1 - \frac{6\sum D^2}{n\left(n^2 - 1\right)}. \tag{6-4}$$

式中：D 是两个变量每对数据等级之差，n 是两列变量值的对数.

［例 6-3］ 表 6-3 为 10 个采样点中上游与下游的水生昆虫种类生物多样性指数的排列等级，试求其斯皮尔曼等级相关系数.

表 6-3　10 个采样点中上游与下游的水生昆虫种类生物多样性指数等级相关计算表

采样点（1）	等　　级		等级之差 D（4）=（3）-（2）	D^2（5）
	上游（2）	下游（3）		
1	1	2	1	1
2	2	1	-1	1
3	3	3	0	0
4	4	8	4	16
5	5	4	-1	1
6	6	7	1	1
7	7	9	2	4
8	8	6	-2	4
9	9	5	-4	16
10	10	10	0	0
总计				44

解　把表 6-3 中计算的数值代入得

$$\begin{aligned} r_s &= 1 - \frac{6\sum D^2}{n\left(n^2 - 1\right)} \\ &= 1 - \frac{6 \times 44}{10 \times (100 - 1)} \\ &= 0.73. \end{aligned}$$

由此看出，这 10 个采样点中上游与下游的水生昆虫种类生物多样性指数的等级次序具有较高的一致性，但还未达到高度的一致.

四、相关系数的解释与评价

求出相关系数后，要对相关系数进行解释与评价. 比较直观、常用的相关系数的解释与评价的方法是经验法.

我们知道，相关系数的正负号表示的是相关的方向，而相关的强度决定于相关系数的绝对值. 统计学家们根据经验给出了各种判断相关关系强弱的标准. 如有的学者提出相关系数的绝对值 r 在 0.3 以下是无直线相关，0.3 以上是有直线相关，而 0.3～0.5 属于低度直线相关，0.5～0.8 是显著相关（中等程度相关），0.8 以上是高度相关. 还有的学者提出，低相关为 $-0.29\sim-0.10\leqslant r\leqslant 0.10\sim 0.29$、中等相关为 $-0.49\sim-0.30\leqslant r\leqslant 0.30\sim 0.49$、高相关为 $-1.00\sim-0.50\leqslant r\leqslant 0.50\sim 1.00$.

由于各家对高、中、低相关的界限划分存在较大的分歧，因此有人提出了一种折中的判断标准，见表 6-4.

表 6-4　相关系数的判断标准

相 关 系 数	判 断 标 准
0.00～0.30	可忽略到低相关
0.20～0.50	低相关到中等相关
0.40～0.70	中等相关
0.60～0.90	实质性（较高）相关
0.80～1.00	高相关到极高相关

这种判断标准的特点是：各类别不是完全独立的，而具有重叠关系. 因此，在分析存在分歧时，可把两个类别结合起来，如把 $r=0.70$ 看成是一个中等到较高的相关，从而容易被人们所接受.

五、相关系数的假设检验

相关系数的显著性检验也包括两种情况：一种情况是样本相关系数 r 与总体相关系数 ρ 的比较；另一种情况是通过比较两个样本 r 的差异（r_1，r_2）推论各自的总体 ρ_1 和 ρ_2 是否有差异.

（一）相关系数的显著性检验

相关系数的显著性检验即样本相关系数与总体相关系数的差异检验. 由于相关系数 r 的样本分布比较复杂，受 ρ 的影响很大，一般分为 $\rho\neq 0$ 和 $\rho=0$ 两种情况.

1. $\rho\neq 0$ 时

图 6-2 表示当从 $\rho=0$ 及 $\rho=0.8$ 的两个总体中抽样（$n=8$）时样本 r 的分布. 可看到 $\rho=0$ 时 r 的分布左右对称，$\rho=0.8$ 时 r 的分布偏得较大. 对于这一点并不难理解，ρ 的

值域为-1～$+1$，r的值域也是-1～$+1$，当$\rho=0$时，r的分布理应以0为中心左右对称. 而当$\rho=0.8$时，r的值域仍然是-1～$+1$，但r值肯定受ρ的影响，趋向$+1$的值比趋向-1的值要出现得多些，因而分布形态不可能对称. 所以，一般认为$\rho=0$时r的分布近似正态；$\rho\neq0$时r的分布不是正态.

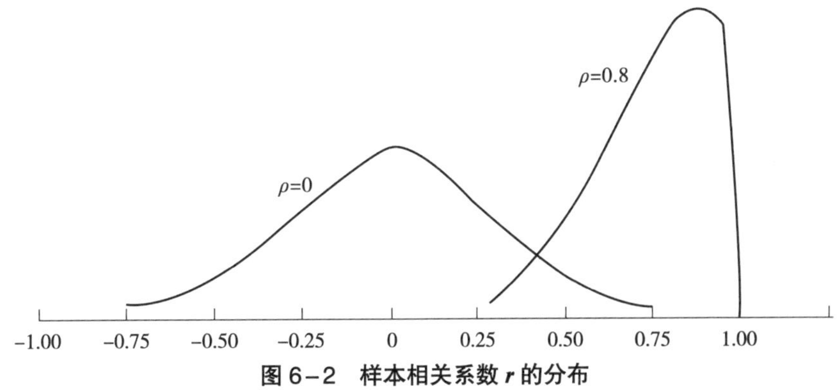

图6-2　样本相关系数r的分布

在实际研究中得到$r=0.30$（或其他什么值）时，自然会想到两种情况：①由于$r=0.30$，说明两列变量之间在总体上是相关的（$\rho\neq0$）. ②虽然$r=0.30$，但这可能是偶然情况，总体上可能并无相关（$\rho=0$）. 所以需要对$r=0.30$进行显著性检验. 这时仍然可以用t检验的方法.

$$H_0: \rho=0,$$
$$H_1: \rho\neq0,$$
$$t=\frac{r-0}{\sqrt{\frac{1-r^2}{n-2}}},\quad df=n-2.$$

如果$t>t_{0.05/2}$，则拒绝H_0，说明所得到的r不是来自$\rho=0$的总体，或者说r是显著的.

若$t<t_{0.05/2}$，则说明所得到的r值具有偶然性，从r值还不能断定总体具有相关关系. 或者说r不显著.

在实际应用中，更多的是直接查表来断定r是否显著. 因为统计学家已根据上述的t检验制成了相关系数显著性用表.

2. $\rho\neq0$时

人们常常说“相关系数r是显著的”（或“不显著”）这都是特指在$\rho=0$这一前提下的检验结果，这种情况在实际中用得较多. 但是它只解决了两个总体是否有相关的问题，或者说由此只能说明r是否来自$\rho=0$的总体. 有时在研究中还需要了解r是否来自ρ为某一特定值的总体，即当$\rho\neq0$时r的显著性检验.

在图6-2中已经分析过，$\rho\neq0$时r的样本分布不是正态，因此不能用公式进行t检验. 这时需要将r与ρ都转换成费舍Z_r，r转换为Z_r以后，Z_r的分布可以认为是正态，其平均数为Z_ρ，标准误$SE_{Z_r}=\frac{1}{\sqrt{n-3}}$，这样就可以进行$Z$检验了.

$$Z = \frac{Z_r - Z_\rho}{\sqrt{\frac{1}{n-3}}}.$$

［例 6-4］某研究者估计，对于 10 岁儿童而言，比奈智力测验与韦氏儿童智力测验的相关系数为 0.70，现随机抽取 10 岁儿童 50 名，进行上述两种智力测验. 结果相关系数 r=0.54，试问实测结果是否支持该研究者的估计.

解 查本书附表六 r 值的 Z_r 转换表可知：

r=0.54 得 Z_r=0.604，

ρ=0.70 得 Z_ρ=0.867，

$$Z = \frac{Z_r - Z_\rho}{\sqrt{\frac{1}{n-3}}} = \frac{0.604-0.867}{\sqrt{\frac{1}{50-3}}} = \frac{-0.263}{0.146} = -1.80,$$

$|Z|$=1.80＜1.96，即 p＞0.05.

就是说，实得 r 值与理论估计值差异不显著，这位研究者的估计不能推翻.

（二）相关系数差异的显著性检验

在实践中经常遇到检验两个样本相关系数差异是否显著的问题. 这里仅讨论积差相关，分为两种情况.

1. r_1 和 r_2 分别由两组彼此独立的处理计算得到

这时将 r_1 和 r_2 分别进行费舍 Z_r 的转换. 由于 Z_r 的分布近似正态，同样（$Z_{r_1}-Z_{r_2}$）的分布仍为正态，其分布的标准误为

$$SE_{DZ_r} = \sqrt{\frac{1}{n_1-3}+\frac{1}{n_2-3}},$$

式中 n_1 和 n_2 分别为两个样本的容量.

进行 Z 检验得

$$Z = \frac{Z_{r_1} - Z_{r_2}}{\sqrt{\frac{1}{n_1-3}+\frac{1}{n_2-3}}}.$$

2. 两个样本相关系数由同一组处理计算得到

这时又分为两种情况：其一是检验 ρ_{12} 与 ρ_{13} 的差异，我们的目的是通过（$r_{12}-r_{13}$）来检验（$\rho_{12}-\rho_{13}$）. 其二是检验 ρ_{12} 与 ρ_{34} 的差异，我们的目的是通过（$r_{12}-r_{34}$）来检验（$\rho_{12}-\rho_{34}$）. 由于第二种情况在实际中意义不大，而且对其检验结果很难作出解释，所以这里只介绍第一种情况.

这时，应当首先算出 3 列变量的两两相关系数 r_{12}、r_{13} 和 r_{23}，然后用下式进行 t 检验

$$t=\frac{(r_{12}-r_{13})\sqrt{(n-3)(1+r_{23})}}{\sqrt{2(1-r_{12}^2-r_{12}^2-r_{23}^2+2r_{12}r_{13}r_{23})}}.$$

［例 6-5］随机抽取 123 名儿童进行某一项能力测验，同时算出能力测验结果与效标的相关系数是 0.54，研究者嫌该测验对于这组儿童来说效度不理想，在此测验的基础上又编制了一个新测验来测量该项能力（对同一组被试），结果新测验与同一效标分数的相关系数为 0.62，而且新旧测验的相关系数是 0.68，试问新测验的效度是否有显著的提高.

解　n=123，r_{12}=0.54，r_{13}=0.62，r_{23}=0.68.

代入上述公式进行 t 检验

$$t=\frac{(0.62-0.54)\sqrt{(123-3)\times(1+0.68)}}{\sqrt{2\times(1-0.54^2-62^2-0.68^2+2\times0.54\times0.62\times0.68)}}=1.43.$$

查附表三，$t_{0.05}$=1.658（df=120，单侧检验），t=1.43＜$t_{0.05}$ 差异不显著，即 r_{13} 显著大于 r_{12}. 所以，新测验的效度没有显著的提高.

六、直线相关分析时的注意事项

（1）并非任何有联系的两个变量都属线性联系，可能的话在计算相关系数之前首先利用散点图判断两变量间是否具有线性联系，曲线联系时是不能用直线相关分析的.

（2）有些研究中，一个变量的数值随机变动，另一个变量的数值却被认为选定的. 如研究药物的剂量-反应关系时，一般是选定 n 种剂量，然后观察每种剂量下动物的反应，此时得到的观察值就不是随机样本，算得的相关系数 r 会因剂量的选择方案不同而不同. 故一个变量的数值为人为选定时不应做相关分析.

（3）做相关分析时，必须剔除异常点. 异常点即为一些特大特小的离群值，相关系数的数值受这些点的影响较大，有此点时两变量相关，无此点时可能就不相关了. 所以，应及时复核检查，对由于测定、记录或计算机录入的错误数据，应予以修正和剔除.

（4）相关分析要有实际意义，两变量相关并不代表两变量间一定存在内在联系. 如根据儿童身高与小树树高资料算得的相关系数，即是由于时间变量与二者的潜在联系，造成了儿童身高与树高相关的假象.

（5）分层资料不要盲目合并做直线相关分析，否则可能得到错误结论.

七、直线相关与回归的区别与联系

1. 区别

（1）资料要求不同. 直线相关要求两个变量是双变量正态分布；回归要求因变量 Y 服从正态分布，而自变量 X 是能精确测量和严格控制的变量.

（2）统计意义不同. 相关反映两变量间的伴随关系是相互的，对等的，不一定有因果关系；回归则反映两变量间的依存关系，有自变量与因变量之分，一般将“因”或较易测定、变异较小者定为自变量. 这种依存关系可能是因果关系或从属关系.

（3）分析目的不同. 相关分析的目的是把两变量间直线关系的密切程度及方向用一

统计指标表示出来；回归分析的目的则是把自变量与因变量间的关系用函数公式定量表达出来.

2. 联系

（1）变量间关系的方向一致，其相关系数 r 与回归系数 b 的正负号一致.

（2）假设同一样本检验等价 $t_r=t_b$，由于 t_b 计算较复杂，实际中常以 r 的假设检验代替对 b 的检验.

（3）r 与 b 值可相互换算.

（4）用回归解释相关系数的平方 r^2 称为决定系数（coefficient of determination），是回归平方和与总的离均差平方和之比，故回归平方和是引入相关变量后总平方和减少的部分,其大小取决于 r^2. 回归平方和越接近总平方和，则 r^2 越接近 1，说明引入相关的效果越好，反之，则说明引入相关的效果不好或意义不大.

第三节　多元线性相关分析

一、多元线性相关的含义

上一节介绍的一元线性相关分析所反映的是一个因变量与一个自变量之间的关系. 但是，在现实中，某一现象的变动常受多种现象变动的影响. 例如，某原料药的收率高低常受到多种因素的影响，某种疾病的发病率的高低也是与很多因素相关. 这就是说，影响因变量的自变量通常不是一个，而是多个. 在许多场合，仅仅考虑单个变量是不够的,还需要就一个因变量与多个自变量的联系来进行考察,才能获得比较满意的结果. 这就产生了测定与分析多因素之间相关关系的问题.

研究在线性相关条件下，两个和两个以上自变量对一个因变量的数量变化关系，称为多元线性相关分析，表现这一数量关系的数学公式，称为多元线性相关模型. 多元线性相关模型是一元线性相关模型的扩展，其基本原理与一元线性相关模型相类似，只是在计算上比较麻烦一些而已. 下面主要从偏相关系数和复相关系数两个方面展开叙述.

二、偏相关系数的计算与检验

当我们研究某一个要素对另一个要素的影响或相关程度时，把其他要素的影响视为常数（保持不变），即暂不考虑其他要素的影响，而单独研究那两个要素之间的相互关系的密切程度时，则称为偏相关. 用以度量偏相关程度的统计量，称为偏相关系数.

（一）偏相关系数的计算

偏相关系数，可利用单相关系数来计算. 假设有 3 个要素 x_1、x_2、x_3，其两两间单相关系数矩阵为

$$\boldsymbol{R}=\begin{bmatrix} r_{11} & r_{12} & r_{13} \\ r_{21} & r_{22} & r_{23} \\ r_{31} & r_{32} & r_{33} \end{bmatrix}=\begin{bmatrix} 1 & r_{12} & r_{13} \\ r_{21} & 1 & r_{23} \\ r_{31} & r_{32} & 1 \end{bmatrix}. \tag{6-5}$$

因为相关系数矩阵是对称的，故在实际计算时，只要计算出 r_{12}、r_{13} 和 r_{23} 即可. 在偏相关分析中，常称这些单相关系数为零级相关系数. 对于上述 3 个要素 x_1、x_2、x_3，它们之间的偏相关系数共有 3 个，即 $r_{12\cdot3}$、$r_{13\cdot2}$、$r_{23\cdot1}$（下标点后面的数字，代表在计算偏相关系数时，保持不变量，如 $r_{12\cdot3}$ 即表示 x_3 保持不变），其计算公式分别如下：

$$r_{12\cdot3}=\frac{r_{12}-r_{13}r_{23}}{\sqrt{\left(1-r_{13}^2\right)\left(r\ -r_{23}^2\ \right)}}, \tag{6-6}$$

$$r_{13\cdot2}=\frac{r_{13}-r_{12}r_{23}}{\sqrt{\left(1-r_{12}^2\right)\left(r\ -r_{23}^2\ \right)}}, \tag{6-7}$$

$$r_{23\cdot1}=\frac{r_{23}-r_{12}r_{13}}{\sqrt{\left(1-r_{12}^2\right)\left(r\ -r_{13}^2\ \right)}}. \tag{6-8}$$

上述 3 个公式表示 3 个偏相关系数，称为一级偏相关系数.

若有 4 个要素 X_1、X_2、X_3、X_4，则有 6 个偏相关系数，即 $r_{12\cdot34}$、$r_{13\cdot24}$、$r_{14\cdot23}$、$r_{23\cdot14}$、$r_{24\cdot12}$、$r_{34\cdot12}$，它们称为二级偏相关系数，其计算公式分别如下：

$$r_{12\cdot34}=\frac{r_{12\cdot3}-r_{14\cdot3}r_{24\cdot3}}{\sqrt{\left(1-r_{14\cdot3}^2\right)\left(1-r_{24\cdot3}^2\ \right)}}, \tag{6-9}$$

$$r_{13\cdot24}=\frac{r_{13\cdot2}-r_{14\cdot2}r_{34\cdot2}}{\sqrt{\left(1-r_{14\cdot2}^2\right)\left(1-r_{34\cdot2}^2\ \right)}}, \tag{6-10}$$

$$r_{14\cdot23}=\frac{r_{14\cdot2}-r_{13\cdot2}r_{43\cdot2}}{\sqrt{\left(1-r_{13\cdot2}^2\right)\left(1-r_{43\cdot2}^2\ \right)}}, \tag{6-11}$$

$$r_{23\cdot14}=\frac{r_{23\cdot1}-r_{24\cdot1}r_{34\cdot1}}{\sqrt{\left(1-r_{24\cdot1}^2\right)\left(1-r_{34\cdot1}^2\ \right)}}, \tag{6-12}$$

$$r_{24\cdot13}=\frac{r_{24\cdot1}-r_{23\cdot1}r_{43\cdot1}}{\sqrt{\left(1-r_{23\cdot1}^2\right)\left(1-r_{43\cdot1}^2\ \right)}}, \tag{6-13}$$

$$r_{34\cdot12}=\frac{r_{34\cdot1}-r_{32\cdot1}r_{42\cdot1}}{\sqrt{\left(1-r_{32\cdot1}^2\right)\left(1-r_{42\cdot1}^2\ \right)}}. \tag{6-14}$$

在上述公式中，$r_{12\cdot34}$ 表示当 x_3 和 x_4 保持不变时，x_1 和 x_2 的偏相关系数，其余式（6−10）至式（6−14）依此类推.

当所考虑的要素多于 4 个时，则可以依次考虑计算 3 级甚至更多级偏相关系数. 假如，对于某 4 个致病因子 X_1、X_2、X_3、X_4 的 23 个样本数据，经过计算得到了如下的单相关系数矩阵：

$$\boldsymbol{R}=\begin{bmatrix} r_{11} & r_{12} & r_{13} & r_{14} \\ r_{21} & r_{22} & r_{23} & r_{24} \\ r_{31} & r_{32} & r_{33} & r_{34} \\ r_{41} & r_{42} & r_{43} & r_{44} \end{bmatrix}=\begin{bmatrix} 1 & 0.416 & 0.346 & 0.579 \\ 0.416 & 1 & -0.592 & 0.950 \\ -0.346 & -0.592 & 1 & -0.469 \\ 0.579 & 0.950 & -0.469 & 1 \end{bmatrix}.$$

为了说明偏相关系数的计算方法，现以单相关系数为例，来计算一级和二级偏相关系数. 为了计算二级偏相关系数，需要先计算一级偏相关系数，由公式可求得

$$r_{12\cdot 3}=\frac{r_{12}-r_{13}r_{23}}{\sqrt{\left(1-r_{13}^2\right)\left(1-r_{23}^2\right)}}=\frac{0.416-0.346\times(-0.592)}{\sqrt{\left(1-0.346^2\right)\times\left(1-0.592^2\right)}}=0.821.$$

同理，依次可以计算出其他各一级偏相关系数，见表 6－5.

表 6－5　一级偏相关系数

$r_{12\cdot 3}$	$r_{13\cdot 2}$	$r_{14\cdot 2}$	$r_{14\cdot 3}$	$r_{23\cdot 1}$	$r_{24\cdot 1}$	$r_{24\cdot 3}$	$r_{34\cdot 1}$	$r_{34\cdot 2}$
0.821	0.808	0.647	0.895	－0.863	0.956	0.945	－0.875	0.371

在一级偏相关系数求出以后，便可代入公式计算二级偏相关系数，由公式计算可得

$$r_{12\cdot 34}=\frac{r_{12\cdot 3}-r_{14\cdot 3}r_{24\cdot 3}}{\sqrt{\left(1-r_{14\cdot 3}^2\right)\left(1-r_{24\cdot 3}^2\right)}}=\frac{0.821-0.895\times 0.945}{\sqrt{\left(1-0.895^2\right)\times\left(1-0.945^2\right)}}=-0.170.$$

同理，依次可计算出其他各二级偏相关系数，见表 6－6.

表 6－6　二级偏相关系数

$r_{12\cdot 3}$	$r_{13\cdot 24}$	$r_{14\cdot 23}$	$r_{23\cdot 14}$	$r_{24\cdot 13}$	$r_{34\cdot 12}$
－0.170	0.802	0.635	－0.187	0.821	－0.337

容易看出，偏相关系数具有下述性质：

（1）偏相关系数分布的范围在 －1 到 1 之间，譬如，固定 X_3，则 X_1 与 X_2 间的偏相关系数满足 $-1\leqslant r_{12\cdot 3}\leqslant 1$. 当 $r_{12\cdot 3}$ 为正值时，表示在 X_3 固定时，X_1 与 X_2 之间为正相关；当 $r_{12\cdot 3}$ 为负值时，表示在 X_3 固定时，X_1 与 X_2 之间为负相关.

（2）偏相关系数的绝对值越大，表示其偏相关程度越大. 例如，$|r_{12\cdot 3}|=1$，则表示当 X_3 固定时，X_1 与 X_2 之间完全相关；当 $|r_{12\cdot 3}|=0$ 时，表示当 X_3 固定时，X_1 与 X_2 之间完全无关.

（3）偏相关系数的绝对值必小于或最多等于由同一系列资料所求得的复相关系数，即 $R_{1\cdot 23}\geqslant |r_{12\cdot 3}|$.

（二）偏相关系数的显著性检验

偏相关系数的显著性检验，一般采用 t 检验法. 其统计量计算公式为

$$t=\frac{r_{12\cdot34\cdots m}}{\sqrt{1-r_{12\cdot34\cdots m}^{2}}}\sqrt{n-m-1}. \tag{6-15}$$

在上述公式中，$r_{12\cdot34\cdots m}$为偏相关系数，n为样本数，m为自变量个数.

对于前述计算得到的偏相关系数$r_{24\cdot13}$=0.821，由于n=23，m=3，故

$$t=\frac{0.821}{\sqrt{1-0.821^2}}\times\sqrt{23-3-1}=6.268$$

查t分布表可得出不同显著水平上的临界值t_a，若$t>t_a$，则表示偏相关显著，反之，$t<t_a$，则偏相关不显著. 在自由度为 23 – 3 – 1=19 时，查表得$t_{0.001}$=3.883，所以$t>t_a$，这表明在置信度水平a=0.001 上，偏相关系数$r_{24\cdot13}$是显著的.

三、复相关系数的计算与检验

严格来说，以上的分析都是揭示两个要素（变量）间的相关关系，或者是在其他要素（变量）固定的情况下来研究两要素间的相关关系的. 但实际上，一个要素的变化往往受多种要素的综合作用和影响，而单相关或偏相关分析的方法都不能反映各要素的综合影响. 要解决这一问题，就必须采用研究几个要素同时与某一个要素之间的相关关系的复相关分析法. 几个要素与某一个要素之间的复相关程度，可用复相关系数来测定.

（一）复相关系数的计算

复相关系数，可以利用单相关系数和偏相关系数求得.

设Y为因变量，X_1，X_2，…，X_k为自变量，则将Y与X_1，X_2，…，X_k之间的复相关系数记为$R_{y\cdot12\cdots k}$. 其计算公式如下：

当有 2 个自变量时，

$$R_{y\cdot12}=\sqrt{1-\left(1-r_{y_1}^2\right)\left(1-r_{y_{2\cdot1}}^2\right)}. \tag{6-16}$$

当有 3 个自变量时，

$$R_{y\cdot123}=\sqrt{1-\left(1-r_{y_1}^2\right)\left(1-r_{y_{2\cdot1}}^2\right)\left(1-r_{y_{3\cdot12}}^2\right)}. \tag{6-17}$$

一般地，当有k个自变量时，

$$R_{y\cdot12-k}=\sqrt{1-\left(1-r_{y_1}^2\right)\left(1-r_{y_{2\cdot1}}^2\right)\cdots\left[1-r_{y_{k\cdot12\cdots(k-1)}}^2\right]}. \tag{6-18}$$

以上述公式所描述的 4 个致病因素之间的相互关系为例，若以X_4为因变量，X_1、X_2、X_3为自变量，则可以按下式计算X_4与X_1、X_2、X_3之间的复相关系数：

$$\begin{aligned}R_{4\cdot123}&=\sqrt{1-\left(1-r_{41}^2\right)\left(1-r_{42\cdot1}^2\right)\left(1-r_{43\cdot12}^2\right)}\\&=\sqrt{1-\left(1-0.579^2\right)\times\left(1-0.956^2\right)\times\left[1-\left(-0.337\right)^2\right]}=0.974.\end{aligned} \tag{6-19}$$

关于复相关系数的性质，可以概括为如下几点：

（1）复相关系数介于 0 到 1 之间，即

$$0\leqslant R_{y\cdot12\cdots k}\leqslant1$$

（2）复相关系数越大，则表明要素（变量）之间的相关程度越密切. 复相关系数为1，表示完全相关；复相关系数为0，表示完全无关.

（3）复相关系数必大于或至少等于单相关系数的绝对值.

（二）复相关系数的显著性检验

对复相关系数的显著性检验，一般采用 F 检验法. 其统计量计算公式为

$$F=\frac{R_{y\cdot 12\cdots k}^2}{1-R_{y\cdot 12\cdots k}^2}\times\frac{n-k-1}{k}.$$

在上述公式中，n 为样本数，k 为自变量个数. 对于前述计算得出的复相关系数 $R_{4\cdot 123}$=0.974，由于 n=23，k=3，故

$$F=\frac{0.974}{1-0.974^2}\times\frac{23-3-1}{3}=120.1907.$$

查 F 检验的临界值表（见本书附表五），可以得出不同显著水平上的临界值 F_a，若 $F>F_{0.01}$，则表示复相关在置信度水平 a=0.01 上显著，称为极显著；若 $F_{0.05}<F\leqslant F_{0.01}$，则表示复相关在置信度水平 a=0.05 上显著；若 $F<F_{0.05}$，则表示复相关不显著；若 $F<F_{0.05}$，则表示复相关不显著，即因变量 Y 与 K 个自变量之间的关系不密切. 在上例中，F=120.1907＞$F_{0.01}$=5.0103，故复相关达到了极显著水平.

练习题

1.已知大黄蜂在飞行时翅膀肌肉的温度将会升高，一位昆虫学家随机抽取20只大黄蜂作为样本，在飞行后，检测每只大黄蜂的胸部温度和腹部重量，测量结果见下表. 试估算这两个变量之间的线性相关系数.

序号	腹部重量/mg	胸部温度/℃	序号	腹部重量/mg	胸部温度/℃
1	101.6	37.0	11	135.2	38.8
2	240.4	39.7	12	210	41.9
3	180.9	40.5	13	240.6	39.0
4	390.2	42.6	14	145.7	39.0
5	360.3	42.0	15	168.3	38.1
6	120.8	39.1	16	192.8	40.2
7	180.5	40.2	17	305.2	43.1
8	330.7	37.8	18	378.5	39.9
9	395.4	43.1	19	165.9	39.6
10	194.1	40.2	20	303.1	40.8

2. 利用题 1 中得到的样本相关系数，求总体相关系数的 95%置信区间.

3. 研究鸟的体温和呼吸速率是否有线性关系，在不同的环境温度下，随机抽取 15 只鸟，对每只鸟的体温和每分钟的呼吸次数进行测量，结果见下表. 计算两个变量之间的相关系数并对其进行显著性检验.

序号	每分钟呼吸次数 次	体温 ℃	序号	每分钟呼吸次数 次	体温 ℃
1	33	39.6	9	60	39.7
2	50	40.1	10	28	39.3
3	75	41.7	11	74	41.8
4	13	39.0	12	39	39.6
5	68	41.9	13	76	40.2
6	115	42.8	14	30	39.1
7	52	40.3	15	58	39.4
8	33	39.0			

4. 假定某岛屿完全脱离大陆时刻为该岛屿年龄的起始时刻，为研究岛屿的年龄与生活在该岛屿上的蜥蜴种类数是否有线性关系，随机抽取 13 个岛屿，计算出每个岛屿的年龄及生活在该岛上的蜥蜴种类，结果见下表，计算岛屿年龄与蜥蜴种类数的相关系数，及其总体相关系数的置信区间.

序号	岛屿年龄/年	蜥蜴种类
1	9100	75
2	4500	55
3	13400	12
4	6500	53
5	11200	48
6	12000	26
7	5100	50
8	7400	55
9	10600	21
10	11800	48
11	1470	32
12	8800	25
13	10900	21

第七章　抽样调查

生物统计研究的目的是分析说明某一生物现象总体的数量特征. 如果搜集的资料是研究对象的全面调查资料，就可以直接计算总体的平均数、标准差等指标来表述总体的特征. 但是在实践中，由于种种因素的限制，往往不能或者没有必要对所有的研究对象进行全面调查. 例如，检测某一批次灯管的使用寿命，不会把该批次所有灯管都用来检测，而是通过抽样的方法，从该批次灯管中抽取部分灯管构成样本，通过对样本的研究来推断总体. 由此可见，抽样调查（sampling survey）就是采用科学的方法，从所研究的总体中抽取一定数量的个体构成样本，通过对样本的调查研究，进而对总体作出推断的方法.

第一节　抽样调查概述

一、抽样调查中的基本概念

1. 抽样调查的概念

抽样调查是按照一定的方式，从全体调查对象中抽取一定数量的个体进行调查，并根据所获得的数据估计总体参数.

2. 待估参数

抽样调查中要估计的总体参数有：（1）总体总和；（2）总体均值；（3）总体中具有某种特性的单元总数或它们在总体中所占的比例；（4）总体中两个不同指标的总和或均值的比率；（5）总体分位数.

3. 抽样框

当调查目的确定之后，所要研究的总体也就随之确定了. 总体也叫抽样调查的目标总体，确定了目标总体，也就确定了应该在什么方位内进行抽样，即确定了理论上的抽样范围. 但实际进行抽样的总体范围与目标总体有时是不一致的. 此外，抽样单位可以是各个总体单位，也可以是若干总体单位的集合. 例如，某省进行中学生视力健康状况调查，目标总体是全省所有的中学生，而抽样单位可以是该省的每个中学生，也可以是该省的每个中学. 所以，有了总体目标，还必须明确实际进行抽样的总体范围和抽样单位，这就需要编制一个抽样框. 抽样框是包括全部抽样单位的名单框架. 编制抽样框是实施抽样的基础. 抽样框的好坏通常会直接影响到抽样调查的随机性和调查的效果.

抽样框的主要形式有 3 种：（1）名单抽样框，即列出全部总体单位的名录一览表，例如，学生名单，学校名单等.（2）区域抽样框，即按地理位置将总体范围划分为若干个小区域，以小区域为抽样单位，例如，对农作物田间性状进行抽样调查，将一片土地划分为若干小地块并对所有小地块编号.（3）时间表抽样框，即将总体全部单位按时间顺序排序，把总体的时间过程分为若干个小的时间单位，以此时间单位为抽样单位. 例如，炼钢厂对流水线上 24 小时内生产的钢铁进行质量抽查时，以 10 分钟为一个抽样单位，可将全部产品分为 144 个抽样单位并按时间顺序排序.

4. 样本容量与样本个数

样本容量和样本个数是两个有联系但又完全不同的概念. 样本容量是指一个样本所包含的单位数，一个样本应该包含多少单位数合适，是抽样设计必须认真考虑的问题，必须结合调查任务的要求以及总体标志值的变异情况来考虑. 样本容量的大小不但关系到抽样调查的效果而且关系到抽样方法的应用.

样本个数又称为样本可能数目，是指从一个总体中可能抽取的样本个体数. 一个总体可能抽取多少个样本，和样本容量以及抽样方法等因素都有关系，是一个比较复杂的问题. 一个总体有多少个样本，则样本统计量就有多少种取值，从而形成该统计量的分布，而统计量的分布又是抽样推断的基础. 虽然在实践中只抽取个别或少数样本，但要判断所取样本的可能性必须联系到全部可能样本数目所形成的分布.

5. 概率抽样与非概率抽样

从总体中抽取样本的方法有概率抽样和非概率抽样两类. 概率抽样也叫随机抽样，是指按照随机原则抽取样本. 所谓随机原则就是排除主观意愿的干扰，使总体的每个单位都有相同的概率被抽选为样本单位，每个总体单位能否入样是随机的. 概率抽样最基本的组织方式有：简单随机抽样、分层抽样、整体抽样、等距抽样等，将在本章第三节中详细介绍.

概率抽样能有效避免主观选择带来的倾向性误差，使得样本资料能够用于估计和推断总体的数量特征，而且使这种估计和推断得以建立在概率论和数理统计的科学基础之上，可以计算和控制抽样误差，能够保证估计结果的可靠程度. 正因为概率抽样具有以上特点，所以被广泛应用于科学研究中. 在不可能或者不必要进行全面调查时，常常进行概率抽样来推断总体. 为了弥补全面调查在登记性误差较大、间隔时间较长以及调查内容不够详细等方面的局限性，常常也利用概率抽样来修正或补充全面调查的结果.

非概率抽样也叫非随机抽样，是指从研究目的出发，根据调查者的经验或判断，从总体中有意识地抽取若干单位构成样本. 重点调查、典型调查、配额抽样、方便抽样等就属于非随机抽样. 在及时了解总体大致情况、总结经验教训、进行大规模调查前的试点等方面，非随机抽样具有随机抽样无法取代的优越性. 但由于非随机抽样的效果取决于调查者的经验、主观判断和专业知识，故难免掺杂调查者的主观偏见，出现因人而异的结果，且容易产生倾向性误差；此外，非随机抽样不能计算和控制其抽样误差，无法保证调查结果的可靠程度.

6. 重复抽样与不重复抽样

从总体中按照随机原则抽取样本，根据抽样的方式不同，可分为重复抽样和不重复抽样.

重复抽样又称为重置抽样或者放回抽样，它是指从总体中抽取样本时，随机抽取一个样本单位，记录好该被抽中的单位的有关标志表现后，把它放回到总体中去重新参加抽样，再从总体中随机抽取第二个样本单位，记录样本的有关标志表现后，又把它放回到总体中去，如此反复抽样，反复放回，直至抽到 n 个样本单位为止. 重复抽样中每次抽选时，总体待抽选的单位数是不变的，前面被抽到的单位在后面的抽选中还有可能被抽中，这样每次抽选的概率是相等的，n 次抽取相当于 n 次独立的试验.

从总体单位数 N 中，按照重复抽样方法抽取容量为 n 的样本，则样本可能数目为 n 个 N 相乘即 N^n. 例如，从 A、B、C、D 4 个单位构成的总体中抽取容量为 2 的样本，则样本可能数目为 AA、AB、AC、AD、BA、BB、BC、BD、CA、CB、CC、CD、DA、DB、DC、DD 共 16 种（即 4^2）.

不重复抽样又称为不重置抽样或非回置抽样，它是指从总体中抽取样本时，随机抽取一个样本单位，记录好该抽样中的单位的有关标志后，不再放回总体中，从剩余的总体中，抽取第二个单位，如此反复，直到抽足所需样本单位数为止. 在不重复抽样中每一次抽选各样本单位的概率是不同的，但可以验证各样本单位被抽中的概率是相等的.

从总体单位数 N 中，按照不重复抽样方法抽取容量为 n 的样本，则样本可能数目为 $N\cdot(N-1)\cdot(N-2)\cdot\cdots\cdot(N-n+1)$. 例如，上面的例子用不重复抽样法，则样本可能数目为 AB、AC、AD、BA、BC、BD、CA、CB、CD、DA、DB、DC 共 12 种（即 4×3）.

以上两种抽样方法会产生 3 个差别：抽样的样本数目不同、抽样误差的计算公式不同和抽样误差的大小不同.

7. 抽样误差

抽样误差是指由于随机抽样的偶然因素使样本不足以代表总体而引起的样本指标与被估计的相应总体指标的离差. 具体地说，抽样误差就是指样本平均数 $\bar{x}$ 与总体平均数 $\bar{X}$ 的离差，即 $\bar{x}-\bar{X}$. 实际上一个样本与总体的抽样误差是无法计算的，因为总体平均数 $\bar{X}$ 是个无法得知的未知数，所以实际的抽样误差是无从求得的.

抽样误差不同于登记性误差. 登记性误差是指在调查过程中由于观察、测量、登记、计算上的差错所引起的误差，登记性误差是所有统计调查都有可能发生的，而抽样误差不是由于调查失误所引起的，它是指随机抽样所特有的误差. 由于违反抽样调查的随机原则，有意识地抽选较好或较差的单位进行调查，由此引起的样本代表性误差称为系统误差，它不是抽样误差. 系统误差和登记性误差都属于人为因素和技术问题造成的，可以防止或避免，而抽样误差则是由随机抽样引起且不可避免的误差，只能加以控制.

1）实际抽样误差

实际抽样误差是指每一个样本指标与总体被估计的真实指标之间的离差. 它是一种随机性误差，若样本的随机性变化表现为随机变量，有多少种可能的样本就有多少种可能的实际抽样误差. 因此，在抽样推断中要结合所有可能的样本来研究所有可能的实际抽样误差. 但在现实抽样推断中，由于只抽取一个样本进行调查，因而估计量的实际误差是不可能得到的，只能通过数理关系推断出可能的误差范围，这一可能的误差范围是以抽样平均误差为基础的，所以必须研究抽样平均误差.

2）抽样平均误差

抽样平均误差是指抽样平均数的标准差，它反映了样本平均数与总体平均数的一般离差. 按照标准差的一般意义，抽样平均数的标准差是按抽样平均数与其平均数的离差平方和计算的，但由于样本平均数的数学期望等于总体平均数，因此，抽样指标标准差就恰好反映了抽样指标均值和总体指标均值的离差程度.

3）抽样极限误差

以样本的抽样指标来估计总体指标，要达到完全准确毫无误差，这几乎是不可能的事情，所以在估计总体指标的同时就必须考虑估计误差的大小. 误差越大样本的价值就越小，但也不是误差越小越好，因为减少抽样误差势必会增加很多调查，会带来更多的调查所需的各方面的投入与费用. 一般来说，在做抽样估计时，应该根据所研究对象的变异程度以及分析任务和要求确定可以允许的误差范围，在这个范围以内的数字都是有效的，把这种可允许的误差范围称为抽样极限误差，也叫作允许误差或容许误差. 它是样本指标可允许变动的上限或下限与总体指标之差的绝对值.

二、抽样分布

1. 抽样分布的概念

每个随机变量都有其概率分布. 样本指标即样本统计量是一种随机变量，它有若干个可能取值（即可能样本指标数值），每个可能取值都有一定的可能性（即概率）. 从而形成它的概率分布，统计上称为抽样分布. 简言之，抽样分布就是指样本统计量的概率分布. 样本统计量是由 n 个随机变量构成的样本的函数，因此抽样分布隶属于随机变量函数的分布.

例如，总体有 N 个单位 i，从中随机重复抽取 n 个单位进行调查，可能抽取得到 N^n 个样本，从而可得到 N^n 个不尽相同的样本平均数. 经整理，将样本平均数的全部可能取值及其出现的概率依次排列，就得到样本平均数的概率分布，即平均数的抽样分布. 同理，可得到样本比例的概率分布（即比例的抽样分布）和样本标准差的概率分布（标准差的抽样分布）. 对于抽样分布，同样可以计算其均值和方差（或标准差）等数字特征来反映该分布的中心和离散趋势.

2. 样本平均数的抽样分布

1）总体方差 σ^2 已知时，求样本平均数 $\bar{x}$ 的抽样分布

设总体 $X \sim N(\mu,\delta^2)$，$(x_1,x_2,\cdots,x_n)$ 是其一个简单随机样本，则样本平均数 $\bar{x} \sim N\left(\mu,\delta^2/n\right)$，$E(\bar{x})=\mu$，$V(\bar{x})=\delta^2/n$.

实际上，只要总体平均数 μ 和方差 δ^2 有限（这个条件通常能被满足），当样本容量 n 充分大时，无论总体分布形式如何，样本平均数 $\bar{x}$ 近似服从正态分布 $N\left(\mu,\delta^2/n\right)$. 样本平均数总是以总体平均数为分布中心的，而且样本容量 n 越大，样本平均数的离散程度就越小，样本平均数与总体平均数之差即抽样误差也就越小. 根据抽样平均误差的定义，可知平均数的抽样平均误差的计算公式为（7−1）：

$$\delta(\overline{x})=\sqrt{V(\overline{x})}=\sqrt{\frac{\delta^2}{n}}=\frac{\delta}{\sqrt{n}}. \tag{7-1}$$

该公式中δ是总体标准差. 但实际计算时，所研究总体的标准差通常是未知的，可用以前的总体标准差代替；在大样本情况下，通常用样本标准差S代替. 从该公式可知，影响抽样平均误差的因素主要是总体方差或标准差（即总体中各单位变量值的差异程度）和样本容量. 此外，抽样方法及抽样组织方式也会影响抽样平均误差的大小.

2）总体方差δ^2未知时，求样本平均数$\overline{x}$的抽样分布

当总体方差δ^2未知时，用样本方差S^2代替总体方差δ^2，或用样本标准差S代替总体标准差δ，那么设总体$X\sim N(\mu,\delta^2)$，$(x_1,x_2,\cdots,x_n)$是其一个简单随机样本，则样本平均数为$\overline{x}$，样本标准差为S，则统计量为

$$t=\frac{\overline{x}-\mu}{S/\sqrt{n}}\sim t(n-1).$$

其中，样本标准差的定义为

$$S=\sqrt{\frac{\sum(x-\overline{x})^2}{n-1}}.$$

大样本时（$n\geqslant 30$），可以用样本标准差S代替总体标准差δ，此时样本均值$\overline{x}$近似服从正态分布N（μ，S^2/r）.

3. 样本比例的分布

比例是一个常用的统计指标，总体中具有某种特征的单位占全部单位的比例称作总体比例，记为P；样本中具有此特征的单位占全部样本单位的比例称作样本比例，记为p.

当从总体中抽出一个容量为n的样本时，样本中具有某种特征的单位数x服从二项分布，即有$x\sim B(n,p)$. 且有$E(X)=nP$，$V(X)=nP(1-P)$. 因而

$$E(p)=E\left(\frac{X}{n}\right)=\frac{1}{n}E(X)=P,$$

$$V(p)=V\left(\frac{X}{n}\right)=\frac{1}{n^2}V(X)=\frac{1}{n}P(1-P).$$

根据中心极限定理，当$n\to\infty$，二项分布趋近于正态分布，所以在大样本下，若$np\geqslant 5$且$n(1-p)\geqslant 5$时，样本比例的均值近似服从正态分布

$$p\sim N\left(p,\frac{1}{n}p(1-p)\right).$$

那么，比例的平均误差为

$$\delta(p)=\sqrt{V(p)}=\sqrt{\frac{p(1-p)}{n}}.$$

4. 不重复抽样的修正系数

前面所讲的抽样分布和抽样平均误差的计算公式，都是就重复抽样而言的. 采用不重复抽样时，平均数和比例的抽样平均误差应为

$$\delta(\bar{x})=\sqrt{\frac{\delta^2}{n}\left(\frac{N-n}{N-1}\right)}\approx\sqrt{\frac{\delta^2}{n}\left(1-\frac{n}{N}\right)},$$

$$\delta(p)=\sqrt{\frac{p(1-p)}{n}\left(\frac{N-n}{N-1}\right)}\approx\sqrt{\frac{p(1-p)}{n}\left(1-\frac{n}{N}\right)}.$$

可见，不重复抽样的抽样平均误差公式比重复抽样的相应公式多了一个系数 $\sqrt{\left(\frac{N-n}{N-1}\right)}$，这个系数称为不重复抽样的修正系数. 当$N$很大时，$\sqrt{\left(\frac{N-n}{N-1}\right)}\approx\sqrt{\left(1-\frac{n}{N}\right)}$. 由于这个系数总是大于 0 小于 1 的，所以在其他条件相同的情况下，不重复抽样的抽样误差总是小于重复抽样的抽样误差. 但当N很大而n相对较小时(即抽样比例n/N很小)，该系数接近于 1，二者相差甚微. 因此，从无限总体中抽样时，无论采取重复还是不重复抽样方法，都可用重复抽样的抽样平均误差公式来度量抽样误差；对于有限总体，实际中当抽样比例很小时（一般小于 5%)，不重复抽样的抽样误差也常常采用重复抽样的公式来计算.

第二节　抽样估计的基本方法

抽样估计就是根据样本提供的信息对总体的某些特征进行估计或推断. 用来估计总体特征的样本指标也叫估计量或统计量，待估计的总体指标也叫总体参数，所以对总体数字特征的抽样估计也叫参数估计. 参数估计可分为点估计和区间估计两类.

一、点估计

点估计也叫定值估计，是直接以一个样本估计量$\hat{\theta}$来估计总体参数θ. 当已知一个样本的观察值时，便可得到总体参数的一个估计值. 点估计常用的方法有两种：矩估计法和极大似然估计法.

1. 矩估计法

矩估计的基本思想是：由于样本来源于总体，样本矩在一定程度上反映了总体矩，而且由大数定律可知，样本矩依概率收敛于总体矩. 因此，只要总体X的K阶原点矩存在，就可以用样本矩作为相应总体矩的估计量，用样本矩的函数作为总体矩的函数的估计量.

由于一阶原点矩就是均值，二阶中心矩就是方差，所以按矩估计法，样本均值$\bar{x}$是总体均值μ的点估计量，样本方差S^2是总体方差δ^2的点估计量，样本比例p是总体比例p的点估计量，即有

$$\hat{\mu}=\bar{x}=\frac{1}{n}\sum_{i=1}^{n}x_i,$$

$$\hat{\delta}^2=S^2=\frac{1}{n}\sum_{i=1}^{n}(x_i-\bar{x})^2,\quad \hat{\delta}=S=\sqrt{\frac{1}{n}\sum_{i-1}^{n}(x_i-\bar{x})^2},$$

$$\hat{p}=p=\frac{m}{n}$$（m 为样本中具有某种属性的单位数）.

例如，已知 x 服从分布 $p(x,\theta)=\begin{cases}(\theta+1)x^{\theta}, & 0<x\leqslant 1\\ 0, & x>1\text{或}x\leqslant C\end{cases}$，随机观察 x 得到以下观察值：0.3，0.3，0.7，0.7，0.6，0.6，0.8.

由 $E(x)=\int_{\infty}^{+\infty}xp(x)=\int_{\infty}^{+\infty}(\theta+1)x^{\theta+1}=\frac{\theta+1}{\theta+2}x^{(\theta+2)}\Big|_0^1=\frac{\theta+1}{\theta+2}$，得

$$E(\bar{x})=\frac{\theta+1}{\theta+2}=0.586,$$

$$\hat{\theta}=0.414.$$

矩估计法简单、直观，所以得到了广泛应用. 但矩估计法也有其局限性：它要求总体的 k 阶原点矩存在，否则无法估计.

2. 极大似然估计法

设总体分布的函数形式已知，但有未知参数 θ，θ 可以取很多值. 极大似然估计法的基本思想是：在 θ 的一切可能取值中选一个使样本观察值出现的概率为最大的 θ 值作为 θ 的估计值，记作 $\hat{\theta}$，并称为 θ 的极大似然估计值. 这种求估计量的方法称为极大似然估计法.

设总体的概率密度函数为 $p(x,\theta)$，其中 θ 为待估计参数. 对于从总体 X 中取得的样本观察值 $x_1,x_2,\cdots,x_n$，其联合密度函数为 $\prod_{i=1}^{n}p(x_i,\theta)$，它是参数 θ 的函数，称之为 θ 的似然函数，记为

$$L(\theta)=\prod_{i=1}^{n}p(x_i,\theta).$$

极大似然估计法就是寻求使得似然函数达到极大的作为该参数的估计量，即 $\hat{\theta}$ 使得观测得到本次观测值的概率最大，并称为参数的极大似然估计（maximum likelihood estimate，MLE）.

求 $\hat{\theta}$ 使得 $L(\hat{\theta})$ 取得极大值时，首先对函数取对数得

$$\ln\left[L(\theta)\right]=\ln\left[\prod_{i=1}^{n}p(x_i,\theta)\right]=\sum_{i=1}^{n}\ln\left[p(x_i,\theta)\right],$$

然后求 $\ln\left[L(\theta)\right]$ 对 θ 的偏导数，使得

$$\frac{\partial\ln\left[L(\theta)\right]}{\partial\theta}=0.$$

将公式带入前一个例子中得

$$L(\theta)=\prod_{i=1}^{n}p(x_i,\theta)=\prod_{i=1}^{n}(\theta+1)x^{\theta},$$

$$\ln\left[L(\theta)\right]=\sum_{i=1}^{n}\ln\left[p(x_i,\theta)\right]=n\ln(\theta+1)+\sum_{i=1}^{n}\theta\ln x_i\ ,$$

$$\frac{\partial\ln\left[L(\theta)\right]}{\partial\theta}=\frac{n}{\theta+1}+\sum_{i=1}^{n}\ln x_i=0\ ,$$

解之得

$$\theta=0.716.$$

由以上例子可以看出，通过不同的估计方法对同一参数进行估计，可能得到不同的估计值，孰优孰劣可以通过无偏性、有效性、一致性等方面进行评估.

3. 估计量优劣的标准

要估计总体某一指标，并非只能用一个样本指标，而可能有多个样本指标可供选择，即对于同一总体参数可能会有不同的估计量，究竟其中哪个估计量是总体参数的最优估计量？评价估计量的优劣常用下列 3 个标准.

1）无偏性

无偏性是指样本估计量的均值应等于被估计总体参数的真值，即 $E(\hat{\theta})=\theta$. 换句话说，对于不同的样本有不同的估计值，虽然从一个样本来看，估计值与总体真实值之间有可能有误差，但从所有可能样本来看，估计值的均值等于总体参数的真实值，即平均来说，估计是无偏的.

2）有效性

有效性是指作为优良的估计量，除了满足无偏性之外，其方差比较小. 这样才能保证估计量的取值能集中在被估计的总体参数的附近，对总体参数的估计和推断更可靠. 设 θ_1 、θ_2 都是参数 θ 的无偏估计量，若 $V(\theta_1)\leqslant V(\theta_2)$，则称 θ_1 是较 θ_2 有效的估计量.

3）一致性

一致性也称为相合性，是指当 $n\to\infty$ 时，估计量依概率收敛于总体参数的真值，即随着样本容量 n 的增大，一个好的估计量将在概率意义上愈来愈接近于总体的真实值. 设 $\hat{\theta}$ 是参数 θ 的估计量，对于任意的 $\varepsilon>0$，当 $n\to\infty$ 时有 $\lim p\left\{\left|\hat{\theta}-\theta\right|<\varepsilon\right\}=1$，则称 $\hat{\theta}$ 是参数 θ 的一致估计量.

点估计的优点是简单、具体明确. 但由于样本的随机性，从一个样本得到的估计量往往不会恰好等于实际值，总有一定的抽样误差. 而点估计本身无法说明误差的大小，也无法说明估计结果有多大的把握程度.

二、区间估计

区间估计就是根据样本估计量以一定可靠程度推断总体参数所在的区间范围. 这种估计方法不仅以样本估计量为依据，而且考虑了估计量的分布，所以它能给出估计精度，也能说明估计结果的把握程度.

设总体参数为 θ ，θ_L 、θ_u 为由样本确定的两个统计量，对于给定的 $\alpha(0<\alpha<1)$，有

$$P(\theta_L\leqslant\theta\leqslant\theta_u)=1-\alpha\ ,$$

则称(θ_L,θ_u)为参数θ的置信区间. 该区间的两个端点θ_L、θ_u分别称为置信下限和置信上限，通称为置信限. α为显著性水平，$1-\alpha$则称为置信度.

置信度$1-\alpha$表示区间估计的可靠程度或把握程度，也即所估计的区间包含总体真值的可能性. 置信度为$1-\alpha$的置信区间也就表示以$1-\alpha$的可能性（概率）包含了未知总体参数的区间. 置信区间的直观意义为：若做多次同样的抽样，将得到多个总体参数的估计，那么其中该参数有$(1-\alpha)\times 100\%$的概率落在该区间内，反之有$\alpha\times 100\%$的概率不落在该区间内.

1. 总体均值的区间估计

1）总体方差已知时，正态总体均值的区间估计

由中心极限定理可知，当样本容量足够大时，无论总体服从何种分布，$\bar{x}$近似服从正态分布. 此时若给定置信度为$1-\alpha$，可由标准正态分布表查得临界值$Z_{\alpha/2}$，使得$(\bar{x}-\mu)/\left(\delta/\sqrt{n}\right)=(\bar{x}-\mu)/\delta(\bar{x})$在区间$(-Z_{\alpha/2},Z_{\alpha/2})$的概率为$1-\alpha$，也即

$$P\left\{\frac{|\bar{x}-\mu|}{\delta(\bar{x})}\leqslant Z_{\alpha/2}\right\}=1-\alpha,$$

即

$$P\{\bar{x}-Z_{\alpha/2}\delta(\bar{x})\leqslant\mu\leqslant\bar{x}+Z_{\alpha/2}\delta(\bar{x})\}=1-\alpha.$$

给定置信度$1-\alpha$，则总体均值的置信区间为

$$|\bar{x}-\mu|\leqslant Z_{\alpha/2}\delta(\bar{x}),$$

即

$$\bar{x}-Z_{\alpha/2}\delta(\bar{x})\leqslant\mu\leqslant\bar{x}+Z_{\alpha/2}\delta(\bar{x}).$$

抽样的极限误差$\Delta_{\bar{x}}$可按下面的公式来确定：

$$\Delta_{\bar{x}}=Z_{\alpha/2}\delta(\bar{x})=Z_{\alpha/2}.$$

2）总体方差未知时，正态总体均值的区间估计（小样本）

小样本条件下$(n\leqslant 30)$，如果总体是正态分布的，总体标准差未知而需要用样本标准差S来代替，此时$\bar{x}$不服从正态分布，须采用 t 分布进行估计. 此时，随机变量$t=\dfrac{\bar{x}-\mu}{S/\sqrt{n}}\sim t(n-1)$. 给定置信度$1-\alpha$，可查$t$分布表确定临界值$t_{\alpha/2}(n-1)$，使$t$的取值在$(-t_{\alpha/2}(n-1),t_{\alpha/2}(n-1))$的概率等于$1-\alpha$，即

$$P\left\{\frac{|\bar{x}-\mu|}{S/\sqrt{n}}\leqslant t_{\alpha/2}(n-1)\right\}=1-\alpha,$$

也即

$$P\left\{\bar{x}-t_{\alpha/2}\frac{S}{\sqrt{n}}\leqslant\mu\leqslant\bar{x}+t_{\alpha/2}\frac{S}{\sqrt{n}}\right\}=1-\alpha.$$

由此可得，总体均值的置信度为$1-\alpha$的置信区间

$$\bar{x}-t_{\alpha/2}\frac{S}{\sqrt{n}}\leqslant\mu\leqslant\bar{x}+t_{\alpha/2}\frac{S}{\sqrt{n}}.$$

给定概率$1-\alpha$，抽样极限误差为

$$\varDelta_{\bar{x}}=t_{\alpha/2}\frac{S}{\sqrt{n}}.$$

综上所述，无论总体方差是否已知，总体均值的置信度为$1-\alpha$的置信区间都可表示为

$$\bar{x}-\varDelta_{\bar{x}}\leqslant\mu\leqslant\bar{x}+\varDelta_{\bar{x}}.$$

在对总体平均数进行区间估计的基础上，可进一步推断相应的总量指标，即用总体单位总数N分别乘以总体平均数的区间下限和区间上限，便得到相应总量(N,μ)的区间范围，即

$$N(\bar{x}-\varDelta_{\bar{x}})\leqslant(N,\mu)\leqslant N(\bar{x}+\varDelta_{\bar{x}}).$$

2. 总体比率的区间估计

在大样本下，样本比率的分布趋近于均值为总体比率p、方差为$p(1-p)$的正态分布，$\dfrac{p-P}{\sqrt{p(1-p)/n}}$服从标准正态分布. 因此，给定置信度$1-\alpha$，查正态分布表得$Z_{\alpha/2}$，样本比例的抽样极限误差为

$$\Delta P=Z_{\alpha/2}\delta(p).$$

所以，总体比率的置信度为$1-\alpha$的置信区间为

$$p-\varDelta_p\leqslant p\leqslant p+\varDelta_p.$$

与总体比率相应的总量指标，即总体中某一部分单位总数Np的置信区间为

$$N(p-\varDelta_p)\leqslant Np\leqslant N(P+\varDelta_P).$$

3. 总体方差的区间估计

大样本情况下，样本标准差S的分布近似服从正态分布$N\left(\delta,\delta/\sqrt{2n}\right)$，所以，总体标准差$\alpha$的置信度为$1-\alpha$的置信区间近似为

$$\left(S-Z_{\alpha/2}/\sqrt{2n},S+Z_{\alpha/2}/\sqrt{2n}\right).$$

小样本情况下，若总体呈正态分布而其均值和方差未知，则样本方差S^2服从自由度为$n-1$的χ^2分布，总体方差δ^2的置信区间可由下面公式的统计量的分布来确定.

$$\frac{(n-1)S^2}{\delta^2}\sim\chi^2(n-1).$$

对给定的α，查χ^2分布表确定两个临界值$\chi^2_{1-\alpha/2}(n-1)$和$\chi^2_{\alpha/2}(n-1)$，使

$$P\left\{\chi^2_{1-\alpha/2}(n-1)<\frac{(n-1)S^2}{\delta^2}<\chi^2_{\alpha/2}(n-1)\right\}=1-\alpha.$$

因此总体方差δ^2的置信度为$1-\alpha$的置信区间为

$$\left(\frac{(n-1)S^2}{\chi^2_{\frac{\alpha}{2}}(n-1)},\frac{(n-1)S^2}{\chi^2_{1-\frac{\alpha}{2}}(n-1)}\right).$$

三、抽样容量的确定

样本容量是指样本中含有的单位数. 一般把抽样数目大于30的样本称为大样本，而把抽样数目小于30的样本称为小样本. 抽样数目的多少，与抽样误差及调查费用都有直接的相关. 如果抽样数目过大，虽然抽样误差很小，但调查工作量增大，耗费的时间精力和经费太多，体现不出抽样调查的优越性；反之，如果抽样数目太少，虽然耗费少，但抽样误差太大，抽样推断就会失去价值. 因此，抽样设计中的一个重要内容就是要确定必要的抽样数目.

所谓必要的抽样数目，也就是指为了使抽样误差不超过给定的允许范围至少应抽取的样本单位数目. 因此，可根据抽样极限误差与抽样数目的关系来确定必要的抽样数目.

若规定在一定概率保证程度下允许误差为$\Delta_{\bar{x}}$，则可得出确定必要的抽样数目的计算公式为

$$n=\frac{Z^2{}_{\alpha/2}\delta^2}{\Delta_{\bar{x}}{}^2}.$$

若采用不重复抽样，那么必要的抽样数目为

$$n=\frac{NZ^2{}_{\alpha/2}\delta^2}{N\Delta_{\bar{x}}{}^2+Z^2{}_{\alpha/2}\delta^2}=\frac{Z^2{}_{\alpha/2}\delta^2}{\Delta^2_{\bar{x}}+\frac{Z^2{}_{\alpha/2}\delta^2}{N}}.$$

同样，根据比例的极限误差公式也可以计算出为满足比例的误差要求所必要的抽样数目. 只需要将上述公式中$\Delta_{\bar{x}}$换成Δ_p，δ^2换成$P(1-P)$即可.

从上述公式可见，必要的抽样数目受以下因素影响：

（1）总体方差δ^2（或总体标准差δ）. 其他条件不变的前提下，总体单位的差异程度大，则应多抽样，反之可少抽一些. 在抽样之前，既不知道总体方差的实际值，也无样本资料来代替，怎样估计总体方差呢？通常是用以前同类调查的资料代替. 若有多个方差数值供参考时，应选其中最大的方差.

（2）允许误差范围$\Delta_{\bar{x}}$或Δ_p. 允许误差增大，意味着推断的精度要求降低，在其他条件不变的情况下，必要的抽样数目可减少；反之，缩小允许误差，就要增加必要的抽样数目.

（3）置信度$1-\alpha$. 因$1-\alpha$与$Z_{\alpha/2}$是同方向变化的，所以在其他条件不变的情况下，要提高推断的置信程度，就必须增加抽样数目.

（4）抽样方法. 相同条件下，采用重复抽样应比不重复抽样多抽一些样本单位. 不过，总体单位数N很大时，二者差异很小. 所以为简便起见，实际中当总体单位数很大

时，一般都按照重复抽样公式计算必要的抽样数目.

（5）抽样组织方式. 由于不同抽样组织方式有不同的抽样误差，所以，在误差要求相同的条件下，不同抽样组织方式所必需的抽样数目也不相同.

第三节　抽样调查的基本方法

从总体中抽出样本的方法有很多种，但根据抽样的组织形式把常用的方法划分为以下几种：

一、随机抽样法

随机抽样（random sampling）要求在进行抽样过程中，应该使总体内所有个体均有相等机会被抽取，也就是说，都具有相等的被抽取的概率，因此随机抽样又称为概率抽样. 由于抽样的随机性，可以正确地估计试验误差，从而推断出科学合理的结论. 随机抽样可分为以下几种方法：简单随机抽样、分层随机抽样、整体抽样和双重抽样.

1. 简单随机抽样

简单随机抽样（simple random sampling）又称为纯随机抽样，是从总体中不加任何分组、划类、排队等，完全随机地抽取调查单位. 特点是：每个样本单位被抽取的概率相等，样本的每个单位完全独立，彼此之间没有关联性或排斥性. 简单随机抽样是其他各种抽样形式的基础. 简单随机抽样适用于个体间差异较小，所需抽取的样本单位数较小的情况. 对于那些具有某种趋向或差异明显和点片式差异的总体不宜使用.

从总体中按照简单随机抽样方法抽出样本，有许多种方法，最基本的方法是抽签法和随机数表法. 在使用这两种抽样方法时，应先确定总体范围，并对总体的每个单位进行编号，形成明确的抽样框，然后通过抽签或随机数表来抽选样本单位.

抽签法适用于单位数较少的总体. 首先将总体单位编号，通常对总体中的每个单位按照自然数的顺序编为 1，2，3，…，N，另外制定 N 个与总体各单位相对应的号签，然后将全部号签充分摇匀，采用重复抽样或不重复抽样方法，从中随机抽取 n 个号签与之对应的总体单位，即为抽中的样本单位组成的样本.

对于总体单位数目特别大，使用抽签法的工作量相当大时，通常利用随机数表来确定样本单位. 随机数表是用计算机、随机数字机等方法编制的. 根据不同的需要，可灵活确定随机数的起始位置，按行、按列或划某一随机线取得随机数字，利用取得的随机数字对应编号的单位组成样本.

2. 分层随机抽样

分层随机抽样（stratified random sampling）又称为类型随机抽样或分类随机抽样，它是先将所要调查的总体按照某一标志分成若干个类型的组，使各组内标志比较接近，不同组之间标志有明显的差异，然后再从各个组中采取简单随机抽样的方法抽取样本单位. 特点是：由于通过划类分层，增大了各类型中单位间的共同性，容易抽出具有代表性的调查样本. 该方法适用于总体情况复杂，各单位之间差异较大，单位较多的情况. 分层抽样的主要原则是分组应使分组内差异尽可能小，使组间差距尽可能大.

将总体进行分类以后，可采用两种方法分配各组的抽样数目：一种是按照各组的标志变动度来分配，标志变动度大的组，可适当多抽一些样本单位，标志变动度小的组，抽样数目可适当地减少一些，即不按比例分配各组抽样数目，这种抽样称为不等比例分层抽样；另一种分配方法是等比例地分配各组抽样单位数，即按各组单位数与总体单位数的比重来分配抽样数目，通常称为等比例分层抽样. 等比例分层抽样适用于单位标志值均匀地分布在总体单位之间的一种抽样方法；不等比例抽样多应用于某类单位在总体中的比重过小时，对其按比例抽不到或只能抽到很少数量，为了保证样本中各类单位的代表性而采取不等比例抽样的方法. 无论是采用等比例抽样，还是采用不等比例抽样，各组单位数的分配应以抽样平均误差最小为标准.

3. 整群抽样

整群抽样（cluster sampling）也叫集团抽样，它是将总体全部单位分为若干部分（每一部分称为一个群体，简称群），然后按照随机原则从中抽取一部分群体，抽中的群体的所有单位构成样本. 整群抽样对抽中群体内的所有单位进行全面调查，而未抽中群体的单位一概不调查. 其特点是：调查单位比较集中，调查工作的组织和进行比较方便，但调查单位在总体中的分布不均匀，准确性要差些. 因此，在群间差异不大或者不适宜单个抽选调查样本的情况下，可采用这种方式.

整群抽样只需要对各群体进行编号，而不需要对各总体单位编号，这就简化了抽样组织工作，而且由于样本单位比较集中，便于集中力量去调查，也便于组织和管理. 因此，整群抽样是一种简单、方便又节省人力、物力、财力的抽样组织方式，在实践中应用十分广泛. 但是由于样本单位比较集中，样本单位在总体中的分布不够均匀，所以在其他条件相同的情况下，整群抽样的样本代表性可能较差，因此，为了保证样本有足够的代表性，就要适当的多抽一些样本单位.

整群抽样对选中群内的单位实行全面调查，其样本代表性取决于抽中群体对全部群体的代表性. 显然，群体之间差异愈大，样本代表性愈差；反之，群体之间差异愈小，样本代表性愈好. 假设各群体之间没有差异，则样本能完全代表总体，抽样误差为 0. 可见，整群抽样的抽样误差取决于群体差异程度的大小，而不受各群体内部差异程度的影响.

在其他条件相同的情况下，整群抽样的抽样误差必然大于简单随机抽样误差的抽样误差. 整群抽样在划分群体时，应使群体间差异尽可能小，使各群内的单位之间的差异尽可能大. 整群抽样对群体的划分可以是人为的，也可以是自然形成的. 人为划分群体通常可以要求群体大小相当或接近，如产品分装. 职工分班组等. 自然形成的群体往往大小不等，如按街道、乡村划分居民群体等. 当群体大小接近或相等时，样本群体的抽取和参数估计都比较简单. 当群体大小悬殊时，宜采用与群体规模成比例的不等概率的抽样方式来抽取样本群体. 为简便起见，划分群体时应使各群体所含的单位数尽可能相等.

4. 双重抽样

假设所研究的性状是不容易观察测定的，或必须有较多费用，或要求有精美设备、复杂计算过程与耗费较多调查时间的，或必须进行破坏性测定才能获得观察结果的，这些原因导致直接调查研究这一类型的性状是有困难的. 为了简易这些类型的调查，可以设法找出另一种易于观察测定而且节省时间和经费的性状，利用这两种性状客观存在的关系，通过测定后一性状结果从而推算前一种性状的测定结果. 前一种性状一般称为复杂性状或直接性状，后一种性状称为简单性状或间接性状. 例如，从玉米茎上的蛀孔数（简单性状）来推算玉米螟的幼虫数（复杂性状）. 这种抽样方法称为双重抽样（double sampling）. 其特点是：对于复杂性状的调查研究可以通过仅测定少量抽样单位来获得相应于大量抽样单位的精确度；当复杂性状必须通过破坏性测定才能调查时，则仅有这种双重抽样方法可用.

二、系统抽样（顺序抽样）

系统抽样（systematic sampling）又称为顺序抽样（ordinal sampling）、机械抽样（mechanical sampling）或等距抽样（Equivalent sampling）. 它是先将总体单位按某一标志排列，计算出抽样间隔，并在第一个抽样间隔内确定一个抽样起点，再按照固定的顺序和间隔来抽取样本单位. 例如，调查某校学生的学习成绩，可将全部学生按学号排队，然后每隔一定数量的学生抽取一名学生进行调查. 其特点是：抽出的单位在总体中是均匀分布的，而且抽取的样本可少于纯随机抽样. 一般来说，样本单位的抽取工作也比较容易开展. 所以系统抽样应用非常广泛.

系统抽样在排队之后，当抽样起点一经确定，整个样本也就确定了. 所以系统抽样的随机性体现在排队顺序与抽样起点的确定上. 按排队标志与调查内容的关系来分，系统抽样分为无关标志排队系统抽样和有关标志排队系统抽样两种. 二者的抽样起点的确定方式和抽样效果都有不同.

1. 无关标志排队系统抽样

无关标志排队系统抽样是指系统抽样依据的排队标志与调查内容没有直接关系. 例如，产品质量检查按生产的时间先后顺序排队，每隔一定时间或每生产一定数量的产品就抽取一单位产品.

按无关标志排队的结果，从所要调查的标志来看，总体单位的排队顺序实际上仍是随机的. 所以，其抽样起点可以随机确定，即可以为第一个抽样距离内的任一个单位. 这样得到的样本完全遵循了随机原则，不会产生系统偏差. 而且，这种抽样效果十分接近于简单随机抽样的效果，因此，无关标志排队系统抽样的抽样误差通常是按简单随机抽样的抽样误差公式近似计算的.

2. 有关标志排队系统抽样

有关标志排队系统抽样就是指标志排队与调查内容有密切关系. 例如，产量抽样调查将全部播种面积按当年预计亩产或近 3 年平均亩产排队. 由于排队标志与调查内容有密切关系，排队后，从所要调查的变量来看，总体单位也大致呈顺序排列.

有关标志排队系统抽样的抽样起点一般不宜随机确定. 否则，若在第一个抽样距离内随机地抽取一个标志值较小（或较大）的单位作为抽样起点，整个样本势必会出现偏低（或偏高）的系统误差. 有关标志排队系统抽样相当于分层较多，而每层只抽取一个调查单位的分层抽样. 所以有关标志排队系统抽样的抽样效果类似于分层抽样，其抽样误差一般按分层抽样的误差公式近似计算的.

在系统抽样中，不论是按无关标志排序还是按有关标志排序，都要注意避免抽样间隔与现象本身的周期性或节奏相重合引起系统性误差的影响. 例如，产量抽样调查，样本点的抽样间隔不宜与田间的长度相等；工业产品质量抽查，产品抽样时间间隔不宜和上下班时间一致，这些特殊原因、特定状态可能会发生系统性偏差，以致影响样本的代表性. 系统抽样，特别是有关标志排队系统抽样，能够使抽出的样本单位更均匀地分布在总体中，其抽样误差一般比简单随机抽样的误差小，在被研究现象的标志变异程度较大时，这种抽样组织方式的优越性更突出.

三、主观抽样（典型抽样）

根据初步资料或经验判断，有意识、有目的地选取一个典型群体作为样本进行调查记载，以估计整个总体，这种方法就称为主观抽样（subjective sampling），也称为典型抽样（typical sampling）. 典型样本代表着总体的绝大多数，如果选择合适，可得到可靠的结果，尤其从容量很大的总体中选取较小数量的抽样单位时，往往采用这种方法. 这种抽样方法完全依赖于调查工作者的经验和技能，结果很不稳定，且没有运用随机原理，因而无法估计抽样误差. 这种抽样较多地应用于大规模社会经济调查，而在总体相对较小或要求估算抽样误差时，一般不采用这种方法.

第四节　抽样方案的制定与组织实施

在进行一次抽样调查前，必须先制定一个切实可行的抽样方案. 一旦制定好抽样方案后，严格按照既定方案组织实施.

一、设计抽样调查方案的基本要求

如何科学地设计抽样调查，保证随机抽样条件的实现，并取得最佳的抽样推断效果，是一个至关重要的问题. 因此，对于设计抽样调查方案有以下几个基本要求：

1. *遵循随机原则*

在抽样设计中，首先要保证随机原则的实现. 这是为了保证总体中的各个单位相互独立，且任何一个单位被抽中的机会都均等，从而使样本能够代表总体，以减少抽样误差. 离开这个前提，一切推断的理论和方法也就失去了存在的基础.

2. *控制误差范围*

误差大小是人们决策事务的一个十分重要的因素. 抽样调查应根据研究对象的特点，特别是调查的目的和要求，对调查结果的精确度做出明确规定. 凡属于重要的调查项目，误差控制的范围要小一些，其精度要求要高一些；反之，误差控制的范围可适当宽一些，其精度要求低一些.

3. *考虑投入产出关系*

任何一项抽样调查，都是在一定费用限制的条件下进行的. 一般来说，提高精确度的要求与节省费用的要求往往有矛盾，因此抽样调查应兼顾准确推断和费用节省的原则，在保证完成调查任务、实现调查目的的基础上，力求设计出调查费用最省的方案.

4. **保证必要的样本容量**

一般来说，抽样误差越大，调查费用越省，样本容量就越小；反之，抽样误差越小，调查费用越高，样本容量有可能增大. 因此在抽样方案设计中，应以实现调查研究目的所控制的误差和费用，对样本容量的大小作出适当的规定.

5. **选择适宜的抽样组织方式**

从前面第三节可知，不同抽样组织方式都有其优缺点，在实际应用中可以比较选择，选择适宜的抽样组织方式. 此外，在抽样过程中还可以混合地采取以上几种抽样方法. 例如，从总体内有意识地选取典型单位群，然后再随机从单位群中抽取所需调查的单位；有时也将系统抽样和整群抽样配合使用.

二、抽样方案的制定

正确制定抽样方案必须考虑以下几个方面的问题或因素：

1. **抽样调查的目的和指标要求**

在制订抽样方案时，首先应弄清抽样的目的及要解决的问题，要有具体的目的和指标. 不管是要了解总体的平均数，还是要了解事物间的相应联系，这些问题都要通过具体的指标（即性状）来体现.

2. **确定调查对象**

调查对象（subject of a survey）是指我们所要研究的总体，即根据调查目的确定的观察对象；而观察单位（observation unit）是指组成调查对象的各个单位或个体，如一个人、一个家庭、一个单位等，只有对这些单位有严格的界定，才能保证调查结果的科学性. 如调查棉株受棉蚜的危害程度，其调查对象可以是一块棉田的每一棉株上的蚜虫头数，也可以是一个地区所有棉株中每株的蚜虫头数，在抽样之前必须确定下来.

抽样单位也不是固定不变的. 如前所述，调查棉株蚜虫头数时，抽样单位既可以是单株蚜虫头数，也可以是一定面积上若干棉株上的蚜虫头数，一般来说，总体大，抽样单位可大一些，总体小，抽样单位可小一些. 抽样单位的大小应视具体问题的性质及费用等来确定.

3. **确定抽样调查的方法**

抽样方案中采用何种方法是制定抽样方案的关键. 抽样方法应根据具体调查研究的目的和对象，结合各种抽样方法的特点，并考虑抽样费用、工作难易和估计值的精确度等综合因素作出决定. 一般来讲，精确度要求高的，尽量采用分层随机抽样、整体抽样和顺序抽样，其中尤其以分层随机抽样的精确度相对较高；要求计算抽样误差时，就必须采用随机抽样，如简单随机抽样、分层随机抽样或其他形式的随机抽样；要求费用低廉，抽样易于进行时，采用顺序抽样、典型抽样、整体抽样是合适的. 同时也要考虑到人力和时间及其他因素的影响，以便使抽样调查工作如期保质完成.

不论采用何种抽样方法，均有一个抽样步骤或阶段的问题，使我们能够在耗费较少的人力和物力条件下，获得较为可靠和准确的原始资料. 因此，有必要采用两次抽样法（twice sampling），或称两阶段抽样法（two－stage sampling）. 其中第一次（第一阶段）

抽样先做小型的初步调查，以摸清总体的概况为主，适当注意数量、分布及它的变异程度. 确定抽样的初级单位是什么，例如，一个县、区、乡或村，然后再确定次级抽样单位是什么，如某一种家禽年龄、性别、头数以及观测项目. 在此基础上再作出第二次（第二阶段）抽样调查方案，确定第二次抽样的样本容量、抽样方法以及作出测量单位和方法的具体规定，达到两次抽样的最优配置.

4. 确定样本容量和抽样分数

一般地讲，样本容量与精确度有关，样本容量越大，精确度越高. 但样本容量的增加，势必引起人、财、物耗费的增加和时间的延长，因此样本容量的大小应适当. 样本容量与置信概率也有关，置信概率要求高的，样本容量应适当大些，否则样本容量可适当小些. 要求抽样误差小的，样本容量应大些，否则样本容量可适当小些. 在一定容量的总体中，抽样分数与样本容量成正比. 一般地讲，抽样分数应在样本容量确定后再确定. 这样可以根据样本容量，适当考虑总体容量来确定抽样分数.

5. 总体单位编号

对总体单位编号就是将总体的所有抽样单位依其所处的自然位置或某种特征编排号码. 例如对一块麦田抽样估产，以 5 m^2 为一个抽样单位，假定这块麦田长 100 m，宽 50 m，这样共有 1000 个抽样单位，可将麦田截成 20 段，每段长 5 m，给以编号 1～20，而将宽截成 50 段，每段 1 m，1 m 种 5 行，给以编号 1～50，这样每一个抽样单位依其所处位置不同都有一个四值编号，前两位代表麦田长的方向，后两位代表麦田宽的方向，当然也可以使用连续编号 1～1000. 编号方法无统一规定，可根据实际情况及习惯酌情确定.

6. 编制抽样调查表

在抽样调查方案制订中，要根据调查内容编制各种表格，以便调查时使用. 进行一次调查就意味着要对调查总体的某些调查对象的某些指标进行测量. 为了记录测量值以及指导测量过程，需要设计一份调查问卷（questionnaire）和详细的填表说明. 调查问卷也称调查表（survey table），它应该包含所有的调查项目.

7. 抽样调查的组织实施

制订抽样调查的组织计划，包括组织领导、时间与进度、人员分工、经费核算、质量检查方法等. 只有严密的组织计划，才能保证整个抽样工作能够有条不紊地顺利展开. 大规模调查开展之前，最好做一次小规模的视察以取得经验. 这样可以及时发现问题，并加以改进.

练习题

7.1　什么叫抽样调查？抽样调查有什么意义？

7.2　当总体方差未知时，对小样品的均值进行区间估计有什么前提？

7.3　抽样调查有哪些基本方法？试比较其优缺点及使用对象.

7.4　假若对大学生的消费情况进行抽样调查，你认为应该分哪几步来确定样本容量？其中最关键的步骤是什么？最难解决的问题是什么？

第八章　试验设计与分析

试验设计是一门独立的学科，但却是生物统计学中极其重要的内容. 只有正确地设计试验，分析的结果才能可靠. 否则虽然花费了大量的资源，占用了宝贵的时间，得到的结果却很难说明任何问题. 著名的生物统计学家费雪（R. A. Fisher）在他的著作中多次强调，统计学家与科学研究者的合作应该在试验设计阶段，而不是在需要数据处理的时候. “试验完成后再找统计学家，无异于请统计学家为试验进行‘尸体解剖’. 统计学家或许只能告诉你试验失败的原因. ”因此，本章中将介绍一些基本的试验设计原理和方法，以便在实际工作中灵活使用.

第一节　试验设计基础

一、试验设计方法常用的术语

试验指标：作为试验研究过程的因变量，常为试验结果特征的量（如得率、纯度等）.

因素：做试验研究过程的自变量，常常是造成试验指标按某种规律发生变化的那些原因.

水平：试验中因素所处的具体状态或情况，又称为等级.

二、试验误差的来源

（一）试验误差

在农业、医药、食品等科学研究中，试验处理常常受到各种非处理因素的影响，使试验处理的效应不能真实地反映出来，也就是说，试验所得到的观测值，不但有处理的真实效应，而且还包含其他因素的影响，这就出现了实测值与真值的差异，这种差异在数值上的表现称为试验误差. 由于产生误差的原因和性质不同，试验误差可分为系统误差和随机误差（抽样误差）两类. 有关内容已在第一章中详细阐述，这里不再重复.

（二）试验过程中误差的来源

系统误差影响试验的准确性，随机误差影响试验的精确性. 为了提高试验的准确性与精确性，就必须避免系统误差，降低随机误差，因此，我们必须了解试验误差的来源. 通常试验过程中误差的主要来源包括：

（1）试验对象固有的差异. 指各处理的试验对象在生长发育或营养成分等方面上的

差异性. 如试验动物的遗传基础、性别、年龄、体重不同，生理状况、生产性能的不一致等，即使是全同胞间或同一个体不同时期间也会存在差异.

（2）试验操作前期或操作过程中的不一致所引起的差异. 指在试验过程中各处理水平在管理方法、技术操作等方面的不统一或不规范，以及在观测记载时由于工作人员的认真程度，掌握的标准不同或测量时间、仪器的不同等所引起的偏差.

（3）环境条件的差异. 主要指那些不易控制的环境的差异，如温度、湿度、光照等条件的不同所引起的差异等.

（4）由一些试验过程中的随机因素引起的偶然差异. 如水产养殖中由喂养的饲料不均匀等引起的差异.

三、试验设计的基本原则

统计学上通过合理的试验设计既能获得试验处理效应与试验误差的无偏估计，也能控制和降低随机误差，提高试验的精确性. 在试验设计时必须遵循以下基本原则.

（一）重复原则

试验中同一处理出现的次数称为重复. 比如某一处理出现两次，即为重复2次，出现4次,则为重复4次. 显然只有重复次数大于或等于2的试验才能称为有重复的试验. 由试验所有不同处理和对照组成的全部小区则为一个重复区. 设置重复是试验设计的最基本原则，没有重复的试验设计是完全失败的设计，对这样的数据无法进行任何的统计处理，更不可能得出任何令人信服的结论.

设置重复有两个作用：一是估计误差. 试验过程中的试验误差是不可避免的，只能尽量减少和正确地估计误差，而不可能完全、彻底地消除误差. 例如，比较两种农药的杀虫效果，如果不设置重复，每次处理只有一个小区，则只能得到一个观察值，其中包括了农药品种或处理本身的本质差异，也包括了害虫、植物、环境等其他非试验因子的差异，无法估算出试验误差. 因此就无法判定两个处理之间的差异. 而设置重复后，就可以从同一处理的不同重复间的差异估计试验误差，从而可判明试验处理间差异的显著程度. 同时，设置重复还能降低试验误差，提高试验精确度. 从统计分析原理看，试验结果的分析常以平均数为依据，而平均数误差的大小与重复次数的平方根成反比，即：$S_{\bar{x}}=S/\sqrt{n}$，所以增加重复可降低误差. 因此，设置重复后，同一处理的不同重复所得到的处理效应比单个数值更有代表性，误差减小，从而得到正确的试验结果. 在实际操作中，重复常常有这样3层含义：（1）每个样品分成k份，做k次测量，算术平均数为观察值（主要作用：减少方法和操作等带来的误差）；（2）在相同的试验条件下，每个处理安排到k个试验单元（主要作用：检测k次测量及试验单元间的差异）；（3）同一样品重复测量k次（主要作用：检测k次测量间的差异）.

（二）随机原则

设置重复固然提供了估计误差的条件，但是，为了获得无偏的试验估计值，也就是试验的估计值不夸大也不偏低，则要求试验中的每一个处理都有同等的机会设置在任何一个试验单元中，只有随机排列才能满足这个要求. 因此用随机排列与重复结合，就能提供无偏的试验估计值，而对试验处理的真正效应进行比较. 随机原则可以比较试验中未知的却对结果有影响的变量，并保证试验估计的有效性，特别是在减小配置处理时，主观判断带来的影响.

随机排列不仅能够减轻、排除和估计土壤肥力和小气候的误差，而且还能够清除相邻小区间群体竞争的误差. 在试验精确度要求较高的试验田，即使设置了重复也需要进行随机排列，否则重复的作用就要降低，随机排列只有在设置重复的基础上才能充分发挥作用. 例如，在品种比较试验中，只设置 4 次重复而不是随机排列，采用如表 8-1 所示的顺序排列的方法. 在这种排列方法中，虽然重复了 4 次，但实际上等于没有重复，只是小区面积扩大了 4 倍. A 品种 4 个小区位于试验田的一端，D 品种位于试验田另一端. 假如 A 品种和 D 品种在产量性状方面差异不大，但由于土壤肥力差异较大，就有可能在产量性状方面表现出较大的差异. 这样，品种之间的差异和土壤肥力的差异混在一起，就无法判断品种间本质上的真正差异. 另外，在每次重复中，A 与 B，B 与 C，C 与 D 品种总是排列在一起，品种间竞争可能导致系统性误差. 如果采用随机排列，就能消除系统误差的影响，获得对试验误差的无偏估计，提高试验的正确性. 从统计分析的角度来看，统计分析是研究随机变量的规律，只有随机排列，才能使误差对各小区的影响也是随机的.

表 8-1　4 个品种 4 次重复的顺序排列法

A	B	C	D
A	B	C	D
A	B	C	D
A	B	C	D

（三）局部控制

局部控制是指在试验时采取一定的技术措施或方法来控制或降低非试验因素对试验结果的影响. 在试验中，当试验环境或试验单位差异较大时，仅根据重复和随机化两原则进行设计不能将试验环境或试验单位差异所引起的变异从试验误差中分离出来，因而试验误差大，试验的精确性与检验的灵敏度低. 为解决这一问题，在试验环境或试验单位差异大的情况下，根据局部控制的原则，可将整个试验环境或试验单位分成若干个小环境或小组，在小环境或小组内使非处理因素尽量一致. 每个比较一致的小环境或小组，称为单位组（或区组）. 因为单位组之间的差异可在方差分析时从试验误差中分离出来，所以局部控制原则能较好地降低试验误差. 在处理局部控制（即区组化）和随机化时，区组化能控制的部分，随机化不能控制的试验部分（“Block what you can, randomize what you can't”）是一个不错的原则.

以上所述重复、随机化、局部控制 3 个基本原则称为试验设计三原则，是试验设计中必须遵循的原则，再采用相应的统计分析方法，就能够最大限度地降低无偏估计试验误差，并无偏估计处理的效应，从而对于各处理间的比较作出可靠的结论. 试验设计三原则的关系和作用见图 8-1 所示.

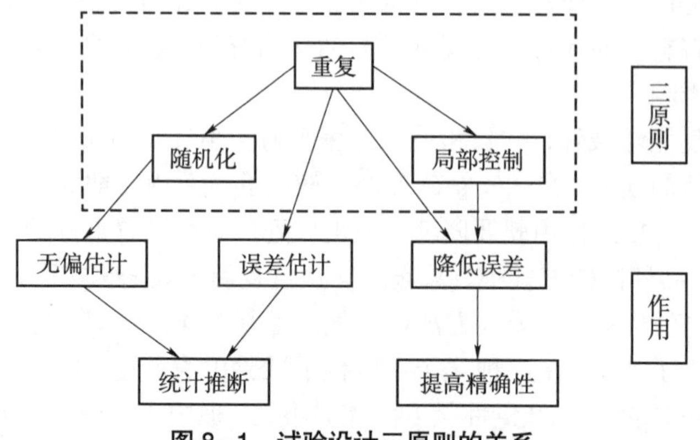

图 8-1　试验设计三原则的关系

四、试验计划的制定

一个失败的计划无法获取有效的信息，即使先进的分析方法也无法弥补. 一个成功的计划，也许根本不需要做专业的分析，就能直接得到良好的结果.

进行任何一项科学试验，在试验前必须制定一个科学的、全面的试验计划，以便使该项研究工作能够顺利开展，从而保证试验任务的完成. 一般来说，试验计划的内容应包括以下几个部分：

（1）课题选择与试验目的；
（2）研究依据、内容及预期达到的经济技术指标；
（3）试验方案和试验设计方法；
（4）试验对象的数量及要求；
（5）试验记录的项目与要求；
（6）试验结果分析与效益估算；
（7）已具备的条件和研究进度安排；
（8）试验所需的条件；
（9）研究人员分工；
（10）试验的时间、地点和工作人员；
（11）成果鉴定及撰写学术论文.

下面我们分别对以上内容加以解释.

1. 课题选择与试验目的

科研课题的选择是整个研究工作的第一步. 课题选择正确，此项研究工作就有了很好的开端. 一般来说，试验课题通常来自两个方面. 一是国家或企业指定的试验课题，这些试验课题不仅确定了科研选题的方向，而且也为研究人员确定选题提供了依据，并以此为基础提出最终的目标和题目. 二是研究人员自己选定的试验课题. 研究人员自选课题时，首先应该明确为什么要进行这项科学研究，也就是说，应明确研究的目的是什么，解决什么问题，以及在科研和生产中的作用、效果如何等. 例如，盐浓度对种子发芽的影响试验，主要目的在于说明不同盐浓度对种子发芽的影响，确定合适的盐浓度.

选题时应注意以下几点：

（1）实用性. 要着眼于农业、医药等科研和生产中急需解决的问题，同时从发展的观点出发，适当照顾到长远或不久将来可能出现的问题.

（2）先进性. 在了解国内外该研究领域的进展、水平等基础上，选择前人未解决或未完全解决的问题，以求在理论、观点及方法等方面有所突破.

（3）创新性. 研究课题要有自己的新颖之处.

（4）可行性. 就是完成科研课题的可能性，无论是从主观条件方面，还是客观条件方面，都要能保证研究课题的顺利进行.

2. 研究依据、内容及预期达到的经济技术指标

课题确定后，通过查阅国内外有关文献资料，明确项目的研究意义和应用前景，国内外在该领域的研究概况、水平和发展趋势，理论依据、特色与创新之处；明确项目的具体研究内容和重点解决的问题，以及取得成果后的应用推广计划，预期达到的经济技术指标及预期的技术水平等.

3. 试验方案和试验设计方法

试验方案是全部试验工作的核心部分，主要包括研究的因素、水平的确定等. 方案确定后，结合试验条件选择合适的试验设计方法（具体内容详见本章第二节至第六节）.

4. 试验对象的数量及要求

试验对象的选择正确与否，直接关系到试验结果的正确性. 因此，试验对象应力求比较均匀一致，尽量避免不同品种、不同年龄、不同批次、不同性别等差异对试验的影响.

5. 试验记录的项目与要求

试验记录是试验工作的重要一环，它记录了整个试验过程和试验结果，试验记录是总结研究结果和查找试验过程中出现问题的依据. 试验记录表或记录本在做试验计划书时就应周密设计以防试验开始后措手不及而丢失宝贵数据. 为了收集分析结果需要的各个方面资料，应事先以表格的形式列出需观测的指标与要求，例如，饲养试验中的定期称重，定期为 1 周、10 天或半月称重，称重一般在清晨空腹或喂前进行等. 为了全面反映试验的各个方面情况，至少应有以下几个方面的记录：（1）实验室日志；（2）仪器使用登记表，（3）借物登记表；（4）试验原始记录；（5）田间记录.

6. 试验结果分析与效益估算

试验结束后，对各阶段取得的资料要进行整理与分析，所以应明确采用统计分析的方法，如 t 检验、方差分析、回归与相关分析等.

如果试验效果显著，同时应计算经济效益. 如某农场为饲养肉用仔鸡而配制的“维生素添加剂”的试验，不仅记录分析它对生长发育的效果，而且还计算出喂青料（对照组）每只鸡分担青料费用和试验组（喂维生素添加剂）每只鸡分担的费用，进而计算出饲喂维生素添加剂的肉鸡全年可节约的费用.

7. 已具备的条件和研究进度安排

已具备的条件主要包括过去的研究工作基础或预试情况，现有的主要仪器设备，研究技术人员及协作条件，从其他渠道已得到的经费情况等. 研究进度安排可根据试验的不同内容按日期、分阶段进行安排，定期写出总结报告.

8. **试验所需的条件**

除已具备的条件外，本试验尚需的条件，如经费、试剂、仪器设备的数量和要求等.

9. **研究人员分工**

一般分为主持人、主研人、参加人. 在有条件的情况下，应以学历、职称较高并有丰富专业知识和实践经验的人员担任主持人或主研人，高、中、初级专业人员相结合，老、中、青相结合，使年限较长的研究项目能够后继有人，保持试验的连续性、稳定性和完整性.

10. **试验的时间、地点和工作人员**

试验的时间、地点要安排合适，工作人员要固定，并参加一定培训，以保证试验正常进行.

11. **成果鉴定及撰写学术论文**

这是整个研究工作的最后阶段，凡属国家课题应召开鉴定会议，由同行专家作出评价. 个人选择课题可以撰写学术论文发表自己的研究成果，根据试验结果作出理论分析，阐明事物的内在规律，并提出自己的见解和新的学术观点. 一些重要的个人研究成果，也可以申请相关部门鉴定或国家专利.

五、常用的试验设计方法

常用的试验设计方法有：随机区组设计及其统计分析、巢式设计及其统计分析、析因法设计及其统计分析、正交设计及其统计分析、Plackett-Burman 试验设计法及响应面分析法. 可供选择的试验方法很多，各种试验设计方法都具有其一定的特点. 所面对的任务与要解决的问题不同，选择的试验设计方法也应有所不同. 下面我们将对上述的常用试验设计方法进行讨论.

第二节　随机区组设计及其统计分析

将试验单位按性质不同分成等于重复次数的区组，一个区组即一次重复. 然后把每个区组再划分成等于处理个数的小区. 区组内各处理随机排列，这就是随机区组设计（Randomized Block Design）. 这种设计比较全面地运用了试验设计的三项基本原则，是一种比较合理的试验设计，是随机排列设计中一种最常用、最基本的试验设计方法.

随机区组设计通常采用 3～5 次重复，因处理多少和对试验精确度要求不同而异. 随机区组设计中小区的排列方法是先处理各编号，然后采用抽签或随机数字表法安排各处理小区的位置. 按区组随机排列小区，每区组的排列过程均应独立进行. 例如，为了比较 5 种不同中草药饲料添加剂对猪增重的效果，从 4 头母猪所产的仔猪中，每窝选出性别相同、体重相近的仔猪各 5 头，共 20 头，组成 4 个区组，设计时每一区组有仔猪 5 头，每头仔猪随机地喂给不同的饲料添加剂. 这就是处理数为 5，区组数为 4 的随机区组设计.

一、随机区组设计方法

(一)随机区组设计的分组方法

在畜牧、水产等动物试验中，除把初始条件相同的动物如同窝仔划为同一区组外，还可根据实际情况，把不同试验场、同一场内不同畜舍、不同池塘等划分为区组. 下面结合例子说明分组的方法.

[例 8-1] 5 种中草药饲料添加剂分别以 A_1、A_2、A_3、A_4、A_5 表示，供试 4 窝仔猪分别按体重依次编号为：1～5 号为第 I 组，6～10 号为第 II 组，11～15 号为第 III 组，16～20 为第 IV 组. 试按随机区组设计将试验仔猪分组.

表 8-2　5 种饲料添加剂试验随机区组设计表

仔猪编号	1	2	3	4	5	6	7	8	9	10	11	12	13	14	15	16	17	18	19	20
随机数字	15	50	75	25	–	71	38	86	58	–	95	98	56	85	–	99	83	21	62	–
除数	5	4	3	2	–	5	4	3	2	–	5	4	3	2	–	5	4	3	2	–
余数	5	2	3	1	–	1	2	2	2	–	5	2	2	1	–	4	3	3	2	–
添加剂	A_5	A_2	A_4	A_1	A_3	A_1	A_3	A_4	A_5	A_2	A_5	A_2	A_3	A_1	A_4	A_4	A_3	A_5	A_2	A_1

解　先从随机数字表（II）第 15 行、第 11 列 15 开始，向下依次抄下 16 个随机数字（舍弃 00），每抄 4 个数字留一空位，见表 8-2 第 2 行. 再将同一区组内前 4 个随机数字依次除以 5、4、3、2（最大数 5 为处理数），根据余数（余数为 0 者，以除数代之）确定每一区组内各供试仔猪喂给的添加剂种类. 如第一区组中，第 1 个余数是 5，则将第 1 号仔猪喂给 5 种添加剂，列于第 5 位的 A_5 添加剂；第 2 个余数是 2，则将第 2 号仔猪喂给剩下的 4 种添加剂 A_1、A_2、A_3、A_4 及列于第 2 位的 A_2 添加剂；第 3 个余数是 3，则将第 3 号仔猪喂给剩下的 3 种添加剂 A_1、A_3、A_4 及列于第 3 位的 A_4 添加剂；第 4 个余数是 1，则将第 4 号仔猪喂给剩下的 2 种添加剂 A_1、A_3 及列于第 1 位的 A_1 添加剂；第 5 号仔猪只能喂给剩下的 A_3 添加剂. 用同样方法一一确定其他区组内各仔猪喂给的添加剂，结果见表 8-3.

表 8-3　5 种饲料添加剂试验随机区组设计试验动物分组表

添加剂	单位组			
	I	II	III	IV
A_1	4	6	14	20
A_2	2	10	12	19
A_3	5	7	13	17
A_4	3	8	15	16
A_5	1	9	11	18

（二）配对设计分组方法

配对设计是处理数为 2 的随机区组设计. 在进行配对设计时，配成对子的两个试验单位必须符合配对要求：配成对子的两个试验单位的初始条件尽量一致，不同对子间试验单位的初始条件允许有差异，每一个对子就是试验处理的一个重复，然后将配成对子的两个试验单位随机地分配到两个处理组中.

例如，现有同一品种的供试家畜 18 头，分别将性别相同、年龄相同、体重相似的两头家畜配成对子，共 9 对，编号为 1～9 号. 试用随机方法将每个对子中的两头家畜分到甲、乙两个处理组中.

由随机数字表（Ⅰ）的第 16 行、第 8 列 20 开始，向右依次抄下 9 个随机数字，将单数组中配对的第一头家畜归入甲组，第二头家畜归入乙组；双数组中配对的第一头家畜归入乙组，第二头家畜归入甲组，则 9 对家畜分组见表 8-4.

表 8-4　9 对家禽分组表

配对编号	1	2	3	4	5	6	7	8	9
随机数字	20	38	26	13	89	51	03	74	17
配对中第一头家畜组别	乙	乙	乙	甲	甲	甲	甲	乙	甲
配对中第二头家畜组别	甲	甲	甲	乙	乙	乙	乙	甲	乙

二、试验结果的统计分析

（一）随机区组试验结果的统计分析

随机区组试验结果的统计分析采用方差分析法. 分析时将区组也看成一个因素，连同试验因素一起，按两因素单独观测值的方差分析法进行. 这里需要说明的是，假定区组因素与试验因素不存在交互作用.

若记试验处理因素为 A，处理因素水平数为 a；区组因素为 B，区组数为 b，对试验结果进行方差分析的数学模型为：

$$x_{ij}=\mu+\alpha_i+\beta_j+\varepsilon_{ij}\ (i=1,2,\cdots,a;\ j=1,2,\cdots,b). \qquad (8-1)$$

式中，μ 为总体均数，α_i 为第 i 处理的效应，β_j 为第 j 区组效应. 处理效应 α_i 通常是固定的，且有 $\sum_{i=1}^{a}\alpha_i=0$；区组效应 β_j 通常是随机的. ε_{ij} 为随机误差，相互独立，且都服从 $N(0,\sigma^2)$.

平方和与自由度的划分式为

$$SS_T=SS_A+SS_B+SS_e, \qquad (8-2)$$
$$df_T=df_A+df_B+df_e.$$

对于［例 8－1］，通过按表 8－3 试验动物分组结果进行试验后，各号仔猪增重结果列于表 8－5.

表 8－5　5 种不同饲料添加剂对仔猪的增重效果

单位：g

处理（A）	单位组（B）				处理合计 $x_{i\cdot}$	处理平均 $\bar{x}_{i\cdot}$
	$B_{Ⅰ}$	$B_{Ⅱ}$	$B_{Ⅲ}$	$B_{Ⅳ}$		
A_1	205	168	222	230	825	206.25
A_2	230	198	242	255	925	231.25
A_3	252	248	305	260	1065	266.25
A_4	200	158	183	196	737	184.25
A_5	265	275	315	282	1137	284.25
区组合计 $x_{\cdot j}$	1152	1047	1267	1223	4689（$x_{\cdot\cdot}$）	

1. 计算各项平方和与自由度

矫正数：　　$C=x^2_{\cdot\cdot}/(a\cdot b)=4689^2/(5\times4)=1099336.05(g^2)$；

总平方和：　$SS_T=\sum x^2_{ij}-C=(205^2+168^2+\cdots+282^2)-1099336.05=35890.95(g^2)$；

处理间平方和：$SS_A=\sum x^2_{i\cdot}/b-C=(825^2+925^2+\cdots+1137^2)/4-1099336.05=27267.2(g^2)$；

区组间平方和：$SS_B=\sum x^2_{\cdot j}/a-C=(1152^2+1047^2+\cdots+1223^2)/5-1099336.05=5530.15(g^2)$；

误差平方和：$SS_e=SS_T-SS_A-SS_B=35890.95-27267.2-5530.15=3093.6(g^2)$；

总自由度：　$df_T=ab-1=5\times4-1=19$；

处理间自由度：$df_A=a-1=5-1=4$；

区组间自由度：$df_B=b-1=4-1=3$；

误差自由度：$df_e=df_T-df_A-df_B=(a-1)(b-1)=(5-1)\times(4-1)=12$.

2. 列出方差分析表，进行 F 检验

表 8－6 为方差分析表.

表 8－6　方差分析表

变异原因	SS/g^2	df	MS/g^2	F	$F_{0.01}$
处理间（A）	27267.2	4			
区组间（B）	5530.15	3	6816.8	26.44**	5.41
误　差	3093.6	12	1843.38	7.15**	5.95
总变异	35890.95	19	257.8		
总变异	35890.95	19			

因为 $F_A>F_{0.01(4,\ 12)}$，$F_B>F_{0.01(3,\ 12)}$，表明饲料添加剂对仔猪增重影响极显著，因而还

需要对各不同饲料添加剂平均数间差异的显著性进行检验. 区组间的变异，虽然 F 值已达到 0.01 显著水平，由于我们采取的是随机区组设计，已将它从误差中分离出来，达到了局部控制的目的. 区组间的变异即使显著，一般也不做区组间的多重比较.

3. 饲料添加剂间的多重比较

饲料添加剂平均数间多重比较见表 8–7.

表 8–7　饲料添加剂平均数间多重比较表（q 法）

单位：g

添加剂	平均数 $\bar{x}_{i\cdot}$	$\bar{x}_{i\cdot}-184.25$	$\bar{x}_{i\cdot}-206.25$	$\bar{x}_{i\cdot}-231.25$	$\bar{x}_{i\cdot}-266.25$
A_5	284.25	100**	78**	53**	18
A_3	266.25	82**	60**	35**	
A_2	231.25	47**	25*		
A_1	206.25	22			
A_4	184.25				

注：**表示 $P<0.01$，*表示 $P<0.05$.

均数标准误为

$$S_{\bar{x}}=\sqrt{MS_e/n}=\sqrt{257.8/4}=8.028\,.$$

由 df_e=12，秩次距 k=2，3，4，5，查附表五得临界 q 值：$q_{0.05}$、$q_{0.01}$，并与 $S_{\bar{x}}$ 相乘求得 LSR 值，列于表 8–8.

表 8–8　q 值和 LSR 值表

df_e	k	$q_{0.05}$	$q_{0.01}$	$LSR_{0.05}$	$LSR_{0.01}$
12	2	3.08	4.32	24.73	34.68
	3	3.77	5.04	30.27	40.46
	4	4.20	5.50	33.72	44.15
	5	4.51	5.84	36.21	46.88

由表 8–7 看出，除 A_5 与 A_3，A_1 与 A_4 之间差异不显著，A_2 与 A_1 间差异显著外，其余平均数间差异极显著. 说明采用 A_5、A_3 添加剂仔猪平均增重极显著高于 A_2、A_1、A_4 添加剂，A_2 显著高于 A_1，极显著高于 A_4，A_4 添加剂对仔猪增重效果最差.

（二）配对设计试验结果的统计分析

试验结果为计量资料时，采用第二章所介绍的配对设计 t 检验法进行统计分析. 若试验结果为次数资料，采用配对次数资料的 χ^2 检验法进行分析.

三、随机区组设计的优缺点

1. 随机区组设计的优点

（1）设计简单，容易掌握. 试验结果的统计分析相对简单.

（2）伸缩性强，应用广泛，单因子试验和多因子试验均可采用（在多因子试验中，每个小区内安排一个处理组合）.

（3）由于随机区组设计体现了试验设计三原则，在对试验结果进行分析时，能将区组间的变异从试验误差中分离出来，有效地降低了试验误差，因而试验的精确性较高.

（4）对试验对象要求不严格，只要同一区组力求一致，不同区组可以分散.

2. 随机区组设计的缺点

（1）处理数目不宜太多，否则区组加大，会降低局部控制的效果. 一般处理数目以 10 个以内为宜，最多不能超过 20 个处理.

（2）不能控制具有两个方向差异所造成的误差.

第三节　巢式设计及其统计分析

如果把研究对象分成若干组，每组又分为若干亚组，而每个亚组内又有若干个观测值的设计，称为巢式设计（nested design）. 组内分亚组，亚组内有若干个观测值的设计为二级巢式设计. 如果亚组内又分若干个小组，小组内有若干个观测值称为三级巢式设计. 依此类推，可有多级巢式设计.

一、巢式设计的方法

在研究某地区土壤养分的含量时，通常是随机地抽取若干个地块，然后从每个地块中随机地抽取若干个样点，而每个样点的土样又做多次分析，这就是二级巢式设计. 又如对几个蔬菜种类或品种，喷施农药后残留量的研究，每种蔬菜可栽植若干盆（或种植若干小区），每盆（每小区）可栽植若干株. 然后对每一个植株进行一次残留量分析，也是二级巢式设计. 如果对每个植株进行多次分析，就称为三级巢式设计. 在巢式设计的各级中，至少应有一级是随机的，或是随机抽样，或是随机排列，否则就得不到无偏的试验误差估计. 最简单的巢式设计应该是一级巢式设计. 如测定几个白菜品种单球重之间是否有显著差异，可从每个品种中随机抽取若干个叶球，分别称其重量，就可进行单向分组资料的方差分析.

巢式设计所得的全部观测值为组内分亚组的单向分组资料，简称系统分组资料，可进行系统分组资料的方差分析.

二、巢式设计试验结果的方差分析

这种设计获得的资料为组内分亚组的系统分组资料. 如果试验资料分 L 个组，每个组又分 m 个亚组，每个亚组又分 u 个小亚组，每个小亚组又分 q 个小小亚组……如此一直分下去，直至最后每一个小小亚组具有 n 个观察值，这种资料叫作分组资料. 系统分组资料像一棵倒着的“树”，越向下分，枝杈越多，而观察值就是这棵“树”的“叶片”，巢式设计的资料即属此类型.

最简单的系统分组资料是二级系统分组资料，二级巢式设计资料属此. 它具有 l 个组，每组具有 m 个亚组，每个亚组具有 n 个观察值，共有 lmn 个值. 这种资料的数据模式如表 8-9 所示.

表 8-9　二级系统分组资料的整理模式

（i=1，2，…，l；j=1，2，…，m；k=1，2，…，n）

组 (i)	亚组 (j)	观察值 x_{ijk}	亚组		组	
			总和 T_{ij}	平均 $\overline{x}_{ij}$	总和 T_i	平均 $\overline{x}_i$
1	1 2 ⋮ m	$x_{111}\ x_{112} \cdots x_{11n}$ $x_{121}\ x_{122} \cdots x_{12n}$ ⋮ ⋮ ⋮ ⋮ $x_{1m1}\ x_{1m2} \cdots x_{1mn}$	T_{11} T_{12} ⋮ T_{1m}	$\overline{x}_{11}$ $\overline{x}_{12}$ ⋮ $\overline{x}_{1m}$	T_1	$\overline{x}_1$
2	1 2 ⋮ m	$x_{211}\ x_{212} \cdots x_{21n}$ $x_{221}\ x_{222} \cdots x_{22n}$ ⋮ ⋮ ⋮ ⋮ $x_{2m1}\ x_{2m2} \ldots x_{2mn}$	T_{21} T_{22} ⋮ T_{2m}	$\overline{x}_{21}$ $\overline{x}_{22}$ ⋮ $\overline{x}_{2m}$	T_2	$\overline{x}_2$
⋮	⋮	⋮ ⋮ ⋮ ⋮	⋮	⋮	⋮	⋮
l	1 2 ⋮ m	$x_{l11}\ x_{l12} \ldots x_{l1n}$ $x_{l21}\ x_{l22} \ldots x_{l2n}$ ⋮ ⋮ ⋮ ⋮ $x_{lm1}\ x_{lm2} \ldots x_{lmn}$	T_{l1} T_{l2} ⋮ T_{lm}	$\overline{x}_{l1}$ $\overline{x}_{l2}$ ⋮ $\overline{x}_{lm}$	T_l	$\overline{x}_l$
					T	$\overline{x}$

二级巢式设计资料的观察总变异可分为组间变异、组内亚组间变异和误差 3 部分，因此其观察值的线性数学模型为

$$x_{ijk} = \mu + \tau_i + \delta_{ij} + \varepsilon_{ijk}. \tag{8-3}$$

上式中 μ 为全体平均，$\tau_i = (\mu_i - \mu)$ 为组效应，它可以是固定的，也可以是随机的；$\delta_{ij} = (\mu_{ij} - \mu_i)$ 为亚组效应（即同一组中各亚组效应），δ_{ij} 在一般情况下是随机的，遵循 $N(0, \sigma_s^{\ 2})$；$\varepsilon_{ijk} = (x_{ijk} - \mu_{ij})$ 为随机误差，遵循 $N(0, \sigma_e^{\ 2})$. 当由样本估计时，相应于（8-3）的模型为

$$x_{ijk} = \overline{x} + \hat{\tau}_i + \hat{\delta}_{ij} + e_{ijk}. \tag{8-4}$$

其中，$\overline{x}$ 是 μ 的估计值，$\hat{\tau}_i = (\overline{x}_i - \overline{x})$ 是 τ_i 的估计值，$\hat{\delta}_{ij} = (\overline{x}_{ij} - \overline{x}_i)$ 是 δ_{ij} 的估值，$e_{ijk} = (x_{ijk} - \overline{x}_{ij})$ 是 ε_{ijk} 的估计值. 因此总变异平方和 SS_T，组间平方和 SS_t（处理平方和），组内亚组间平方和 SS_d，随机误差平方和 SS_e 可依次定义为：

$$C = \frac{T^2}{lmn},$$

$$SS_T = \sum x^2 - C,$$

$$SS_t = \frac{\sum_1^l T_i^2}{mn} - C,$$

$$SS_d = \frac{\sum_1^{lm} T_{ij}^2}{n} - \frac{\sum_1^l T_i^2}{mn},$$

$$SS_e = SS_T - SS_t - SS_d. \tag{8-5}$$

相应的自由度为

$$df_T = lmn - 1,$$

$$df_t = l - 1,$$

$$df_d = l(m-1),$$

$$df_e = lm(n-1). \tag{8-6}$$

方差分析见第三章.

［例 8－2］ 有 A，B，C，D 4 个干椒品种（$l=4$），从每个品种中随机抽取 5 个单株（$m=5$），把每个单株商品干椒辣椒素的含量（%）重复测定了 3 次（$n=3$），其测定结果整理于表 8－10，试做方差分析.

表 8－10　4 个干椒品种辣椒素含量

品种（i）	单株（j）	辣椒素含量 x_{ijk}	T_{ij}	$\bar{x}_{ij}$	T_i	$\bar{x}_i$
A	1	0.14　0.13　0.12	0.39	0.130	2.10	0.14
	2	0.14　0.15　0.15	0.44	0.147		
	3	0.15　0.14　0.16	0.45	0.150		
	4	0.13　0.15　0.14	0.42	0.140		
	5	0.14　0.11　0.15	0.40	0.133		
B	1	0.30　0.29　0.31	0.90	0.300	4.65	0.31
	2	0.34　0.30　0.32	0.96	0.320		
	3	0.30　0.28　0.32	0.90	0.300		
	4	0.29　0.31　0.33	0.93	0.310		
	5	0.34　0.32　0.30	0.96	0.320		
C	1	0.17　0.16　0.19	0.52	0.173	2.55	0.17
	2	0.16　0.17　0.15	0.48	0.160		
	3	0.18　0.16　0.17	0.51	0.170		
	4	0.18 0.18 0.20	0.56	0.187		
	5	0.15　0.16　0.17	0.48	0.160		
D	1	0.28　0.29　0.30	0.87	0.290	4.35	0.29
	2	0.27　0.30　0.29	0.86	0.287		
	3	0.26　0.28　0.27	0.81	0.270		
	4	0.30　0.29　0.34	0.93	0.310		
	5	0.29　0.31　0.28	0.88	0.293		
					T=13.65	

解 （1）平方和与自由度的分解：

$df_T = lmn - 1 = 4\times5\times3 - 1 = 59$，

$df_t = l - 1 = 4 - 1 = 3$，

df_d（品种内株间）$= l(m-1) = 4\times(5-1) = 16$，

$df_e = lm(n-1) = 40$，

$$C = \frac{T^2}{lmn} = \frac{13.65^2}{4\times5\times3} = 3.105,$$

$$SS_T = \sum x^2 - C = (0.14^2 + 0.13^2 + \cdots + 0.31^2 + 0.28^2) - 3.105 = 0.34,$$

$$SS_t = \frac{\sum_1^l T_i^2}{mn} - C = \frac{2.10^2 + 4.65^2 + 2.55^2 + 4.35^2}{5\times3} - 3.105 = 0.325,$$

$$SS_d\text{（品种内株间）} = \frac{\sum_1^{lm} T_{ij}^2}{n} - \frac{\sum_1^l T_i^2}{mn}$$

$$= \frac{0.39^2 + 0.44^2 + \cdots + 0.93^2 + 0.88^2}{3} - \frac{2.10^2 + 4.65^2 + 2.55^2 + 4.35^2}{5\times3}$$

$$= 0.006,$$

$$SS_e = SS_T - SS_t - SS_d = 0.34 - 0.325 - 0.006 = 0.009.$$

（2）方差分析和 F 测验：

方差分析见表 8-11.

表 8-11 方差分析表

变因	SS	df	s^2	F	$F_{0.05}$	$F_{0.01}$
品种间	0.325	3	0.10800	288.00**	3.24	5.29
品种内株间	0.006	16	0.00038	1.67	1.90	2.49
误差	0.009	40	0.00023			
总变异	0.340	59				

注：**表示 $P<0.01$.

F 测验表明，同一品种内不同株间辣椒素含量无显著差异，不需做株间多重比较；而不同品种间辣椒素含量有极显著差异，故需进一步测验各平均数间的差异显著性.

因为品种内株间的辣椒素含量无显著差异，$F<F_{0.05}$，所以可将此项与误差项合并，求得一个具有 df=16+40=56 的合并均方值：$s_e^{2'} = \dfrac{0.006+0.009}{56} = 0.000268$，以此测验各品种间辣椒素含量是否相等，即测验各个品种辣椒素含量偏离均值均为 0. 原假设 $H_0{:}\sum\left(\bar{X}_i - \bar{X}\right)^2 = 0$，

$$F=\frac{0.108}{0.000268}=402.9851,$$

这对于 $df_1=3$，$df_2=56$ 时的 F 值来讲为极显著，故否定原假设，需进行多重比较.

（3）多重比较：

采用 SSR 法：$s_{\bar{x}}=\sqrt{\frac{s_e^{2'}}{mn}}=\sqrt{\frac{0.000268}{5\times3}}=0.004227$.

$df_e=60$（取 56 的近似值），各 K=2，3，4 时的 SSR_α 和 R_α 值列于表 8－12.

表 8－12　多重比较的 R_α 值

K	2	3	4
$SSR_{0.05}$	2.83	2.98	3.08
$SSR_{0.01}$	3.76	3.92	4.03
$R_{0.05}$	0.01196	0.01260	0.01302
$R_{0.01}$	0.01589	0.01657	0.01703

据上表的显著尺度测验各品种平均数的差异显著性列于表 8－13.

表 8－13　各品种平均数比较

品种	平均数 $\bar{x}_i$ /%	显著性	
		5%	1%
B	0.31	*a*	*A*
D	0.29	*b*	*B*
C	0.17	*c*	*C*
A	0.14	*d*	*D*

多重比较结果表明，品种 B 的辣椒素含量最高，平均达 0.31%，它极显著地高于其他品种；其次是 D 品种；品种 A 的辣椒素含量最低. 参试的 4 个品种相互间的辣椒素含量有极显著的差异.

三、巢式设计的优缺点

1. 巢式设计的优点

（1）这种设计简单，应用广泛. 这种设计既可应用于田间试验，也可以应用于温室和实验室试验.

（2）由于试验设计中，至少应有一级随机，因而可以获得无偏的试验误差估计. 一般来说，采用的随机的级数愈多，代表性愈强，对试验结果的分析精确度愈高.

2. 巢式设计的缺点

（1）由于不设置重复，若组间存在非试验因子效应，则无法鉴别出来. 因此，在采取巢式设计时，更应注意保持非试验因子的一致性.

（2）对于随机抽取的样本，样本容量应该足够大，否则代表性不强，就会加大取样误差，降低对试验结果分析的精确度.

第四节　析因设计及其统计分析

析因设计也叫作全因子试验设计，就是试验中所涉及的全部试验因素的各水平全面组合形成不同的试验条件，每个试验条件下进行两次或两次以上的独立重复试验. 它具有以下几个特点：（1）同时观察多个因素的效应，提高了试验效率；（2）能够分析各因素间的交互作用；（3）容许一个因素在其他各因素的几个水平上估计其效应，所得结论在试验条件的范围内是有效的. 因此，临床试验中评价联合用药效应时，可考虑用析因设计.

一、析因设计方法

析因设计各处理组间在均衡性方面的要求与随机设计一致，各处理组样本含量应尽量相同；析因设计是对各因素不同水平的全部组合试验，故具有全面性和均衡性. 析因设计要求每个因素的不同水平都要进行组合，因此对剖析因素与效应之间的关系比较透彻，当因素数目和水平数都不太大，且效应与因素之间的关系比较复杂时，常常被推荐使用. 但是当研究因素较多，且每个因素的水平数也较多时，析因设计要求的试验可能太多，以至到了无法承受的地步. 在此之前介绍的各种试验设计方法，严格地说，它们仅适用于只有 1 个试验（或处理）因素的试验问题之中，其他因素都属于区组因数，即与试验因素无交互作用. 如果试验所涉及的处理因素的个数≥2，当各因素在试验中所处的地位基本平等，而且因素之间存在 1 级（即 2 因素之间）、2 级（即 3 因素之间）乃至更复杂的交互作用时，需选用析因设计.

假定要考察的试验因素有 3 个，它们分别有 2、3、4 个水平，则它们的所有水平组合数为 2×3×4=24 种，即有 24 种试验条件，每种试验条件下至少独立重复做 2 次以上的试验，即此设计所需的总样本含量=$K\times2\times3\times4$（这里，K 为重复试验次数）. 显然，此设计所需的样本含量与因素的水平数和因素的个数成正比，当因素个数＞4 时，试验者一般承受不了，此时，若 2 级以上的交互作用可忽略不计时，可选用正交设计；当因素个数相当多时，有时，即使用正交设计仍感到试验次数过多，此时，可先用均匀设计（相当于撒大网）筛选重要因素，然后，用正交设计（相当于撒中号网）进一步缩小试验范围，最后，再用析因设计（相当于撒小网）考察少数几个最重要因素之间的复杂关系（通过 2 级以上的交互作用反映出来）.

二、析因设计试验结果

［**例 8-3**］为了研究不同氧浓度（因素 A）和不同抗癌药（因素 B）以及用放射性 ^{3}H−胸腺嘧啶（简称 ^{3}H−TdR）掺入对人红白血病细胞 K562 的抑制效果，因素 A 分为 A_1（含氧 3%），A_2（含氧 20%），因素 B 分为 B_1（表柔比星），B_2（自制中药），B_3（132Ge），

B_4（B_1+B_3），B_5（B_1+B_2），B_6（B_2+B_3），B_7（$B_1+B_2+B_3$）. 进行了 2×7 析因设计并收集到试验数据，见表 8－14，试分析 A、B 两因素对 K562 细胞抑制的效果.

表 8－14 A、B 两因素伴随 ^{3}H－TdR 掺入对 K562 细胞抑制情况的试验结果

A：氧浓度	重复试验	相对抑制值						
	编号 B（药物）	B_1	B_2	B_3	B_4	B_5	B_6	B_7
A_1（含氧 3%）	1	0.31	0.46	0.29	0.49	0.72	0.45	0.19
	2	0.18	0.39	0.18	0.51	0.49	0.42	0.20
	3	0.12	0.40	0.12	0.62	0.55	0.44	0.18
	4	0.13	0.34	0.13	0.53	0.37	0.42	0.17
A_2（含氧 20%）	1	0.29	0.65	0.87	0.74	1.09	1.04	0.81
	2	0.27	0.84	0.39	0.78	0.73	0.63	1.01
	3	0.29	0.45	0.57	1.45	0.81	1.18	1.18
	4	0.28	0.63	0.64	1.41	0.77	1.45	0.94

注：相对抑制值越大，表明抑制能力越强.

解 由于氧浓度和不同抗癌药都是人为控制的，均为固定因素，可依固定模型分析.

假设：H_0：2 种氧浓度所对应的总体均数相等；H_A：2 种氧浓度所对应的总体均数不等.

显著水平：$\alpha=0.05$.

对因素 B 的 7 个水平也有类似的假设.

整理后数据见表 8－15.

表 8－15 A、B 两因素伴随 ^{3}H－TdR 掺入对 K562 细胞抑制情况的试验整理表

A：氧浓度	重复试验	相对抑制值							$T_{i.}$
	编号 B（药物）	B_1	B_2	B_3	B_4	B_5	B_6	B_7	
A_1（含氧 3%）	1	0.31	0.46	0.29	0.49	0.72	0.45	0.19	9.8
	2	0.18	0.39	0.18	0.51	0.49	0.42	0.20	
	3	0.12	0.40	0.12	0.62	0.55	0.44	0.18	
	4	0.13	0.34	0.13	0.53	0.37	0.42	0.17	
	T_{ij}	0.74	1.59	0.72	2.15	2.13	1.73	0.74	
A_2（含氧 20%）	1	0.29	0.65	0.87	0.74	1.09	1.04	0.81	22.19
	2	0.27	0.84	0.39	0.78	0.73	0.63	1.01	
	3	0.29	0.45	0.57	1.45	0.81	1.18	1.18	
	4	0.28	0.63	0.64	1.41	0.77	1.45	0.94	
	T_{ij}	1.13	2.57	2.47	4.38	3.4	4.3	3.94	
$T_{\cdot j}$		1.87	4.16	3.19	6.53	5.53	6.03	4.68	T=31.99

（1）平方和的分解：

$$C=\frac{T^2}{abn}=\frac{31.99^2}{2\times7\times4}=18.27,$$

$$SS_T=\sum x^2-C=\left(0.31^2+0.18^2+\cdots+0.94^2\right)-18.27=6.76,$$

$$SS_A=\frac{\sum T_{i.}^{\ 2}}{bn}-C=\frac{9.8^2+22.19^2}{7\times4}-18.27=2.74,$$

$$SS_B=\frac{\sum T_{.j}^{\ 2}}{an}-C=\frac{1.87^2+4.16^2+\cdots+4.68^2}{2\times4}-18.27=2.03,$$

$$SS_B=\frac{\sum T_{ij}^{\ 2}}{n}-C-SS_A-SS_B$$

$$=\frac{0.74^2+1.59^2+\cdots+3.94^2}{4}-C-SS_A-SS_B$$

$$=23.76-18.27-2.74-2.03=0.72,$$

$$SS_e=SS_T-SS_A-SS_B-SS_{AB}$$

$$=6.76-2.74-2.03-0.72=1.27.$$

（2）自由度的分解：

$$df_T=abn-1=2\times7\times4-1=55,$$

$$df_A=a-1=2-1=1,$$

$$df_B=b-1=7-1=6,$$

$$df_{AB}=(a-1)(b-1)=(2-1)\times(7-1)=6,$$

$$df_e=ab(n-1)=2\times7\times(4-1)=42.$$

结果列入方差分析表，见表 8-16.

表 8-16　方差分析表

变异来源	df	SS	s^2	F	$F_{0.05}$	$F_{0.01}$
氧浓度间	1	2.74	2.74	90.61**	4.07	7.28
药物间	6	2.03	0.34	11.20**	2.32	3.27
氧浓度×药物	6	0.72	0.12	3.91**	2.32	3.27
误差	42	1.27	0.03			
总变异	55	6.76				

注：**表示 $P<0.01$.

方差分析结果表明：含 A、B 两因素及其交互作用 A*B 的方差分析模型总体上看是非常显著的，因 F=13.94，P<0.01. 因与 A，B，A*B 相对应的 F 值和 P 值依次为 F=90.61，P<0.01；F=11.20，P<0.01；F=3.91，P<0.01，说明因素 A、B 及其交互作用

A*B 的作用都非常显著. α=0.05 显著水平下，A、B 两因素的比较见表 8-17，两因素交互作用的结果见表 8-18.

表 8-17　字母标记表示结果表

处理	均值	5%显著水平	1%极显著水平
A_2	0.7925	a	A
A_1	0.3500	b	B
B_4	0.8163	a	A
B_6	0.7537	ab	A
B_5	0.6912	ab	AB
B_7	0.5850	abc	AB
B_2	0.5200	bc	ABC
B_3	0.3988	cd	BC
B_1	0.2338	d	C

表 8-18　各处理字母标记表示结果表

处理	均值	5%显著水平	1%极显著水平
A_2B_4	1.0950	a	A
A_2B_7	1.0750	ab	A
A_2B_6	0.9850	abc	AB
A_2B_5	0.8500	abcd	ABC
A_2B_2	0.6425	bcde	ABCD
A_2B_3	0.6175	cdef	ABCD
A_1B_4	0.5375	defg	BCD
A_1B_5	0.5325	defg	BCD
A_1B_6	0.4325	defg	CD
A_1B_2	0.3975	efg	CD
A_2B_1	0.2825	efg	D
A_1B_7	0.1850	fg	D
A_1B_1	0.1850	fg	D
A_1B_3	0.1800	g	D

结论：标记字母法所示的结果如表 8-17 所示. 因 A_2 条件下的均数 0.7925 大于 A_1

条件下的均数 0.3500，说明在含氧 20%的条件下的抑制能力显著地比含氧 3%时强. 结合 B 因素各水平下的均数来看，在仅用“表柔比星”“自制中药”“132Ge”三者之一时，抑制能力由强到弱的顺序为“自制中药→132Ge→表柔比星”；在这 3 种药中任取 2 种联合使用时，似以“表柔比星+132Ge”稍强一点；3 种药物联合使用（即 B_7），可能存在拮抗作用，使其抑制能力介于 2 种药物合用与仅用 1 种药物之间，在低氧浓度下表现得尤为突出（从最后的输出结果看出）；但若固定 A_2，对 B_4 至 B_7 之间进行严格的两两比较，可能没有显著的差别. 这表明自制的中药与表柔比星合用很有前途，它与目前公认的效果较好的“132Ge+表柔比星”的作用基本接近.

三、析因设计的应用及注意问题

（1）析因设计它要求试验时全部因素同时施加，即每次做试验都将涉及每个因素的一个特定水平（注：若试验因素施加时有“先后顺序”之分，一般被称为“分割或裂区设计”）；

（2）因素对定量观测结果的影响是地位平等的，即在专业上没有充分的证据认为哪些因素对定量观测结果的影响大、而另一些影响小（注：若试验因素对观测结果的影响在专业上能排出主、次顺序，一般就被称为“系统分组或嵌套设计”）；

（3）析因分析可以准确地估计各因素及其各级交互作用的效应大小（注：若某些交互作用的效应不能准确估计，就属于非正规的析因设计了，如分式析因设计、正交设计、均匀设计等）.

第五节　正交设计及其统计分析

如果析因设计要求的试验次数太多时，人们很自然地会想到从析因设计的水平组合中，选择一部分有代表性水平组合进行试验，这就是分式析因设计（fractional factorial designs）. 但是对于试验设计知识较少的实际工作者来说，选择适当的分式析因设计还是比较困难的，而正交试验设计正好可以解决这个问题.

正交试验设计（orthogonal experimental design）是研究多因素多水平的一种设计方法，它是根据正交性从全面试验中挑选出部分有代表性的点进行试验，这些有代表性的点具备了“均匀分散，齐整可比”的特点，它是分式析因设计的主要方法之一. 是一种高效率、快速、经济的试验设计方法. 日本著名的统计学家田口玄一将正交试验选择的水平组合列成表格，称为正交表. 例如做一个三因素三水平的试验，按全面试验要求，须进行 3^3=27 种组合的试验，且尚未考虑每一组合的重复数. 若按 $L_9(3^3)$ 正交表安排试验，只需做 9 次，而按 $L_{18}(3^7)$ 正交表则需进行 18 次试验，显然大大减少了工作量.

我们遇到的实际问题，一般都是比较复杂的，包含有多种因素，各个因素又有不同的状态，他们互相交织在一起，为了寻求合适的生产条件，提高产品质量，就要对各种因素以及各个因素的不同状态进行试验，这就是多因素的试验问题.

[例 8-4] 研究发现，影响致癌药物吸收率的因素有 4 个，每个因素都有 2 种状态，具体如下：

（1）反应温度：A_1：60 ℃，A_2：80 ℃；

（2）反应时间：B_1：2.5 小时，B_2：3.5 小时；

（3）配比（某 2 种原料之比）：C_1：1.1∶1；C_2：1.2∶1；

（4）真空度：D_1：500 mmHg，D_2：600 mmHg.

显然，上述例子希望通过试验解决的问题是：

（1）找出各个因子对指标的影响规律，具体说，就是：哪个因子是主要的，哪个因子是次要的，他们之间会不会产生综合效果？这种效果有多大？对指标的影响，综合效果是主要的，还是因子的单独作用是主要的？

（2）选出各因子的一个水平来组成比较合适的生产条件，以下统称最优生产条件，这里的最优是对试验所考察的因子和水平而言的.

由于［例 8-4］是 4 个两水平因子的试验，所以从 4 个因子的每一个因子的两个水平中选取一个水平的所有可能搭配共有 2×2×2×2=16 种，显然，对所有 16 种可能搭配进行试验，再对试验结果进行处理就可以将问题圆满解决. 现在要问的是：能否只做其中一部分试验，通过分析就可以获得问题的圆满解决呢？在比较复杂的多因子试验中，这个问题就更为突出了.

一、正交表及其设计

（一）正交表

使用正交设计方法进行试验方案的设计，就必须用到正交表. 正交表请查阅有关参考书. 我们可以把正交表分为相同水平正交表和混合水平正交表两种类型.

1. 相同水平正交表

这类正交表的一般写法是 $L_k(m^j)$. L 表示正交，k 表示用该正交表设计的试验处理组合数，m 表示试验因子的水平数，j 表示该表最多可以安排的效应数（包括主效和互作效应）. 每一正交表皆由 k 行和 j 列组成. 如 $L_4(2^3)$ 正交表，表示该正交表的设计共有 4 个处理组合，可以安排具有 2 个水平的因子，最多能估计 3 种效应，比如部分实施时的 3 个主效和完全实施时的 2 个主效加上 1 个一级互作. 如果把正交表的处理组合数 k 改写成水平数的乘幂 $k=m^n$，式中的 n 就是全部实施时所能研究的主效数，一般在正交表的下面已经用数字标出. $j-n$= 全部实施时所能研究的互作数，如 $L_4(2^3)$ 可以改写成 $L_2^2(2^3)$，这里 $n=2$，表示全部实施时能研究 2 个主效. $j-n=3-2=1$，表示全部实施时能研究 1 个互作，即 $A \times B$. 附表七中列出的 $L_4(2^3)$、$L_8(2^7)$、$L_{12}(2^{11})$、$L_{16}(2^{15})$、$L_9(3^4)$、$L_{27}(3^{13})$、$L_{16}(4^5)$ 和 $L_{25}(5^6)$ 都是相同水平的正交表.

各列水平数均相同的正交表，也称单一水平正交表. 这类正交表名称的写法举例如下：

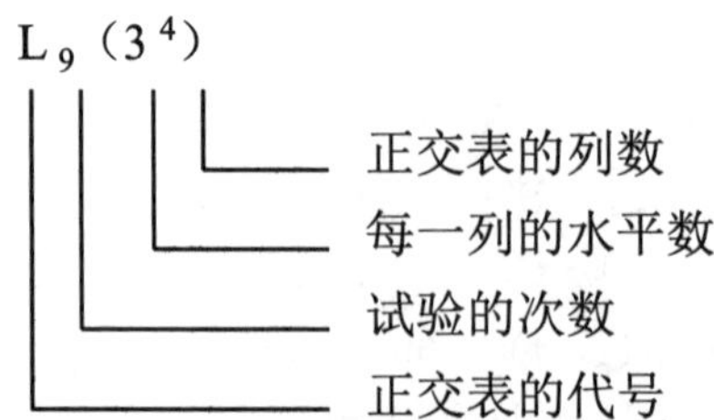

各列水平均为 2 的常用正交表有：L_4（2^3）、L_8（2^7）、L_{12}（2^{11}）、L_{16}（2^{15}）、L_{20}（2^{19}）和 L_{32}（2^{31}）.

各列水平数均为 3 的常用正交表有：L_9（3^4）和 L_{27}（3^{13}）.

各列水平数均为 4 的常用正交表有：L_{16}（4^5）.

各列水平数均为 5 的常用正交表有：L_{25}（5^6）.

1）正交表的设计（没有交互作用）

正交表是试验设计方法中合理安排试验，并对数据进行统计分析的主要工具，最简单的正交表是 L_4（2^3），见表 8－19.

表 8－19　L_4（2^3）正交表

试验号	列号		
	1	2	3
1	1	1	1
2	1	2	2
3	2	1	2
4	2	2	1

L_4（2^3）中 L 是指正交表，L 下角的数字表示有 4 行，即要做 4 次试验，括号内的指数表示 3 列，即最多允许安排的因子个数是 3 个，括号内的数 2，表示表的主要部分只有 2 种数字，即因子有 2 种水平 1 和 2，称之为 1 水平和 2 水平.

正交表有两个性质：

（1）每一列中，不同的数字出现的次数相等，这里不同的数字有 2 个——1 和 2，他们各出现 2 次；

（2）在任意 2 列中，将同一横行的两个数字看成有序数对时，每种数对出现的次数相等，这里的有序数对是（1，1）（1，2）（2，1）（2，2）.

现在利用［例 8－4］来介绍正交表的整体设计方法.

2）试验计划（次数）的制定

［例 8－4］中共有 4 个因子，即 A：反应温度；B：反应时间；C：配比；D：真空度. 每个因子各有两个水平，对此，我们选用正交表 L_8（2^7），其中包括 8 项试验，这 8 项试验，是从 16 种可能搭配中一次挑选出来的，可以同时进行试验.

具体做法是在 L_8（2^7）表头的第 1、2、4、7 列上分别写上因子 A、B、C、D，就得到表 8-20，这项把因子放入正交表头的工作称为表头设计，至于怎么样选用正交表，以及为什么要把因子 A、B、C、D 分别放在 1、2、4、7 列，将在下面进行介绍.

表 8-20　L_8（2^7）表头设计

试验号	列号						
	A	B		C			D
	1	2	3	4	5	6	7
1	1	1	1	1	1	1	1
2	1	1	1	2	2	2	2
3	1	2	2	1	1	2	2
4	1	2	2	2	2	1	1
5	2	1	2	1	2	1	2
6	2	1	2	2	1	2	1
7	2	2	1	1	2	2	1
8	2	2	1	2	1	1	2

现在，在表 8-20 的各因子列中，在数字 1 和 2 的位置分别填上该因子的 1 水平和 2 水平，就得到一张试验计划表，见表 8-21.

表 8-21　试验计划表

试验号	列　号				
	A ℃	B h	C	D mmHg	试验结果 y_t/%
	1	2	3	4	
1	60	2.5	1.1/1	500	86
2	60	2.5	1.2/1	600	95
3	60	3.5	1.1/1	600	91
4	60	3.5	1.2/1	500	94
5	80	2.5	1.1/1	600	91
6	80	2.5	1.2/1	500	96
7	80	3.5	1.1/1	500	83
8	80	3.5	1.2/1	600	88

有了试验计划，必须严格按照计划进行试验，但是，为了减少试验中由于先后掌

握不均所带来的干扰以及外界条件所引起的系统误差，试验可以不按照表上的号码进行，而是任意打乱，譬如用抽签办法来决定，在做完这 8 个试验以后，将测得的数据填入表 8－21 的最后一栏.

3）有交互作用的正交表的试验设计

［**例 8－5**］某农业开发集团，拟对某农场进行新产品开发，但是新产品对肥料的要求较高，集团为了节约肥料的使用量和增加农产品的附加值，对土地情况大体相同的 4 块试验田，采取不同的方式施用氮肥和磷肥，试验结果表明：第 1 块不加氮肥、磷肥，平均亩产 400 斤；第 2 块只加 6 斤氮肥，平均亩产 430 斤；第 3 块，只加 4 斤磷肥，平均亩产 450 斤；第 4 块，加 6 斤氮肥，4 斤磷肥，平均亩产 560 斤. 试验结果见表 8－22.

表 8－22 采用不同方式施用氮肥和磷肥的试验结果表

氮肥	磷肥/斤	
	P_1=0	P_2=4
N_1=0	400	450
N_2=6	430	560

解 从表 8－22 中看出，只加 4 斤磷肥，亩产增加 50 斤，只加 6 斤氮肥，亩产增加 30 斤，而氮肥、磷肥都加，亩产增加 160 斤，这说明，增产的 160 斤除了氮肥的单独效果 30 斤和磷肥的单独效果 50 斤以外，还有他们联合起来所发生的影响，而

$$(560-400)-(430-400)-(450-400)=160-30-50=80(\text{斤}).$$

就反映了这种联合起来的影响，在正交试验设计中，把这个值的一半称为 N 和 P 的交互作用，记作 $N\times P$，

即

$$N\times P=0.5\times 80=40(\text{斤}).$$

与此相仿，我们可以计算［例 8－4］某种癌症药物吸收率试验中因子 A 与 B 的交互作用，先根据表 8－21 算得：

B	A	
	A_1=60	A_2=80
B_1	$(y_1+y_2)/2$	$(y_5+y_6)/2$
B_2	$(y_3+y_4)/2$	$(y_7+y_8)/2$

于是

$$\left(\frac{y_7+y_8}{2}-\frac{y_1+y_2}{2}\right)-\left(\frac{y_5+y_6}{2}-\frac{y_1+y_2}{2}\right)-\left(\frac{y_3+y_4}{2}-\frac{y_1+y_2}{2}\right)=\frac{1}{2}(y_1+y_2+y_7+y_8)$$

$$-\frac{1}{2}(y_3+y_4+y_5+y_6).$$

就反映了因子 A 与因子 B 联合起来对产品吸收率所发生的影响，因此，因子 A 和因子 B 之间的相互作用 A×B 就等于将上式乘以二分之一，即

$$A\times B=\frac{1}{4}(y_1+y_2+y_7+y_8)-\frac{1}{4}(y_3+y_4+y_5+y_6)=-5.0 .$$

同样可以算出 A×C，B×C：

$$A\times C=\frac{1}{4}(y_1+y_3+y_6+y_8)-\frac{1}{4}(y_2+y_4+y_5+y_7)=-0.5,$$

$$B\times C=\frac{1}{4}(y_1+y_4+y_5+y_8)-\frac{1}{4}(y_2+y_3+y_6+y_7)=-1.5 .$$

上面 3 个交互作用的绝对值有大有小，其中以 A×B 的绝对值为最大，凡绝对值大的，说明因子间的交互作用大，反之就小.

因子间的交互作用实际上可以在正交表 L_8（2^7）上直接算出，例如 A×B 的值，从上面的算式和表 8–21 可见，它恰好是表 8–21 中第 3 列 1 对应的 y 值的平均数减去 2 对应的 y 值的平均数，也就是说，如果因子 A 放在第 1 列，因子 B 放在第 2 列，那么，第 3 列就是他们的交互作用 A×B，又把 C 放在第 4 列，参照上面的算式和表 8–22，可见 A 与 C 的交互作用就是第 5 列，B 与 C 的交互作用 B×C 就是第 6 列，实际上，对应于每一张正交表，就有一张两列间交互作用表，表 8–23 就是对应于 L_8（2^7）的交互作用表.

表 8–23　L_8（2^7）的交互作用表

1	2	3	4	5	6	7
（1）	3	2	5	4	7	6
	（2）	1	6	7	4	5
		（3）	7	6	5	4
			（4）	1	2	3
				（5）	1	2
					（6）	1
						（7）

从交互作用表上可以查出正交表中任两列的交互作用列，具体查法是：在表 8–23 上，第 1 列是带（）的列，从左向右水平看，第 2 列是不带括号的列号，从上往下看，交点出处的数字就是交互作用列. 例如，第 1 列和第 4 列的交互作用列是第 3 列，第一列和第 4 列的交互作用列是第 5 列，第 2 列和第 4 列的交互作用列是第 6 列等.

2. 混合水平正交表

这类正交表的一般写法是 $L_k\left(m_1^{j_1}\times m_2^{j_2}\right)$. L 表示正交，$k$ 表示用该正交表设计的试验处理组合数，$m_1^{j_1}\times m_2^{j_2}$ 表示具有 m_1 水平的试验因子 j_1 列和具有 m_2 水平的试验因子

j_2列. 每一混合水平正交表由 k 行 j_1+j_2 列组成. 如 L_8（4×2^4）正交表，表示该正交表的设计共有 8 个处理组合，可以安排具有 4 水平的因子 1 个，具有 2 水平的因子最多 4 个. 最多可估计 j_1+j_2=1+4=5 种效应（包括主效和互作效应）. 附表七中列出的 L_8（4×2^4），L_{16}（4^4×2^3），L_{12}（3×4）都是混合水平正交表.

各列水平数不相同的正交表，叫混合水平正交表，下面就是一个混合水平正交表名称的写法：

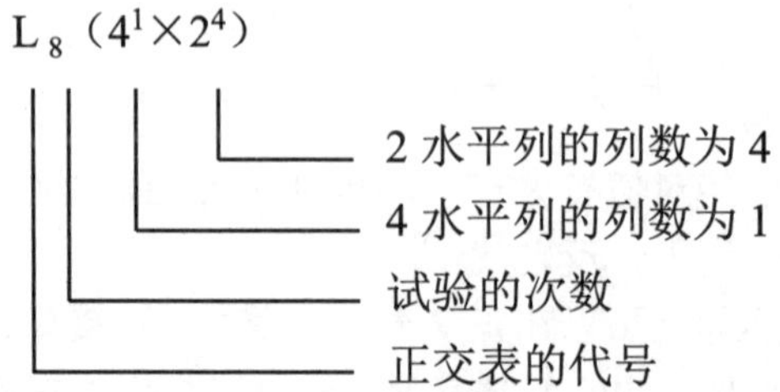

L_8（4^1×2^4）常简写为 L_8（4×2^4）. 此混合水平正交表含有 1 个 4 水平列，4 个 2 水平列，共有 1+4=5 列.

（二）正交试验的设计

正交试验设计的正交表是根据数学原理进行推导得来的. 当试验因子和水平数目不同时，正交表的结构也不一样，但是它们的理论根据却是一样的. 即都具有正交性（orthogonal）：

（1）任何一个供试因子的任一水平都具有与其他因子的任一水平遇到一起的机会，并且遇到一起的次数是相等的，这叫作均衡搭配性或均衡分散性.

（2）同一个因子的任一水平在部分实施的处理组合中出现的次数是相等，这叫作整齐可比性.

均衡搭配性和整齐可比性并称正交性，这是正交表的一个基本性质.

因此整个设计过程我们可用一句话归纳为："因素顺序上列、水平对号入座，试验横着做".

利用正交表进行试验设计，具体可以分为 4 个步骤.

1. 确定试验因子及水平数

一般来说，对所研究的问题了解不多，可多取些试验因子，用相同的水平. 如果对所研究的问题有所了解，可少取些试验因子，可用混合水平或相同水平. 如果希望对某些试验因子有较详细的了解，可取较多的水平. 试验因子及其水平确定之后，可列出试验因子及其水平表.

［例 8-6］ 为了探讨新培育的 4 个茄子品种的丰产措施，拟进行品种、密度和施肥量的综合试验. 品种有：黑又亮、沈茄 1 号、沈茄 2 号、长茄 1 号（CK）；密度设为每亩定植 3800 株和 4200 株；施肥量分为每亩施复合肥 100 公斤和 150 公斤. 拟采用正交试验设计，重复二次. 要求估计各因子的主效和选出最优组合. 把该例确定的试验因子和水平做成试验因子及水平表，见表 8-24.

表 8－24　试验因子及其水平

试验因子	水平			
	1	2	3	4
品种（A）	黑又亮	沈茄 1 号	沈茄 2 号	长茄 1 号
密度（B）	3800	4200		
施肥量（C）	100	150		

2. **选择合适的正交表**

根据已经确定的因子及其水平数，就可以计算出全面实施的全部处理组合数（等于各因子水平数的乘积），比如该例的全部处理组合为 4×2×2 =16 个. 然后决定采用 1/2 实施还是 1/4 实施方案，就可以确定出用来做试验的处理组合数 k，比如该例采用 1/2 实施，则 $k=16\times1/2=8$. 在这个基础上再选择合适的正交表. 一般来说，合适的正交表应该能够同时满足下列 3 个条件：

（1）正交表的 k 应该等于用来做试验的处理数；

（2）表头设计能够包括要求研究的效应；

（3）各因子下的 m 应该等于已经确定的水平.

本例选择混合水平正交表 L_8（4×2^4）即可满足上述 3 个条件.

3. **进行表头设计，写出处理组合名称**

表头设计是正交设计的关键，它承担着将各因素及交互作用合理安排到正交表的各列中的重要任务.

所谓表头设计就是将试验因子和需要估计的交互作用，排入正交表的表头各列. 然后根据各试验因子（不管互作）列下的水平，写出该试验应该用来做试验的处理组合的名称.

表头上没有写上试验因子或交互作用的列叫做空列. 空列一般都是许多交互作用的混杂，方差分析时归入试验误差项.

比如该例可把试验因子 A、B、C 分别填入正交表 L_8（4×2^4）的 1、2、3 列，并抄录该 3 列下的水平，即用 L_8（4×2^4）设计的 1/2 实施表，见表 8－25.

表 8－25　用 L_8（4×2^4）设计的 1/2 实施表

处理组合代号	列号		
	1	2	5
	试验因素		
	A	B	C
1	1	1	1
2	1	2	2
3	2	1	1
4	2	2	2
5	3	1	2
6	3	2	1
7	4	1	2
8	4	2	1

将各个试验因子及其下面的水平号码写在一起，即得需要实施的 8 个处理组合名称：

（1）$A_1B_1C_1$=黑又亮+3800 株/亩+100 公斤/亩；

（2）$A_1B_2C_2$=黑又亮+4200 株/亩+150 公斤/亩；

（3）$A_2B_1C_1$=沈茄 1 号+3800 株/亩+100 公斤/亩；

（4）$A_2B_2C_2$=沈茄 1 号+4200 株/亩+150 公斤/亩；

（5）$A_3B_1C_2$=沈茄 2 号+3800 株/亩+150 公斤/亩；

（6）$A_3B_2C_1$=沈茄 2 号+4200 株/亩+100 公斤/亩；

（7）$A_4B_1C_2$=长茄 1 号+3800 株/亩+150 公斤/亩；

（8）$A_4B_2C_1$=长茄 1 号+4200 株/亩+100 公斤/亩.

4. 采用随机区组设计

正交试验设计的关键就在于得到需要实施的处理组合. 这种处理组合确定之后，应该采用随机区组设计进行田间排列. 需要实施的全部处理组合随机地排列在一个区组内. 为了提高正交试验的精确度，一般应设置 2～3 次重复（或 2～3 个区组）.

如上例进行茄子丰产栽培试验，拟重复 2 次，根据已经确定的 8 个处理组合，可进行如下设计（图 8-2）.

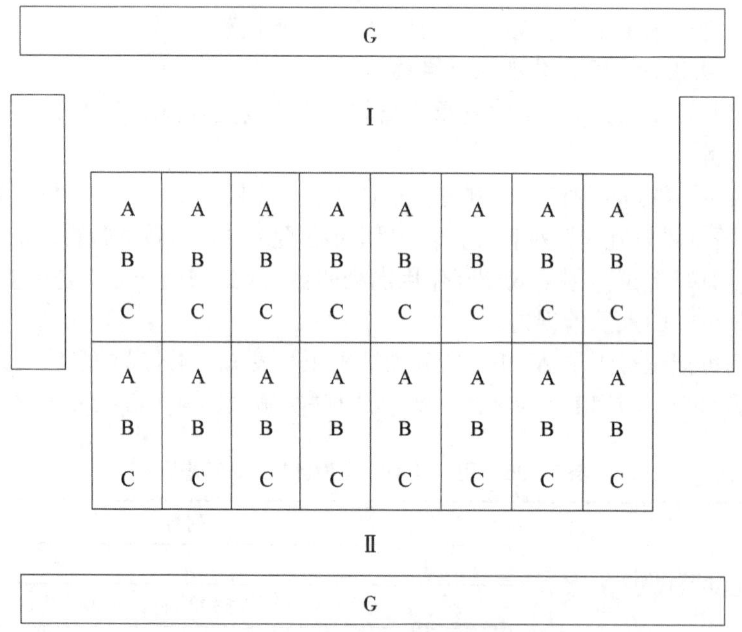

图 8-2　1/2 实施的随机区组设计

（三）正交表的选用原则及改造

从前面的介绍可以知道，正交试验设计在制定试验计划中，首先要根据实际情况确定因子、因子的水平以及需要考察的交互作用，然后选取一张合适的正交试验表，把因子和需要考察的交互作用合理地安排到正交表的表头上，表头上每列至多只能安排一个内容，不允许出现同一列包含两个或者两个以上内容的混杂现象，表头设计确定后，因子所占的列就组成了试验计划，因此，一个设计方案的确定，最终都归结为选表和表头的设计，表选得合适与否，将决定正交试验的效果.

但是正交表的设计又没有严格的规定，设计过程必须根据实际情况而定，具体问题具体分析，但是一般来说，可以遵循一条原则：要考察的因子及交互作用的自由度总和必须不大于所选正交表的自由度之和.（1）正交表的总自由度 $df_{总}$=试验次数－1，正交表每一列的自由度 $df_{列}$=此列水平数－1；（2）因子 A 的自由度 df_A=因子 A 的水平数－1，因子 A，B 交互作用的自由度=$df_A \times df_B$ 的自由度.

我们一般都是先确定试验的因素、水平和交互作用，后选择适用的 L 表. 在确定因素的水平数时，主要因素宜多安排几个水平，次要因素可少安排几个水平. 具体如下：

（1）先看水平数. 若各因素全是 2 水平，就选用 L（2*）表；若各因素全是 3 水平，就选 L（3*）表. 若各因素的水平数不相同，就选择适用的混合水平表.

（2）每一个交互作用在正交表中应占一列或二列. 要看所选的正交表是否足够大，能否容纳得下所考虑的因素和交互作用. 为了对试验结果进行方差分析或回归分析，还必须至少留一个空白列，作为“误差”列，在极差分析中要作为“其他因素”列处理.

（3）要看试验精度的要求. 若要求高，则宜取试验次数多的 L 表.

（4）若试验费用很昂贵，或试验的经费很有限，或人力和时间都比较紧张，则不宜选试验次数太多的 L 表.

（5）按原来考虑的因素、水平和交互作用去选择正交表，若无正好适用的正交表可选，简便且可行的办法是适当修改原定的水平数.

（6）在某因素或某交互作用的影响是否确实存在没有把握的情况下，选择 L 表时常为该选大表还是选小表而犹豫. 若条件许可，应尽量选用大表，让影响存在的可能性较大的因素和交互作用各占适当的列. 某因素或某交互作用的影响是否真的存在，留到方差分析进行显著性检验时再做结论. 这样既可以减少试验的工作量，又不至于漏掉重要的信息.

需要指出的是，根据上述规则所选的正交表不一定放得下要考察的因子及交互作用，也就是说，上述原则是给我们提供了选择合适正交表的可能性，至于如何选择合适的正交表，还必须进行表头的改造.

一般表头的设计可以按照以下步骤进行：

（1）首先考虑交互作用不可忽略的因子，按照不可混杂的原则，将这些因子及交互作用安排在表头上.

（2）再将其余可以忽略交互作用的因子任意安排在剩下的各列上.

因此，即使同一个试验问题，即适用同一张正交表，表头的设计也可以不一样. 尽管如此，实践证明，这样的设计并不影响最终的分析结果，即判别因子和交互作用引起影响的大小以及最优生产条件的选取是基本一致的.

例如，我们想在 L_{16}（2^{15}）的正交表上安排 $4^1 \times 2^3$ 因子的试验设计问题，按照原来的 L_{16}（2^{15}）正交表是无法安排这个试验问题的，现在，我们就用这个例子来说明正交表的表头改造问题.

改造 L_{16}（2^{15}）的目的是要在这个二水平表上安排四水平的因子问题，这可以通过并列来实现，具体步骤如下：

首先从 L_{16}（2^{15}）中任取两列，譬如 1、2 列，将此二列同横行的水平是看成 4 种有序数对（1，1）（1，2）（2，1）（2，2），将每种有序数对分布对应因子 A 的一个水平，这里，我们规定对应关系为：（1，1）−1，（1，2）−2，（2，1）−3，（2，2）−4，于是 1，2 列合起来就变成具有四水平的一列，再将第 1，2 列的交互作用列即第 3 列，从正交表中划去，因为它已不能再安排任何因子，这样就等于将第 1，2，3 列合并成新的四水平列 1' 可以安排一个四水平因子，由于四水平因子的自由度为 3，而二水平正交表每一列的自由度为 1，所以从自由度的角度来讲，四水平因子在二水平正交表上应该占 3 列，在新的一列 1' 上安排一个四水平因子是完全恰当的. 从而将 L_{16}（2^{15}）改造成一张新的表 L_{16}（$4^1 \times 2^{12}$）见表 8−26.

表 8−26　改造后的新 L_{16}（$4^1 \times 4^{12}$）表

试验号	123	4	5	6	7	8	9	10	11	12	13	14	15
1	1	1	1	1	1	1	1	1	1	1	1	1	1
2	1	1	1	1	1	2	2	2	2	2	2	2	2
3	1	2	2	2	2	1	1	1	1	2	2	2	2
4	1	2	2	2	2	2	2	2	2	1	1	1	1
5	2	1	1	2	2	1	1	2	2	1	1	2	2
6	2	1	1	2	2	2	2	1	1	2	2	1	1
7	2	2	2	1	1	1	1	2	2	2	2	1	1
8	2	2	2	1	1	2	2	1	1	1	1	2	2
9	3	1	2	1	2	1	2	1	2	1	2	1	2
10	3	1	2	1	2	2	1	2	1	2	1	2	1
11	3	2	1	2	1	1	2	1	2	2	1	2	1
12	3	2	1	2	1	2	1	2	1	1	2	1	2
13	4	1	2	2	1	1	2	2	1	1	2	2	1
14	4	1	2	2	1	2	1	1	2	2	1	1	2
15	4	2	1	1	2	1	2	2	1	2	1	1	2
16	4	2	1	1	2	2	1	1	2	1	2	2	1

显然，新的表 L_{16}（$4^1 \times 2^{12}$）仍然是一张正交表，不难验证，它满足正交表的两个性质：

（1）在任一列中各水平出现的次数相同，（四水平列中各水平出现 4 次，二水平列各水平出现 8 次).

（2）任两列同横行的有序数对出现的次数.

正交表 L_{16}（$4^1\times2^3$）的任意两个二水平列的交互作用仍可由 L_{16}（2^{15}）的交互作用表查出，它的四水平列的交互作用与任意二水平交互作用都有 3 列，而且就是 1、2、3 列与该列的 3 个交互作用列.

现在我们可以用改造好的正交表 L_{16}（$4^1\times2^{12}$）来进行表头的设计，首先，把 4 水平因子 A 放在第 1、2、3 列改造成的四水平列上，把因子 B 放在第 4 列上，显然，A 与 B 的交互作用列为第 1、4 列，第 2、4 列，第 3、4 列的交互作用列，即第 5、6、7 列，再把因子 C 放在第 8 列，同理，A×C 占有第 9、10、11 列，最后把因子 D 放在第 12 列上，从而完成了表头的设计（表 8－27）.

表 8－27　表头设计

表头设计	A	B	A×B	C	A×C	D			
列号	1、2、3	4	5、6、7	8	9、10、11	12	13	14	15

试验计划由 A，B，C，D 所占的列组成.

另外，L_{16}（2^{15}）除了可以改造成 L_{16}（$4^1\times2^{12}$）以外，还可以按具体需要改造成 L_{16}（$4^2\times2^9$）L_{16}（$4^3\times2^6$）L_{16}（$4^4\times2^3$）和 L_{16}（4^5）. 例如，在 L_{16}（$4^1\times2^{12}$）的基础上再取出 4812 列，按照上述并列方法容易改造得 L_{16}（$4^2\times2^9$），为了说明这些改造是可能的，需要指出 L_{16}（2^{15}）与 L_{16}（4^5）之间有下列关系：

L_{16}（2^{15}）的第 1、2、3 列——L_{16}（4^5）的第 1 列；

L_{16}（2^{15}）的第 4、8、12 列——L_{16}（4^5）的第 2 列；

L_{16}（2^{15}）的第 5、10、15 列——L_{16}（4^5）的第 3 列；

L_{16}（2^{15}）的第 7、9、14 列——L_{16}（4^5）的第 4 列；

L_{16}（2^{15}）的第 6、11、13 列——L_{16}（4^5）的第 5 列.

这种正交表的并列改造方法可以扩展使用到其他正交表上，如对 L_8（2^7）和 L_{32}（2^{31}）来说，并列改造已经不存在技术上的问题了. 更多关于正交表的灵活运用的方法详见其他相关参考书.

二、正交试验的统计分析方法

（一）正交试验结果分析方法

正交试验方法之所以能得到科技工作者的重视并在实践中得到广泛的应用，其原因不仅在于能使试验的次数减少，而且能够用相应的方法对试验结果进行分析并引出许多有价值的结论. 因此，用正交试验法进行试验，如果不对试验结果进行认真的分析，并引出应该引出的结论，那就失去用正交试验法的意义和价值.

1. *极差分析方法*

下面以表 8–28 为例讨论 L_4（2^3）正交试验结果的极差分析方法. 极差指的是各列中各水平对应的试验指标平均值的最大值与最小值之差. 从表 8–25 的计算结果可知，用极差法分析正交试验结果可引出以下几个结论：

（1）在试验范围内，各列对试验指标的影响从大到小地排队. 某列的极差最大，表示该列的数值在试验范围内变化时，使试验指标数值的变化最大. 所以各列对试验指标的影响从大到小地排队，就是各列极差 D 的数值从大到小地排队.

（2）试验指标随各因素的变化趋势. 为了能更直观地看到变化趋势，常将计算结果绘制成图.

（3）要有使试验指标最好的适宜的操作条件（适宜的因素水平搭配）.

表 8–28　L_4（2^3）正交试验计算

列 号		1	2	3	试验指标 y_i
试验号	1	1	1	1	y_1
	2	1	2	2	y_2
	3	2	1	2	y_3
	n=4	2	2	1	y_4
I_j		$\mathrm{I}_1=y_1+y_2$	$\mathrm{I}_2=y_1+y_3$	$\mathrm{I}_3=y_1+y_4$	
II_j		$\mathrm{II}_1=y_3+y_4$	$\mathrm{II}_2=y_2+y_4$	$\mathrm{II}_3=y_2+y_3$	
k_j		$k_1=2$	$k_2=2$	$k_3=2$	
I_j/k_j		I_1/k_1	I_2/k_2	I_3/k_3	
II_j/k_j		II_1/k_1	II_2/k_2	II_3/k_3	
极差（D_j）		max{ }−min{ }	max{ }−min{ }	max{ }−min{ }	

注：

I_j——第 j 列“1”水平所对应的试验指标的数值之和.

II_j——第 j 列“2”水平所对应的试验指标的数值之和.

k_j——第 j 列同一水平出现的次数. 等于试验的次数（n）除以第 j 列的水平数.

I_j/k_j——第 j 列“1”水平所对应的试验指标的平均值.

II_j/k_j——第 j 列“2”水平所对应的试验指标的平均值.

D_j——第 j 列的极差. 等于第 j 列各水平对应的试验指标平均值中的最大值减最小值.

（4）可对所得结论和进一步的研究方向进行讨论.

2. *方差分析方法*

1）计算公式和项目

试验指标的加和值为 $\sum_{i=1}^{n} y_i$，试验指标的平均值 $\bar{y}=\frac{1}{n}\sum_{i=1}^{n} y_i$，以第 j 列为例：

（1）I_j ——“1”水平所对应的试验指标的数值之和.

（2）II_j ——“2”水平所对应的试验指标的数值之和.

（3）……．

（4）k_j——同一水平出现的次数．等于试验的次数除以第 j 列的水平数．

（5）I_j/k_j——“1”水平所对应的试验指标的平均值．

（6）II_j/k_j——“2”水平所对应的试验指标的平均值．

（7）……．

以上 7 项的计算方法同极差法，见表 8－28．

（8）偏差平方和

$$S_j = k_j\left(\frac{\text{I}_j}{k_j}-\overline{y}\right)^2 + k_j\left(\frac{\text{II}_j}{k_j}-\overline{y}\right)^2 + k_j\left(\frac{\text{III}_j}{k_j}-\overline{y}\right)^2 + \cdots$$

（9）df_j——自由度．f_j＝第 j 列的水平数－1．

（10）V_j——方差．$V_j=S_j/df_j$．

（11）V_e——误差列的方差．$V_e=S_e/df_e$．式中，e 为正交表的误差列．

（12）F_j——方差之比 $F_j=V_j/V_e$．

（13）查 F 分布数值表做显著性检验．

（14）总的偏差平方和 $S_{总}=\sum_{i=1}^{n}\left(y_i-\overline{y}\right)^2$．

（15）总的偏差平方和等于各列的偏差平方和之和．即 $S_{总}=\sum_{j=1}^{m}S_j$．

式中，m 为正交表的列数．

若误差列由 5 个单列组成，则误差列的偏差平方和 S_e 等于 5 个单列的偏差平方和之和，即：$S_e=S_{e1}+S_{e2}+S_{e3}+S_{e4}+S_{e5}$；也可用 $S_e=S_{总}-S'$来计算，其中 S'为安排有因素或交互作用的各列的偏差平方和之和．

2）可引出的结论

与极差法相比，方差分析方法可以多引出一个结论：各列对试验指标的影响是否显著，在什么水平上显著．在数理统计上，这是一个很重要的问题．显著性检验强调试验在分析每列对指标影响中所起的作用．如果某列对指标影响不显著，那么，讨论试验指标随它的变化趋势是毫无意义的．因为在某列对指标的影响不显著时，即使从表中的数据可以看出该列水平变化时，对应的试验指标的数值与在以某种“规律”发生变化，但那很可能是由于试验误差所致，将它作为客观规律是不可靠的．有了各列的显著性检验之后，最后应将影响不显著的交互作用列与原来的“误差列”合并起来．组成新的“误差列”，重新检验各列的显著性．

三、正交设计方法的应用实例一

［**例 8－7**］在进行矿物质元素对架子猪补饲试验中，考察补饲配方、用量、食盐 3 个因素，每个因素都有 3 个水平．试安排一个正交试验方案．

解　正交设计一般有以下几个步骤：

（1）确定因素和水平．影响试验结果的因素很多，我们不可能把所有影响因素通过一次试验都予以研究，只能根据以往的经验，挑选和确定若干对试验指标影响最大、有较大经济意义而又了解不够清楚的因素来研究. 同时还应根据实际经验和专业知识，定出各因素适宜的水平，列出因素水平表，[例 8-7] 的因素水平表见表 8-29.

表 8-29　架子猪补饲试验因素水平表

水　平	因　素		
	矿物质元素补饲配方（A）	用量（g）（B）	食盐（g）（C）
1	配方 I（A_1）	15（B_1）	0（C_1）
2	配方 II（A_2）	25（B_2）	4（C_2）
3	配方 III（A_3）	20（B_3）	8（C_3）

（2）选用合适的正交表. 确定了因素及其水平后，根据因素、水平及需要考察的交互作用的多少来选择合适的正交表. 选用正交表的原则是：既要能安排下试验的全部因素，又要使部分水平组合数（处理数）尽可能地少. 一般情况下，试验因素的水平数应恰好等于正交表记号中括号内的底数；因素的个数（包括交互作用）应不大于正交表记号中括号内的指数；各因素及交互作用的自由度之和要小于所选正交表的总自由度，以便估计试验误差. 若各因素及交互作用的自由度之和等于所选正交表总自由度，则可采用有重复正交试验来估计试验误差.

此例有 3 个 3 水平因素，若不考察交互作用，则各因素自由度之和为因素数个数×（水平数-1）=3×（3-1）=6，小于 $L_9(3^4)$ 总自由度 9-1=8，故可以选用 $L_9(3^4)$；若要考察交互作用，则应选用 $L_{27}(3^{13})$，此时所安排的试验方案实际上是全面试验方案.

（3）表头设计. 正交表选好后，就可以进行表头设计. 所谓表头设计，就是把挑选出的因素和要考察的交互作用分别排入正交表的表头适当的列上. 在不考察交互作用时，各因素可随机安排在各列上；若考察交互作用，就应按该正交表的交互作用列表安排各因素与交互作用. 此例不考察交互作用，可将矿物质元素补饲配方（A）、用量（B）和食盐（C）依次安排在 $L_9(3^4)$ 的第 1、2、3 列上，第 4 列为空列，见表 8-30.

表 8-30　表头设计

列号	1	2	3	4
因素	A	B	C	空

（4）列出试验方案. 把正交表中安排各因素的每个列（不包含欲考察的交互作用列）中的每个数字依次换成该因素的实际水平，就得到一个正交试验方案. 表 8-31 是 [例 8-7] 的正交试验方案.

根据表 8–31，1 号试验处理是 $A_1B_1C_1$，即配方Ⅰ，用量 15 g、食盐为 0；2 号试验处理是 $A_1B_2C_2$，即配方Ⅱ，用量 25 g、食盐为 4 g；……；9 号试验处理为 $A_3B_3C_2$，即配方Ⅲ，用量 20 g、食盐 4 g.

表 8–31　正交试验方案

试验号	因素		
	A	B	C
	1	2	3
1	1（配方Ⅰ）	1（15）	1（0）
2	1（配方Ⅰ）	2（25）	2（4）
3	1（配方Ⅰ）	3（20）	3（8）
4	2（配方Ⅱ）	1（15）	2（4）
5	2（配方Ⅱ）	2（25）	3（8）
6	2（配方Ⅱ）	3（20）	1（0）
7	3（配方Ⅲ）	1（15）	3（8）
8	3（配方Ⅲ）	2（25）	1（0）
9	3（配方Ⅲ）	3（20）	2（4）

（5）正交试验结果的统计分析. 根据各号试验处理是单独观测值还是有重复观测值，正交试验可分为单独观测值正交试验和有重复观测值正交试验两种. 若各号试验处理都只有一个观测值，则称之为单独观测值正交试验；若各号试验处理都有两个或两个以上观测值，则称之为有重复观测值正交试验. 下面分别介绍单独观测值和有重复观测值正交试验结果的方差分析.

（一）单独观测值正交试验结果的方差分析

对［例 8–7］用 $L_9(3^4)$ 安排试验方案后，各号试验只进行一次，试验结果（增重）列于表 8–32. 试对其进行方差分析.

该次试验的 9 个观测值总变异由 A 因素、B 因素、C 因素及误差变异 4 部分组成，因而进行方差分析时平方和与自由度的划分式为

$$SS_T = SS_A + SS_B + SS_C + SS_e, \qquad (8-7)$$
$$df_T = df_A + df_B + df_C + df_e.$$

用 n 表示试验（处理）号数；a、b、c 表示 A、B、C 因素各水平重复数；k_a、k_b、k_c 表示 A、B、C 因素的水平数. 本例，n=9、a=b=c=3、k_a=k_b=k_c=3.

表 8-32　正交试验结果计算表

试验号	因　素			增重 y/kg
	A (1)	B (2)	C (3)	
1	1	1	1	63.4（y_1）
2	1	2	2	68.9（y_2）
3	1	3	3	64.9（y_3）
4	2	1	2	64.3（y_4）
5	2	2	3	70.2（y_5）
6	2	3	1	65.8（y_6）
7	3	1	3	71.4（y_7）
8	3	2	1	69.5（y_8）
9	3	3	2	73.7（y_9）
T_1/kg	197.2	199.1	198.7	612.1（T）
T_2/kg	200.3	208.6	206.9	
T_3/kg	214.6	204.4	206.5	
$\bar{x}_1$/kg	65.7333	66.3667	66.2333	
$\bar{x}_2$/kg	66.7667	69.5333	68.9667	
$\bar{x}_3$/kg	71.5333	68.1333	68.8333	

表 8-32 中，T_i 为各因素同一水平试验指标（增重）之和. 如 A 因素第 1 水平 $T_1=y_1+y_2+y_3=63.4+68.9+64.9=197.2$(kg)，A 因素第 2 水平 $T_2=y_4+y_5+y_6=64.3+70.2+65.8=200.3$(kg)，A 因素第 3 水平 $T_3=y_7+y_8+y_9=71.4+69.5+73.7=214.6$(kg)；B 因素第 1 水平 $T_1=y_1+y_4+y_7=63.4+64.3+71.4=199.1$(kg)，……，B 因素第 3 水平 $T_3=y_3+y_6+y_9=64.9+65.8+73.7=204.4$(kg). 同理可求得 C 因素各水平试验指标之和.

$\bar{x}$ 为各因素同一水平试验指标的平均数. 如 A 因素第 1 水平 $\bar{x}_1=197.2/3=65.7333$(kg)，A 因素第 2 水平 $\bar{x}_2=200.3/3=66.7667$(kg)，A 因素第 3 水平 $\bar{x}_3=214.6/3=71.5333$(kg). 同理可求得 B，C 因素各水平试验指标的平均数.

1. **计算各项平方和与自由度**

矫正数：$C=T^2/n=612.1^2/9=41629.6011(\text{kg}^2)$；

总平方和：$SS_T=\sum y_i^2-C=63.4^2+68.9^2+\cdots+73.7^2-41629.6011=101.2489(\text{kg}^2)$；

A 因素平方和：　$SS_A=\sum T_A^2/a-C=(197.2^2+200.3^2+214.6^2)/3-41629.6011=57.4289(kg^2)$；

B 因素平方和：　$SS_B=\sum T_B^2/b-C=(199.1^2+208.6^2+204.4^2)/3-41629.6011=15.1089(kg^2)$；

C 因素平方和：　$SS_C=\sum T_C^2/c-C=(198.7^2+206.9^2+206.5^2)/3-41629.6011=14.2489(kg^2)$；

误差平方和：　$SS_e=SS_T-SS_A-SS_B-SS_C=101.2489-57.4289-15.1089-14.2489$
$=14.4622(kg^2)$；

总自由度：　$df_T=n-1=9-1=8$；

A 因素自由度：$df_A=k_a-1=3-1=2$；

B 因素自由度：$df_B=k_b-1=3-1=2$；

C 因素自由度：$df_C=k_c-1=3-1=2$；

误差自由度：　$df_e=df_T-df_A-df_B-df_C=8-2-2-2=2$.

2. 列出方差分析表，进行 *F* 检验

表 8－33　方差分析表

变异来源	SS/kg²	df	MS/kg²	F	$F_{0.05(2,2)}$
配方（A）	57.4289	2	28.71	3.97^{ns}	19.00
用量（B）	15.1089	2	7.55	1.05^{ns}	
食盐（C）	14.2489	2	7.12	<1	
误差	14.4622	2	7.23		
总变异	101.25	8			

注：ns 表示无显著差异（nonsignificant）.

F 检验结果表明，3 个因素对增重的影响都不显著. 究其原因可能是本例试验误差大且误差自由度小（仅为 2），使检验的灵敏度低，从而掩盖了考察因素的显著性. 由于各因素对增重影响都不显著，不必再进行各因素水平间的多重比较. 此时，可直观地从表 8－32 中选择平均数大的水平 A_3、B_2、C_2 组合成最优水平组合 $A_3B_2C_2$.

上述无重复正交试验结果的方差分析，其误差是由“空列”来估计的. 然而“空列”并不空，实际上是被未考察的交互作用所占据. 这种误差既包含试验误差，也包含交互作用，称为模型误差. 若交互作用不存在，用模型误差估计试验误差是可行的；若因素间存在交互作用，则模型误差会夸大试验误差，有可能掩盖考察因素的显著性. 这时，试验误差应通过重复试验值来估计. 所以，进行正交试验最好能有二次以上的重复. 正交试验的重复，可采用完全随机或随机单位组设计.

（二）有重复观测值正交试验结果的方差分析

假定[例 8－7]试验重复了两次，且重复采用随机单位组设计，试验结果列于表 8－34. 试对其进行方差分析.

用 n 表示试验（处理）号数，r 表示试验处理的重复数. a、b、c、k_a、k_b、k_c 的意义同上. 此例 n=9、r=2、a=b=c=3、k_a=k_b=d_c=3.

表 8-34　有重复观测值正交试验结果计算表

试验号 n	因素 A (1)	因素 B (2)	因素 C (3)	因素 空 (4)	增重/kg 单位组Ⅰ	增重/kg 单位组Ⅱ	增重/kg T_t
1	1	1	1	1	63.4	67.4	130.8
2	1	2	2	2	68.9	87.2	156.1
3	1	3	3	3	64.9	66.3	131.2
4	2	1	2	3	64.3	86.3	150.6
5	2	2	3	1	70.2	88.5	158.7
6	2	3	1	2	65.8	66.6	132.4
7	3	1	3	2	71.4	89.0	160.4
8	3	2	1	3	69.5	91.2	160.7
9	3	3	2	1	73.7	92.8	166.5
T_1/kg	418.1	441.8	423.9	456	612.1	735.3	1347.4（T）
T_2/kg	441.7	475.5	473.2	448.9			
T_3/kg	487.6	430.1	450.3	442.5			
$\bar{x}_1$/kg	69.68	73.63	70.65	76.00			
$\bar{x}_2$/kg	73.62	79.25	78.87	74.82			
$\bar{x}_3$/kg	81.26	71.68	75.05	73.75			

对于有重复、且重复采用随机单位组设计的正交试验，总变异可以划分为处理间、单位组间和误差变异 3 部分，而处理间变异可进一步划分为 A 因素、B 因素、C 因素与模型误差变异 4 部分. 此时，平方和与自由度划分式为

$$SS_T = SS_t + SS_r + SS_{e2},$$
$$df_T = df_t + df_r + df_{e2},$$

而

$$SS_t = SS_A + SS_B + SS_C + SS_{e1},$$
$$df_t = df_A + df_B + df_C + df_{e1},$$

于是

$$SS_T = SS_A + SS_B + SS_C + SS_r + SS_{e1} + SS_{e2}, \tag{8-8}$$
$$df_T = df_A + df_B + df_C + df_r + df_{e1} + df_{e2}.$$

式中：SS_r 为单位组间平方和；SS_{e1} 为模型误差平方和；SS_{e2} 为试验误差平方和；SS_t 为处理间平方和；df_r、df_{e1}、df_{e2}、df_t 为相应自由度.

注意，对于重复采用完全随机设计的正交试验，在平方和与自由度划分式中无 SS_r、df_r 项.

1. **计算各项平方和与自由度**

矫正数：$C=T^2/(r\cdot n)=1347.4^2/(2\times9)=100860.3756$；

总平方和：$SS_T=\sum y^2-C=63.4^2+68.9^2+\cdots+92.8^2-100860.3756=1978.5444(kg^2)$；

单位组间平方和：$SS_r=\sum T_r^2/n-C=(612.1^2+735.3^2)/9-100860.3756=843.2355(kg^2)$；

处理间平方和：$SS_t=\sum T_t^2/r-C=(130.8^2+156.1^2+\cdots+166.5^2)/2-100860.3756$
$=819.6244(kg^2)$；

A 因素平方和：$SS_A=\sum T_A^2/(a\cdot r)-C=(418.1^2+441.7^2+487.6^2)/(3\times2)-100860.3756$
$=416.3344(kg^2)$；

B 因素平方和：$SS_B=\sum T_B^2/(b\cdot r)-C=(441.8^2+475.5^2+430.1^2)/3\times2-100860.3756$
$=185.2077(kg^2)$；

C 因素平方和：$SS_C=\sum T_C^2/(c\cdot r)-C=(423.9^2+473.2^2+450.3^2)/3\times2-100860.3756$
$=202.8811(kg^2)$；

模型误差平方和：$SS_{e1}=SS_t-SS_A-SS_B-SS_C=819.6244-416.3344-185.2077-202.8811$
$=15.2012(kg^2)$；

试验误差平方和：$SS_{e2}=SS_T-SS_r-SS_t=1978.5444-843.2355-819.6244=315.6845(kg^2)$；

总自由度：$df_T=rn-1=2\times9-1=17$；

单位组自由度：$df_r=r-1=2-1=1$；

处理自由度：$df_t=n-1=9-1=8$；

A 因素自由度：$df_A=a-1=3-1=2$；

B 因素自由度：$df_B=b-1=3-1=2$；

C 因素自由度：$df_C=c-1=3-1=2$；

模型误差自由度：$df_{e1}=df_t-df_A-df_B-df_C=8-2-2-2=2$；

试验误差自由度：$df_{e2}=df_T-df_t=17-1-8=8$.

2. **列出方差分析表，进行 F 检验**

有重复观测值正交试验结果的方差分析见表 8−35.

表 8−35　有重复观测值正交试验结果方差分析表

变异来源	SS/kg^2	df	MS/kg^2	F	$F_{0.05}$	$F_{0.01}$
A	416.3344	2	208.17	6.29*	4.10	7.55
B	185.2077	2	92.60	2.80	4.10	7.55
C	202.8811	2	101.44	3.07	4.10	7.55
单位组	843.2355	1	843.24	25.48**	4.96	10.01
误差（e_1）	15.2012	2	7.60			
误差（e_2）	315.6845	8	39.46			
合并误差	330.8857	10	33.09			
总的	1978.5444	17				

注：**表示 $p<0.01$，*表示 $p<0.05$.

首先检验 MS_{e_1} 与 MS_{e_2} 差异的显著性，若经 F 检验不显著，则可将其平方和与自由度分别合并，计算出合并的误差均方，进行 F 检验与多重比较，以提高分析的精度；若 F 检验显著，说明存在交互作用，二者不能合并，此时只能以 MS_{e_2} 进行 F 检验与多重比较. 本例 $MS_{e_1}/MS_{e_2}<1$，MS_{e_1} 与 MS_{e_2} 差异不显著，故将误差平方和与自由度分别合并计算出合并的误差均方 MS_e，即 $MS_e=(SS_{e_1}+SS_{e_2})/(df_{e_1}+df_{e_2})=(15.2012+315.6845)/(2+8)=33.09(\text{kg}^2)$，并用合并的误差均方 MS_e 进行 F 检验与多重比较.

F 检验结果表明，矿物质元素配方对架子猪增得有显著影响，另外两个因素作用不显著；两个单位组间差异极显著.

3. ***A* 因素各水平平均数的多重比较**

A 因素各水平平均数的多重比较见表 8－36.

表 8－36　*A* 因素各水平平均数多重比较表（SSR 法）

单位：kg

A 因素	平均数 $\bar{x}_i$	$\bar{x}_i-69.68$	$\bar{x}_i-73.62$
A_3	81.26	11.58**	7.64*
A_2	73.62	3.94	
A_1	69.68		

注：**表示 $P<0.01$，*表示 $P<0.05$.

因为，$S_{\bar{x}}=\sqrt{MS_e/ar}=\sqrt{33.09/(3\times2)}=2.35\ (\text{kg})$，由 df_e=10 和 k=2,3，查得 SSR 值并计算出 LSR 值列于表 8－37.

表 8－37　SSR 值与 LSR 值表

df_e	k	$SSR_{0.05}$	$SSR_{0.01}$	$LSR_{0.05}$	$LSR_{0.01}$
10	2	3.15	4.48	7.40	10.53
	3	3.30	4.73	7.76	11.12

多重比较结果表明：A 因素 A_3 水平的平均数显著或极显著地高于 A_2、A_1；A_2 与 A_1 间差异不显著.

此例因模型误差不显著，可以认为因素间不存在显著的交互作用. 可由 A、B、C 因素的最优水平组合成最优水平组合. A 因素的最优水平为 A_3；因为 B、C 因素水平间差异均不显著，故可任选一水平. 如 B、C 因素选择使增重达较高水平的 B_2 及 C_2，则得最优水平组合为 $A_3B_2C_2$，即配方Ⅲ、用量 25 g、食盐 4 g.

若模型误差显著，表明因素间交互作用显著，则应进一步试验，以分析因素间的交互作用.

四、正交设计方法的应用实例二

因素间有交互作用的正交设计与分析.

在实际研究中，有时试验因素之间存在交互作用. 对于既考察因素主效应又考察因素间交互作用的正交设计，除表头设计和结果分析与前面介绍略有不同外，其他基本相同.

[例 8－8] 某一种抗菌素的发酵培养基由 A、B、C 3 种成分组成，各有 2 个水平，除考察 A、B、C 3 个因素的主效外，还考察 A 与 B、B 与 C 的交互作用. 试安排一个正交试验方案并进行结果分析.

解 （1）选用正交表，做表头设计. 由于本试验有 3 个两水平的因素和 2 个交互作用需要考察，各项自由度之和为：3×（2－1）+2×（2－1）×（2－1）+1=6，因此可选用 L_8（2^7）来安排试验方案.

正交表 L_8（2^7）中有基本列和交互列之分，基本列就是各因素所占的列，交互列则为两因素交互作用所占的列. 可利用 L_8（2^7）二列间交互作用列表（见表 8－38）来安排各因素和交互作用.

表 8－38 L_8（2^7）二列间交互作用列表

列号	1	2	3	4	5	6	7
1	（1）	3	2	5	4	7	6
2		（2）	1	6	7	4	5
3			（3）	7	6	5	4
4				（4）	1	2	3
5					（5）	3	2
6						（6）	1

如果将 A 因素放在第 1 列，B 因素放在第 2 列，查表 8－38 可知，第 1 列与第 2 列的交互作用列是第 3 列，于是将 A 与 B 的交互作用 A×B 放在第 3 列. 这样第 3 列不能再安排其他因素，以免出现“混杂”. 然后将 C 放在第 4 列，查表 8－38 可知，B×C 应放在第 6 列，余下列为空列，如此可得表头设计，见表 8－39.

表 8－39 表头设计

列号	1	2	3	4	5	6	7
因素	A	B	A×B	C	空	B×C	空

（2）列出试验方案. 根据表头设计，将 A、B、C 各列对应的数字“1”“2”换成各因素的具体水平，得出试验方案列于表 8－40.

表 8-40　正交试验方案

试验号	因素		
	1（A）	2（B）	3（C）
1	1（A_1）	1（B_1）	1（C_1）
2	1（A_1）	1（B_1）	2（C_2）
3	1（A_1）	2（B_2）	1（C_1）
4	1（A_1）	2（B_2）	2（C_2）
5	2（A_2）	1（B_1）	1（C_1）
6	2（A_2）	1（B_1）	2（C_2）
7	2（A_2）	2（B_2）	1（C_1）
8	2（A_2）	2（B_2）	2（C_2）

（3）结果分析. 按表 8-40 所列的试验方案进行试验，其结果见表 8-41.

表中 T_i、$\bar{x}_i$ 计算方法同前. 此例为单独观测值正交试验，总变异划分为 A 因素、B 因素、C 因素、A×B、B×C、误差变异 6 部分，平方和与自由度划分式为：

$$SS_T=SS_A+SS_B+SS_C+SS_{A\times B}+SS_{B\times C}+SS_e,$$
$$df_T=df_A+df_B+df_C+df_{A\times B}+df_{B\times C}+df_e. \tag{8-9}$$

表 8-41　有交互作用的正交试验结果计算表

试验号	因素					试验结果（%）*
	A	B	A×B	C	B×C	
1	1	1	1	1	1	55（y_1）
2	1	1	1	2	2	38（y_2）
3	1	2	2	1	2	97（y_3）
4	1	2	2	2	1	89（y_4）
5	2	1	2	1	1	122（y_5）
6	2	1	2	2	2	124（y_6）
7	2	2	1	1	2	79（y_7）
8	2	2	1	2	1	61（y_8）
T_1	279	339	233	353	327	665（T）
T_2	386	326	432	312	338	
$\bar{x}_1$	69.75	84.75	58.25	88.25	81.75	
$\bar{x}_2$	96.50	81.50	108.00	78.00	84.50	

*试验结果以对照为 100 计.

1. 计算各项平方和与自由度

矫正数：$C=T^2/n=665^2/8=55278.1250(kg^2)$；

总平方和：$SS_T=\sum y^2-C=55^2+38^2+\cdots+61^2-55278.1250=6742.8750(kg^2)$；

A 因素平方和：$SS_A=\sum T_A^2/4-C=(279^2+386^2)/4-55278.1250=1431.1250(kg^2)$；

B 因素平方和：$SS_B=\sum T_B^2/4-C=(339^2+326^2)/4-55278.1250=21.1250(kg^2)$；

C 因素平方和：$SS_C=\sum T_C^2/4-C=(353^2+312^2)/4-55278.1250=210.1250(kg^2)$；

A×B 平方和：$SS_{A\times B}=\sum T_{A\times B}^2/4-C=(233^2+432^2)/4-55278.1250=4950.1250(kg^2)$；

B×C 平方和：$SS_{B\times C}=\sum T_{B\times C}^2/4-C=(327^2+338^2)/4-55278.1250=15.1250(kg^2)$；

误差平方和：$SS_e=SS_T-SS_A-SS_B-SS_C-SS_{A\times B}-SS_{B\times C}=6742.8750-1431.1250-21.1250-210.1250-4950.1250-15.1250=115.2500(kg^2)$；

总自由度：$df_T=n-1=8-1=7$；

各因素自由度：$df_A=df_B=df_C=2-1=1$；

交互作用自由度：$df_{A\times B}=df_{B\times C}=(2-1)\times(2-1)=1$；

误差自由度：$df_e=df_T-df_A-df_C-df_{A\times B}-df_{B\times C}=7-1-1-1-1-1=2$.

2. 列出方差分析表，进行 *F* 检验

表 8-42　方差分析表

变异来源	SS/kg²	df	MS/kg²	F	$F_{0.05(1,2)}$	$F_{0.01(1,2)}$
A	1431.1250	1	1431.1250	24.84*	18.51	98.49
B	21.1250	1	21.1250	<1		
C	210.1250	1	210.1250	3.65		
A×B	4950.1250	1	4950.1250	85.90*		
B×C	15.1250	1	15.1250	<1		
误差	115. 2500	2	57.6250			
总的	6742.8750	7				

F 检验结果表明：A 因素和交互作用 A×B 显著，B、C 因素及 B×C 交互作用不显著. 因交互作用 A×B 显著，应对 A 与 B 的水平组合进行多重比较，以选出 A 与 B 的最优水平组合.

3. A 与 B 各水平组合的多重比较

先计算出 A 与 B 各水平组合的平均数：

A_1B_1 水平组合的平均数 $\bar{x}_{11}=(55+38)/2=46.50\%$；

A_1B_2 水平组合的平均数 $\bar{x}_{12}$ =（97+89）/2=93.00%；

A_2B_1 水平组合的平均数 $\bar{x}_{21}$ =（122+124）/2=123.00%；

A_2B_2 水平组合的平均数 $\bar{x}_{22}$ =（79+61）/2=70.00%.

列出 A、B 因素各水平组合平均数多重比较表，见表 8-43.

表 8-43　A、B 因素各水平组合平均数多重比较表（*q* 法）

水平组合	平均数(%)	$\bar{x}_{ij}-46.5$(%)	$\bar{x}_{ij}-70$(%)	$\bar{x}_{ij}-93$(%)
A_2B_1	123.00	76.5*	53*	30
A_1B_2	93.00	46.5*	23	
A_2B_2	70.00	23.5		
A_1B_1	46.50			

因为，$S_{\bar{x}}=\sqrt{MS_e/2}=\sqrt{57.625/2}=5.37$，由 df_e=2 与 k=2，3，4，查临界 q 值，并计算出 LSR 值，见表 8-44.

表 8-44　*q* 值与 LSR 值表

df_e	k	$q_{0.05}$	$q_{0.01}$	$LSR_{0.05}$	$LSR_{0.01}$
2	2	6.09	14.0	32.70	75.18
	3	8.28	19.0	44.46	102.03
	4	9.80	22.3	52.63	119.75

多重比较结果表明，A_2B_1 显著优于 A_2B_2，A_1B_1；A_1B_2 显著优于 A_1B_1，其余差异不显著. 最优水平组合为 A_2B_1.

从以上分析可知，若 A 因素取 A_2，B 因素取 B_1，C 因素取 C_1，则本次试验结果的最优水平组合为 $A_2B_1C_1$.

注意，此例因 df_e=2，F 检验与多重比较的灵敏度低. 为了提高检验的灵敏度，可将 F<1 的 SS_B、df_B；$SS_{B\times C}$、$df_{B\times C}$ 合并到 SS_e、df_e 中，得合并的误差均方，再用合并误差均方进行 F 检验与多重比较. 这一工作留给读者完成.

五、正交试验的优缺点及应注意的问题

（一）正交试验的优缺点

正交试验最大的优点是可以利用较少的处理组合研究较多的试验因子，例如 L_{16}（4^5）正交表只做 16 个处理组合就可以研究具有 4 个水平的 5 个因子（1/64 实施），因而可以

大量地节省人力和物力；同时在试验设计和分析试验结果时，由于有现成的正交表可以利用，工作也较简便. 此外，由于田间试验设计是使用的随机区组设计，因而正交试验也具备了随机区组设计的优点.

正交试验的缺点是不能够对主效和互作做出精确的估计. 处理组合数的减少就势必带来试验因子的主效和互作的混杂，比如用 L_{16}（4^5）正交表做的 1/64 试验中，试验因子 A 的主效中就混杂了 B×C、B×D、B×E、C×D、C×E 和 D×E 等效应. 而这种混杂可能严重地妨碍对试验因子的主效和互作做出精确的估计.

（二）为了发挥正交试验的优点，克服缺点，做到扬长避短，在进行正交试验时应注意下述问题

1. 部分实施和全面实施相结合

如果有很多因子对作物的产量（或其他性状）影响不清楚，希望初步筛选出一些较主要的因子和水平，应用正交试验设计是十分合适的. 这是可以不管主效和互作的混杂，在正交表的每一列上都排上试验因子，可以节省相当多的工作量. 例如各具有 4 水平的五因子试验，若全面实施需做 1024 个处理组合，若采用正交试验，利用 L_{16}（4^5）正交表，只需做 16 个处理组合就可以了. 尽管各主效都与许多互作混杂，是难以做出精确估计的，但是通过主效的 F 测验和不同水平的显著性测验，可以弄清一个相对重要性，作为进一步试验时淘汰次要因子和水平的依据.

当试验因子和水平减少之后，应该选择既可以研究主效，又可以研究互作的正交表，以便进一步筛选. 当试验因子和水平进一步减少，研究重点愈来愈明确之后，应进行全面实施试验.

2. 区组内处理组合数目不能够太多

试验误差的减小在很大程度上依赖于区组的局部控制作用，区组越大，局部控制的效果越差. 因此，必须限制每一区组内的处理组合数目. 一般以不超过 15～20 个为宜.

当既研究主效，又研究互作，而造成处理组合数目过多时，可以划分为不完全区组. 例如，有一个具有 3 个水平的三因子试验，要求研究主效和各个一级互作. 若要求符合作为适合正交表的 3 个条件，必然会选定 L_{27}（3^{13}）正交表. 其表头设计见表 8－45.

表 8－45　表头设计

列号 / 主效和互作 / 因素数 e	1	2	3	4	5	6	7	8	9	10	11	12	13
3	A	B	A×B	A×B	C	A×C	A×C	B×C			B×C		

显然采用 L_{27}（3^{13}）正交表，每个区组将有 27 个处理组合，太多了. 这时可把区组作为一个因子排入该正交表的一个空列，比如排入第 9 列，把该列下同一水平对应的处理组合划作一个不完全区组. 该列下共有 3 个水平，故可以将 27 个处理划成 3 个不完全区组：

不完全区组Ⅰ：1，6，8，12，14，16，20，22，27；

不完全区组Ⅱ：2，4，9，10，15，17，21，23，25；

不完全区组Ⅲ：3，5，7，11，13，18，19，24，26.

在布置时，3 个不完全区组及其处理组合都应该随机排列. 3 个不完全区组一起构成重复Ⅰ. 如果试验要求重复两次，则可利用其他任何一空列，以同样的方法再划分 3 个不完全区组，构成重复Ⅱ即可.

3. 分析重点应放在处理组合的比较上

如前所述，部分实施的正交试验往往会发生主效和互作的混杂，不能准确地估计主效和互作效应. 但是，部分实施的正交试验可以较精确地比较处理组合. 这是因为就各个处理组合来讲，如果有混杂进了互作，则都混杂进互作. 如果这种互作是正效应，则各处理组合都表现出偏高；如果互作是负效应，则都表现出偏低. 但是，仍能比较出哪一个组合高，哪一个组合低.

另外，由于正交试验具有均衡搭配性和整齐可比性，所以有把握从实施处理组合中选出较好的处理组合，但不一定是最优的，因此，统计分析的重点应该放在处理组合的比较上. 在推广应用时，也应该以处理组合的差异为准.

第六节　Plackett-Burman 设计法及响应面分析法

在实际试验工作中，经常要寻找某个最优的条件以期达到做大产出或者最小投入而进行多次探索. 如果相关的因素较多时，大量的重复试验会使人感到无从下手. 采用 Plackett-Burman 设计法及响应面分析法可以用较少的试验和时间，找到最优的条件.

一、Plackett-Burman 设计法与响应面分析法

Plackett-Burman 设计法是一种两水平的试验设计方法，它试图用最少试验次数达到使因素的主效应得到尽可能精确的估计，适用于从众多的考察因素中快速有效地筛选出最为重要的几个因素，供进一步研究用. Plackett-Burman 设计法主要通过对每个因子取两水平来进行分析，通过比较各个因子两水平的差异与整体的差异来确定因子的显著性. 筛选试验设计不能区分主效应与交互作用的影响，但对显著影响的因子可以确定出来，从而达到筛选的目的，避免在后期的优化试验中由于因子数太多或部分因子不显著而浪费试验资源. Plackett-Burman 设计法能从众多因素中很简单地找出对试验结果影响最为显著的因素，排除一些影响不显著的因素，降低后续试验的工作量，又能保证结果的准确性.

响应面分析法（response surface methodology，RSM）是一种试验条件寻优的方法，适宜于解决非线性数据处理的相关问题，它囊括了试验设计、建模、检验模型的合适性、寻求最佳组合条件等众多试验和统计技术，通过对过程的回归拟合和响应曲面、等高线

的绘制，可方便地求出相应于各因素水平的响应值. 在各因素水平的响应值的基础上，可以找出预测的响应最优值以及响应的试验条件. 响应面分析也是一种最优化方法，它是将体系的响应（如萃取化学中的萃取率）作为一个或多个因素（如萃取剂浓度、酸度等）的函数，运用图形技术将这种函数关系显示出来，以供我们凭借直觉的观察来选择试验设计中的最优化条件. 响应面分析法，考虑了试验随机误差，同时，响应面法将复杂的未知的函数关系在小区域内用简单的一次或二次多项式模型来拟合，计算比较简便，是降低开发成本，优化加工条件，提高产品质量，解决生产过程中的实际问题的一种有效方法.

响应面分析法将试验得出的数据结果进行响应面分析，得到的预测模型一般是个曲面，即获得的预测模型是连续的. 与正交试验相比，其优势是：在试验条件寻优过程中，可以连续地对试验的各个水平进行分析，而正交试验只能对一个个孤立的试验点进行分析；其局限性是：响应面优化要有前提，设计的试验点应包括最佳的试验条件，如果实试点的选取不当，使用响应面优化法就不能得到很好的优化结果. 因此，在使用响应面优化法之前，应当确立合理的试验因素和水平. 一般试验因素与水平的选取，通常可以采用以下几种方法：

（1）使用已有的结果数据，确定响应面优化法试验的各因素和水平.

（2）使用两水平因子设计试验（Plackett-Burman 设计法），确定合理的响应面优化法试验的各因素和水平.

（3）使用爬坡试验，确定合理的响应面优化法试验的各因素和水平.

（4）使用单因素试验，确定合理的响应面优化法试验的各因素和水平.

在确定了试验的因素和水平之后，下一步就是试验设计，可以进行响应面分析的试验设计有多种，其中常用的有两种：Box-Behnken Design 响应面优化分析，Central Composite Design 响应面优化分析.

（一）Plackett-Burman 设计法应用步骤

（1）根据经验、常识、历史数据等确认试验模型的因子.

（2）选取水平. 对每个因子选取合适的水平，尽量地涵盖每个因子允许取值的最大空间，避免水平区间过小或太大.

（3）设计 PB 试验实施表.

（4）现场试验. 根据设计方案安排试验，在进行试验时要尽量避免其他因素的影响而使试验失真. 例如某变量受环境温度影响较大，但环境温度控制的可能性较小，必须将其固定在一个比较平稳的水平.

（5）测量结果. 测量结果前必须对测量系统进行评估，确保可接受后才能进行试验结果的测量，注意对测量样板的编号与保存.

（6）分析结果，筛选出重要因素.

（二）最陡爬坡试验

试验设计优化培养基利用响应面分析法进行试验时，试验得到的图形如果是一个扭曲的图形，高点并没有出现在图形中，这种情况一般都是没有在做响应面分析法前，做

“爬坡试验”的结果. “爬坡试验”的目的在于找出响应面设计的中心点，保证结果的准确性.

响应面拟合方程只在考察的紧接区域里才充分近似真实情形，要先逼近最佳值区域后才能建立有效的响应面拟合方程. 最陡爬坡法以试验值变化的梯度方向为爬坡方向，根据各因素效应值的大小确定变化步长，能快速、经济地逼近最佳值区域.

根据 Plackett-Burman 设计结果确定主要因素的最陡爬坡路径，其中有显著正效应的因素应增加;有显著负效应的因素应减少. 根据各个因素效应大小的比例设定它们的变化方向及步长. 可以得到最优条件可能所在的位置，以该条件为响应面试验的中心点.

（三）Box-Behnken 的中心组合设计

Box-Behnken 设计法（Box-Behnken design，简称 BBD），是响应面设计法常用的试验设计方法，它的中心组合设计由博克斯·本肯（Box-Behnken）和博克斯·威尔逊（Box－Wilson）提出，适用于 2 至 5 个因素的优化试验. Box-Behnken 设计法每个因素取 3 个水平，以（－1，0，1）编码. 根据相应的试验表进行试验后，对数据进行二次回归拟合，得到带交互项和平方项的二次方程，分析各因素的主效应和交互效应，最后在一定的水平范围内求出最佳值. 其设计表安排以三因素为例（三因素用 A、B、C 表示），见表 8－46，其中 0 是中心点，1，－1 分别是相应的高值和低值. 试验设计的均一性等性质如图 8－3 所示（以三因素为例）.

表 8－46　三因素 BBD 试验安排表

序号	A	B	C
1	1	1	0
2	1	－1	0
3	－1	1	0
4	－1	－1	0
5	1	0	1
6	1	0	－1
7	－1	0	1
8	－1	0	－1
9	0	0	1
10	0	0	－1
11	0	0	1
12	0	0	－1
13	0	0	0
14	0	0	0
15	0	0	0

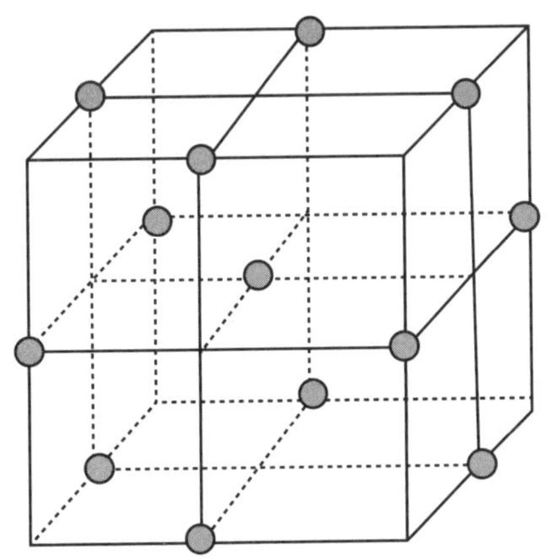

图 8-3　三因素 BBD 试验设计试验点分布情况

对更多因素的 BBD 试验设计，若均包含 3 个重复的中心点，4 因素试验对应的试验次数为 27 次，5 因素试验对应的试验次数为 46 次. 因素更多，试验次数成倍增长，因此在 BBD 设计之前进行析因设计对减少试验次数是很有必要的.

（四）响应面分析

按照试验设计安排试验，得出试验数据，下一步即是对试验数据进行响应面分析. 响应面分析主要采用的是非线性拟合的方法，以得到拟合方程. 最为常用的拟合方法是采用多项式法，简单因素关系可以采用一次多项式，含有交互相作用的可以采用二次多项式，更为复杂的因素间相互作用可以使用三次或更高次数的多项式. 一般使用的是二次多项式.

根据得到的拟合方程，可采用绘制出响应面图的方法获得最优值；也可采用方程求解的方法，获得最优值. 另外，使用一些数据处理软件，可以方便地得到最优化结果.

响应面分析得到的优化结果是一个预测结果，需要做试验加以验证. 如果根据预测的试验条件，能够得到相应的与预测结果一致的试验结果，则说明进行响应面优化分析是成功的；如果不能够得到与预测结果一致的试验结果，则需要改变响应面方程，或是重新选择合理的试验因素与水平.

二、响应面分析法试验统计分析

[例 8-9] 测定培养基中氨态氮的含量（ammoniacal nitrogen content，ANC）作为考察饼粕发酵产蛋白质饲料工艺指标. 在考察时间、温度、pH、接种量、初始加水量及发酵过程中翻曲不翻曲这 6 个因素对培养基中氨态氮含量的影响. 利用 Minitab 软件设计 Plackett-Burman 设计法筛选出显著性影响因素. 通过最陡爬坡逼近氨态氮产量最大响应区后，利用响应面中心组合设计对显著性影响因素进行优化.

解　（1）首先进行单因子试验.

从发酵周期分别为 1 d、2 d、3 d、4 d、5 d、6 d 试验中确定 4 d 为最适宜培养时间；从 26 ℃、28 ℃、30 ℃、32 ℃、34 ℃的培养温度试验中确定 30 ℃为最适宜培养温度；

从初始自然 pH 为 5.8，pH 为 5.4、6.2 的培养基试验中确定自然 pH 为最适宜 pH；从初始加水量分别为 50%、70%、90%、110%、130%的培养基试验中确定 90%为最适宜初始加水量；对比翻曲和不翻曲对发酵过程中氨态氮含量的影响试验确定选择在发酵过程中翻曲；从 30%、40%、50%、60%、70%（v/m）的接种量发酵 4d 的试验中确定 50%（v/m）为最佳接种量.

（2）Plackett-Berman 设计法设计筛选影响氨态氮产量的显著性因素. 影响氨态氮产量的因素有培养温度、时间、接种量、翻曲不翻曲、初始加水量等. 为对这 5 个因素进行全面考察，选用 n=12 的 Plaekett-Burman 设计法，并设 1 个空白项作为误差分析项. 每个因素取高（+1）、低（−1）两个水平. 运用 Minitab 软件分别计算各个因素的效应，并对各因素效应进行 t 检验，选择置信度大于 95%的因素作为显著因素进一步考察.

Plackett-Burman 设计及试验测得的氨态氮结果见表 8−47. 各因素的系数估计和效应评价见表 8−48. 由表 8−48 可知，对发酵饼粕产氨态氮有显著影响（置信度大于 95%，P<0.05）的因素有培养温度、初始加水量及翻曲不翻曲，其中，翻曲不翻曲和初始加水量这两个因素极显著（P<0.01），且 3 个因素对产氨态氮呈现出正效应.

表 8−47 Plackett-Burman 设计法设计结果（n=12）

运行序号	发酵周期	接种量	培养温度	翻曲不翻曲	初始加水量	F	Y	拟合 1	标准化 1
1	1	−1	1	−1	−1	−1	34.89	0.38308	−0.49494
2	−1	1	1	−1	1	−1	73.14	0.67868	0.76328
3	−1	−1	−1	1	1	1	108.4	0.99998	1.21647
4	1	−1	−1	−1	1	1	34.89	0.43508	−1.24784
5	−1	−1	1	1	1	−1	110.10	1.21512	−1.65229
6	−1	−1	−1	−1	−1	−1	25.84	0.16282	1.38394
7	1	1	−1	1	−1	−1	92.57	0.92378	0.02775
8	1	1	−1	1	1	−1	118.9	1.19092	−0.02775
9	1	1	1	−1	1	1	74.93	0.68382	0.94813
10	−1	1	1	1	−1	1	95.68	0.98158	−0.35884
11	1	−1	1	1	−1	1	100.8	0.95312	0.79465
12	−1	1	−1	−1	−1	1	10.3	0.19642	−1.35257

表 8−48 Plackett-Burman 设计法设计的各因素的系数的估计和效应评价（α=0.05，置信度 95%）

项	效应	系数	系数标准误	T	P
常量	0.73370	0.30089	23.75	0.00	
发酵周期	0.05587	0.02793	0.03089	0.90	0.407
接种量	0.08433	0.04217	0.03089	1.37	0.230
培养温度	0.1644	0.08220	0.03089	2.66	0.045*
翻曲不翻曲	0.62077	0.31038	0.03089	10.05	0.000*
初始加水量	0.26713	0.13357	0.03089	4.32	0.008*
F	−0.05073	−0.02537	0.03089	−0.82	0.449

（3）最陡爬坡（steepest ascent）试验确定响应面试验因素水平的中心点响应面拟合方程只有在考察的邻近区域里才能较好地反映真实情形，所以应先逼近最大氨态氮产量区域后再建立有效的拟合方程. 根据Plackett-Burman设计法设计筛选出的显著因素及效应设定其步长，以试验变化的梯度方向为爬坡方向，进行最陡爬坡试验设计，能最快、经济的逼近最大氨态氮产量区.

由 Plaekett-Burman 设计法试验结果可知，3 个显著性影响因子均呈正效应，应增加. 由于翻曲不翻曲因素属于定性因素，因而不在中心组合设计中考虑该因素. 因为该因素对产氨态氮起较大的正效应，因而选择整个发酵过程中翻曲. 温度和初始加水量的步长依次取+1、+5. 最陡爬坡试验设计及结果见表 8-49. 最大氨态氮产量区在第 3 次试验附近，故以试验 3 的条件为响应面试验因素水平的中心点. 响应面设计的因素水平设置见表 8-50.

表 8-49　最陡爬坡试验设计及结果

RUN	培养温度/℃	初始加水量/%	ANC/（mg/g）
1	28	90	69.54
2	29	95	75.18
3	30	100	84.32
4	31	105	78.65
5	32	110	72.44

表 8-50　响应面中心组合设计的因素水平

Label	−1.41421	−1	0	1	1.41421
培养温度/℃	27.1716	28	30	32	32.8284
初始加水量/%	85.858	90	100	110	114.142

（4）响应面中心组合设计试验（central composite design）确定显著因素的最优水平. 逼近最大氨态氮产量区后，进行响应面中心组合设计试验，以试验结果拟合建立描述响应量（氨态氮产量）与自变量（影响氨态氮产量的显著性因素）关系的多项式回归模型，运用 Minitab 软件程序对试验数据进行回归拟合，并对拟合方程做显著性检验及方差分析. 再对拟合方程进行规范性分析，寻找回归模型的稳定点，得到最大氨态氮产量时显著因素的最优水平. 2 因素 5 水平的响应面中心组合设计试验及试验测得的氨态氮含量结果见表 8-51.

表 8-51 响应面中心组合设计试验及结果

StdOrder	A	B	Y	FOTS1	SRES1
1	−1.0000	−1.0000	81.86	82.5095	−1.32283
2	1.0000	−1.0000	70.72	71.2711	−1.12239
3	−1.0000	1.0000	74.30	74.2914	0.01745
4	1.0000	1.0000	73.53	73.4230	0.21790
5	−1.41421	0.0000	76.22	75.8792	0.69421
6	1.41421	0.0000	67.52	67.3183	0.41073
7	0.0000	−1.41421	82.03	81.2934	1.50019
8	0.0000	1.41421	76.81	77.0041	−0.39525
9	0.0000	0.0000	86.26	86.5160	−0.35689
10	0.0000	0.0000	87.33	86.5160	1.13510
11	0.0000	0.0000	85.48	86.5160	−1.44467
12	0.0000	0.0000	87.50	86.5160	1.37216
13	0.0000	0.0000	86.01	86.5160	−0.70560

（5）回归模型的建立及置信度分析. 由 Minitab 软件拟合的多项式回归模型为：

$$Y=86.52-3.03A-1.52B+2.59AB-7.46A^2-3.68B^2.$$

回归方程系数的估计见表 8-52，方差分析见表 8-53. 由表 8-52 和表 8-53 可知，回归方程的一次项、二次项系数和均方差较大，交互项的系数和均方差较小，说明两个因素之间交互效应较小. 在 $\alpha=0.001$ 水平上，该模型失拟不显著，回归高度显著. 决定系数（R^2）=98.63%，表明 98.63% 的氨态氮产量变化可由此模型解释，与实际情况拟合很好. 该方程为发酵饼粕产蛋白质饲料提供了一个合适的模型，因此可用上述模型对白地霉发酵的饼粕进行分析和预测. 温度和初始加水量影响氨态氮产量的响应图和等高线图如图 8-4 所示.

表 8-52 回归模型系数的估计

项	系数	系数标准误	T	大于 t 的概率 $P_r>\|t\|$
常量	86.516	0.3586	241.288	0.000
A	−3.027	0.2835	−10.678	0.000
B	−1.517	0.2835	−5.350	0.001
$A\times A$	−7.459	0.3040	−24.536	0.000
$B\times B$	−3.684	0.3040	−12.118	0.000
$A\times B$	2.593	0.4009	6.467	0.000

表 8-53　Y的方差分析

来源	自由度	Seq *SS*	Adj *SS*	Adj *MS*	*F*	*P*
回归	5	557.572	557.572	111.514	173.48	0.000
线性	2	91.686	91.686	45.843	71.32	0.000
平方	2	439.002	439.002	219.501	341.46	0.000
交互作用	1	26.884	26.884	26.884	41.82	0.000
残差误差	7	4.500	4.500	0.643		
失拟	3	1.474	1.474	0.491	0.65	0.623
纯误差	4	3.026	3.026	0.756		
合计	12	562.072				

显著因素水平的优化运用 Minitab 对回归模型进行规范性分析，寻求最大氨态氮产量的最高点及对应的因素水平. 结合图 8-4 给出的回归方程的三维响应面图和等高线图可知，回归模型存在最高点（-0.25，-0.30），对应的 *A*，*B* 实际取值为（29.5，97），*Y* 的最大估计值为 87.13. 即当温度为 29.5 ℃，初始加水量为 97%时，该模型的预测的最高氨态氮产量为 87.13 mg/g，而实际发酵氨态氮产量为 86.20 mg/g，进一步说明该模型能够较好地预测实际发酵情况.

（6）结论. 优化后的发酵饼粕产氨态氮的最佳工艺条件为：发酵周期为 4 d，自然初始 pH，29.5 ℃，接种量为 50%（*v/m*），每 24 h 翻曲 1 次，初始加水量为 97%.

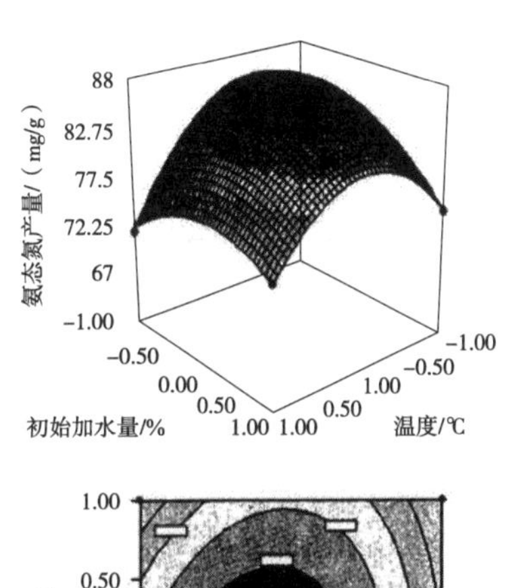

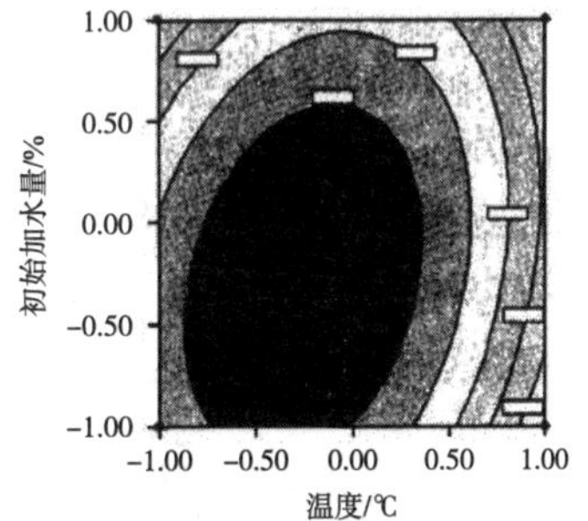

图 8-4　温度和初始加水量影响氨态氮产量的相应图和等高线图

三、响应面设计的应用及注意问题

响应面分析具有寻找最佳条件、最佳产出、最低消耗等用途，可以在多个行业使用，应用领域包括：微生物培养、发酵条件筛选、生产条件筛选、性能最佳化等. 它的缺点是分析的因素不能太多，经典的是三因素的试验设计. 如果因素比较多，可以使用均匀设计. 试验的整体思路简单地说就只有两点：单因素试验和综合试验设计. 综合试验设计的目的是在单因素试验的基础上进一步优化，可以由PB、爬坡试验、中心组合设计3块组成. 比如对新菌种的培养基进行优化时，在没有合适培养基的情况下，一定要做单因素试验.

练习题

8.1　试分析不同提取方法（因素A）和不同提取浓度（因素B）对提取植物DNA产量（单位：mg）的影响.

区组		1			2			3		
提取方法		A_1	A_2	A_3	A_1	A_2	A_3	A_1	A_2	A_3
提取浓度B	B_1	43	47	42	41	44	44	44	48	45
	B_2	48	54	39	45	49	43	50	53	54
	B_3	50	51	46	53	55	45	54	52	52
	B_4	49	55	49	54	53	53	53	57	58

8.2　研究不同缝合方法及缝合后时间对家兔轴突通过率（%）的影响，问①两种缝合方法间有无差别？缝合后时间长短间有无差别？②两者间有无交互作用？

缝合方法A	缝合后时间B	
	2月（b_1）	1月（b_2）
外膜缝合（a_1）	10	30
	10	30
	40	70
	50	60
	10	30
外膜缝合（a_2）	10	50
	20	50
	30	70
	50	60
	30	30

8.3　为提高某种农药的收率，需要对以下几个因子进行试验. A：反应温度（单位：℃）；B：反应时间（单位：h）；C：两种原料配比；D：真空度（单位：kPa）；它

们的因子——水平表如下表，请利用正交分析法进行分析.

因子	一水平	二水平
A：反应温度/℃	60	80
B：反应时间/h	2.5	3.5
C：两种原料配比	1.1:1	1.2:1
D：真空度/kPa	50	60

第九章 其他统计方法及应用

本章主要针对多对象的多元变量分析，多元变量分析主要有两个目的：第一个目的是简化变量，将许多变量简化为少数充分概括原有信息，并可用于进一步分析的新的派生变量，多元方差分析和判别函数分析都有此目的；第二个目的是揭示数据模式，特别是对象间的数据模式，因为通过分别对每个变量进行分析并不能显示出数据的这种模式.

第一节 聚类分析

聚类分析是一种多元统计的方法，最早被运用在分类学中，形成了数值分类学这个学科. 聚类分析主要任务是把事物按其相似程度进行分类，使属性比较接近的事物归属于同一类.

一、聚类分析的原理

聚类分析是数理统计中研究“物以类聚”的一种方法. 是将相似对象归纳成不同组或聚类的方法，不同的组或聚类经常可用树状图表示，也称为层次图. 这些类不是事先给定的，而是根据数据的特征确定的，对类的数目和类的结构不必做任何假定. 在同一类里的这些对象在某种意义上倾向于彼此相似，而在不同类里的对象倾向于不相似.

聚类分析根据分类对象的不同分为Q型聚类分析和R型聚类分析. Q型聚类是指对样品进行聚类,R型聚类是指对变量进行聚类. 一般科研工作中用得较多的是Q型聚类. 本节介绍系统聚类分类法、动态聚类分类法、有序样本分类法.

二、聚类分析的应用

1. 系统聚类分类法

系统聚类是聚类分析诸方法中用得最多的一种. 凡是具有数值特征的变量和样品都可以通过选择不同的距离和系统聚类方法而获得满意的数值分类效果. 系统聚类分类法就是把个体逐个地合并成一些子集，直至整个总体都在一个集合之内为止. 结果如图 9–1 所示.

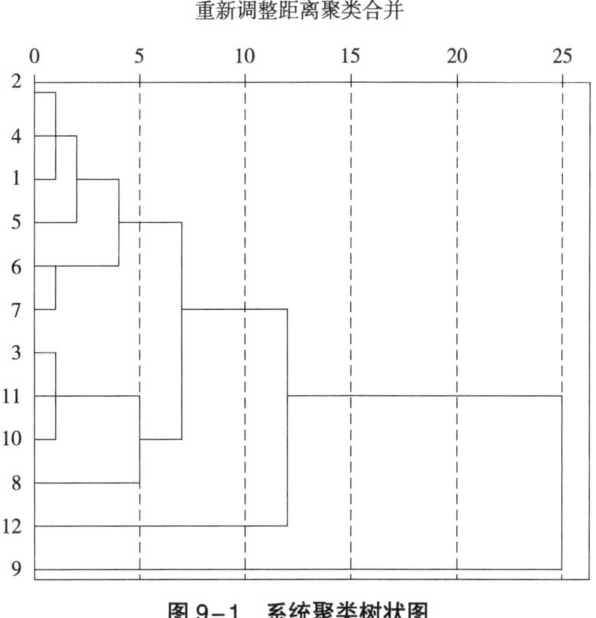

图 9-1　系统聚类树状图

对原始数据矩阵进行变换处理是由于不同指标（变量）一般都有各自不同的量纲和数量级单位，为了使不同量纲、不同数量级的数据能放到一起进行比较，通常需要对数据进行变换处理. 例如，害虫的发生期、发生量、危害率、损失率及危害程度等的量纲是不同的，发生量的数值可达到几千万，而危害率总是在 0～1 之间，发生程度一般为 1～5 级. 这些有不同的量纲，而且数值呈数量级之差的数据要在一起进行比较必须进行变换处理. 按标准差将数据变化为“标准数据”. 如果不选用数据标准化，则按原始数据计算欧氏距离.

有 8 种系统聚类方法供选择：最短距离法、最长距离法、平均距离法、重心法、中位数法、离差平方和法、类平均法、可变法和加权类平均法. 在系统聚类中，设第 1 次合并两类的距离为 D_1，第 2 次合并的两类距离为 D_2，以此类推. 各种聚类方法的并类原则和步骤都完全一样，不同之处在于类与类之间的距离有不同的定义，从而得到不同的递推公式，威沙特（Wishart，1969）首先提出了统一公式的概念.

设 G_p 与 G_q 并类为 G_r，即 $G_r=\{G_p,G_q\}$，则 G_r 与任一类 G_k 的距离为

$$D_{kr}^2=\alpha_p D_{kq}^2+\alpha_q D_{kq}^2+\beta D_{pq}^2+\gamma\left|D_{kp}^2-D_{kq}^2\right|$$

式中，系数 α_p 、 α_q 、 β 、 γ 对不同的聚类方法有不同的取值，见表 9-1.

表 9–1　距离用递推公式参数

序号	距离递推公式参数	α_p	α_q	β	γ
1	最短距离法	1/2	1/2	0	–1/2
2	最长距离法	1/2	1/2	0	1/2
3	平均距离法	1/2	1/2	–1/4	0
4	重心法	$\frac{n_k}{n_k+n_r}$	$\frac{n_k}{n_k+n_r}$	$-\frac{n_k n_r}{n_j n_j}$	0
5	中位数法	$\frac{n_k}{n_k+n_r}$	$\frac{n_k}{n_k+n_r}$	–0.025	0
6	离差平方和法	$\frac{n_k+n_i}{n_i+n_j}$	$\frac{n_k+n_i}{n_i+n_j}$	$-\frac{n_i}{n_i+n_r}$	0
7	类平均法	$\frac{n_k}{n_R}$	$\frac{n_k}{n_R}$	0	0
8	可变法	5/8	5/8	–1/4	0

2. ***动态聚类分类法***

Q 型系统聚类法一般是在样品间距离矩阵的基础上进行的，故当样品的个数 n 很大（如 $n \geqslant 1000$）时，系统聚类法的计算量是非常大的，将占据大量的计算机内存空间和较多的计算时间，甚至会因计算机内存或计算时间的限制而无法进行. 因此，当 n 很大时，我们自然需要一种相比系统聚类法而言计算量少得多，以致计算机运行时只需占用较少内存空间和较短计算时间的聚类方法. 动态聚类法（或称逐步聚类法）正是基于这种考虑而产生的一种方法.

动态聚类法其基本思路是先按照一定的方法将样本分成 m 类（这就是初始分类），初始分类不一定合理，然后按最近距离原则修改不合理的分类，直到分类比较合理为止，从而形成一个最终的分类结果. 其计算方法如下：

（1）选择凝聚点. 凝聚点是指一批被当作待形成类中心的代表性点. 凝聚点的选择对分类结果影响很大，若凝聚点选择不同，最终分类结果也将有所不同. 在计算机上选择凝聚点常用的方法是计算每一类的重心，将这些重心作为凝聚点.

（2）初始分类. 初始分类即人为分类，凭经验将样品进行初步分类，选择 m 个点作为凝聚点. 选择凝聚点后，每个样品按与其距离最近的凝聚点归类. 每个凝聚点自成一类，将每个样本归入离它最近的凝聚点所属的那一类，这样就将全部样本分成了 m 类.

（3）修改分类. 计算各类中心，然后把各类中心作为 m 个新的凝聚点，再计算每个样本与新凝聚点的距离，将每个样本重新归入离它最近的凝聚点决定的类. 重复此步骤直到样本分类不再变动.

3. *有序样本分类法*

前面介绍的聚类分析法是将各个样本平等看待，即任何两个样本都有可能分到一类. 但实际情况并非总是如此. 例如，考察某种害虫种群数量随时间推移而出现的动态变化规律，某一农业生态系统发生演变的趋势分析，就需要对种群样本在不打乱数据序列顺序的前提下进行分类研究，即按秩序把全部样本分成若干段. 像这种不打乱样本秩序的分类，叫作有序样本分类. 本节介绍的是最优分割法或 Fisher 法.

设有 n 个单元 p 维样本的数据，记 $x_1x_2\cdots x_nx_i$ 为 p 维向量.

（1）定义类直径. 设某类由样本（x_i，x_{i+1}，…，x_j）（$j>i$）组成，它的平均值定义为：

$$\overline{x}_{ij}=\frac{1}{j-i+1}\sum_{t=1}^{i}x_t.$$

该类直径定义为利差平方和

$$D(i,j)=\sum_{t=1}^{i}(x_t-\overline{x}_{ij})'(x_t-\overline{x}_{ij}).$$

（2）计算误差函数. 设某种将 n 个样本有序地分成 m 类的分法 p（m，n）是

（1，2，…，i_2-1），

（i_2，i_2+1，…，i_3-1），

（　　……　　），

（i_m，i_m+1，…，n）.

计算这种分法的误差函数为 m 类直径的和为

$$\varphi[p(m,n)]=\sum_{j=1}^{m}D(i_j,i_{j+1}-1),$$

当 n 和 m 固定时，$\varphi[p(m,n)]$ 越小，表示类内的利差平方和越小，分类越合理. 因此，要找到一种分法使得 $\varphi[p(m,n)]$ 达到最小.

（3）$\varphi[p_0(m,n)]$ 的递推公式. 当 m =2 时，要找出一个分界线使全部样本分成两类，而 $p_0(2,n)$ 就是在所有可能分类界限中使误差函数达到最小的分法. 即

$$\varphi[p_0(2,n)]=\min_{1\leqslant j\leqslant n}[D(1,j-1)+D(j,n)].$$

对 m 施行归纳法，易得到下述递推公式：

$$\varphi[p_0(2,n)]=\min_{m\leqslant j\leqslant n}[D(m-1,j-1)+D(j,n)].$$

该式表示将 n 个样本有序地分成 m 类的最优分法.

（4）聚类. 找出各类边界样本号：j_2，j_3，…，j_m 为（2，3，…，m）组的最小的样本号；j_2-1，j_3-1，…，j_m-1 为（2，3，…，m）组的最大样本号，由此得到最终的分类结果.

［例 9-1］为了调查某地区潮间带大型底栖动物群落结构，分季节（春、夏、秋、冬）和潮位（高、中、低）测定了 4 个断面（A、B、C、D 断面）共计 48 个样点的大型底栖动物密度和生物量，数据见表 9-2.

表 9-2　底栖动物种群密度和生物量

项目		春		夏		秋		冬	
断面	潮位	密度	生物量	密度	生物量	密度	生物量	密度	生物量
A	高	（1）880.00	134.91	（13）768.00	546.47	（25）704.00	238.61	（37）336.00	54.73
	中	（2）672.00	227.30	（14）672.00	352.63	（26）784.00	144.50	（38）560.00	33.70
	低	（3）400.00	82.56	（15）336.00	85.46	（27）144.00	30.40	（39）368.00	21.03
B	高	（4）560.00	247.14	（16）464.00	451.32	（28）352.00	137.72	（40）528.00	58.08
	中	（5）752.00	318.21	（17）896.00	758.60	（29）544.00	205.48	（41）432.00	119.04
	低	（6）512.00	113.50	（18）656.00	177.55	（30）768.00	99.39	（42）400.00	114.08
C	高	（7）192.00	38.40	（19）864.00	243.32	（31）784.00	117.87	（43）208.00	126.40
	中	（8）432.00	142.08	（20）672.00	35.27	（32）704.00	181.98	（44）272.00	36.00
	低	（9）208.00	44.32	（21）240.00	0.16	（33）400.00	0.32	（45）512.00	98.00
D	高	（10）144.00	60.80	（22）816.00	219.32	（34）384.00	48.00	（46）112.00	11.20
	中	（11）656.00	83.20	（23）848.00	100.48	（35）128.00	42.05	（47）448.00	3.20
	低	（12）224.00	19.84	（24）304.00	170.88	（36）240.00	0.48	（48）128.00	38.40

说明：对群落中物种密度和生物量数据进行列表，进行 4 次开方得到的数据，用 SPSS 软件包对 4 个断面、3 个潮位、4 个季节共 48 个样点的大型底栖动物群落进行系统聚类分析和群落的非度量多维标度二维分析，得到系统聚类树枝图（图 9-2），结果表明：48 个样点并非完全按照季节、潮位和断面进行聚类，但也呈现一定规律.

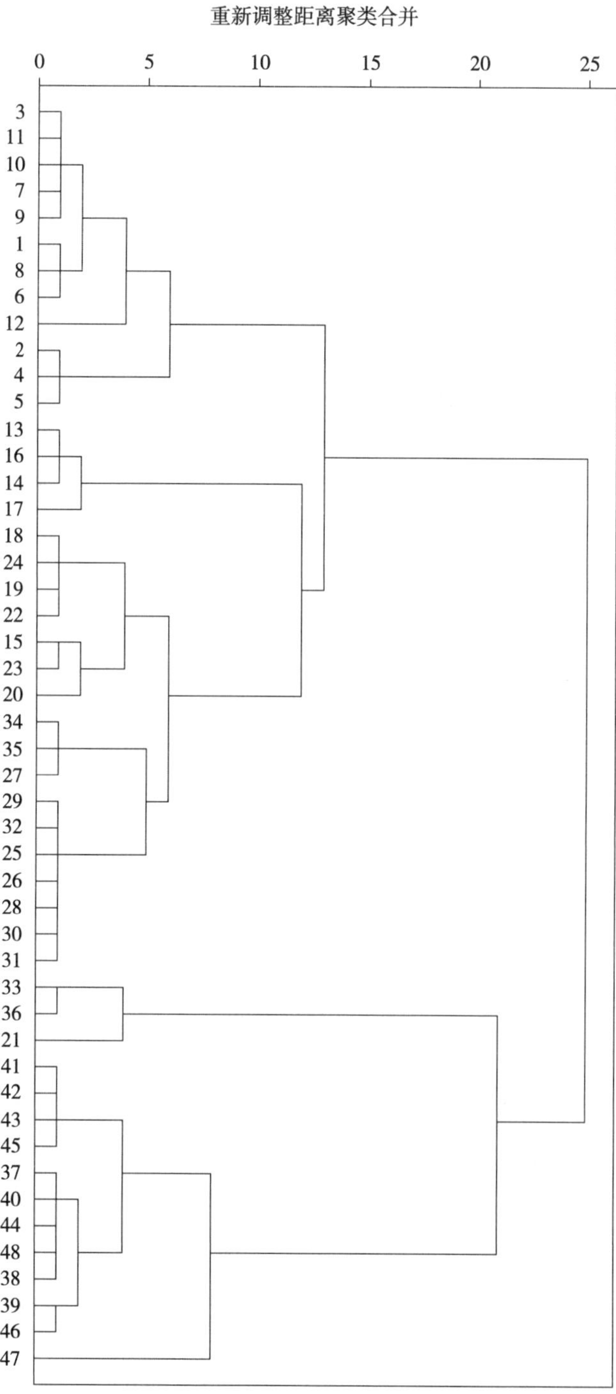

图 9-2 48 个样点的系统聚类树枝图

第二节　主成分分析

主成分分析是一种常用的多元统计技术，并常作为其他分析的基础. 在数据分析工作中，常要将很复杂的数据集简化. 例如，作物病虫害猖獗指数、危害指数、综合气象指标等是由各种加权成分组成的，从某种意义上反映了各种成分的相对重要性. 从主成分的观点来探讨这个问题，主成分分析所构成的第一主分量正是这一问题的答案，它提供了自身的权重系数.

一、主成分分析的原理

主成分分析是把多个变量化为少数几个综合变量的方法. 在多变量的研究中，往往变量间存在一定的相关性，因而使得所观察的数据在一定程度上有信息的重叠. 主成分分析采用一种降维的方法，找出几个综合因子来代表原来众多的变量，从而达到简化的目的.

数学期望为μ，协方差矩阵为$\boldsymbol{\Sigma}$的p维总体的某个观测$\underset{1\times p}{x}$有p个分量. 经过一个线性变换A后的综合变量是$y=(x-u)A$. 主成分分析的思想是：寻常变换A使变量的长度不变并且y的各分量相互独立. 因此A必须是一个正交矩阵，记为$\boldsymbol{U}$. y的协方差矩阵$\boldsymbol{U'\Sigma U}=\boldsymbol{\Lambda}$必须是对角矩阵. 因此$\boldsymbol{U}$是$\boldsymbol{\Sigma}$的特征向量组成的矩阵，$\underset{1\times p}{y}=(x-u)\boldsymbol{U}$就是该总体的主成分. 设$\boldsymbol{\Lambda}$的对角元素$\lambda_k$，$k=1,\cdots,p$已经从大到小排列，对应的特征向量是

$$u_k=(u_{k1},\cdots,u_{kp})',$$

$$y^{(k)}=(x-u)u_k.$$

是总体的第k主成分.

在总体中抽出n个单元的样本，$\underset{n\times P}{X}=(x_{ij})$，用样本协方差矩阵$\boldsymbol{S}$代替上面式中的$\boldsymbol{\Sigma}$，相应的$u_k$满足特征方程

$$\boldsymbol{s}_{u_k}=\lambda_k u_k.$$

样本平均数值为$\bar{x}$，样本第i点记为$\underset{1\times p}{x_i}=(x_{i1},\cdots,x_{ip})$，成为

$$y_i^{(k)}=(x_i-\bar{x})u_k,$$

叫做第i点的第k主分量. 向量$y^{(k)}$叫作（变量的）第k主分量.

当x的各变量存在相关关系时，一般只有前几个λ_k显著不等于0，删去很小的λ_k，不会丧失多少信息，因此定义第k主分量的贡献率$=\lambda_k/\sum\limits_{k=1}^{p}\lambda_k$. 前$L$个主分量累积贡献

率$=\sum_{k=1}^{L}\lambda_k / \sum_{k=1}^{p}\lambda_k$.

实际应用时一般只取几个比较大的λ_k和$y^{(k)}$，达到简化数据、提取主要信息等目的.

二、主成分分析的应用

主成分分析的计算过程

设观测样本为$\boldsymbol{X}=\begin{bmatrix} x_{11} & x_{12} & \cdots & x_{1p} \\ x_{21} & x_{22} & \cdots & x_{2p} \\ \vdots & \vdots & & \vdots \\ x_{n1} & x_{n2} & \cdots & x_{np} \end{bmatrix}$，$n$为样本个数，$p$为变量数.

（1）将原始数据进行标准化处理，即对样本中元素x_{ij}，首先对列进行中心化，然后用标准差给予标准化，即$x_{ij}=(x_{ij}-\overline{x}_i)/S_j$，其中$\overline{x}=\sum_{i=1}^{n}x_{ij}/n$，$S_j=\sqrt{\sum_{i=1}^{n}(x_{ij}-\overline{x}_j)^2/(n-1)}$，主成分分析的明显特征是每个主分量依赖于测量初始变量所用的尺度，当尺度改变时，会得到不同的特征值λ. 克服这个困难的方法是对初始变量进行以上标准化处理.

（2）计算样本矩阵的相关系数矩阵

$$\boldsymbol{R}=\frac{\sum_{k=1}^{n}(x_{ki}-\overline{x}_i)(x_{kj}-\overline{x}_j)}{\sqrt{\sum(x_{ki}-\overline{x}_i)^2\sum(x_{kj}-\overline{x}_j)^2}}.$$

（3）由相关系数$\boldsymbol{R}$，求特征根和特征向量$\boldsymbol{U}=(u_1,\cdots,u_p)$，计算全部因子负荷量.

（4）选择$m(m<p)$个主分量. 当前面m个主分量的方差和占全部总方差的比例$a=(\sum_{i=1}^{m}\lambda_i)/(\sum_{i=1}^{p}\lambda_i)$接近于1时，如$a\geqslant 0.85$，选取前面$m$个因子为第$m$个主分量. 这$m$个主分量的方差和占全部总方差和的85%以上，基本保留了原来因子的信息，由此因子数由p个减少为m个.

三、主成分分析应用实例

徐建华（2002）对某区域地貌–水文系统做了主成分分析. 下面，我们将其作为主成分分析方法的一个应用实例介绍给读者，以供参考.

［**例 9–2**］对于某区域地貌–水文系统，其57个流域盆地的9项地理要素：x_1为流域盆地总高度（单位：m），x_2为流域盆地山口的海拔高度（单位：m），x_3为流域盆地周长（单位：m），x_4为河道总长度（单位：km），x_5为河道总数，x_6为平均分叉率，x_7为河谷最大坡度（单位：度），x_8为河源数及x_9为流域盆地面积（单位：km^2）的原始数据见表9–3.

表 9-3　57 个流域盆地地理要素数据

序号	x_1	x_2	x_3	x_4	x_5	x_6	x_7	x_8	x_9
1	760	5490	1.704	2.481	30	2.785	31.8	20	
2	1891	4450	2.765	4.394	30	5.833	37.0	26	
3	325	5525	1.500	2.660	36	3.042	21.1	25	
4	515	4760	2.750	5.320	117	4.844	30.1	98	
5	513	6690	1.142	2.080	32	5.100	25.7	26	
6	1570	8640	6.130	10.210	76	4.290	24.9	61	
7	2210	8415	8.760	15.000	66	4.500	26.6	56	
8	515	7040	1.300	1.260	13	3.500	22.2	10	
9	1192	6258	8.447	30.606	286	6.500	29.1	225	
10	1540	6280	5.174	11.383	82	4.070	23.3	63	
11	950	8520	2.880	6.870	62	3.650	27.2	47	
12	850	9460	7.480	7.790	30	4.900	11.6	24	
13	1237	5937	2.046	2.993	28	2.720	29.6	19	
14	553	7480	4.120	22.800	407	4.310	21.0	305	
15	281	7050	3.360	8.240	83	4.190	8.2	67	
16	1242	6525	3.520	7.490	51	3.790	29.2	41	
17	889	7836	3.295	8.655	65	3.740	32.4	50	
18	1342	5340	3.120	7.810	69	8.340	33.0	56	
19	4523	4879	10.370	78.510	507	4.490	39.3	398	
20	3275	6050	5.050	11.530	50	3.570	30.4	38	
21	1510	5490	4.090	12.960	116	4.888	30.0	98	
22	1655	5245	2.580	4.420	30	2.833	31.9	21	
23	1655	5245	2.560	5.460	45	3.420	33.7	34	
24	1475	4450	1.837	2.064	18	4.750	37.0	15	
25	2144	4197	4.148	9.942	71	4.227	35.0	57	
26	515	6650	1.050	1.260	17	5.100	27.4	14	
27	834	6450	5.909	16.099	160	6.440	31.1	134	
28	834	6450	5.379	10.758	110	4.630	31.1	90	
29	1010	6745	4.242	13.694	109	4.430	24.6	86	

续表

序号	x_1	x_2	x_3	x_4	x_5	x_6	x_7	x_8	x_9
30	543	6745	1.856	2.898	18	2.420	24.6	13	
31	621	7099	2.273	3.863	27	4.600	24.6	21	0.278
32	1290	6745	4.924	12.993	85	4.250	27.8	69	0.947
33	955	7080	2.083	2.387	20	2.780	27.8	16	0.193
34	885	7150	1.553	1.551	10	2.750	27.8	7	0.129
35	847	7188	1.591	1.610	14	3.170	31.3	10	0.094
36	798	7188	1.098	1.023	11	3.000	31.3	8	0.0645
37	1039	5961	2.727	3.295	28	5.500	29.6	24	0.252
38	1213	5961	3.030	6.894	49	6.430	29.6	41	0.458
39	1074	5813	2.500	2.954	30	5.330	29.6	26	2.32
40	370	8295	1.74	2.000	21	4.330	17.8	17	0.156
41	430	8240	0.13	2.310	14	3.750	18.9	11	0.182
42	690	8410	1.63	1.680	12	3.250	18.9	9	0.108
43	773	8410	2.070	2.410	18	3.830	18.9	17	0.198
44	100	6790	0.830	1.400	25	4.400	11.4	19	0.0429
45	80	6790	0.550	0.470	10	2.750	11.4	7	0.013
46	96	6765	0.650	0.730	15	4.000	11.4	12	0.0215
47	2490	6535	11.970	59.450	363	2.870	28.0	293	4.93
48	1765	6575	7.35	21.760	140	3.460	26.7	114	1.94
49	1158	6862	2.689	4.717	34	3.230	32.8	26	0.358
50	1070	7055	2.178	3.448	26	2.700	32.8	18	0.273
51	1495	7055	2.917	3.939	27	2.670	32.8	18	0.2995
52	1601	6949	2.803	4.205	28	3.080	32.8	21	0.32
53	1251	5135	7.760	23.150	160	3.860	29.5	131	1.192
54	1587	5095	6.160	17.020	119	4.710	19.9	98	1.39
55	1230	5120	4.740	8.460	54	3.790	23.4	43	0.811
56	1290	4960	2.040	2.800	24	6.250	37.0	21	0.191
57	2400	4920	2.260	3.290	27	5.160	36.2	23	0.258

解 （1）首先将表 9-3 中的原始数据做标准化处理，由相关系数矩阵公式计算得相关系数矩阵（表 9-4）.

表 9-4　相关系数矩阵

	x_1	x_2	x_3	x_4	x_5	x_6	x_7	x_8	x_9
x_1	1.000								
x_2	−0.370	1.000							
x_3	0.619	−0.017	1.000						
x_4	0.657	−0.157	0.841	1.000					
x_5	0.474	−0.150	0.737	0.921	1.000				
x_6	0.074	−0.274	0.167	0.094	0.165	1.000			
x_7	0.607	−0.566	0.162	0.217	0.158	0.170	1.000		
x_8	0.481	−0.158	0.753	0.928	0.999	0.181	0.164	1.000	
x_9	0.689	0.016	0.910	0.937	0.788	0.071	0.158	0.799	1.000

（2）由相关系数矩阵计算特征值，以及各个主成分的贡献率与累计贡献率（表 9-5）. 由表 9-5 可知，第一、第二、第三主成分的累计贡献率已高达 86.5%，故只需求出第一、第二、第三主成分 z_1、z_2、z_3 即可.

表 9-5　特征值及主成分贡献率

主成分	特征值	贡献率/%	累计贡献率/%
1	5.043	56.029	56.029
2	1.746	19.399	75.428
3	0.997	11.076	86.504
4	0.610	6.781	93.285
5	0.339	3.778	97.061
6	0.172	1.907	98.967
7	0.079	0.8727	99.840
8	0.014	0.1556	99.996
9	0.0004	0.0042	100.00

（3）对于特征值 λ_1=5.043、λ_2=1.746、λ_3=0.997 分别求出其特征向量 e_1、e_2、e_3，并计算各变量 x_1，x_2，…，x_9 在各主成分上的载荷得到主成分载荷矩阵（见表 9-6）.

表 9-6　主成分载荷矩阵

原变量	主成分			占分差的百分数/%
	z_1	z_2	z_3	
x_1	0.75	−0.38	−0.36	83.05
x_2	−0.25	0.82	−0.08	73.20
x_3	0.89	0.19	0.00	82.19
x_4	0.97	0.14	−0.03	96.63
x_5	0.91	0.18	0.16	88.26
x_6	0.20	−0.36	0.86	89.97
x_7	0.35	−0.80	−0.25	83.19
x_8	0.92	0.17	0.16	89.90
x_9	0.93	0.22	−0.10	92.16

从表 9-6 可以看出，第一主成分 z_1 与 x_1、x_3、x_4、x_5、x_8、x_9 有较大的正相关，这是由于这 6 个地理要素与流域盆地的规模有关，因此第一主成分可以被认为是流域盆地规模的代表：第二主成分 z_2 与 x_2 有较大的正相关，与 x_7 有较大的负相关，而这两个地理要素是与流域切割程度有关的，因此第二主成分可以被认为是流域侵蚀状况的代表；第三主成分 z_3 与 x_6 有较大的正相关，而地理要素 x_6 是流域比较独立的特性——河系形态的表征，因此，第三主成分可以被认为是代表河系形态的主成分.

以上分析结果表明，根据主成分载荷，该区域地貌–水文系统的 9 项地理要素可以被归为 3 类，即流域盆地的规模，流域侵蚀状况和流域河系形态. 如果选取其中相关系数绝对值最大者作为代表，则流域面积，流域盆地出口的海拔高度和分叉率可作为这 3 类地理要素的代表，利用这 3 个要素替代原来 9 个要素进行区域地貌–水文系统分析，可以使问题大大地简化.

练习题

9.1　调查了某市 9 个农业区的 7 项指标，数据如下，试对 9 个农业区进行聚类分析.

区代号	人均耕地 $hm^2 \cdot 人^{-1}$	劳均耕地 $hm^2 \cdot 个^{-1}$	水田比重 %	复种指数 %	粮食单产 $kg \cdot hm^{-2}$	人均粮食 $kg \cdot 人^{-1}$	稻谷占粮食比重/%
G1	0.294	1.093	5.63	113.6	4 510.5	1 036.4	12.2
G2	0.315	0.971	0.39	95.1	2 773.5	683.7	0.85
G3	0.123	0.316	5.28	148.5	6 934.5	611.1	6.49
G4	0.179	0.527	0.39	111	4 458	632.6	0.92
G5	0.081	0.212	72.04	217.8	12 249	791.1	80.38
G6	0.082	0.211	43.78	179.6	8 973	636.5	48.17
G7	0.075	0.181	65.15	194.7	10 689	634.3	80.17
G8	0.293	0.666	5.35	94.9	3 679.5	771.7	7.8
G9	0.167	0.414	2.9	94.8	4 231.5	574.6	1.17

9.2　在某学校对某班级学生进行体检是检测学生的身高、体重、胸围、腰围. 测得数据如下表，试进行主成分分析.

学号	身高/cm	体重/kg	胸围/cm	腰围/cm
1	168	61	82	68
2	159	55	83	66
3	180	69	87	76
4	169	56	77	69
5	179	65	90	76
6	162	51	76	66
7	173	63	86	73
8	170	63	87	69
9	171	62	87	70
10	159	51	78	64
11	160	49	74	64
12	181	67	88	74
13	178	69	88	73
14	160	53	77	67
15	157	51	76	63
16	172	55	83	69
17	169	67	92	69
18	165	55	80	67
19	180	67	84	77
20	176	64	88	75
21	171	62	83	72
22	167	58	83	68
23	177	59	78	70
24	167	50	75	65
25	177	68	90	78
26	171	56	84	70
27	164	56	78	66
28	162	50	77	66
29	159	52	78	63
30	168	58	80	68

第十章　常见统计软件在生物数据分析中的应用

生物数据的获取量越来越多，传统的数据分析手段已经无法满足数据高效快速的分析要求. 基于前述统计方法的原理，已经有多款实用的统计软件被开发出来应用于生物数据分析. 本章对目前常见的统计软件（Excel、SAS 和 R 语言）在统计分析中的基础应用分别进行介绍和实例讲解.

第一节　Excel 在生物数据分析中的应用

Microsoft Excel 是美国微软公司开发的 Windows 环境下的电子表格系统，它是目前应用最为广泛的办公室表格处理软件之一. 自 Excel 诞生以来 Excel 历经了 Excel 5.0、Excel 95、Excel 2000、Excel 2010 等不同版本. Excel 具有强有力的数据库管理功能、丰富的宏命令和函数、强有力的决策支持工具、图表绘制功能、宏语言功能、样式功能、对象连接和嵌入功能、连接和合并功能，并且操作简捷，这些特性已使 Excel 成为现代办公软件重要的组成部分，本节简要介绍 Excel 软件在生物数据分析中的应用.

一、数据分析工具的加载

Excel 的数据处理除提供了很多的函数外，数据分析是非常重要的功能选择项，但这工具必须加载后才能使用. 早期版本加载相应的宏的操作步骤为：工具→加载宏，出现如图 10–1 的对话框，选择分析工具库，点击确定后，在工具菜单栏内出现了这个数据分析工具. 较新版本如 Excel 2010 加载数据分析工具的操作步骤为：（1）打开 Excel，文件→选项；（2）加载项→转到……；（3）分析工具库、分析工具库 – VBA；（4）打开 Excel，数据→数据分析（图 10–2）.

图 10–1　数据分析工具的加载示意图（老版本 Excel）

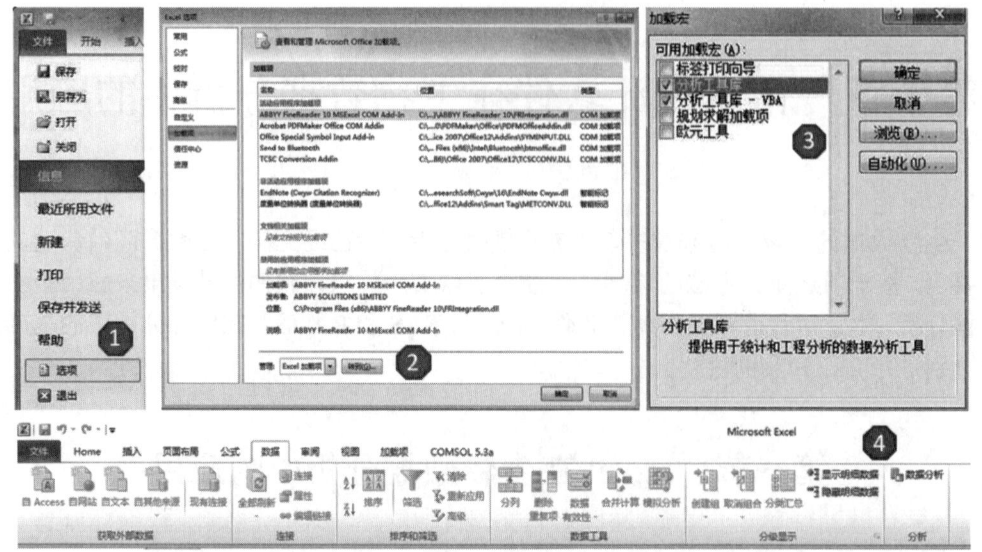

图 10-2　数据分析工具的加载示意图（较新版本 Excel）

二、数据基本分析

在上一部分通过加载宏在工具栏内增加了数据分析，在本部分将介绍数据分析工具库中的描述统计. 点开“数据分析”，出现如图 10-3 的对话框，对话框包含了方差分析、相关系数、协方差等十几种分析工具，但一般处理对象为简单的数据.

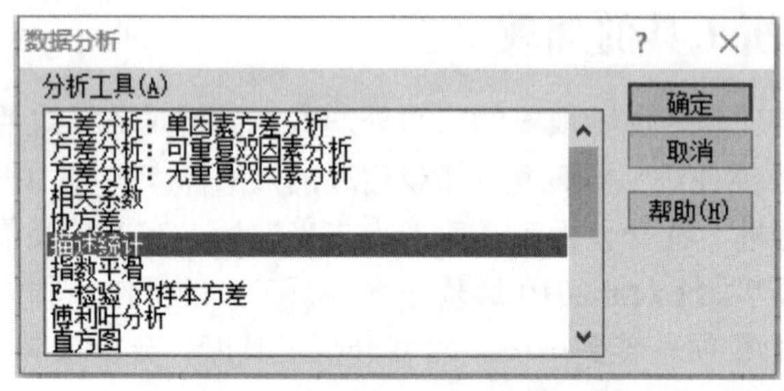

图 10-3　数据分析工具选择

以本书的［例 1-4］为例，对 20 名病人的动脉收缩压（Y）的观测值进行描述统计分析，获得基础数据. 操作步骤如下：

（1）用鼠标双击数据分析工具中的“描述统计”选项.

（2）出现“描述统计”对话框，如图 10-4 所示. 对话框内各选项的含义如下：

① 输入区域：在此输入待分析数据区域的单元格范围.

② 分组方式：如果需要指出输入区域中的数据是按行还是按列排列，则单击“逐行”或“逐列”.

③ 标志位于第一行/列：如果输入区域的第一行中包含标志项（变量名），则选中

“标志位于第一行”复选框；如果输入区域的第一列中包含标志项，则选中“标志位于第一列”复选框.

④ 复选框：如果输入区域没有标志项，则不选任何复选框，Excel 将在输出表中生成适宜的数据标志.

⑤ 输出区域：在此框中可填写输出结果表左上角单元格地址，用于控制输出结果的存放位置.

⑥ 新工作表组：单击此选项，可在当前工作簿中插入新工作表，并由新工作表的 A1 单元格开始存放计算结果. 如果需要给新工作表命名，则在右侧编辑框中键入名称.

⑦ 新工作簿：单击此选项，可创建一新工作簿，并在新工作簿的新工作表中存放计算结果.

⑧ 汇总统计：指定输出表中生成下列统计结果，则选中此复选框.

⑨ 平均数置信度：若需要输出由样本均值推断总体均值的置信区间，则选中此复选框，然后在右侧的编辑框中，输入所要使用的置信度.

⑩ 第 K 大/小值：如果需要在输出表的某一行中包含每个区域的数据的第 k 个大/小值，则选中此复选框. 然后在右侧的编辑框中，输入 k 的数值.

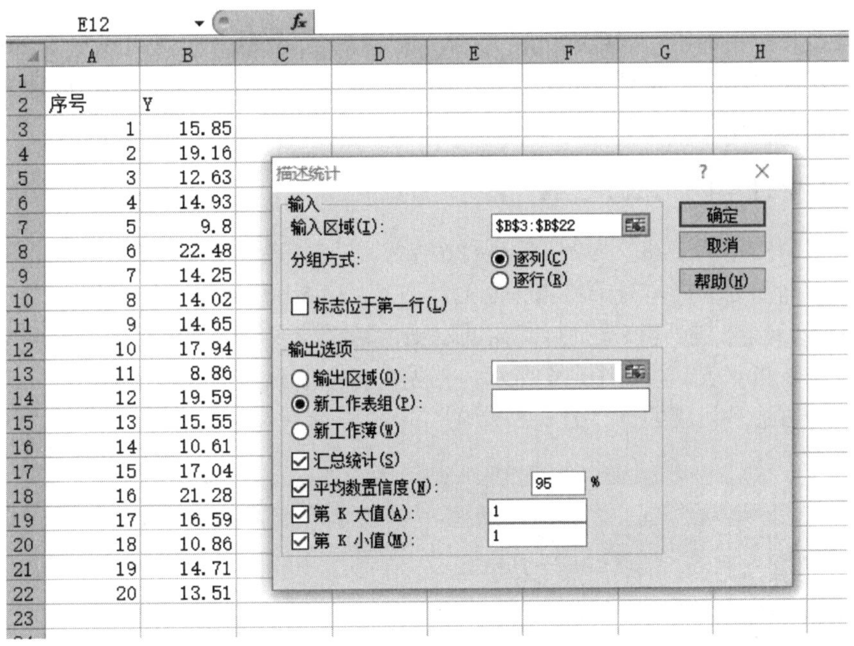

图 10–4　描述统计分析过程

(3) 填写完“描述统计”对话框之后，按“确定”按钮即可. 结果如图 10–5 所示.

A1 fx 列1

	A	B	C
1	列1		
2			
3	平均	15.2155	
4	标准误差	0.827034485	
5	中位数	14.82	
6	众数	#N/A	
7	标准差	3.698610657	
8	方差	13.67972079	
9	峰度	-0.384017146	
10	偏度	0.18452153	
11	区域	13.62	
12	最小值	8.86	
13	最大值	22.48	
14	求和	304.31	
15	观测数	20	
16	最大(1)	22.48	
17	最小(1)	8.86	
18	置信度(95.0%)	1.731003071	
19			

图 10-5　描述统计输出结果

（4）结果说明：描述统计工具可生成以下统计指标，按从上到下的顺序其中包括：样本的平均值、标准误差、组中值、众数、样本标准差、样本方差、峰度值、偏度值、极差、最小值、最大值、样本总和、样本个数和一定显著水平下总体均值的置信区间.

三、假设检验

假设检验是我们常用的数据分析工具，其方法是运用统计工具对设定的 H0 原假设作出判断，在 Excel 的数据分析工具库中，主要包括 F 检验、t 检验和 z 检验 3 种，其中 t 检验是最常用的检验方法.

（一）单样本的均值 t 检验

以本书中的［例 2-8］为例. 常规种植某水稻品种的千粒重为 36 g，现施硫酸铵于水田表层，抽测 8 个样本得千粒重分别为：37.6、39.6、35.4、37.1、34.7、38.8、37.9、36.6（单位：g），试检验该次抽样测定的水稻千粒重与多年平均值有无显著差别.

（1）构造工作表. 如图 10-6 所示，首先在各个单元格输入以下的内容，其中左边是变量名，右边是相应的计算公式.

	A	B
1		单个样本平均值的 t 检验
2	**样本统计量**	
3	样本个数	=Count(样本数据)
4	样本均值	=average(样本数据)
5	样本标准差	=stdev(样板数据)
6	总体均值假设值	
7	置信水平	
8	**计算结果**	
9	抽样标准误	= '样本标准差'/sqrt('样本个数')
10	计算t值	=('样本均值'-'总体均值假设值')/'抽样标准误'
11	**t检验**	
12	双侧t值	=sinv((1-'置信水平'),'样本个数'-1)
13	检验结果	=if(abs('计算t值')>abs('单侧t值'),"拒绝H0","接受H0")
14	显著水平	=1-tdist(abs('计算t值')

图 10-6　单样本的均值 t 检验分析过程

（2）为表格右边的公式计算结果定义左边的变量名.

（3）输入样本数据，总体均值假设、置信水平数据. 计算结果如图 10-7 所示.

单个样本平均值的t检验		样本数据
样本统计量		37.6
样本个数	8	39.6
样本均值	37.2125	35.4
样本标准差	1.640067507	37.1
总体均值假设值	36	34.7
置信水平	0.95	38.8
计算结果		37.9
抽样标准误	0.579851428	36.6
计算t值	2.091052883	
t检验		
双侧t值	2.364624252	
检验结果	接受H0	
显著水平	0.962573215	

图 10-7　单样本的均值 t检验输出结果

（二）成组数据均值比较的 t检验

在对比两组数据的均值之前，我们需要先通过方差同质性检验，检验两者的方差是否相等，然后再进行下一步的比较. 以练习题 2.7 为例，其操作步骤如下：

（1）输入数据，如图 10-8 所示.

	A	B	C	D
1	品种	蛋白质含量	品种	蛋白质含量
2	A	16	B	15
3	A	20	B	28
4	A	17	B	17
5	A	15	B	22
6	A	22	B	33

图 10-8　输入的数据

（2）在数据分析数据库中选择 t 检验双样本分析，出现如图 10-9 的对话框，对话框内容及分析的输入内容如下：

① 变量 1，2 区域的输入与 F 检验相同.

② 假设平均差，若输入 0 则原假设为两样本均值无显著差异.

③ 如果选择数据是包含标志的，则选择标志复选框.

④ 输入显著性水平.

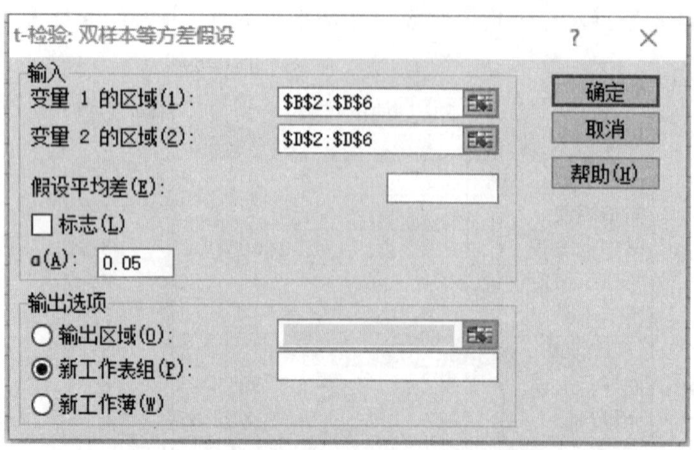

图 10-9　成组数据均值比较的 t 检验分析过程

（3）按以上操作后输出内容如图 10-10 所示. 可以根据其中的 P 值判断，也可以根据 t 计算值与临界值的比较来判定，其中若 P 值小于 0.05 或 t 计算值大于临界值，则说明两样本的均值存在显著差异，反之则认为两样本间的均值差异不具备统计显著性.

	A	B	C
1	t-检验：双样本等方差假设		
2			
3		变量 1	变量 2
4	平均	18	23
5	方差	8.5	56.5
6	观测值	5	5
7	合并方差	32.5	
8	假设平均差	0	
9	df	8	
10	t Stat	-1.386750491	
11	P(T<=t) 单尾	0.101466984	
12	t 单尾临界	1.859548038	
13	P(T<=t) 双尾	0.202933968	
14	t 双尾临界	2.306004135	

图 10-10　成组数据均值比较的 t 检验输出结果

（三）成对数据均值比较的 t 检验

以本书［例 2-12］为例，推断这两个品种产量之间是否存在显著差异. 操作步骤如下：

（1）输入数据，如图 10-11 所示.

	A	B	C
1	配对	甲品种	乙品种
2	1	21	15
3	2	20	17
4	3	18	15
5	4	17	16
6	5	16	16
7	6	17	16
8	7	19	17
9	8	20	19

图 10－11　成对数据均值（原始数据）

（2）在数据分析数据库中选择 t–检验：平均值的成对二样本分析，出现如图 10－12 的对话框，对话框内容及分析的输入内容如下：

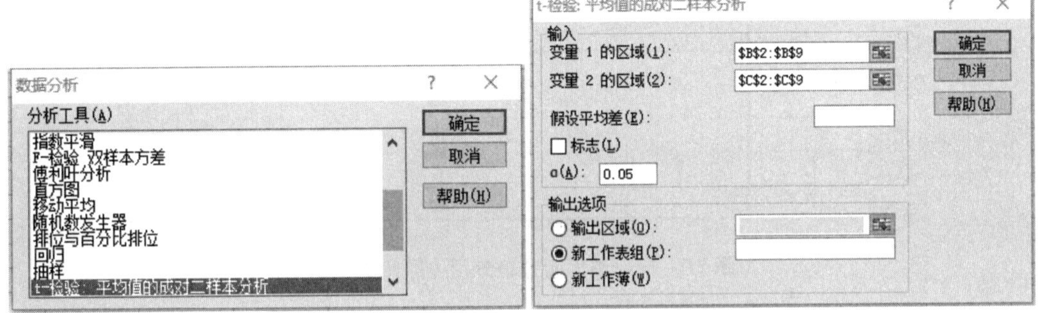

图 10－12　成对数据均值比较的 t 检验分析过程

（3）按以上操作后输出内容如图 10－13 所示. 可以根据其中的 P 值判断，也可以根据 t 计算值与临界值的比较来判定，其中若 P 值小于 0.05 或 t 计算值大于临界值，则说明两样本的均值存在显著差异，反之则认为两样本间的均值差异不具备统计显著性.

	A	B	C
1	t–检验：成对双样本均值分析		
2			
3		变量 1	变量 2
4	平均	18.5	16.375
5	方差	3.142857143	1.696428571
6	观测值	8	8
7	泊松相关系数	0.278409701	
8	假设平均差	0	
9	df	7	
10	t Stat	3.188389742	
11	P(T<=t) 单尾	0.007655448	
12	t 单尾临界	1.894578605	
13	P(T<=t) 双尾	0.015310896	
14	t 双尾临界	2.364624252	

图 10－13　成对数据均值比较的 t 检验输出结果

四、方差分析

在数据分析工具库中提供了 3 种基本类型的方差分析：单因素方差分析、双因素无重复试验方差分析和双因素可重复试验的方差分析，本部分将分别介绍这 3 种方差分析的应用.

（一）单因素方差分析

以本书的［例 3-2］为例，抽测 5 个不同品种的若干头母猪的窝产仔数，试检验不同品种母猪平均窝产仔数的差异是否显著. 操作步骤如下：

（1）输入数据. 在进行单因素方差分析之前，须先将试验所得的数据按一定的格式输入到工作表中，其中每种水平的试验数据可以放在一行或一列内，具体的格式如图 10-14，图中每个水平的试验数据结果放在同一行内.

	A	B	C	D	E	F
1	品种	观测值				
2	A	8	13	12	9	9
3	B	7	8	10	9	7
4	C	13	14	10	11	12
5	D	13	9	8	8	10
6	E	12	11	15	14	13

图 10-14　单因素方差分析（原始数据）

（2）数据输入完成以后，选择数据分析工具对话框内的单因素方差分析，如图 10-15 所示，出现如图 10-16 的对话框，对话框的内容如下：

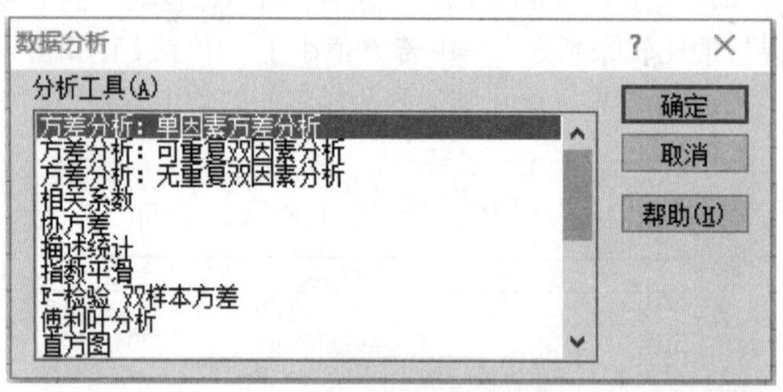

图 10-15　数据分析工具选择

① 输入区域：选择分析数据所在区域，可以选择水平标志.

② 分组方式：提供列与行的选择，当同一水平的数据位于同一行时选择行，位于同一列时选择列，本例选择行.

③ 如果在选取数据时包含了水平标志，则选择标志位于第一行.

④ α：显著性水平，一般输入 0.05，即 95%的置信度.

⑤ 输出选项：按需求选择适当的分析结果存储位置.

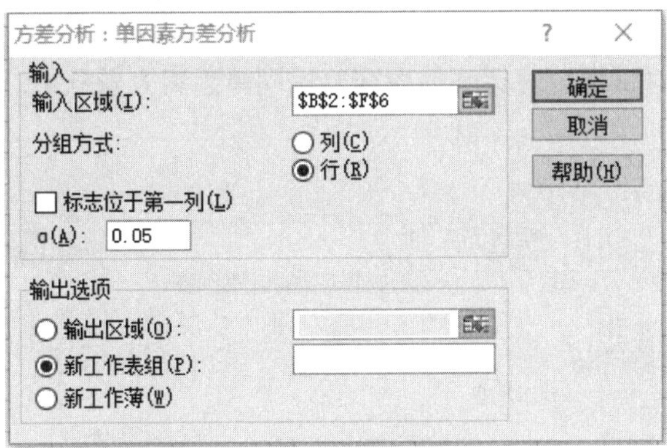

图 10-16　单因素方差分析过程

（3）按图 10-16 输入选项后，对图 10-14 的数据分析的结果如图 10-17 所示.

	A	B	C	D	E	F	G
1	方差分析：单因素方差分析						
2							
3	SUMMARY						
4	组	观测数	求和	平均	方差		
5	行 1	5	51	10.2	4.7		
6	行 2	5	41	8.2	1.7		
7	行 3	5	60	12	2.5		
8	行 4	5	48	9.6	4.3		
9	行 5	5	65	13	2.5		
10							
11							
12	方差分析						
13	差异源	SS	df	MS	F	P-value	F crit
14	组间	73.2	4	18.3	5.828025	0.002813	2.866081
15	组内	62.8	20	3.14			
16							
17	总计	136	24				

图 10-17　单因素方差分析输出结果

（二）双因素无重复试验方差分析

以本书中的［例 3-4］为例，将 4 种品系的老鼠，用 3 种不同剂量水平的雌激素进行注射试验，30 天后分别对每只老鼠进行增重称重.

（1）输入数据. 与单因素方差分析类似，在分析前需将试验数据按一定的格式输入工作表中，如图 10-18 所示.

	A	B	C	D
1	品系（A）	雌激素注射剂量（mg/100g）（B）		
2		B1（0.2）	B2（0.4）	B3（0.8）
3	A1	106	116	145
4	A2	42	68	115
5	A3	70	111	133
6	A4	42	63	87

图 10-18　双因素方差分析（原始数据）

（2）数据输入完成以后，选择数据分析工具库中的双因素无重复方差分析（图 10-19），出现如图 10-20 的对话框，对话框的内容要求同单因素方差分析.

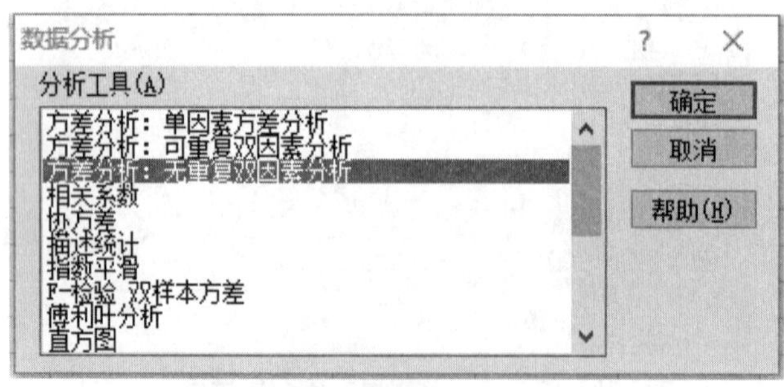

图 10-19　数据分析工具选择

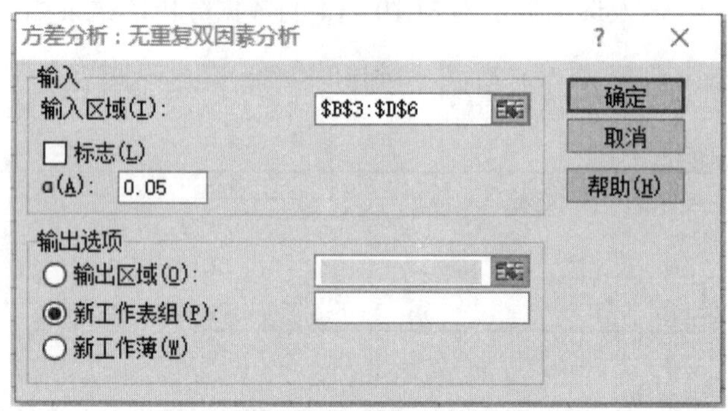

图 10-20　双因素方差分析过程

（3）按图 10-20 输入选项后，对图 10-18 的数据进行分析的结果如图 10-21 所示.

	A	B	C	D	E	F	G
1	方差分析：无重复双因素分析						
2							
3	SUMMARY	观测数	求和	平均	方差		
4	行 1	3	367	122.3333	410.3333		
5	行 2	3	225	75	1369		
6	行 3	3	314	104.6667	1022.333		
7	行 4	3	192	64	507		
8							
9	列 1	4	260	65	921.3333		
10	列 2	4	358	89.5	776.3333		
11	列 3	4	480	120	636		
12							
13							
14	方差分析						
15	差异源	SS	df	MS	F	P-value	F crit
16	行	6457.667	3	2152.556	23.77055	0.000992	4.757063
17	列	6074	2	3037	33.53742	0.000554	5.143253
18	误差	543.3333	6	90.55556			
19							
20	总计	13075	11				

图 10-21　双因素方差分析输出结果

（三）双因素可重复试验方差分析

以本书中［例 3-5］为例，研究饲料中钙磷含量对牛生长发育的影响，将钙（A）、磷（B）在饲料中的含量各分 4 个水平进行交叉分组试验.

（1）输入数据. 在分析前需将试验数据按一定的格式输入工作表中，双因素可重复方差分析与双因素无重复方差分析数据输入的区别在于对重复试验数据的处理，如图 10-22 所示，就是将重复试验的数据叠加起来.

	A	B	C	D	E
1	钙＼磷	B1	B2	B3	B4
2		22	30	32.4	30.5
3	A1	26.5	27.5	26.5	27
4		24.4	26	27	25.1
5		23.5	33.2	38	26.5
6	A2	25.8	28.5	35.5	24
7		27	30.1	33	25
8		30.5	36.5	28	20.5
9	A3	26.8	34	30.5	22.5
10		25.5	33.5	24.6	19.5
11		34.5	29	27.5	18.5
12	A4	31.4	27.5	26.3	20
13		29.3	28	28.5	19

图 10-22 双因素可重复方差分析（原始数据）

（2）数据输入完成以后，选择数据分析工具库中的双因素可重复方差分析（图 10-23），出现如图 10-24 的对话框，对话框的内容基本与双因素无重复方差分析相同，区别在于每一样本的行数选项，在此输入重复试验的次数即可.

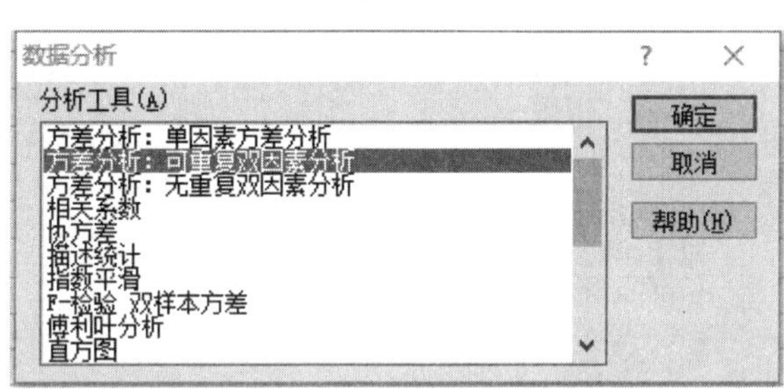

图 10-23 数据分析工具选择

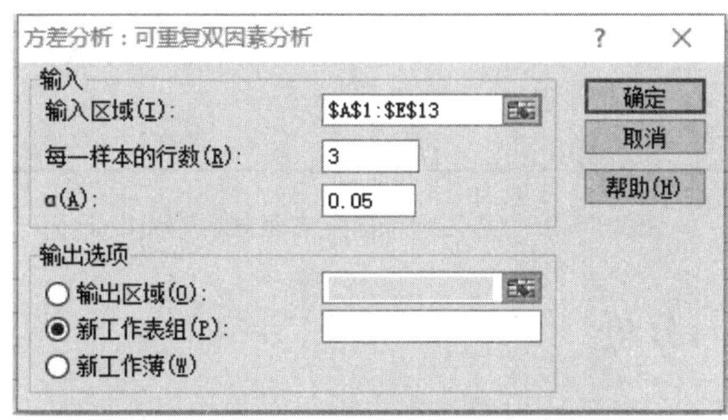

图 10-24 双因素可重复方差分析过程

（3）若须对图 10–22 所示数据进行方差分析时，按图 10–24 的显示输入即可，在输入区域选择数据所在区域及因素水平标志，在每一样本的行数处输入 3，即每种组合重复 3 次试验，显著性水平选择 0.05．在输出选项中可以按照需求选择分析结果储存的位置．选择确定以后分析结果如图 10–25 所示．

	A	B	C	D	E	F	G
1	方差分析：可重复双因素分析						
2							
3	SUMMARY	B1	B2	B3	B4	总计	
4	A1						
5	观测数	3	3	3	3	12	
6	求和	72.9	83.5	85.9	82.6	324.9	
7	平均	24.3	27.83333	28.63333	27.53333	27.075	
8	方差	5.07	4.083333	10.70333	7.503333	7.951136	
9							
10	A2						
11	观测数	3	3	3	3	12	
12	求和	76.3	91.8	106.5	75.5	350.1	
13	平均	25.43333	30.6	35.5	25.16667	29.175	
14	方差	3.163333	5.71	6.25	1.583333	22.70205	
15							
16	A3						
17	观测数	3	3	3	3	12	
18	求和	82.8	104	83.1	62.5	332.4	
19	平均	27.6	34.66667	27.7	20.83333	27.7	
20	方差	6.73	2.583333	8.77	2.333333	29.81091	
21							
22	A4						
23	观测数	3	3	3	3	12	
24	求和	95.2	84.5	82.3	57.5	319.5	
25	平均	31.73333	28.16667	27.43333	19.16667	26.625	
26	方差	6.843333	0.583333	1.213333	0.583333	24.79114	
27							
28	总计						
29	观测数	12	12	12	12		
30	求和	327.2	363.8	357.8	278.1		
31	平均	27.26667	30.31667	29.81667	23.175		
32	方差	12.75333	10.48152	16.8597	14.32205		
33							
34							
35	方差分析						
36	差异源	SS	df	MS	F	P-value	F crit
37	样本	44.51063	3	14.83688	3.22074	0.035576	2.90112
38	列	383.7356	3	127.9119	27.76669	4.92E-09	2.90112
39	交互	406.6585	9	45.18428	9.808455	5.11E-07	2.188766
40	内部	147.4133	32	4.606667			
41							
42	总计	982.3181	47				

图 10–25 双因素可重复方差分析输出结果

五、线性回归分析

线性回归分析对试验设计数据处理有非常重要的作用，例如正交设计、均匀设计、配方设计、复合设计都需要通过线性回归分析来寻找因素与响应变量间的关系，而 Excel

的数据分析工具库中就提供了线性回归分析的工具. 通过线性回归分析，一般会得到因素与响应变量间的拟合方程.

线性回归分析通过对一组观察值使用“最小二乘法”直线拟合，用来分析单个因变量是如何受一个或几个自变量影响的.

以本书中的［例 4–1］为例，分析雏鹅重（单位：g）与 70 日龄重（单位：g）之间的回归关系.

（1）输入数据，如图 10–26 所示.

	A	B	C
1	编号	x	y
2	1	80	2350
3	2	86	2400
4	3	98	2720
5	4	90	2500
6	5	120	3150
7	6	102	2680
8	7	95	2630
9	8	83	2400
10	9	113	3080
11	10	105	2920
12	11	110	2960
13	12	100	2860

图 10–26　线性回归分析（原始数据）

（2）选择数据分析中的“回归”选项，弹出回归分析对话框（图 10–27）.

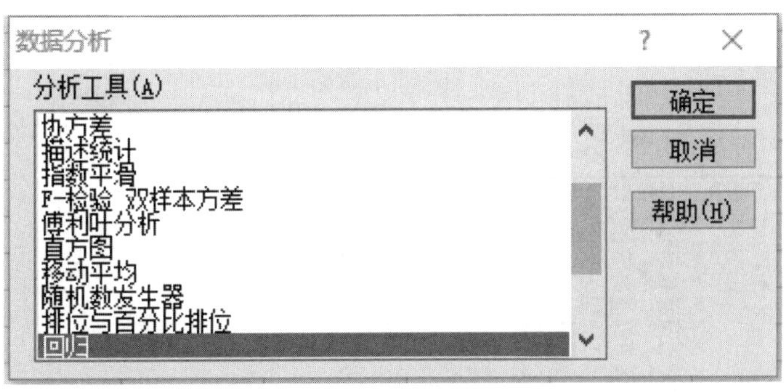

图 10–27　数据分析工具选择

（3）按如下方式填写对话框（图 10–28）：*X* 值输入区域为$B$1:$B$13，*Y* 值输入区域为$C$1:c13，并选择“标志”和“线性拟合图”两个复选框.

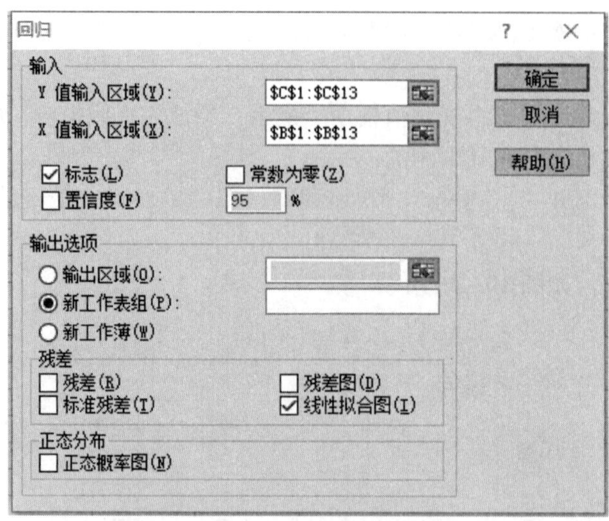

图 10-28　线性回归分析过程

（4）单击“确定”按钮即可，结果如图 10-29 所示.

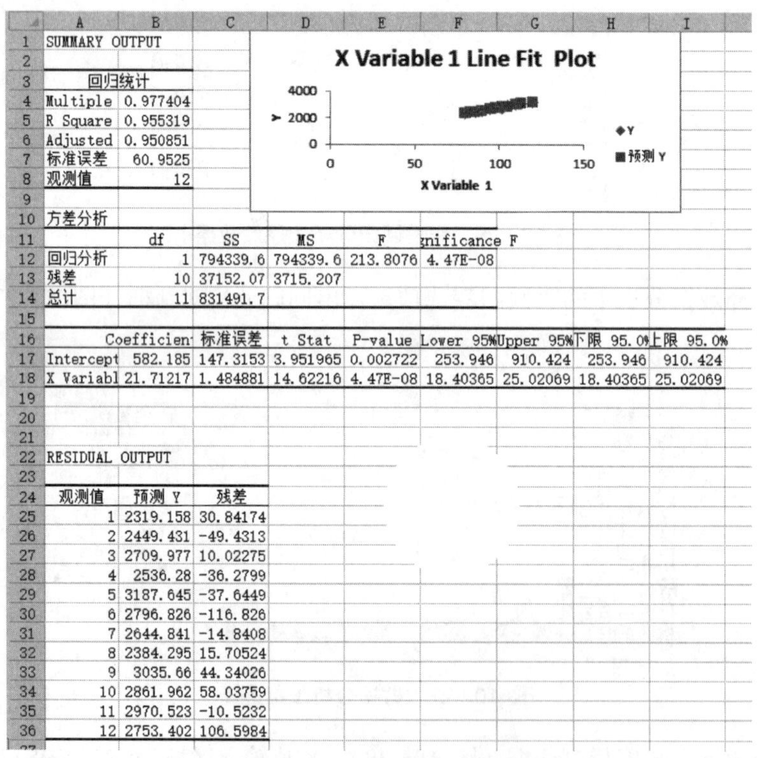

	A	B	C	D	E	F	G	H	I
1	SUMMARY OUTPUT								
2									
3	回归统计								
4	Multiple	0.977404							
5	R Square	0.955319							
6	Adjusted	0.950851							
7	标准误差	60.9525							
8	观测值	12							
9									
10	方差分析								
11		df	SS	MS	F	gnificance F			
12	回归分析	1	794339.6	794339.6	213.8076	4.47E-08			
13	残差	10	37152.07	3715.207					
14	总计	11	831491.7						
15									
16		Coefficien	标准误差	t Stat	P-value	Lower 95%	Upper 95%	下限 95.0%	上限 95.0%
17	Intercept	582.185	147.3153	3.951965	0.002722	253.946	910.424	253.946	910.424
18	X Variabl	21.71217	1.484881	14.62216	4.47E-08	18.40365	25.02069	18.40365	25.02069
19									
20									
21									
22	RESIDUAL OUTPUT								
23									
24	观测值	预测 Y	残差						
25	1	2319.158	30.84174						
26	2	2449.431	-49.4313						
27	3	2709.977	10.02275						
28	4	2536.28	-36.2799						
29	5	3187.645	-37.6449						
30	6	2796.826	-116.826						
31	7	2644.841	-14.8408						
32	8	2384.295	15.70524						
33	9	3035.66	44.34026						
34	10	2861.962	58.03759						
35	11	2970.523	-10.5232						
36	12	2753.402	106.5984						

图 10-29　线性回归分析输出结果

（5）结果分析. 结果可以分为 4 个部分，第 1 部分是回归统计的结果包括多元相关系数、可决系数 R^2、调整之后的相关系数、回归标准差以及样本个数. 第 2 部分是方差分析的结果包括可解释的离差、残差、总离差和它们的自由度以及由此计算出的 F 统计量和相应的显著水平．第 3 部分是回归方程的截距和斜率的估计值以及它们的估计标准误差、t 统计量大小双边拖尾概率值，以及估计值的上下界．根据这部分的结果可知回归方程为 Y=1.484881X+147.3153．第 4 部分是样本散点图，分为样本的真实散点图，以及根据回归方程进行样本历史模拟的散点．如果觉得散点图不够清晰可以用鼠标拖动图形的边界达到控制图形大小的目的．用相同的方法可以进行多元线性方程的参数估计，还可以在自变量中引入虚拟变量以增加方程的拟合程度．对于非线性的方程的参数估计，可以在进行样本数据的线性化处理之后，再按以上步骤进行参数估计．

第二节　SAS 语言在生物数据分析中的应用

一、SAS 软件简介及基础

SAS 是英文 Statistical Analysis System 的缩写，它是美国 SAS 研究所的产品，被国际上誉为标准软件，在我国深受医学、农林、财经、社会科学、行政管理等众多领域的专业工作者的好评．有关 SAS 的最新信息，可以查看其网站：http://www.sas.com.cn．其中的 SAS/STAT 模块是目前功能最强的多元统计分析程序集，包括回归分析、方差分析、属性数据分析、多变量分析、判别分析、聚类分析、得分方法和残存分析共 8 类 26 个过程．

SAS 的工作界面和其他 Windows 应用程序一样，可以在一个主窗口内包含若干个子窗口，并有菜单栏、工具栏、状态栏等．SAS 3 个最重要的窗口为：Editor 程序编辑窗口，Log 运行记录窗口，Output 输出记录窗口．在 SAS V8 中还增设了 2 个窗口：Explorer 用于显示 SAS 库及其 SAS 数据集，Results 用于显示 SAS 程序运行成功时程序输出结果的目录．

SAS 对数据的处理分为两大步骤：数据步和过程步．数据步用来将数据读入 SAS 建立 SAS 数据集．每一数据步都是以 Data 语句开始，以 Run 语句结束．过程步用来调用 SAS 的模块处理和分析数据集中的数据．每一过程步都是以 Proc 语句开始，以 Run 语句结束．当有多个数据步或过程步时，两步中间的 Run 语句通常可以省略，但是在最后一步的后面必须有 Run 语句，否则不能运行．在编辑 SAS 程序时，每个语句的后面都要用符号“;”作为语句结束的标志．一个语句可以写成多行，多个语句也可以写成一行，输入的时候可以从一行的任一位置开始，并支持常规编辑操作，如复制、剪切、粘贴等．SAS 程序编辑过程中不区分字母大小写，编辑完成后，按 F8 或工具栏图标中的小人图标或点击 Run-Submit 提交运行．要保存某一窗口中的内容，只需激活该窗口后按工具栏中的存盘图标或 File-save．

二、利用 MEANS 语句描述样本数据

用 SAS 可以对样本数据进行全面描述，得出样本的各种特征数以及频数分布图．MEANS 过程所计算的统计量是用关键词表示，这些关键词及其含义如下：

N：输入的观测值个数；

NMISS：每个变量所含缺失值的个数；

MEAN：变量的平均数；

STD：变量的标准差；

MIN：变量的最小值；

MAX：变量的最大值；

RANGE：变量的极差；

SUM：变量所有值的和；

VAR：变量的方差；

USS：每一变量原始数据的平方和（未校正平方和）；

CSS：每一变量的离均差平方和（校正平方和）；

CV：变异系数；

STDERR：每一变量的标准误差（平均数的标准差）；

T：在 H0:μ= 0 时的 t 值；

PRT：在 H0:μ= 0 的假设下，统计量 t 大于 t 临界值绝对值的概率；

SKEWNESS：偏斜度；

KURTOSIS：峭度；

CLM：置信区间的上限和下限；

LCLM：置信区间的下限；

UCLM：置信区间的上限.

另外，在 PROC MEANS 语句中还有 12 个选项，其中几个主要选项如下：

DATA=（SAS 数据集）：指出 SAS 数据集的名称，若省略，则使用最近产生的数据集；

MAXDEC=（数字）：指出所输出的结果中，小数部分的最大位数（0～8），缺省时为 8 位；

FW=（域宽）：指出打印的结果中每个统计量的域宽，缺省时为 12；

VARDEF=（DF/N）：VARDEF=DF 为缺省值，表示计算方差时，使用 n−1 作分母；

VARDEF=N 表示计算方差时，使用观测值个数 n 作分母；

ALPHA=（α 值）：指出在计算置信区间时，选用的显著水平.

在进行科学研究时，需要处理的变量数目往往很多，而且变量之间还存在一定关系，经常要计算在某一变量特定水平下，其他变量的一些特征数. 例如，在做人群健康情况调查时，涉及的变量多达十几个甚至几十个，如性别、年龄、身高、体重、吸烟程度、饮酒程度、视力、听力、血压、脉搏、血黏度、胆固醇含量. 如果要计算不同程度吸烟者或不同性别受检者的各项指标或其中若干项指标的某些统计量，只需加上 VAR 语句和 CLASS 语句，便能很容易完成此项工作. VAR 语句指明所需描述的变量，CLASS 语句可以按观测值的不同类别分类计算指定的统计量.

［例 10−1］ 在做小麦育种时，调查了杂交后代的若干性状，选取其中一部分列在下表中（表 10−1）. 在表 10−1 中共列举了 4 个变量，即：株高、穗长、穗粒数和成熟早晚. 分别用 hop、loe、nog 和 fas 代表上述 4 个变量，以成熟的早（e）、中（m）、晚（l）

分类，分别计算株高与穗长的平均数、标准差和标准误差以及穗粒数的范围和变异系数.

表 10−1　小麦杂交后代株高、穗长、穗粒数和成熟早晚统计表

hop	loe	nog	fas
60	8.0	60	m
61	8.0	50	m
61	8.5	61	l
61	7.5	54	e
65	7.5	50	l
63	6.5	46	e
62	7.0	48	l
63	7.5	45	m
66	8.0	54	m
61	7.0	50	e
63	7.0	48	e
67	8.0	50	l
66	8.0	54	l
70	7.0	44	e
62	8.0	54	e
65	8.0	55	l
63	9.0	56	e
67	9.0	52	m
64	7.0	46	e
62	8.0	56	e
65	9.0	58	m
68	8.5	48	e
64	6.5	44	m
63	7.0	52	e
62	8.0	48	e
63	7.0	50	l
69	8.0	52	l
63	7.5	52	m
68	7.0	46	e
61	7.5	52	e
65	7.5	48	e
66	8.0	48	l
66	8.5	54	e
70	8.0	46	e
68	8.0	48	m
62	8.5	62	m
65	8.5	66	m
60	9.0	64	e
69	7.5	48	e
66	8.0	46	e
68	7.5	42	m
70	9.0	46	m
69	7.0	42	l
72	8.0	52	e
66	7.5	52	m
70	8.0	50	m
69	7.5	50	l
71	8.0	50	e
67	6.0	38	l
67	7.5	48	e

解 先建立一个称之为 2−2data.dat 的外部数据文件，外部数据文件的打印结果见表 10−2.

PROC MEANS 程序如下：

```
options  linesize=76;
data  wheat;
    infile  'a:\2-2data.dat';
    input  hop  loe  nog  fas $;
run;
proc  means  maxdec=2  fw=8  max  min  mean  std  stderr;
    var  hop  loe;
    class  fas;
proc  means  data=wheat  range  cv;
  var  nog;
  class  fas;
run;
```

表 10−2 输出结果

The SAS System

FAS	N Obs	Variable	Maximum	Minimum	Mean	Std Dev	Std Error
e	23	HOP	72.00	60.00	65.09	3.64	0.76
		LOE	9.00	6.50	7.70	0.67	0.14
l	12	HOP	69.00	61.00	65.75	2.70	0.78
		LOE	8.50	6.00	7.54	0.69	0.20
m	15	HOP	70.00	60.00	65.20	3.08	0.79
		LOE	9.00	6.50	8.03	0.69	0.18

The SAS System

Analysis Variable : NOG

FAS	N Obs	Range	CV
e	23	20.0000000	9.1612372
l	12	23.0000000	11.8202275
m	15	24.0000000	13.3156456

除 MEANS 过程外，还可以使用 SUMMARY 过程和 UNIVERIATE 过程描述数据. 其中 SUMMARY 过程与 MEANS 过程类似，对初学 SAS 软件的读者来说，能够使用 MEANS 过程已经够用了.

三、统计假设检验的 SAS 程序

（一）单个样本的 t 检验

可以使用 PROC MEANS 过程进行单个样本 t 检验. 只以本书中［例 2-8］的数据为例，说明如何使用 PROC MEANS 过程进行检验. 在这里数据采用在作业流中输入，因此不必建立外部数据文件.

```
        options  linesize=76;
        data  rice;
        input  weight  @@;
        diff=weight-36;
        cards;
37.6 39.6 35.4 37.1 34.7 38.8 37.9 36.6
proc  means  n  t  prt;
var  diff;
run;
```

在 PROC MEANS 语句中的 t 是在 H_0:μ=0 假设下所得到的统计量，在这里 H_0:μ=300，因此在 INPUT 语句后，用赋值语句建立一个新变量 diff，diff 是每一观测值与 300 之差，检验这个差值的期望是否为 0，输出结果见表 10-3.

表 10-3　单个样本 t 检验的输出结果

The SAS System

Analysis Variable : DIFF

N	T	Prob>|T|
8	2.09	0.0749

（二）配对数据 t 检验

配对数据 t 检验的 SAS 程序与上部分中的程序基本相同，不同点只是在 INPUT 语句中包含 3 个变量，在赋值语句中的新变量是两个变量的差而不是变量与一个常量的差. 以［例 2-12］的数据为例，SAS 程序如下：

```
        options  linesize=76;
        data  matdat;
        input  id  prepro  postpro  @@;
        diff=prepro-postpro;
        cards;
    proc  means  n  mean  stderr  t  prt;
    var  diff;
    run;
```

输出结果见表 10-4.

表 10-4　配对数据 t 检验的输出结果

The SAS System

Analysis Variable : DIFF

N	Mean	Std Error	T	Prob>|T|
8	2.1250000	0.6664806	3.19	0.0153

（三）成组数据 t 检验

可以使用 PROC TTEST 过程做成组数据 t 检验. 以不同品种的产量数据表 10-5 为例，说明成组数据 t 检验的 SAS 程序.

```
        options  linesize=76;
        data  wheat;
        input  strain  days  @@;
        cards;
1  101  1  100  1  99  1   99  1  98  1  100  1  98
1   99  1   99  1  99  2  100  2  98  2  100  2  99
2   98  2   99  2  98  2   98  2  99  2  100
proc  ttest;
class  strain;
var  days;
run;
```

上述的 CLASS 语句称为分类语句，在 t 检验中的分类变量（品种），应在 CLASS 语句中给予说明，以便 PROC TTEST 过程按不同类别（品种）进行检验. 输出结果见表 10-6.

表 10-5　水稻不同品种（品种 1 和 2）的产量（kg/亩）

1	101	1	100	1	99	1	99	1	98	1	100	1	98
1	99	1	99	1	99	2	100	2	98	2	100	2	99
2	98	2	99	2	98	2	98	2	99	2	100		

表 10-6　成组数据 t 检验的输出结果

The SAS System

TTEST PROCEDURE

Variable: DAYS

STRAIN	N	Mean	Std Dev	Std Error
1	10	99.20000000	0.91893658	0.29059326
2	10	98.90000000	0.87559504	0.27688746

Variances	T	DF	Prob>|T|
Unequal	0.7474	18.0	0.4645
Equal	0.7474	18.0	0.4645

For H0: Variances are equal，　F' = 1.10　　DF = （9，9）　　Prob>F' = 0.887

表 10–6 中给出了方差齐性检验和 t 检验结果以及方差不具齐性时，用 Satterthwaite 方法计算的近似 t 统计量的自由度. 从表的最后一行得知，方差具齐性，因此只选用 Equal 行的结果即可. Prob>|T|的含义是变量 T 大于统计量 t 的概率，P（$T>t$）.（参考本书“小概率原理”的内容）. 不论是单侧检验还是双侧检验，该概率值都是一样的. 做单侧检验时 $P<0.05$ 差异显著，在做双侧检验时 $P<0.025$ 时差异显著.

四、χ^2 检验的 SAS 程序

使用 PROC FREQ 过程进行 χ^2 检验，首先应使用 TABLE 语句生成一个两向表. 在 TABLE 语句的“/”后，可供使用的选项共有 24 个，其中的几个基本选项如下：

CHISQ：χ^2 检验及 2×2 列联表的 Fisher 精确检验.

EXACT：对大于 2×2 列联表进行 Fisher 精确检验.

ALPHA=（p）：设置置信区间时使用的显著水平，缺省时 $\alpha=0.05$.

MISSIN：要求 FREQ 把缺失值当作非缺失值看待，在计算百分数或其他统计量时包括它们.

比较口服和注射疫苗的效果是否一致，数据见表 10–7，记符号“o”为口服，“i”为注射，“e”为有效，“n”为无效.

表 10–7　口服或注射疫苗后有效和无效的人数统计表

	e	n
o	58	40
i	64	31

χ^2 检验的 SAS 程序如下：

```
        options linesize=76;
data;
  do way=1 to 2;
    do effect=1 to 2;
      input case @@;
      output;
    end;
  end;
```

```
  cards;
58 40
64 31
;
proc freq formchar (1, 2, 7) ='|-+';
  weight case;
  tables way*effect;
run;
```

在数据库中使用了一个 DO 语句，这是一个循环语句. “way=1 to 2”表示“方式”有两个水平，“effect=1 to 2”表示“效果”有两个水平，如果试验是一个高阶的列联表，那么 TO 后面的数字也应做相应的改变. 在程序步中的 WEIGHT 语句是一个权数语句，它的值是这些观测相应的权数.

输出的结果如下，因为在 TABLE 语句中没有规定统计分析选项，所以只输出列联表. 在 TABLE 语句中 way * effect 将形成一个两向表，第一个变量形成表的行，第二个变量形成表的列. 在 PROC FREQ 语句中的选项 formchar（1，2，7）是输出表格线的形状. 输出结果见表 10－8.

表 10－8　输出结果

The SAS System

TABLE OF WAY BY EFFECT

WAY　　EFFECT Frequent Percent Row Pct Col Pct	e	n	Total
o	58 30.05 59.18 47.54	40 20.73 40.82 56.34	98 50.78
i	64 33.16 67.37 52.46	31 16.06 32.63 43.66	95 49.22
Total	122 63.21	71 36.79	193 100.00

STATISTICS FOR TABLE OF WAY BY EFFECT

Statistic	DF	Value	Prob
Chi－Square	1	1.390	0.238
Likelihood Ratio Chi－Square	1	1.392	0.238
Continuity Adj. Chi－Square	1	1.060	0.303
Mantel－Haenszel Chi－Square	1	1.382	0.240
Fisher's Exact Test （Left）			0.908
（Right）			0.152
（2－Tail）			0.296
Phi Coefficient		0.085	0
Contingency Coefficient		0.085	0
Cramer's V		0.085	0

Sample Size = 193

表 10－8 给出 χ^2 值、连续性矫正 χ^2 值和精确检验 χ^2 值.

在输出的列联表中还有一些选项可供使用，如：

EXPECTED：在独立性假设下，要求输出单元频数的期望值.

NOCOL：不输出交叉表里的单元列百分数.

NOROW：不输出交叉表里的单元行百分数.

CELLCHI2：要求该过程输出每个单元对总 χ^2 统计量的贡献.

NOPERCENT：不输出交叉表的单元百分数和累计百分数.

如果在 TABLE 语句中加入上述选项，输出的结果更接近教材中列联表的格式.

```
options linesize=76;
data;
  do way=1 to 2;
    do effect=1 to 2;
      input case @@;
      output;
    end;
  end;
  cards;
64 3
58 40
;
proc freq formchar (1, 2, 7) ='|-+';
```

```
  weight case;
  tables way*effect/cellch2 expected nocol norow nopercent;
run;
```

输出结果如下：

The SAS System

TABLE OF WAY BY EFFECT

WAY	EFFECT		
Frequent Expected Cell Chi－Square	1	2	Total
1	58 61.948 0.2516	40 36.052 0.4324	98
2	64 60.052 0.2596	31 34.948 0.446	95
Total	122	71	193

五、方差分析的 SAS 程序

（一）单因素方差分析

单因素试验设计又称为完全随机化试验设计．该试验设计要求试验条件或试验环境的同质性很高．例如，比较 a 个作物品种的产量，每一品种设置 n 个重复，全部试验共有 an 次．根据完全随机化试验设计的要求，试验田中的 an 个试验小区的土质、肥力、含水量、小气候、田间管理等条件必须完全一致．至于哪一个品种的哪一次重复安排在哪一个小区，完全是随机的，因此得到了“完全随机化试验设计”这一名称．

以下面数据为例，分析不同品种水稻株高的差异，其中 1～5 代表不同的品种，给出单因素方差分析的 SAS 程序．

表 10－9　不同品种水稻株高（cm）统计表

1	64.6	1	65.3	1	64.8	1	66.0	1	65.8	2	64.5	2	65.3	2	64.6
2	63.7	2	63.9	3	67.8	3	66.3	3	67.1	3	66.8	3	68.5	4	71.8
4	72.1	4	70.0	4	69.1	4	71.0	5	69.2	5	68.2	5	69.8	5	68.3
5	67.5														

先建立一个称为 a:\2－5data.dat 的外部数据文件.

然后运行以下 SAS 程序：

```
options  linesize=76;
data wheat;
     infile  'a:\2-5data.dat';
     input  strain  hight  @@;
run;
proc  anova;
     class  strain;
     model  hight=strain;
     means  strain / Duncan;
     means  strain / lsd  cldiff;
run;
```

在 PROC ANOVA 过程中的 CLASS 语句（分类语句）是必须的，而且一定要放在 MODEL 语句之前. 在方差分析中要使用的分类变量（因素），首先要在 CLASS 语句中说明. 分类变量可以是数值型的，也可以是字符型的. MODEL 语句用来规定因素对试验结果的效应，一般形式为，因变量＝因素效应. 本例即为株高＝品系效应.

MEANS 语句应放在 MODEL 语句之后，MEANS 语句后列出希望得到均值的那些变量. MEANS 语句有很多选项，下面列出几个与本书有关的选项，将选项写在 MEANS 语句的 "/" 之后.

DUNCAN：对 MEANS 语句列出的所有主效应均值进行 DUNCAN 检验.

SNK：对 MEANS 语句列出的所有主效应均值进行 Student－Newman－Keuls 检验.

T | LSD：对 MEANS 语句列出的所有主效应均值进行两两 t 检验，它相当于在样本含量相同时的 LSD 检验.

ALPHA＝均值间对比检验的显著水平，缺省值是 0.05. 当用 DUNCAN 选项时只能取 0.01，0.05 和 0.10，对于其他选项，α 可取 0.0001 到 0.9999 之间的任何值.

CLDIFF：在选项 T 和 LSD 时，过程将两个均值之差以置信区间的形式输出.

CLM：在选项 T 和 LSD 时，过程把变量的每一水平均值以置信区间的形式输出.

执行上述程序，输出结果见表 10－10.

表 10－10　方差分析输出结果

The SAS System

Analysis of Variance Procedure

Class Level Information

Class	Levels	Values
STRAIN	5	12345

Number of observations in data set = 25

The SAS System

Analysis of Variance Procedure

Dependent Variable: HIGHT

Source	DF	Sum of Squares	Mean Square	FValue	Pr>F
Model	4	131.740000	32.935000	42.28	0.0001
Error	20	15.580000	0.779000		
CorrectedTotal	24	147.320000			

R－Square	C.V.	RootMSE	HIGHTMean
0.894244	1.311846	0.88261	67.2800

Source	DF	AnovaSS	MeanSquare	FValue	Pr>F
STRAIN	4	131.740000	32.935000	42.28	0.0001

The SAS System

Analysis of Variance Procedure

Duncan's Multiple Range Test for variable: HIGHT

NOTE: This test controls the type I comparisonwise error rate，not the experimentwise error rate

Alpha= 0.05　df= 20　MSE= 0.779

NumberofMeans	2	3	4	5
CriticalRange	1.164	1.222	1.259	1.285

Means with the same letter are not significantly different.

DuncanGrouping	Mean	N	STRAIN
A	70.8000	5	4
B	68.6000	5	5
C	67.3000	5	3
D	65.3000	5	1
D	64.4000	5	2

The SAS System
Analysis of Variance Procedure

T tests (LSD) for variable: HIGHT

NOTE: This test controls the type I comparisonwise error rate not
the experimentwise error rate.

Alpha= 0.05　Confidence= 0.95　df= 20　MSE= 0.779
Critical Value of T= 2.08596
Least Significant Difference= 1.1644

Comparisons significant at the 0.05 level are indicated by '***'.

Lower STRAIN Comparison	Difference Confidence Limit	Upper Between Means	Confidence Limit	
4 - 5	1.0356	2.2000	3.3644	***
4 - 3	2.3356	3.5000	4.6644	***
4 - 1	4.3356	5.5000	6.6644	***
4 - 2	5.2356	6.4000	7.5644	***
5 - 4	−3.3644	−2.2000	−1.0356	***
5 - 3	0.1356	1.3000	2.4644	***
5 - 1	2.1356	3.3000	4.4644	***
5 - 2	3.0356	4.2000	5.3644	***
3 - 4	−4.6644	−3.5000	−2.3356	***
3 - 5	−2.4644	−1.3000	−0.1356	***
3 - 1	0.8356	2.0000	3.1644	***
3 - 2	1.7356	2.9000	4.0644	***
1 - 4	−6.6644	−5.5000	−4.3356	***
1 - 5	−4.4644	−3.3000	−2.1356	***
1 - 3	−3.1644	−2.0000	−0.8356	***
1 - 2	−0.2644	0.9000	2.0644	
2 - 4	−7.5644	−6.4000	−5.2356	***
2 - 5	−5.3644	−4.2000	−3.0356	***
2 - 3	−4.0644	−2.9000	−1.7356	***
2 - 1	−2.0644	−0.9000	0.2644	

表中的各项内容都是很明确的，这里不再赘述.

方差分析应具备 3 个条件，有时这 3 个条件并不能够得到满足，这时对原始数据就要进行变换. 对原始数据进行变换，只需加上一个赋值语句即可，可参考配对数据 t 检验的 SAS 程序.

（二）随机化完全区组试验的方差分析

完全随机化试验设计要求试验条件或试验材料必须具同质性，否则，由于试验误差过大，有可能掩盖处理间真正存在的差异. 对于一些处理较多的试验，同质性这一要求有时很难满足. 为了保证结果的可靠性，于是把全部试验分成若干区组，每一区组内必须保证试验条件或试验材料的同质性，而且必须包含一次全部处理. 将完全随机化试验的 n 次重复变成 n 个区组. 由于设置了区组，从完全随机化试验的误差平方和中分离出区组平方和，从而提高了试验结果的可靠性，这样的试验设计称为随机化完全区组设计（randomized complete block design）. 随机化完全区组设计仍属于单因素试验设计. 设计区组的目的，是为了从完全随机化试验设计的误差平方和中分离出因区组（非同质性）所产生的平方和. 其结果，降低了误差平方和，提高了对处理效应的检验效率.

［例 10–2］ 一个采用随机化完全区组设计的品种比较试验，有 5 个品种参加产量评比，试验共设计了 3 个区组，结果如 CARDS 语句所示.

解： 方差分析的 SAS 程序如下：

```
        options  linesize = 76;
        data  wheat;
            input  block  variety  yield  @@;
            cards;
      1  1  18  1  2  36  1  3  31  1  4  21  1  5  30
      2  1  23  2  2  30  2  3  34  2  4  18  2  5  30
      3  1  22  3  2  30  3  3  34  3  4  18  3  5  42
proc  anova;
    class  block  variety;
    model  yield = variety  block;
    means  variety / duncan;
run;
```

输出结果见表 10–11.

表 10-11 品种比较试验方差分析的结果

The SAS System

Analysis of Variance Procedure

Class Level Information

lass	Levels	Values
BLOCK	3	123
VARIETY	5	12345

Number of observations in data set = 15

The SAS System

Analysis of Variance Procedure

Dependent Variable: YIELD

Source	DF	Sumof Squares	Mean Square	FValue	Pr>F
Model	6	635.200000	105.866667	6.46	0.0096
Error	8	131.200000	16.400000		
CorrectedTotal	14	766.400000			

R-Square	C.V.	RootMSE	YIELDMean
0.828810	14.56724	4.04969	27.8000

Source	DF	AnovaSS	MeanSquare	FValue	Pr>F
VARIET	4	620.400000	155.100000	9.46	0.0040
BLOCK	2	14.800000	7.400000	0.45	0.6521

The SAS System

Analysis of Variance Procedure

Duncan's Multiple Range Test for variable: YIELD

NOTE: This test controls the type I comparisonwise error rate，not the experimentwise error rate

Alpha=0.05 df=8 MSE=16.4

NumberofMeans	2	3	4	5
CriticalRange	7.625	7.946	8.125	8.233

Means with the same letter are not significantly different.

DuncanGrouping	Mean	N	VARIETY
A	34.000	3	5
A			
A	33.000	3	3
A			
A	32.000	3	2
B	21.000	3	1
B			
B	19.000	3	4

(三) 多因素随机化区组试验的方差分析

已知一个混合模型（A、C 固定，B 随机）三因素交叉分组试验设计的均方期望及检验统计量. 下面以一个一般化的三因素交叉分组试验为例说明方差分析的 SAS 程序.

由 A、B、C 三个因素构成一个三因素交叉分组试验，其中 A、C 固定，B 随机. A 因素有 3 个水平，记为 A1～A3；B 因素有 4 个水平，记为 B1～B4；C 因素有 5 个水平，记为 C1～C5，试验重复两次. 记录了 R1 和 R2 两个因变量（即试验结果，如作物的株高、穗长，人的血压、血黏度等），原始数据不再给出. 按每一观测的 A、B、C、R1、R2 的顺序建立外部数据文件，路径和文件名为 a:\2－6data.dat.

```
1 1 1 18.0 24.1 1 1 2 19.6 24.7 1 1 3 17.5 24.7 1 1 4 17.9 25.8
1 1 5 19.1 25.2 1 2 1 23.4 33.4 1 2 2 23.0 33.2 1 2 3 23.9 32.9
1 2 4 23.2 34.3 1 2 5 27.0 35.0 1 3 1 24.5 29.6 1 3 2 23.7 30.8
1 3 3 23.5 31.7 1 3 4 21.2 32.2 1 3 5 25.7 31.9 1 4 1 19.4 27.6
1 4 2 17.3 27.8 1 4 3 18.1 28.0 1 4 4 18.8 28.7 1 4 5 18.8 28.4
```

2 1 1 18.8 28.7 2 1 2 19.6 28.6 2 1 3 18.6 29.8 2 1 4 18.2 30.1
2 1 5 20.8 31.0 2 2 1 24.2 38.2 2 2 2 24.4 37.9 2 2 3 25.3 38.3
2 2 4 24.0 38.6 2 2 5 27.3 33.7 2 3 1 25.9 35.1 2 3 2 23.6 34.4
2 3 3 23.8 36.1 2 3 4 21.1 35.9 2 3 5 26.4 36.4 2 4 1 18.9 34.2
2 4 2 21.9 31.9 2 4 3 23.5 32.3 2 4 4 20.0 33.0 2 4 5 20.4 33.3
3 1 1 19.2 31.2 3 1 2 19.6 30.6 3 1 3 19.2 32.5 3 1 4 18.9 33.1
3 1 5 20.0 32.3 3 2 1 22.6 38.7 3 2 2 23.4 39.4 3 2 3 25.5 41.0
3 2 4 24.2 41.2 3 2 5 28.3 42.4 3 3 1 25.3 36.3 3 3 2 23.9 37.2
3 3 3 23.8 36.9 3 3 4 21.2 38.4 3 3 5 25.4 37.4 3 4 1 17.2 30.9
3 4 2 17.9 32.0 3 4 3 20.8 31.8 3 4 4 18.2 33.1 3 4 5 16.4 31.5
1 1 1 18.3 24.4 1 1 2 19.2 24.2 1 1 3 18.4 25.5 1 1 4 18.1 26.3
1 1 5 19.2 25.3 1 2 1 23.3 33.2 1 2 2 23.0 32.9 1 2 3 25.1 34.2
1 2 4 24.6 35.6 1 2 5 26.0 34.0 1 3 1 24.5 29.5 1 3 2 23.1 30.0
1 3 3 23.0 31.1 1 3 4 20.3 31.3 1 3 5 25.5 31.4 1 4 1 19.6 27.4
1 4 2 19.8 25.9 1 4 3 22.2 27.3 1 4 4 19.5 28.5 1 4 5 19.6 28.1
2 1 1 18.0 28.0 2 1 2 19.6 28.4 2 1 3 19.3 30.6 2 1 4 18.0 30.0
2 1 5 20.1 30.3 2 2 1 24.0 38.8 2 2 2 23.8 37.4 2 2 3 24.2 36.9
2 2 4 24.2 38.9 2 2 5 27.8 37.0 2 3 1 25.6 34.7 2 3 2 23.4 34.0
2 3 3 23.7 35.7 2 3 4 20.6 35.3 2 3 5 26.1 35.9 2 4 1 20.4 32.3
2 4 2 24.6 34.6 2 4 3 23.9 32.8 2 4 4 21.1 34.1 2 4 5 20.0 33.0
3 1 1 18.3 30.1 3 1 2 19.8 31.0 3 1 3 17.6 30.6 3 1 4 17.9 31.9
3 1 5 20.8 32.8 3 2 1 23.4 39.8 3 2 2 23.4 39.4 3 2 3 26.5 41.7
3 2 4 24.4 41.6 3 2 5 27.1 41.3 3 3 1 25.6 36.6 3 3 2 23.5 37.0
3 3 3 23.7 37.9 3 3 4 21.4 38.4 3 3 5 25.5 37.5 3 4 1 17.5 31.5
3 4 2 19.5 31.6 3 4 3 21.7 32.4 3 4 4 18.4 33.4 3 4 5 16.5 31.5

解　SAS 程序如下：

```
options  linesize=76;
    data  example;
    infile  'a:\2-6data.dat';
    input  a  b  c  r1  r2  @@;
run;
proc  anova;
    class  a  b  c;
    model  r1  r2 = a  b  c  a*b  a*c  b*c  a*b*c;
        test  h = a  e = a*b;
        test  h = c  e = b*c;
        test  h = a*c  e = a*b*c;
        means  a / duncan  e = a*b  alpha = 0.01;
        means  c / lsd  e = b*c  alpha = 0.01;
run;
```

与单因素方差分析的 SAS 程序相比，大同小异. 在这里由于因素由 1 个变为 3 个，因此分类变量相应变为 3 个. 在 MODEL 语句中 r1 r2 = a b c a*b a*c b*c a*b*c 的含义是，需要分析 a、b、c 3 个主效应，两两交互作用及三重交互作用对因变量 r1 和 r2 的贡献. 实际上，这里是两次方差分析，得到两个方差分析表，一个是对 r1 进行的方差分析，一个是对 r2 进行的方差分析. 当然也可以只计算其中的一部分，如 r1 r2 = a b c b*c 或 r2 = a b c a*b a*b*c 等.

TEST 语句中 h = a, e = a*b 的含义是用 A×B 交互作用检验 A 因素效应，即 $F_A = MS_A / MS_{AB}$，另外两个 TEST 语句含义为 $F_C = MS_C / MS_{BC}$，$F_{AC} = MS_{AC} / MS_{ABC}$. 在没有特别说明时，因素的效应都是用 MS_e 检验的. 当然，随着模型的改变，检验统计量会相应改变，这里的 TEST 语句也要改变.

MEANS 语句中选项 e = a*b 是指明在做 DUNCAN 检验时，应使用 MS_{AB} 作为误差均方检验因素 A 的效应，否则将使用 MS_e 做检验.

试验结果中，若有缺失数据，缺失的数据在方差分析中将被忽略掉，因此试验结果中的数据应完整.

执行上述程序，输出的结果见表 10－12.

表 10－12 ［例 2–10］方差分析输出的结果

The SAS System

Analysis of Variance Procedure

Class Level Information

Class	Levels	Values
A	3	123
B	4	1234
C	5	12345

Number of observations in data set = 120

The SAS System

Analysis of Variance Procedure

Dependent Variable: R1

Source	DF	Sumof Squares	Mean Square	FValue	Pr>F
Model	59	1028.71625	17.43587	35.88	0.0001
Error	60	29.15500	0.48592		
Correted Total	119	1057.87125			

R – Square	C.V.	RootMSE	R1Mean
0.972440	3.199437	0.69708	21.7875

Source	DF	AnovaSS	MeanSquare	FValue	Pr>F
A	2	21.608000	10.804000	22.23	0.0001
B	3	748.776917	249.592306	513.65	0.0001
C	4	68.006667	17.001667	34.99	0.0001
A*B	6	34.511333	5.751889	11.84	0.0001
A*C	8	6.035333	0.754417	1.55	0.1586
B*C	12	129.352667	10.779389	22.18	0.0001
A*B*C	24	20.425333	0.851056	1.75	0.0412

Tests of Hypotheses using the Anova MS for A*B as an error term

Source	DF	AnovaSS	MeanSquare	FValue	Pr>F
A	2	21.6080000	10.8040000	1.88	0.2326

Tests of Hypotheses using the Anova MS for B*C as an error term

Source	DF	AnovaSS	MeanSquare	FValue	Pr>F
C	4	68.0066667	17.0016667	1.58	0.2432

Tests of Hypotheses using the Anova MS for A*B*C as an error term

Source	DF	AnovaSS	MeanSquare	FValue	Pr>F
A*C	8	6.03533333	0.75441667	0.89	0.5421

The SAS System

Analysis of Variance Procedure

Dependent Variable: R2

Sumof　　Mean

Source	DF	Squares	Square	FValue	Pr>F
Model	59	2224.52967	37.70389	85.85	0.0001
Error	60	26.35000	0.43917		
CorrectedTotal	119	2250.87967			

R – Square	C.V.	RootMSE	R2Mean
0.988293	2.014173	0.66270	32.9017

Source	DF	AnovaSS	MeanSquare	FValue	Pr>F
A	2	779.20117	389.60058	887.14	0.0001
B	3	1314.66700	438.22233	997.85	0.0001
C	4	38.03300	9.50825	21.65	0.0001
A*B	6	53.47350	8.91225	20.29	0.0001
A*C	8	5.84050	0.73006	1.66	0.1266
B*C	12	7.51300	0.62608	1.43	0.1798
A*B*C	24	25.80150	1.07506	2.45	0.0027

Tests of Hypotheses using the Anova MS for A*B as an error term

Source	DF	AnovaSS	MeanSquare	FValue	Pr>F
A	2	779.201167	389.600583	43.72	0.0003

Tests of Hypotheses using the Anova MS for B*C as an error term

Source	DF	AnovaSS	MeanSquare	FValue	Pr>F
C	4	38.0330000	9.5082500	15.19	0.0001

Tests of Hypotheses using the Anova MS for A*B*C as an error term

Source	DF	AnovaSS	MeanSquare	FValue	Pr>F
A*C	8	5.84050000	0.73006250	0.68	0.7052

The SAS System

Analysis of Variance Procedure

Duncan's Multiple Range Test for variable: R1

NOTE: This test controls the type I comparisonwise error rate，not
the experimentwise error rate

Alpha=0.01　df=6　MSE=5.751889

NumberofMeans	2	3
CriticalRange	1.988	2.063

Means with the same letter are not significantly different.

DuncanGrouping	Mean	N	A
A	22.3775	40	2
A			
A	21.5875	40	3
A			
A	21.3975	40	1

The SAS System

Analysis of Variance Procedure

Duncan's Multiple Range Test for variable: R2

NOTE: This test controls the type I comparisonwise error rate，not
the experimentwise error rate

Alpha=0.01　df=6　MSE=8.91225

NumberofMeans	2	3
Critical Range	2.475	2.567

Means with the same letter are not significantly different.

DuncanGrouping	Mean	N	A
A	35.3975	40	3
A			
A	33.9050	40	2
B	29.4025	40	1

The SAS System

Analysis of Variance Procedure

T tests（LSD）for variable: R1

NOTE: This test controls the type I comparisonwise error rate not
the experimentwise error rate.

Alpha=0.01　df=12　MSE=10.77939
Critical Value of T=3.05
Least Significant Difference=2.895

Means with the same letter are not significantly different.

T Grouping	Mean	N	C
A	22.9083	24	5
A			
A	22.2000	24	3
A			
A	21.6917	24	2
A			
A	21.4958	24	1
A			
A	20.6417	24	4

```
                    The SAS System

              Analysis of Variance Procedure

             T tests（LSD）for variable: R2

     NOTE: This test controls the type I comparisonwise error rate not
           the experimentwise error rate.

  Alpha=0.01   df=12   MSE=0.626083
                        Critical Value of T=3.05
                   Least Significant Difference= 0.6977

  Means with the same letter are not significantly different.

              T Grouping              Mean          N       C

              A                     33.7375         24      4
              A
              B         A           33.1917         24      5
              B
              B                     33.0292         24      3

              C                     32.2875         24      2
              C
              C                     32.2625         24      1
```

两因素交叉分组试验的 SAS 程序比三因素交叉分组试验的 SAS 程序更简单，在这里不再举例了.

(四)拉丁方与正交拉丁方试验的方差分析

随机化完全区组设计，在一定程度上消除了由于试验条件或试验材料的非同质性给试验带来的误差. 若在同一区组内仍不能保证试验材料或试验条件的同质性，这时可以设计成两个方向的随机化区组，即拉丁方设计. 拉丁方设计的行数与列数必须一致，从而构成一个方阵. 由于每一小区都是用拉丁字母表示的，所以称为拉丁方(Latin square).

与随机化完全区组设计类似,拉丁方的行、列与主效应之间的交互作用是不能估计出的.

若在一个拉丁方上再重上一个拉丁方，两个拉丁方上各小区的字母共同出现一次而且只出现一次,这样的两个拉丁方称为正交拉丁方(orthogonal Latin square). 除 p=6(6 行，6 列）拉丁方以外，任何 $p \geqslant 3$ 的拉丁方都有正交拉丁方. 一个 p 阶拉丁方最多可有 $p-1$ 个正交拉丁方. 由于拉丁方和正交拉丁方从随机化完全区组的误差平方和中进一步分解出一些可控因素的平方和，如行平方和与列平方和，使试验的精度得到进一步的提高.

以 4×4 正交拉丁方为例，其统计模型为：

$$x_{ijkl}=\mu+\theta_i+\tau_j+\omega_k+\psi_l+\varepsilon_{ijkl}\begin{cases}i=1,2,\cdots,p,\\ j=1,2,\cdots,p,\\ k=1,2,\cdots,p,\\ l=1,2,\cdots,p.\end{cases}$$

其中，θ_i 是第 i 行效应，ψ_l 是第 l 列效应，τ_j 是第 1 个拉丁方的第 j 次处理效应，ω_k 是第 2 个拉丁方的第 k 次处理效应. 均方期望的推演与随机化完全区组类似,这里不再重复. 具体分析过程如下：

进行 5 个大豆品种的比较试验，已知试验田的肥力在两个方向上存在差异，5 名管理人员的田间操作也存在不同，因此设计了一个 5 阶正交拉丁方. 试验结果如下（括号内为小区产量）.

	1	2	3	4	5
1	11（53）	22（44）	33（45）	44（49）	55（40）
2	23（52）	34（51）	45（44）	51（42）	12（51）
3	35（50）	41（46）	52（43）	13（54）	24（47）
4	42（45）	53（49）	14（54）	25（44）	31（40）
5	54（43）	15（60）	21（45）	32（43）	43（44）

解 交拉丁方的 SAS 程序与随机化完全区组的类似，只是分类变量数较多. 分别用 r 代表行，c 代表列，v 代表品种，m 代表田间管理，yield 为产量，SAS 程序如下：

```
     options  linesize = 76;
data  soybean;
input  r  c  v  m  yield @@;
     cards;

     1 1 1 1 53 1 2 2 2 44 1 3 3 3 45 1 4 4 4 49 1 5 5 5 40
     2 1 2 3 52 2 2 3 4 51 2 3 4 5 44 2 4 5 1 42 2 5 1 2 51
     3 1 3 5 50 3 2 4 1 46 3 3 5 2 43 3 4 1 3 54 3 5 2 4 47
  4 1 4 2 45 4 2 5 3 49 4 3 1 4 54 4 4 2 5 44 4 5 3 1 40
  5 1 5 4 43 5 2 1 5 60 5 3 2 1 45 5 4 3 2 43 5 5 4 3 44
```

```
proc  anova;
    class  r  c  v  m;
    model  yield = r  c  v  m;
    means  v / duncan  alpha = 0.01;
run;
```

输出结果见表 10-13.

表 10-13　拉丁方试验方差分析结果

The SAS System

Analysis of Variance Procedure

Class Level Information

Class	Levels	Values
ROW	5	12345
COLUMN	5	12345
STRAIN	5	12345
MANAGE	5	12345

Number of observations in data set = 25

The SAS System

Analysis of Variance Procedure

Dependent Variable: YIELD

Source	DF	Sumof Squares	Mean Square	FValue	Pr>F
Model	16	534.160000	33.385000	4.27	0.0217
Error	8	62.480000	7.810000		
CorrectedTotal	24	596.640000			

R－Square	C.V.	RootMSE	YIELDMean
0.895280	5.930895	2.79464	47.1200

Source	DF	AnovaSS	MeanSquare	FValue	Pr>F
ROW	4	14.640000	3.660000	0.47	0.7580
COLUMN	4	96.240000	24.060000	3.08	0.0823
STRAIN	4	357.040000	89.260000	11.43	0.0022
MANAGE	4	66.240000	16.560000	2.12	0.1698

The SAS System

Analysis of Variance Procedure

Duncan's Multiple Range Test for variable: YIELD

NOTE: This test controls the type I comparisonwise error rate，not
the experimentwise error rate

Alpha=0.01　df=8　MSE=7.81

NumberofMeans	2	3	4	5
CriticalRange	5.931	6.173	6.320	6.417

Means with the same letter are not significantly different.

Duncan Grouping	Mean	N	STRAIN
A	54.400	5	1
B	46.400	5	2
B			
B	45.800	5	3
B			
B	45.600	5	4
B			
B	43.400	5	5

（五）套设计的方差分析

根据因素数的不同，套设计可分为二因素（二级）、三因素（三级）等套设计，这里只举出一个二级套设计的例子，说明二级套设计方差分析的 SAS 程序. 二级套设计的统计模型如下：

$$x_{ijk}=\mu+\alpha_i+\beta_{j(i)}+\varepsilon_{k(ij)}\begin{cases} i=1,2,\cdots,a, \\ j=1,2,\cdots,b, \\ k=1,2,\cdots,n. \end{cases}$$

其中α_i是 A 因素第 i 水平的效应，$\beta_{j(i)}$是在 A 因素第 i 水平内，B 因素第 j 水平的效应，$\varepsilon_{k(ij)}$ 是在 A 因素第 i 水平，B 因素第 j 水平下的第 k 次重复. 由此可见，套设计实际上是一个因素的效应嵌套在另一个因素的效应之中. 设 A、B 均为随机因素，可由下表推演出均方期望.

	R	R	R	
因素	a	b	n	均方期望
	i	j	k	
α_i	1	b	n	$\sigma^2+n\sigma^2_\beta+bn\sigma^2_\alpha$
$\beta_{j(i)}$	1	1	n	$\sigma^2+n\sigma^2_\beta$
$\varepsilon_{k(ij)}$	1	1	1	σ^2

检验统计量：$F_A=MS_A/MS_{B(A)}F_B=MS_{B(A)}/MS_e$.

具体分析过程如下：

随机选取 3 株植物，在每一株内随机选取两片叶子（嵌套在植株因素下的第 2 个因素），用取样器从每一片叶子上选取同样面积的两个样本（两次重复），称取湿重. 对以上结果进行方差分析.

解　SAS 程序如下：

```
options  linesize = 76;
data  nested;
    input  plant  $  leaf  wt  @@;
    cards;
a  1  12.1  a  1  12.1  b  1  14.4  b  1  14.4  c  1  23.1  c  1  23.4
a  2  12.8  a  2  12.8  b  2  14.7  b  2  14.5  c  2  28.1  c  2  28.8
proc  anova;
    class  plant leaf;
    model  wr = plant  leaf  (plant);
    test  h = plant  e = leaf  (plant);
run;
```

输出结果见表 10－14.

表 10-14 方差分析输出结果

The SAS System

Analysis of Variance Procedure

Class Level Information

Class	Levels	Values
PLANT	3	abc
LEAF	2	12

Number of observations in data set = 12

The SAS System

Analysis of Variance Procedure

Dependent Variable: WT

Source	DF	Sumof Squares	Mean Square	FValue	Pr>F
Model	5	444.350000	88.870000	1720.06	0.0001
Error	6	0.310000	0.051667		
CorrectedTotal	11	444.660000			

R－Square	C.V.	RootMSE	WTMean
0.999303	1.291494	0.22730	17.6000

Source	DF	AnovaSS	MeanSquare	FValue	Pr>F
PLANT	2	416.780000	208.390000	4033.35	0.0001
LEAF（PLANT）	3	27.570000	9.190000	177.87	0.0001

Tests of Hypotheses using the Anova MS for LEAF（PLANT） as an error term

Source	DF	AnovaSS	MeanSquare	FValue	Pr>F
PLANT	2	416.780000	208.390000	22.68	0.0155

三级以上套设计的计算方法与此类似，这里不再举例.

（六）正交设计的方差分析

正交设计的方差分析与多因素交叉分组设计的 SAS 程序类似. 实际上，正交设计的 SAS 程序比多因素交叉分组设计更简单些. 因为正交设计的因素都属固定型，所有效应都用 MS_e 检验，不像交叉分组设计的模型那么复杂.

以上介绍了平衡设计的 PROC ANOVA 过程. 除此之外，还有其他一些过程也可以进行方差分析，如 PROC GLM，PROC NESTED，PROC LATTICE，PROC MIXED 等，这里不再介绍.

六、相关与回归分析的 SAS 程序

（一）一元线性回归分析

在四川白鹅的生产性能研究中，得到表 10–15 中的一组关于雏鹅重（单位：g）与 70 日龄重（单位：g）的数据，试建立 70 日龄重与雏鹅重的直线回归方程、检验回归显著性并求出回归及预测值的 0.95 置信区间.

表 10–15 四川白鹅雏鹅重与 70 日龄重测定结果

单位：g

编号	1	2	3	4	5	6	7	8	9	10	11	12
雏鹅重 (x)	80	86	98	90	120	102	95	83	113	105	110	100
70 龄重 (y)	2350	2400	2720	2500	3150	2680	2630	2400	3080	2920	2960	2860

解 使用 PROC REG 过程进行分析，SAS 程序如下：

```
    options  linesize = 76;
    data  soil;
        input  salt  dw  @@;
        cards;
80 235086240098 272090 2500 120 3150 102 2680 95 2630 83 2400 113
3080105 2920 110    2960 100 2860;
proc  reg;
    model  dw = salt;
run;
```

输出结果见表 10–16.

表 10–16　输出结果

The SAS System

Model: MODEL1

Dependent Variable: DW

Analysis of Variance

Source	DF	Sumof Squares	Mean Square	FValue	Prob>F
Model	1	2232.14286	2232.14286	31.566	0.0025
Error	5	353.57143	70.71429		
CTotal	6	2585.71429			

RootMSE	8.40918	R – square	0.8633
DepMean	108.57143	AdjR – sq	0.8359
C.V.	7.74530		

Parameter Estimates

Variable	DF	Parameter Estimate	Standard Error	TforH0: Parameter=0	Prob>|T|
INTERCEP	1	81.785714	5.72988941	14.274	0.0001
SALT	1	11.160714	1.98648174	5.618	0.0025

表 10–16 的第 1 部分是对回归所做的方差分析，第 2 部分给出了截距（表中的 INTERCEP），即回归方程中的常数项 a 和回归系数 b（表中的 SALT）. 可以得出回归方程：

$$\hat{Y} = 81.785714 + 11.160714X$$

并给出在 H_0: α（β）= 0 下，对 a 和 b 所做的 t 检验.

为了得到残差和置信区间，可以将过程步做以下补充：

```
proc  sort  out = sorted;
    by  salt;
run;
proc  reg  data = sorted;
    model  dw = salt / r  clm;
    id  salt;
run;
```

PROC SORT 语句是要对最新创建的数据集soil进行排序. PROC SORT语句中必须使用BY语句，用来说明对哪一个变量排序. “OUT=”后面是排序后新数据集的名称.

在MODEL语句中有许多选项，其中的几个选项如下：

CLM：回归估计值0.95置信区间的上界和下界.

CLI：因变量预报值的0.95置信区间.

P：由输入数据和回归方程计算预报值. 输出观测序号，ID变量（须事先规定ID语句），实际值，预报值和残差. 如果已规定了CLM、CLI或R，选项P就不需要了.

R：要求残差分析，输出包括选项P的一切内容外，还有其他一些分析（见例题）.

ID SALT：语句的含义是在输出预报值和残差时，把SALT的值也列上而且按从小到大顺序排队.

以上程序的输出结果见表10−17.

表10−17　残差分析和置信区间

The SAS System

Model: MODEL1

Dependent Variable: DW

Analysis of Variance

Source	DF	Sumof Squares	Mean Square	FValue	Prob>F
Model	1	2232.14286	2232.14286	31.566	0.0025
Error	5	353.57143	70.71429		
C Total	6	2585.71429			

RootMSE	8.40918	R−square	0.8633
DepMean	108.57143	AdjR−sq	0.8359
C.V.	7.74530		

Parameter Estimates

Variable	DF	Parameter Estimate	Standard Error	TforH0: Parameter=0	Prob>|T|
INTERCEP	1	81.785714	5.72988941	14.274	0.0001
SALT	1	11.160714	1.98648174	5.618	0.0025

Obs	SALT	DepVar DW	Predict Value	StdErr Predict	Lower95% Mean	Upper95% Mean	Residual
1	0.0	80.0	81.8	5.730	67.1	96.5	−1.7857
2	0.8	90.0	90.7	4.495	79.2	102.3	−0.7143
3	1.6	95.0	99.6	3.554	90.5	108.8	−4.6429
4	2.4	115.0	108.6	3.178	100.4	116.7	6.4286
5	3.2	130.0	117.5	3.554	108.4	126.6	12.5000
6	4.0	115.0	126.4	4.495	114.9	138.0	−11.4286
7	4.8	135.0	135.4	5.730	120.6	150.1	−0.3571

Obs	SALT	StdErr Residual	Student Residual	−2−1−0	12	Cook's D
1	0	6.155	−0.290			0.036
2	0.8	7.107	−0.101			0.002
3	1.6	7.621	−0.609	*		0.040
4	2.4	7.785	0.826		*	0.057
5	3.2	7.621	1.640		***	0.292
6	4	7.107	−1.608	***		0.517
7	4.8	6.155	−0.058			0.001

SumofResiduals	0
SumofSquaredResiduals	353.5714
PredictedResidSS（Press）	588.3216

（二）相关系数和偏相关系数的计算

利用 CORR 过程计算变量间相关系数的最简单的语句即：

```
proc  corr;
run;
```

这时将给出所有变量两两间的相关系数，显著性概率和单变量有关的统计量. 为了满足对数据的特殊要求，在 PROC CORR 中还有许多选项. 几个与本书有关的选项如下：

COV：输出协方差；

SSCP：输出平方和与交叉乘积和；

NOPROB：不输出与相关性有关的概率；

NOSIMPLE：不输出每个变量的简单描述性统计量.

在 PROC CORR 过程中还有一些其他语句. 其中常用的有 VAR 语句，WITH 语句和 PARTIAL 语句等，简单介绍如下：

VAR 语句列出计算相关系数的变量，例如：

```
proc  corr;
    var  a  b  c;
```

将计算 *a*、*b*、*c* 3 个变量两两间的相关系数.

WITH 语句与 VAR 语句联合使用，可以计算变量间特殊组合的相关系数. 例如：

```
proc  corr;
    var  a  b;
    with  i  j  k;
```

将得到 *a* 与 *i*、*j*、*k* 和 *b* 与 *i*、*j*、*k* 间的相关系数.

PARTIAL 语句在该语句后列出固定变量的名字，则可得到在这些变量不变的情况下，两变量间的偏相关系数.

具体分析过程如下：

表 10−18 给出了高粱在 NaCl 胁迫后的萎蔫程度（*Y*）与若干根中蛋白（*R*）、叶中蛋白（*L*）和脯氨酸（PRO）之间的关系，计算变量间的相关系数.

表 10−18　高粱在 NaCl 胁迫后的萎蔫程度与蛋白及脯氨酸之间的关系

萎蔫度（*Y*）	*R*1	*R*7	*R*8	*R*15	*L*3	*L*9	脯氨酸（PRO）
0.9678	101	0	247	0	147	0	0.155
0.9661	91	0	272	0	158	0	0.119
0.9547	99	0	277	0	102	0	0.105
0.9300	79	105	155	0	0	0	0.093
1.0045	121	0	0	0	233	0	0.227
0.9856	87	0	0	0	176	0	0.217
1.0032	119	119	162	373	361	0	0.271
0.9735	136	0	0	0	0	0	0.351
1.0075	106	232	0	260	288	246	0.270
1.0186	84	335	0	248	240	257	0.282
0.9725	114	372	0	246	311	237	0.234
1.0260	188	391	0	275	259	207	0.222
1.0245	181	380	0	320	437	238	0.650
1.0364	168	408	0	313	336	212	0.407
1.0201	130	472	0	353	340	295	0.557
1.0283	146	572	0	357	210	600	0.611

解 先建一个名为 2－8data.dat 的外部数据文件．SAS 程序如下：

```
options  linesize=76;
data  protein;
    infile  'a:\2 - 8data.dat';
    input  y  r1  r7  r8  r15  l3  l9  pro;
run;
proc  corr;
    var  y  r1  pro;
run;
proc  corr  cov  nosimple;
    var  y  pro;
    partial  r1  r7  r8  r15  l3  l9;
run;
proc  corr  sscp;
    var  y  pro;
    with  r15  l3;
run;
```

输出结果见表 10－19.

表 10－19　相关分析输出结果

The SAS System

Correlation Analysis

3 'VAR' Variables:　Y　　R1　　PRO

Simple Statistics

Variable	N	Mean	StdDev	Sum	Minimum	Maximum
Y	16	0.9950	0.0312	15.9193	0.9300	1.0364
R1	16	121.8750	34.2226	1950	79.0000	188.0000
PRO	16	0.2982	0.1749	4.7710	0.0930	0.6500

Pearson Correlation Coefficients / Prob > |R| under Ho: Rho=0 / N = 16

	Y	R1	PRO
Y	1.00000	0.68332	0.72095

	0.0	0.0035	0.0016
R1	0.68332	1.00000	0.64005
	0.0035	0.0	0.0076
PRO	0.72095	0.64005	1.00000
	0.0016	0.0076	0.0

The SAS System

Correlation Analysis

6'PARTIAL'Variables:	R1	R7	R8	R15	L3	L9
2'VAR'Variables:	Y	PRO				

Partial Covariance Matrix　　DF = 9

	Y	PRO
Y	0.0002787855	–.0000728802
PRO	–.0000728802	0.0151535322

Pearson Partial Correlation Coefficients

/ Prob > |R| under Ho: Partial Rho=0 / N = 16

	Y	PRO
Y	1.00000	–0.03546
	0.0	0.9225
PRO	–0.03546	1.00000
	0.9225	0.0

The SAS System

Correlation Analysis

2'WITH'Variables:	R15	L3
2'VAR'Variables:	Y	PRO

Sum – of – Squares and Crossproducts

	Y	PRO
R15	2789.573000	1109.972000
L3	3623.478500	1255.415000

Simple Statistics

Variable	N	Mean	StdDev	Sum	Minimum	Maximum
R15	16	171.5625	160.3874	2745	0	373.0000
L3	16	224.8750	124.1971	3598	0	437.0000
Y	16	0.9950	0.0312	15.9193	0.9300	1.0364
PRO	16	0.2982	0.1749	4.7710	0.0930	0.6500

Pearson Correlation Coefficients / Prob > |R| under Ho: Rho=0 / N = 16

	Y	PRO
R15	0.77736	0.69279
	0.0004	0.0029
L3	0.74969	0.56034
	0.0008	0.0240

（三）多元回归方程计算

多元回归方程的 SAS 程序与一元回归方程的 SAS 程序类似，只是变量个数有所增加，这里不再详述，只给出一个例子.

计算表 10-18 中萎蔫程度 Y 在蛋白和脯氨酸含量上的多元回归方程.

解 SAS 程序入选：

```
options  linesize = 76;
data  mulreg;
    infile  'a:\2 - 8data.dat';
    input  y  r1  r7  r8  r15  l3  l9  pro;
run;
proc  reg;
    model  y = r1  r7  r8  r15  l3  l9  pro;
run;
```

输出结果见表 10−20.

表 10−20　多元回归分析结果

The SAS System

Model: MODEL1

Dependent Variable: Y

Analysis of Variance

Source	DF	Sumof Squares	Mean Square	FValue	Prob>F
Model	7	0.01213	0.00173	5.532	0.0140
Error	8	0.00251	0.00031		
CTotal	15	0.01464			

RootMSE	0.01770	R − square	0.8288
DepMean	0.99496	AdjR − sq	0.6790
C.V.	1.77883		

Parameter Estimates

Variable	DF	Parameter Estimate	Standard Error	TforH0: Parameter=0	Prob>|T|
INTERCEP	1	0.940788	0.02246040	41.887	0.0001
R1	1	0.000298	0.00019724	1.510	0.1695
R7	1	−0.000099683	0.00008626	−1.156	0.2812
R8	1	−0.000079812	0.00005456	−1.463	0.1816
R15	1	0.000060935	0.00008158	0.747	0.4765
L3	1	0.000090482	0.00006817	1.327	0.2211
L9	1	0.000106	0.00008214	1.287	0.2339
PRO	1	−0.004809	0.04792476	−0.100	0.9225

表中的 R^2 为复相关系数的平方. 由参数估计列可以得到回归方程.

（四）逐步回归分析

逐步回归分析过程是不断向方程中引入变量和剔除变量的过程. 因此逐步回归的 SAS 程序，只要在全回归的 MODEL 语句中加入有关选项即可.

对表 10－18 中的数据进行逐步回归分析.

解 对多元回归的过程步做如下修改：

```
proc reg;
    model y = r1 r7 r8 r15 l3 l9 pro / selection = stepwise
    slentry = 0.20 slstay = 0.20;
run;
```

MODEL 语句中的选项“SELECTION＝”规定所选模型，这里选用逐步回归. 选项“SLENTRY＝”（或 SLE＝）规定变量被选入模型中的显著水平，缺省值是 0.15；选项“SLSTAY＝”（或 SLS＝）规定变量被保留在模型中的显著水平，缺省值是 0.15.

输出结果见表 10－21.

表 10－21 逐步回归分析结果

The SAS System

Stepwise Procedure for Dependent Variable Y

Step 1 Variable R15 Entered R－square = 0.60429217 C（p） = 6.48903162

	DF	SumofSquares	MeanSquare	F	Prob>F
Regression	1	0.00884429	0.00884429	21.38	0.0004
Error	14	0.00579149	0.00041368		
Total	15	0.01463578			

Variable	Parameter Estimate	Standard Error	TypeII SumofSquares	F	Prob>F
INTERCEP	0.96898231	0.00757696	6.76555855	16354.6	0.0001
R15	0.00015140	0.00003274	0.00884429	21.38	0.0004

Bounds on condition number: 1, 1

Step 2 Variable R8 Entered R－square＝0.70914670 C（p） ＝ 3.58981428

	DF	SumofSquares	MeanSquare	F	Prob>F
Regression	2	0.01037891	0.00518946	15.85	0.0003
Error	13	0.00425686	0.00032745		
Total	15	0.01463578			

Variable	Parameter Estimate	Standard Error	TypeII SumofSquares	F	Prob>F
INTERCEP	0.98232148	0.00913292	3.78821006	11568.8	0.0001
R8	－0.00010454	0.00004829	0.00153463	4.69	0.0496
R15	0.00011603	0.00003340	0.00395240	12.07	0.0041

Bounds on condition number: 1.31443， 5.257719

－－－－－－－－－－－－－－－－－－－－－－－－－－－－－－－－

Step 3 Variable R1 Entered R－square＝0.75550496 C（p） ＝ 3.42377348

	DF	SumofSquares	MeanSquare	F	Prob>F
Regression	3	0.01105740	0.00368580	12.36	0.0006
Error	12	0.00357838	0.00029820		
Total	15	0.01463578			

Variable	Parameter Estimate	Standard Error	TypeII SumofSquares	F	Prob>F
INTERCEP	0.95471821	0.02026903	0.66159029	2218.63	0.0001
R1	0.00024768	0.00016420	0.00067849	2.28	0.1573
R8	－0.00008465	0.00004793	0.00093014	3.12	0.1028
R15	0.00009292	0.00003536	0.00205865	6.90	0.0221

Bounds on condition number: 1.618286， 13.8859

－－－－－－－－－－－－－－－－－－－－－－－－－－－－－－－

The SAS System

All variables left in the model are significant at the 0.2000 level.

No other variable met the 0.2000 significance level for entry into the model.

Summary of Stepwise Procedure for Dependent Variable Y

Step	Variable EnteredRemoved	Number In	Partial R**2	Model R**2	C（p）	F	Prob>F
1	R15	1	0.6043	0.6043	6.4890	21.3796	0.0004
2	R8	2	0.1049	0.7091	3.5898	4.6866	0.0496
3	R1	3	0.0464	0.7555	3.4238	2.2753	0.1573

第三节　R 语言在生物数据分析中的应用

R 语言是一种编程语言，也是用于数据分析和统计的软件环境. R 语言是一个自由的开源软件，因此你不需要像 SAS、MATLAB 或者 SPSS 一样支付高额的费用. 目前 R 语言已有至少 10000 个由开发社区贡献的扩展包，并且每年还在不断增长. R 语言已被广泛应用于统计和数据分析的各个领域，涵盖了金融、医药、市场营销、生命科学等各个方面. 本节主要介绍 R 语言在生物数据分析中的应用.

一、R 语言简介

R 语言是一种脚本语言，有时也被称为解释型语言. 这意味着代码在运行之前不需要编译. 作为一种高级语言，我们无须知道代码如何运行及计算机底层的细节，可以把更多的精力集中在数据分析上.

R 语言的核心是一种命令式的语言，可以用它来写一个脚本逐条执行计算命令. 但 R 语言同时也支持函数式的编程和面向对象的编程. 这意味着 R 语言这种混合式的编程风格能拥有类似其他语言的特性，可以用 R 编写一个看起来像 C 语言的脚本代码. R 语言的形式十分自由，这可能暗示 R 在遵循 Perl 语言的理念.

（一）安装 R

无论我们正在使用的是 Unix platforms、Windows 还是 MacOS，都可以找到一款适合的操作系统的 R 语言. 如果使用的是 Unix platforms，那么很可能操作系统已经安装了 R. 如果想要安装最新版本的 R，或者使用的是其他操作系统，可以访问网站 http://www.r–project.org，并在页面中找到 download R 链接. 选择一个适合的操作系统的版本以及合适的镜像后，就可以按照提示开始下载并安装了.

（二）选择一个 IDE

成功安装 R 意味着计算机已经可以执行 R 的脚本或命令了. 但在真正编写 R 脚本之前，还需要一个集成开发环境（integrated development environment，IDE）. 当然，利用操作系统中自带的文本编辑工具完全可以使用 R，但是为了应对更加复杂的编码活动，至少要使用一个更加强大的文本编辑器. 有很多的文本编辑器可供选择，如果已经有一个喜欢的，试一试它是否能够高亮 R 的代码. 下面我们介绍几个常用的 IDE：

（1）Emacs: 这是一个已有 40 年发展历史的文本编辑器，这使得它具备了超多的功能. 它具有近乎无限的可定制性，但学习它具有一定难度，可能需要一两个月来习惯它. 它的好处是除了 R 之外，也可以用它来编写其他多种语言. 它的下载地址是：http://www.gnu.org/software/emacs/.

（2）ESS: 它是一个协助编写 R 代码的 Emacs 的插件，但它同时也能用于 S–Plus、SAS 及 Stata，可以使用它来编写统计代码. 它的下载地址是：http://ess.r–project.org/.

（3）Rstudio: 它只能用于 R 的开发，这意味着无法用它来编写 Perl、Python 或是其他语言的程序，但可以得到一些 R 特有的功能. 例如，它的绘画窗口比其他软件要好，而且能提供发布代码的工具. 它的编辑器比 Emacs 简单且更易上手. 它的下载地址是：http://www.rstudio.org/.

（4）Revolution–R: 这款文本编辑器有自由社区版和企业付费版两种，与前面提到的 3 种 IDE 不同的是，Revolution–R 并非只是纯图形化的前端. Revolution–R 中的 R 版本是自己定制的，一般是一个稳定版本. 也就是说如果使用 Revolution–R，可以省去第一步安装 R 的步骤. 它还有一些增强的特性，如支持大数据以及一些企业功能. 它的下载地址是：http://www.revolutionanalytics.com/products/revolution–r.php.

（5）Live–R: 它为 R 提供了一个基于 Web 的环境，这样能避免安装软件的麻烦，同时也能提供远程执行、共享编辑器及共享发布代码等功能，让能在运算能力不足的计算机上运行程序. 它的不足之处在于无法兼容所有的 R 模块，目前只有大约 200 个与 Web 应用兼容的扩展模块. 它的地址是：http://live–analytics.com/.

（6）Vim–R: 使用 Linux 的读者相信对 Vim 不会陌生，Vim–R 是一个整合 R 的 Vim 插件，它的下载地址是：http://www.vim.org/.

（三）从 R 中获得帮助

正如前文所说，R 拥有很多的扩展包并且数量还在不断增加，即便在一本专门介绍 R 的书中也不可能将所有功能介绍清楚. 因此在学习 R 之前首先要学会如何获得帮助. 当在 R 中遇到问题时，有很多种方法可以获得帮助. 例如不知道某个函数的信息，可以输入“?”，后面加上函数名. 如果记不清某个函数的名称了，输入两个问号“??”后面加上此函数相关的关键字. 对于特殊字符或多个单词的搜索需要加上单引号或者双引号. 例如：

```
? average                    #打开 average 函数的帮助页面
? `+'                        #打开加法操作的帮助页面
```

```
? 'for'                      #打开 for 的帮助页面
?? plotting                  #搜索包含 plotting 主题的函数
?? "regression model"        #搜索所有与回归模型相关的主题
## stats::NLSstAsymptotic   Fit the Asymptotic Regression Mode
## stats::SSasymp            Self-Starting Nls Asymptotic Regression Model
```

符号#表示注释，R 语言将忽略此行#符号之后的所有内容. 你可以用这个符号来添加对代码的说明，这样你就不会在几个月之后对之前写的代码一头雾水了. 此外，在本文中每行开头的符号##表示这一行是上一行语句的运行结果.

函数 help 和 help.search 分别等同于？及？？，你在使用它们时必须把参数括在引号中，例如：

```
help ("average")
help (" + ")
help ("for")
help.search ("plotting")
help.search ("regression model")
```

这里需要注意的是，括号内代表函数 help 或 help.search 的参数，以上所述的两个函数只需要一个参数. 有的函数可能同时需要多个参数，这时不同的参数需要用逗号分隔，例如 sum（1，2，3）. 命令中的双引号代表其中间的内容是字符或字符串，双引号用于将字符串与变量名等区分. 在使用字符串作为参数时需要特别小心，因为如果没有加上引号，R 可能认为输入的参数是一个变量名、一个数字或者一个布尔型而非字符串.

二、R 语言操作基础

R 语言有一套十分全面的内置数学功能，可以对数字、向量及数组进行运算和统计分析. 在开始统计分析之前，本书需要首先对变量的赋值及运算做一些必要的介绍.

（一）变量赋值

需要利用变量来储存我们的数据或是运算的结果，以提供给后续的分析使用. 如果已经把需要分析的数据储存在计算机上了，那么不用担心，不需要将这些数据再逐一输入 R 中. 后面本书会介绍如何从 CSV 、excel 或是 SAS、SPSS 等文件中读取数据. 无论从何种格式中读取数据，首先都需要将读取的数据储存在 R 的变量中，以便于后续的分析.

可以使用<-或=给变量赋值，由于历史原因，<-是首选的，例如：

```
a <- 4.5              #将数值 4.5 赋值给 a 变量
b = a                 #将 a 变量的值赋值给 b 变量
c = "abc"             #将字符串"abc"赋值给 c 变量
d <- TRUE             #将布尔型 TRUE 赋值给 d 变量
```

这里 a，b，c，d 是变量名，在我们对 a，b，c，d 进行赋值前，不需要对他们进行声明. 变量名可以是任意数字、字母、点和下划线的组合，但它们不能以数字或一个点后跟着数字开头（因为它们看起来像一个数字而非变量）. 这里需要注意 abc 与“abc”之间的区别，双引号中的内容“abc”代表由 3 个字母组成的字符串；abc 代表一个变量，它可以是任意地赋值给它的值. TRUE 表示布尔型的“真”，它的 4 个字母都必须是大写的，TRUE 并非字符串因此不用在它的两边加上双引号；布尔型只有“真”和“假”两种值，FALSE 对应的是“假”. TRUE 和 FALSE 都有其特殊的意义，因此也不可以使用这两者作为变量名. 赋值操作并不局限于数字、字符串或布尔型，它对其他任何形式的值（包括后文提到的向量、矩阵及数组）同样生效.

赋值运算符两边的空格不是必须的，但它们有助于提高代码的可读性，尤其对于 <-来说，两边的空格可以帮助将它与小于号区分开，例如：

```
a< – 4.5
a< –4.5
a< –4.5
```

（二）向量、矩阵和数组

上文提到可以将一个单一的数值赋值给变量 a，但在实际的使用中赋值单一的数值并不能满足日常的使用. 在 R 中可以创建各种长度与维度的变量来满足需要，与此同时 R 还提供了多种简便的操作与运算方式.

1. 向量

向量是一系列数值的有序集合，它在统计学中十分重要，因为统计分析通常针对的是一个数据集，而不是仅仅一条数据. 向量是一维数据的有序集，它的概念与其他语言中的一维数组十分接近. 但在 R 中你可以通过更简便的方式对它们进行操作，并且向量可以直接作为一些函数的输入被用于计算中. 首先，可以通过冒号运算符：来创建一个序列（即向量）：

```
1:5
## 1, 2, 3, 4, 5
6.5:1.5
## 6.5, 5.5, 4.5, 3.5, 2.5, 1.5
```

冒号运算符：会根据在两侧输入的值生成一系列从某个数开始到另一个数结束的间隔为 1 的序列，这一系列数字也被称作向量，可以将向量赋值给任意一个变量来储存它，例如：

```
Seq_a <- 1:5
## 1, 2, 3, 4, 5
```

也可以用 c 函数来把一系列的值拼接起来，这里 c 是 concatenate 的第一个字母，代表把东西连接在一起（需要注意的是 R 会区分大小写字母，因此函数 c 与函数 C 是两个完全不同的函数）.

```
Seq_a <- c(1,2,3,4,5)        #同样可以用 c 函数创建数字 1 至 5 的序列
## 1, 2, 3, 4, 5
Seq_b <- c(2,8,3,1,2)
Seq_c <- c(“a”, “b”, “d”, “x”, “y”)
```

c 函数的使用更加地自由，可以把任意想要连接的东西串联在一起，可以是数字、字符串或是布尔型（逻辑值），但一个向量只能包含一种类型. 例如，字符向量里只能包含字符串，逻辑向量里只能包含布尔型，这一特点也同样适用于向量的更高维形式（矩阵与数组）. 如果必须要将不同类型的值储存在同一个变量里，会需要用到列表（list）或者数据框（data frame），列表和数据框的使用比较灵活，列表里的每一项都可以是不同的类型，甚至可以包括其他列表.

向量在使用中的意义在于它可以被直接用于函数的参数，用于统计学计算，例如：

```
sum(1:5)                    #求向量 1:5 的总和
sum(Seq_a)                  #求向量 Seq_a 的总和
sum(1,2,3,4,5)              #这是另一种计算方式
## 15
median(1:5)                 #求向量 1:5 的中位数
## 3
```

在实际使用过程中，我们有时只使用向量中的一个或几个元素，即向量的索引. 向量的索引通过方括号[ ]来实现. 当我需要调用 Seq_a 中的某个或某几个数值时，我们可以进行如下操作：

```
Seq_a[1]                        # 调用 Seq_a 中的第一个值
Seq_a[ - 2]                     # 调用 Seq_a 中的除第二个值以外的所有值
Seq_a[c(1,2,3)]                 # 调用 Seq_a 中的第一、二、三个值
Seq_a[c( - 4, - 5)]             # 调用 Seq_a 中的第一、二、三个值
#此时,第一个函数返回的是一个数值,而后三个函数返回的依然是向量.
```

在 R 的向量中，其第一个位置的编号是 1，而非像其他语言一样是 0. 可以输入 1 个负数，它将会返回除这些位置以外的所有值. 当调用需要同时用到多个输入时，需要用 c 函数将他们连接起来，而不是仅仅用逗号将它们分隔. Seq_a[1，2]可能会导致程序报错，因为它的含义并非调用 Seq_a 中的第一、二个值，在矩阵和数组中我们将进一步介绍它. 此外，还需要注意在一次索引中不能同时出现正数和负数，因为这样完全没有意义，例如 Seq_a[c(−2, 4)].

2. 矩阵和数组

向量是一维的有序数据集合；而数组是能存放多维的“矩形”数据，“矩形”是指在任意一个维度上各个单元的长度是相等的. 二维数组也被称作矩阵.

可以使用 array 函数创建一个数组，为它传入两个向量（值和维度）：

```
Array_a <- array(1:24, dim= c(4,6))
## 创建一个 4 行 6 列的矩阵,其值为 1:24
##          列 1    列 2    列 3    列 4    列 5    列 6
##   行 1    1       5       9       13      17      21
##   行 2    2       6       10      14      18      22
##   行 3    3       7       11      15      19      23
##   行 4    4       8       12      16      20      24
```

```
Array_b <- array(1:18, dim=c(3,3,2))
## 创建一个3×3×2的矩阵,其值为1:18
##  z=1
##         y=1    y=2    y=3
##  x=1    1      4      7
##  x=2    2      5      8
##  x=3    3      6      9
##
##  z=2
##         y=1    y=2    y=3
##  x=1    10     13     16
##  x=2    11     14     17
##  x=3    12     15     18
```

可以通过 dim 函数查看矩阵或数组的维度，它将会返回其维度的向量：

```
dim(Array_a)
##  4, 6
dim (Array_b)
##  3, 3, 2
```

dim 函数还可以被用于重塑矩阵或数组，将一个新的维度分配给矩阵或数组：

```
dim(Array_a) <- (4,3,2)
Array_a
##  z=1
##         y=1    y=2    y=3
##  x=1    1      5      9
##  x=2    2      6      10
##  x=3    3      7      11
##  x=4    4      8      12
##
##  z=2
##         y=1    y=2    y=3
##  x=1    13     17     21
##  x=2    14     18     22
##  x=3    15     19     23
##  x=4    16     20     24
```

数组的索引与向量索引类似，都使用方括号[]表示索引，但数组索引时的维度要多于向量. 索引时同样可以用正整数或负整数进行索引：

```
Array_b[2,2,2]
## 14
```

若要索引所有的维度，则只需留空相应的下标：

```
Array_b[ , ,1]       #z=1 的所有元素
##            y=1      y=2      y=3
##   x=1      1        4        7
##   x=2      2        5        8
##   x=3      3        6        9
##   此时返回的值是一个矩阵,而非三维数组
```

3. 向量、矩阵和数组的运算

在 R 中运算控制符 + − × ÷ 等除了可以用于数字与数字间的计算外，还可以直接用于向量、矩阵及数组的运算. 下面，我们演示一下几种基本的运算：

```
1:5
##  1, 2, 3, 4, 5
1:5 + 10                         #    加法
##  11, 12, 13, 14, 15
2:6 / 2                          #    浮点除法
##  1, 1.5, 2, 2.5, 3
2:6 %/% 2                        #    整数除法
##  1, 1, 2, 2, 3                #    小数点后并非按照四舍五入,而是直接舍去
2:6 %% 2                         #    取余数
##  0, 1, 0, 1, 0
2:6 ^ 2                          #    求幂
##  4, 9, 16, 25, 36
```

常用的运算控制符还可以用于向量与向量、数组与向量及数组与数组之间：

```
2:6 - 1:5
## 1, 1, 1, 1, 1
1:6 + 1:3
## 2, 4, 6, 5, 7, 9
```

当两个向量长度不同时，R 会自动循环长度较短的向量中的元素以配合较长的那个，需要强调的是，虽然我们可以对不同长度的向量进行运算，但这并不代表我们应该这么做，这会把我们自己搞晕. 最合适的做法是先创建两个长度相等的向量，然后再对他们进行运算. rep 函数可以用于此类运算：

```
rep(1:3,2)
## 1, 2, 3, 1, 2, 3
rep(1:3, each=2)
## 1, 1, 2, 2, 3, 3
```

```
1:6 + rep(1:3, each=2)
## 2, 3, 5, 6, 8, 9
```

当运算控制符作用于数组与向量之间的运算时，R 同样会自动循环向量以配合矩阵，此时结果的维度只取决于数组的维度.

当对两个数组执行算术运算时，必须确保他们的大小（维度）是适当的，R 同时提供了普通的运算（与之前提到的向量运算类似的运算）和线性代数的运算. 当使用标准运算符+－*/时，它们将采取同向量运算类似的方式按元素来逐个处理：

```
Array_C <- (1:6, dim=c(2,3))
##          [,1]     [,2]     [,3]
## [1,]     1        3        5
## [2,]     2        4        6

Array_C + Array_C                           #加法
##          [,1]     [,2]     [,3]
## [1,]     2        6        10
## [2,]     4        8        12

Array_C * Array_C                           #乘法
##          [,1]     [,2]     [,3]
## [1,]     1        9        25
## [2,]     4        16       36

Array_C %*% t(Array_C)
#  线性代数中矩阵的乘法,第一个矩阵的列数必须等于第二矩阵的行数
#  t 函数表示矩阵的转置
##          [,1]     [,2]
## [1,]     35       44
## [2,]     44       56
```

（三）获取数据

数据的来源有很多，R 支持各种文本文件、二进制文件及网站和数据库，可以从各式各样的来源中读取数据.

1. 读取文本文件

用于存储数据的文本文件包括：以分隔符分割的文件、可扩展标记语言（XML）、JavaScript 对象表示法（JSON）等. 用文本文件储存数据的优势在于你可以用任意的数据分析软件或文本编辑器对其进行读取，便于在不同分析软件中切换. 但作为代价，文本文件能够储存的内容相对有限. 接下来我们主要介绍以制表符分割的文本文件.

练习题 2.7 测得两个品种水稻的蛋白质含量各 5 次，结果如下：

A 品种：16，20，17，15，22，

B 品种：15，28，17，22，33，

比较 A 品种和 B 品种之间蛋白质含量的方差及均值是否存在差异.

解 我们首先将数据储存在被制表符隔开的文件中，制表符的输入方式是键盘上的 Tab 键. 输入的数据通常是“矩形”的，将输入后的数据储存在一个名为 rice_protein.txt 的文件中（.txt 的后缀并不是必须）：

```
A   B
16  15
20  28
17  17
15  22
22  33
```

第一行是表头（标题行），用来提醒每一列的数据代表什么意思. read.table 可用于读取这类带有分隔符的文本文件，并将结果储存在一个数据框中. 它的使用十分简单，你只需输入文本文件的路径即可：

```
rice_data <- read.table("rice_protein.txt", header = TRUE)
```

因为该数据中有标题行，所以我们需要将 header = TRUE 传递给 read.table 函数. 以上我们就完成了从 rice_protein.txt 中读取数据并将其赋值给变量 rice_data.

这里我们引入了两个新的概念，第一个概念是数据框. read.table 读取文本文件后生成的是一个数据框，然后将其赋值给了变量 rice_data，因此 rice_data 变量是一个数据框，而非矩阵. 在以上这个例子中无法分辨矩阵与数据框的区别，我们假设上例中的 5 次测量分别由 Zhao、Qian、Sun、Li、Zhou 5 位不同的人完成，那么数据文件 rice_protein_tester.txt 会变为：

```
A   B   Name
16  15  Zhao
20  28  Qian
17  17  Sun
15  22  Li
22  33  Zhou
```

```
rice_data2 <- read.table("rice_protein_tester.txt", header = TRUE)
```

在介绍向量及数组时我们提到它们中各个单元的数据类型必须是一样的（数值、字符串或布尔型等），显然以上的数据是无法储存在矩阵中的. 数据框与矩阵的区别在于它只要求每一列各个单元的数据类型是一样的，因此它更加适合用于储存数据.

```
rice_data2[,1]
##  16, 20, 17, 15, 22
```

值得注意的是，数据框的每一列都是一个向量，因此当索引数据框的某一列时，返回的值将是一个向量. 必要时可以将向量重新组合为矩阵或数组用于计算.

我们引入的第二个概念是“标题”，在 R 中我们可以给向量的每一个单元或者矩阵（数据框）的每一行和每一列分别命名. 给他们命名意义在于可以通过名称对向量、矩阵或数据框进行索引，例如:

```
rice_data2[, “A” ]
##  16, 20, 17, 15, 22
rice_data2[, “Name” ]
##  Zhao, Qian, Sun, Li, Zhou
```

2. **读取** Excel **文件**

很多软件都把它们的数据储存为二进制格式. 许多二进制文件的格式都是专有的，如果你可以选择，尽量不要以这种格式储存，以免数据被锁定在一个你缺乏控制权的平台上.

Microsoft Excel 是目前最流行的电子表格程序，可惜它的 XLS 和 XLSX 文档格式与其他软件的兼容性并不好，尤其是对于那些非 Windows 平台的软件. 这意味着你需要做一些试验才能找到合适的配置使你的 R 能与 Excel 文件兼容.

xlsx 是一个基于 Java 的跨平台扩展包，理论上它可以在任何平台上读取任何 Excel 文件. 需要确保已经在计算机上正确安装了 Java 以及 xlsx 扩展包，并在使用它之前先将其加载，具体的操作如下：

```
library(xlsx)
```

我们可以使用 xlsx 包所提供的函数. xlsx 提供的读取 Excel 文件的函数包括：read.xlsx 和 read.xlsx2. 两者分别在 R 和 Java 中做了更多的处理工作，通常人们会选择后者，因为它的速度更快且 Java 底层的库也比 R 更加成熟.

在上一个例子中，以同样的方式将数据输入 rice_protein.xlsx 中，读取的步骤如下：

```
library(xlsx)
rice_data <- read.xlsx2(
        “rice_protein.xlsx”,
        sheetIndex=1,
        startRow=2,
        endRow= 6,
        colIndex=1:2)
```

sheetIndex=1 表示从 Excel 文件的第一个表格中读取数据，startRow=2、endRow= 6，表示读取第 2 至第 6 行的数据，colIndex=1:2 表示读取第 1 至第 2 列的数据. read.xlsx2 函数同样会将读取得到的数据以数据框的形式存储在变量中，后续的操作与之前介绍的是一样的.

三、R 语言的统计推断应用实例

在介绍完 R 的基本操作之后，我们已经可以顺利地从文件中读取需要分析的数据，并通过索引得到数据的子集. 现在需要回到数据分析中来. R 自带了各种用于统计分析的函数.

(一)方差同质性检验

1. 一个样本的方差同质性检验

对于从正态分布 $N\left(\mu, \sigma^2\right)$ 中抽取的 k 个独立样本 x_i，有：

$$\frac{\sum_{i=1}^{k}\left(x_i-\overline{x}\right)^2}{\sigma^2} \sim \chi^2(k-1)$$

服从自由度 $df=k-1$ 的 χ^2 分布，因此通过 χ^2 检验进行分析.

[例 2-1]中对 1 桃树新品种枝条的含氮量进行 10 次测定，其结果为 2.38%、2.38%、2.42%、2.50%、2.47%、2.41%、2.38%、2.26%、2.32%、2.41%. 试检验此新品种桃树枝条含氮量方差是否与桃树常规含氮量的方差（0.065%）^{2} 相同.

解 分析步骤如下：

```
nitrogen_data <- c(2.38,2.38,2.42,2.50,2.47,2.41,2.38,2.26,2.32,2.41)
## 将数据赋值给变量 nitrogen_data
ss <- var(nitrogen_data)
## 计算样品的平方差
df <- 9
## 自由度为 9
q <- ss * df / 0.065^2
## 计算卡方值
p <- pchisq (q,df,lower.tail=TRUE)
## 计算卡方值对应的 p value,lower.tail=TRUE 代表计算卡方值左侧概率密度的积分,lower.tail=FALSE 时代表计算卡方值右侧概率密度的积分
p
## 输出概率值 p, p=0.6487478, 接受原假设
```

2. 两个样本的方差同质性检验

两个样本的方差相除服从 F 分布，在 R 中通过 var.test 函数进行检验.

练习题 2.7 测得两个品种水稻的蛋白质含量各 5 次，结果如下：

A 品种：16、20、17、15、22；

B 品种：15、28、17、22、33.

比较 A 品种和 B 品种之间蛋白质含量的方差及均值是否存在差异.

解 之前我们已经成功将数据储存在 rice_protein.txt 文件中，分析步骤如下：

```
rice_data <- read.table(“rice_protein.txt”, header = TRUE)
var.test(rice_data[,”B”], rice_data[,”A”],
```

```
            ratio=1,
            alternative=" greater" ,
            conf.level=0.95)
```

输出为：

```
F test to compare two variance
data:  rice_data[," B" ] and rice_data[," A" ]
F = 6.6471, num df = 4, denom df = 4, p-value = 0.04683
alternative hypothesis: true ratio of variances is greater than 1
95 percent confidence interval:
 1.040516     Inf
sample estimates:
ratio of variances
   6.647059
```

p value <0.05 拒绝原假设，B 的方差不等于 A 的方差.

rice_data[," A"]和 rice_data[," B"]表示进行比较的两组数据. ratio=1 表示方差 A 与方差 B 比值的原假设，默认值为 1，即原假设为$\sigma_A^2=\sigma_B^2$；当其值为 2 时，表示原假设为$\sigma_A^2=2\sigma_B^2$. alternative=" greater" 表示备择假设为$\sigma_A^2\geqslant\sigma_B^2$，alternative 还有另两个可用的值分别为" less" 和" two.sided"，分别表示备择假设为$\sigma_A^2\leqslant\sigma_B^2$和$\sigma_A^2\neq\sigma_B^2$. alternative 的默认值为" two.sided". conf.level 表示计算置信区间的大小，即$1-\alpha$，其默认值为 0.95.

在进行 F 检验时需要特别注意的一点是，我们一般将方差较大的值放在分子的位置，因此F值通常是大于1的，并且我们只做单尾检验. 在做F检验时需要尝试rice_data[," A"]与 rice_data[," B"]的前后位置.

仔细观察 var.test（rice_data[," B"]，rice_data[," A"]，alternative=" greater"）与 var.test（rice_data[,"A"]，rice_data[,"B"]，alternative = "greater"）、var.test（rice_data[," A"]，rice_data[," B"]，alternative = " less"）的区别.

3. 多个样本的方差同质性检验

对 3 个或 3 个以上样本进行方差同质性检验时，一般采用巴特勒检验法（Bartlett's test）. 它在 R 中对应的函数为 bartlett.test. 因为涉及 3 个或 3 个以上的样本，他的输入方式与 var.test 存在一定区别. 常用的使用方式包括两种：

```
bartlett.test(x, g)
bartlett.test(formula, data)
```

第一种形式中 x 为存储的所有数据，是一个数字向量. g 是一个与 x 等长的向量，包含 x 的分组信息. 第二种形式中，formula 是一个公式，常用的格式为 lhs~rhs，其中 lhs 为统计值的名称，rhs 为分组值的名称；data 为所使用的数据. 在后面的分析中我们会更加频繁地使用这种形式，在这里不多做介绍.

（二）样本均值的假设检验

当样本总体服从正态分布时，从样本总体中抽取的若干样本服从 *t* 分布，因此在对样本均值进行 *t* 检验之前，我们需要首先检验样本总体是否符合正态分布. 常用 Shapiro－Wilk 检验用来检验数据是否符合正态分布，其在 R 中的函数为 shapiro.test. shapiro.test 仅有一个参数，即待检验的数据集向量. 以练习题 2.7 为例：

```
rice_data <- read.table("rice_protein.txt", header = TRUE)
shapiro.test(rice_data[,"A"])
shapiro.test(rice_data[,"B"])
```

输出为：

```
Shapiro-Wilk normality test
data:  rice_data[,"A"]
W = 0.9283, p-value = 0.5846
data:  rice_data[,"B"]
W = 0.9456, p-value = 0.7056
```

p value>0.05 接受原假设，A、B 服从正态分布.

1. 单样本的均值 *t* 检验

［例 2-8］中常规种植某水稻品种的千粒重为 36 g，现施硫酸铵于水田表层，抽测 8 个样本得起千粒重分别为：37.6 g、39.6 g、35.4 g、37.1 g、34.7 g、38.8 g、37.9 g、36.6 g，试检验该次抽样测定的水稻千粒重与多年平均值有无显著差别.

解 使用 t.test 函数对样本均值进行检测，具体步骤如下：

```
rice_mass <- c(37.6, 39.6, 35.4, 37.1, 34.7, 38.8, 37.9, 36.6)
t.test(rice_mass, alternative = "two.sided", mu = 36, conf.level=0.95)
```

输出结果为：

```
One Sample t-test
data:  rice_mass
t = 2.0911, df = 7, p-value = 0.07485
alternative hypothesis: true mean is not equal to 36
95 percent confidence interval:
35.84137    38.58363
sample estimates:
mean of rice_mass
     37.2125
```

$p>0.05$，故接受原假设，该次抽样结果与多年平均值没有显著差异.

t.test 参数中，alternative 参数同样表示备择假设的含义，与其在 var.test 中的含义相同；mu 代表待检测的均值. 本例中的原假设为 $\mu_{rice\_mass}=36$.

2. 成组数据均值比较的 *t* 检验

在对比两组数据的均值之前，我们需要先通过方差同质性检验检验两者的方差是否相等，然后再进行下一步的比较. 以练习题 2.7 为例，其计算步骤为：

```
rice_data <- read.table(“rice_protein.txt”, header = TRUE)
var.test(rice_data[,”B”], rice_data[,”A”],
            ratio=1,
            alternative=”greater”,
            conf.level=0.95)
```

在之前的计算中我们已经得知 A 组与 B 组的方差不相等，因此下一步为：

```
t.test(rice_data[,”A”], rice_data[,”B”],
            alternative=”two.sided”,
            var.equal=FALSE,
            conf.level=0.95)
```

输出结果为：

```
Welch Two Sample t-test
data:  rice_data[,”A”] and rice_data[,”B”]
t = -1.3868, df = 5.177, p-value = 0.2223
alternative hypothesis: true difference in means is not equal to 0
95 percent confidence interval:
 -14.173909  4.173909
sample estimates:
mean of rice_data[,”A”]        mean of rice_data[,”B”]
    18                              23
```

p value>0.05，故接受原假设，A 与 B 的均值不存在显著差异.

var.equal=FALSE 表示 A、B 两者的方差不相等，var.equal=TRUE 表示两者方差相等. 我们在之前的计算中已经得知 A、B 两者的方差不相等，故这里 var.equal=FALSE.

3. 成对数据均值比较的 *t* 检验

［例 2–12］中采用对比设计鉴定甲、乙两个玉米品种的产量，重复 8 次测定结果列入表 10-22，这两个品种产量之间是否存在显著差异？

表 10-22　甲、乙两个不同品种玉米的产量结果（kg/小区）

配对	甲品种	乙品种
1	21	15
2	20	17
3	18	15
4	17	16
5	16	16
6	17	16
7	19	17
8	20	19

解　t.test 函数可以通过 paired=TRUE 参数来表示配对数据，此时包含待分析数据的两个向量的长度必须相等. 具体分析步骤如下：

```
maize.a <- c(21,20,18,17,16,17,19,20)
maize.b <- c(15,17,15,16,16,16,17,19)
t.test(maize.a, maize.b,
        alternative=" two.sided" ,
        paired=TRUE,
        conf.level=0.95)
```

输出结果为：

```
Paired t-test
data:  maize.a and maize.b
t = 3.1884, df = 7, p-value = 0.01531
alternative hypothesis: true difference in means is not equal to 0
95 percent confidence interval:
0.5490237   3.7009763
sample estimates:
mean of the differences
    2.125
```

p value＜0.05，故否定原假设，甲、乙两个玉米品种的产量存在显著差异.

（三）χ^2 检验

R 中 χ^2 检验使用的函数为 chisq.test，该函数的主要参数及其默认值如下：

```
chisq.test(x, y = NULL, correct =TRUE,
```

```
        p= rep(1/length(x), length(x)), rescale= FALSE)
```

x，y 是由观测值构成的矩阵或向量，至少需要输入 x 的值，y 默认为缺失. correct 表示是否进行连续性校正，TRUE 表示进行校正，FALSE 表示不进行校正，默认值为 TRUE. 仅当分析对象为 2*2 联列表时 chisq.test 才会进行连续性校正. p 是一个与 x 向量长度相等的向量，表示 x 的理论分布概率，在进行适合度检验时用到. 其默认值为 rep（1/length(x)，length(x)），表示均匀分布. rescale 表示是否要求程序重新计算 p，使 p 的总和为 1.

1. 适合度检验

［例 2-17］中在进行大豆花色的遗传研究时，观察了 F_2 代 260 株，其中 181 株为紫色，79 株为白色，问大豆花色 F_2 代性状分离比率是否符合孟德尔遗传分离定律的 3:1 比例？

解 计算步骤如下：

```
flower_color <- c(181,79)
p.flower <- c(3/4,1/4)
chisq.test(flower_color, p= p.flower, correct= TRUE)
```

输出结果为：

```
Chi-squared test for given probabilities
data:  flower_color
X-squared = 4.0205, df = 1, p-value = 0.04495
```

$p < 0.05$ 拒绝原假设，大豆花色性状分离不符合孟德尔遗传定律.

2. 独立性检验

［例 2-20］中采用 A、B、C 3 种不同治疗方法治疗疤痕疙瘩，效果列于表 10-23 中，试检验不同治疗方法与治疗效果是否相关？

表 10-23 不同方法治疗疤痕疙瘩效果比较

治疗方法	治愈	显效	无效
A	67	41	9
B	38	63	21
C	23	58	39

解
```
efficiency <- array(c(67,38,23,41,63,58,9,21,39), dim=c(3,3))
chisq.test(efficiency)
```

输出结果为：

```
Pearson's Chi-squared test
data:  efficiency
X-squared = 48.582, df = 4, p-value = 7.137e-10
```

$p<0.05$，故拒绝原假设，不同治疗方法对治疗效果存在影响（即有关）. 在这个检验中，我们需要格外关注它的原假设及备择假设. 其原假设是A、B、C 3种治疗方法与治疗效果无关，即A、B、C 3种治疗方法的治疗效果相同，不存在显著差异. 备择假设是对原假设的否定，为“A、B、C 3种治疗方法的治疗效果不完全相同”，而非“A、B、C 3种治疗方法的治疗效果不相同”. 因此，通过以上的检验我们无法得知不同治疗方法两两之间的关系.

我们可以通过以下方法单独比较A、B两种方法的治疗效果：

```
efficiency <- array(c(67,38,23,41,63,58,9,21,39), dim=c(3,3))
chisq.test(efficiency[c(1,2),])
```

输出结果为：

```
Pearson's Chi-squared test
data:  efficiency[c(1, 2), ]
X-squared = 17.3664, df = 2, p-value = 0.0001694
```

四、R语言的方差分析应用实例

（一）单因素方差分析

［例3-2］中抽测5个不同品种的若干头母猪的窝产仔数，结果见表10-24，试检验不同品种母猪平均窝产仔数的差异是否显著.

表10-24　5个不同品种母猪的窝产仔数

品种	观测值				
A	8	13	12	9	9
B	7	8	10	9	7
C	13	14	10	11	12
D	13	9	8	8	10
E	12	11	15	14	13

解　首先将数据输入pig_data.txt中，数据的输入格式与之前略有不同：

```
breed   count
A       8
A       13
A       12
A       9
A       7
B       7
B       8
…（以下省略）
```

第 1 列表示母猪的品种，第 2 列表示窝产仔数的观测值，每列之间用制表符分隔. 使用 aov 函数对数据进行分析，分析步骤如下：

```
pig_data <- read.table("pig_data.txt")
result.pig <- aov(count~breed, data=pig_data)
summary(result.pig)
```

输出结果为：

```
             Df  Sum Sq Mean Sq F value  Pr(>F)
breed         4   73.2   18.30   5.828 0.00281 **
Residuals    20   62.8    3.14
```

$p<0.05$，表明品种对窝产仔数有显著影响.

在函数 aov（count~breed， data=pig_data）中，我们使用了公式 count~breed，其中~符号前的 count 表示响应变量（即因变量），~符号后为自变量 breed，data=pig_data 表示使用 pid_data 中的数据，count 和 breed 均为 pig_data 中某列向量的向量名.

完成单因素方差分析后，可以通过 TukeyHSD（）对各组均值的差异进行两两比较：

```
TukeyHSD(result.pig, order=TRUE, conf.level=0.95)
```

输出结果为：

```
Tukey multiple comparisons of means
95% family-wise confidence level
factor levels have been ordered
Fit: aov(formula = count ~ breed, data = pig.data)
$breed
           diff          lwr         upr         p adj
d-b         1.4   -1.95359623    4.753596     0.7236480
a-b         2.0   -1.35359623    5.353596     0.4091277
c-b         3.8    0.44640377    7.153596     0.0216180
e-b         4.8    1.44640377    8.153596     0.0029789
a-d         0.6   -2.75359623    3.953596     0.9825062
c-d         2.4   -0.95359623    5.753596     0.2419941
e-d         3.4    0.04640377    6.753596     0.0459258
c-a         1.8   -1.55359623    5.153596     0.5106217
e-a         2.8   -0.55359623    6.153596     0.1307667
e-c         1.0   -2.35359623    4.353596     0.8964089
```

order=TRUE 表示各个因子按照各自均值的大小从大到小排列，order 的默认值为 FALSE. conf.level=0.95 表示置信区间为 95%.

（二）多因素方差分析

练习题 3.11 在药物处理大豆种子试验中，使用了大、中、小粒 3 种类型种子，分别用 5 种浓度、2 种处理时间，播种后 45 天对每种处理各取 2 个样本，每个样本 10 株测定其干物质，求其平均数，结果见表 10–25，试进行方差分析.

表 10–25 10 株干物质测定的平均数

处理时间(A)	种子类型(C)	浓度(B)				
		B_1（0）	B_2（10）	B_3（20）	B_4（30）	B_5（40）
A_1（12 小时）	C_1（小粒）	7.0	12.8	22.0	21.3	24.2
		6.5	11.4	21.8	20.3	23.2
	C_2（中粒）	13.5	13.2	20.8	19.0	24.6
		13.8	14.2	21.4	19.6	23.8
	C_3（大粒）	10.7	12.4	22.6	21.3	24.5
		10.3	13.2	21.8	22.4	24.2
A_2（24 小时）	C_1（小粒）	3.6	19.7	4.7	12.4	13.6
		1.5	8.8	3.4	10.5	13.7
	C_2（中粒）	4.7	9.8	2.7	12.4	14.0
		4.9	10.5	4.2	13.2	14.2
	C_3（大粒）	8.7	9.6	3.4	13.0	14.8
		3.5	9.7	4.2	12.7	12.6

首先将数据存储至 mass_data.txt 文件中，文件格式如下

```
Time    Density    Seed    Mass
1       1          1       7.0
1       1          1       6.5
1       1          2       13.5
1       1          2       13.8
1       1          3       10.7
1       1          3       10.3
1       2          1       12.8
1       2          1       11.4
1       2          2       13.2
```

…(以下省略)

解 文件中共有 4 列，前 3 列分别表示处理时间、浓度和种子类型的分类信息，第 4 列表示植株干物质重量的观测值.

分析步骤如下：

```
mass_data <- read.table("mass_data.txt")
result.mass <- aov(mass~Time + Density + Seed, data=mass_data)
summary(result.mass)
TukeyHSD(result.mass, order=TRUE, conf.level=0.95)
```

略去计算结果，在以上的计算过程中，我们需要注意方差分析的模型 mass~Time+Density+Seed. 在这个模型中因素之间用加号+相连，表示只考虑 Time、Density 和 Seed 各自的主效应，而没有考虑互作效应. 如果要将互作效应也纳入模型，我们可以将公式改为 mass~Time*Density*Seed，此时除了 3 个主效应外，该模型还考虑了 Time 与 Density、Time 与 Seed、Density 与 Seed 的互作效应，还有 Time、Density 和 Seed 的三者互作效应. 对于一个多因素方差分析而言，这样的模型过于复杂了，而且大多数交互通常没有意义. 我们可以再将公式改为 mass~Time+Density+Seed+Density:Seed，这个模型同时考虑了 Time、Density、Seed 的主效应，以及 Density 与 Seed 的互作效应. 用冒号连接表示两者的互作效应. 另一种简单的表达方式是使用^符号来表示交互，^符号后的数字表示交互的最高次数，例如：mass ~ （Time+Density+Seed）^2，它包含了三者的主效应以及两两之间的交互，但不包含三者的互作效应. 分析的模型不同，对最后的结果有一定影响.

另一个需要注意的问题是，R 中的 aov 函数是针对平衡数据设计的，用 aov 分析非平衡数据时，aov 依然会给出计算结果，但这些计算结果可能会难以被解释. 当分析数据越不平衡时，这种现象更加明显. 所谓非平衡数据即是指对于各个处理而言，缺少了某些观测值，缺少的观测值越多，数据越不平衡. 我们上例中分析的数据为平衡数据，当数据不平衡时，推荐使用 lme 函数而非 aov 函数.

五、R 语言的回归分析应用实例

（一）一元线性回归分析

［例 4-1］在四川白鹅的生产性能研究中，得到如表 10-26 中的一组关于雏鹅重（单位：g）与 70 日龄重（单位：g）的数据，试建立 70 日龄重（y）与雏鹅重（x）的直线回归方程.

表 10-26 四川白鹅雏鹅重与 70 日龄重测定结果

单位：g

编号	1	2	3	4	5	6	7	8	9	10	11	12
雏鹅重(x)	80	86	98	90	120	102	95	83	113	105	110	100
70 龄重(y)	2350	2400	2720	2500	3150	2680	2630	2400	3080	2920	2960	2860

解 将数据输入 goose.txt 中得：

```
mass        mass_70
80          2350
86          2400
98          2720
90          2500
120         3150
```

…(以下省略)

第一列为雏鹅重，第二列为 70 日龄重. 使用 lm 函数对数据进行分析，lm 是线性模型 linear model 的缩写，分析步骤如下：

```
goose_data <- read.table("goose.txt")
goose.model <- lm (mass_70~mass, data = goose_data)
summary(goose.model)
```

输出结果为：

```
Call:
lm(formula = mass_70 ~ mass, data = goose_data)
Coefficients:
             Estimate     Std. Error    t value    Pr(>|t|)
(Intercept)  582.185      147.315       3.952      0.00272 **
mass         21.712       1.485         14.622     4.47e-08 ***
---
Residual standard error: 60.95 on 10 degrees of freedom
Multiple R-squared:  0.9553,   Adjusted R-squared:  0.9509
F-statistic: 213.8 on 1 and 10 DF,  p-value: 4.467e-08
```

截距与雏鹅重量对 70 日龄鹅重都有显著影响，p value 分别为 0.00272 与 4.47e−08，它的回归公式为 mass_70=21.712*mass+582.185. 在公式 mass_70~mass 中，我们并没有包含截距，截距通常被隐式地包含在了截距中. 如果我们不想要截距，可以在右边添加一个零来取消它：

```
mass_70~mass + 0
```

当然，这并不意味着在本题中你需要这么做，在去掉截距之前请确保你有足够的理由支持你这么做.

（二）多元线性回归分析

［例 4−7］中牛的体重，在农村条件下一般是不易称重的，但根据与其有较高相关且易度量的一些性状值，可以配合出估计的多元线性回归方程. 下表为 20 头鲁西黄牛的体长、胸围和体重资料，试配合鲁西黄牛体重依体长和胸围估算二元线性回归方程.

表 10−27（原表 4−4） 20 头鲁西黄牛的体长、胸围和体重

牛号	体长(x_1)	胸围(x_2)	体重(y)	牛号	体长(x_1)	胸围(x_2)	体重(y)
1	151.5	186	462	11	138.0	172	378
2	156.2	186	496	12	142.5	192	446
3	146.0	193	458	13	141.5	180	396
4	138.1	193	463	14	149.0	183	426
5	146.2	172	388	15	154.2	193	506
6	149.8	188	485	16	152.0	187	457
7	155.0	187	455	17	158.0	190	506
8	144.5	175	392	18	146.8	189	455
9	147.2	175	398	19	147.3	183	478
10	145.2	185	437	20	151.3	191	454

解 首先将数据输入 cattle.txt 得：

```
length      chest       weight
151.5       186         462
156.2       186         496
146.0       193         458
138.1       193         463
146.2       172         588
```

…(以下省略)

首先我们同时考虑体长、胸围以及体长与胸围的互作效应，模型为 weight~length*chest，分析步骤如下：

```
cattle_data <- read.table("cattle.txt")
cattle.model1 <- lm (weight~length*chest, data = cattle_data)
summary(cattle.model1)
```

输出结果为：

```
Call:
lm(formula = weight ~ length * chest, data = cattle_data)
Coefficients:
                 Estimate      Std. Error     t value     Pr(>|t|)
(Intercept)      -8792.6593    8739.7323      -1.006      0.329
length           63.0427       60.5629        1.041       0.313
chest            46.4935       46.6698        0.996       0.334
length:chest     -0.3170       0.3232         -0.981      0.341
---
Residual standard error: 44.7 on 16 degrees of freedom
Multiple R-squared:  0.2723,  Adjusted R-squared:  0.1359
F-statistic: 1.996 on 3 and 16 DF,  p-value: 0.1552
```

在本模型中，截距、体长、胸围以及体长与胸围的互作对体重的影响均不显著，整个模型的 F 检验 p-value > 0.05，说明这并不是一个理想的回归模型. 我们需要对该模型进行优化，首先去除 p-value 最大的效应. 在上例中，两者的互作效应 length:chest 的 p-value 最大，为 0.341，因此首先去除.

接下来我们使用 update 函数对回归模型进行优化，操作步骤如下：

```
cattle.model2 <- update(cattle.model1, ~. -length:chest)
summary(cattle.model2)
```

输出结果为：

```
Call:
lm(formula = weight ~ length + chest, data = cattle_data)
Coefficients:
```

```
                Estimate     Std. Error    t value    Pr(>|t|)
(Intercept)     -229.066     333.036       -0.688     0.5008
length          3.688        1.938         1.902      0.0742.
chest           0.757        1.574         0.481      0.6366
---
Residual standard error: 44.65 on 17 degrees of freedom
Multiple R-squared:  0.2286,   Adjusted R-squared:  0.1379
F-statistic: 2.519 on 2 and 17 DF,  p-value: 0.1101
```

update 函数接受一个模型和公式为输入参数，我们只更新公式的右边，左边保持不变. 在上面这个例子中，第一个参数表示接受 cattle.model1 的模型，第二个参数表示对模型的公式进行修改. 第二个参数中，符号“.”表示已在公式中的项，而减号－代表的意思是删除下一项. 上例中我们去除了体长与胸围的互作效应 length:chest，仔细比对以上两次结果中的公式，其由原先的 weight~length*chest 变为 weight~length+chest.

去除互作效应 length:chest 后，该模型 F 检验的 p-value 依然大于 0.05，截距、体长和胸围对体重的影响均不显著. 我们需要对该模型进行进一步优化，在模型中去除胸围对体重的影响：

```
cattle.model3 <- update(cattle.model2, ~. -chest)
summary(cattle.model3)
```

输出结果为：

```
Call:
lm(formula = weight ~ length, data = cattle_data)
Coefficients:
                Estimate     Std. Error    t value    Pr(>|t|)
(Intercept)     -135.507     264.505       -0.512     0.6147
length          4.002        1.786         2.241      0.0379 *
---
Residual standard error: 43.69 on 18 degrees of freedom
Multiple R-squared:  0.2181,   Adjusted R-squared:  0.1747
F-statistic: 5.021 on 1 and 18 DF,  p-value: 0.03789
```

此时的回归模型中仅有体长与截距两个因子，对模型的 F 检验显示模型与黄牛体重显著相关. 虽然在这个模型中截距的 p-value > 0.05，但去掉截距依然不是一个明智之举.

下一步我们可以通过函数 anova()计算模型的方差分析表，对比各个模型之间的差别：

```
anova(cattle.model1,cattle.model2,cattle.model3)
```

anova()函数会根据输入模型的顺序，将后一个模型与前一个模型进行比较，其输出为：

```
Analysis of Variance Table
Model 1: weight ~ length * chest
Model 2: weight ~ length + chest
```

```
Model 3: weight ~ length
        Res.Df     RSS     Df     Sum of Sq     F        Pr(>F)
1       16         31971
2       17         33892   -1     -1921.26      0.9615   0.3414
3       18         34354   -1     -461.32       0.2309   0.6374
```

模型 2 与模型 1 相比，p-value > 0.05，所以删除 length:chest 的互作效应对拟合黄牛体重的模型没有显著影响. 同理模型 3 与模型 2 相比，p-value > 0.05，删除胸围对拟合模型同样没有显著影响.

此外，赤池（Akaike）和贝叶斯（Bayesian）信息准则提供了另外两种比较模型的方法，即 AIC()和 BIC()函数. 它们利用了对数似然值，这个模型更适合用来拟合数据. 大致上较小的数字对应于“更好”的模型：

```
AIC(cattle.model1,cattle.model2,cattle.model3)
BIC(cattle.model1,cattle.model2,cattle.model3)
```

输出结果为：

```
                  df     AIC
cattle.model1     5      214.2947
cattle.model2     4      213.4618
cattle.model3     3      211.7322

                  df     BIC
cattle.model1     5      219.2734
cattle.model2     4      217.4448
cattle.model3     3      214.7194
```

从以上结果可以看出模型 3 是一个“更好”的模型. 为了简化操作，stepAIC（）函数还为我们提供了自动优化模型的模式，只需提供需要优化的模型以及优化的方式. 优化的方式包括“forward”（向前）、“backward”（向后）和“both”（双向），步骤为:

```
library(MASS)        #stepAIC()函数在 MASS 包中,因此需要先加载 MASS 包
stepAIC(cattle.model1,direction = "both")
```

输出结果为：

```
Start:  AIC=155.54
weight ~ length * chest
                  Df     Sum of Sq    RSS      AIC
 - length:chest   1      1921.3       33892    154.70
<none>                                31971    155.54

Step:  AIC=154.7
weight ~ length + chest
```

```
               Df    Sum of Sq   RSS     AIC
 - chest        1    461.3       34354   152.97
<none>                           33892   154.70
 + length:chest 1    1921.3      31971   155.54
 - length       1    7214.8      41107   156.56

Step:  AIC=152.97
weight ~ length
               Df    Sum of Sq   RSS     AIC
<none>                           34354   152.97
 + chest        1    461.3       33892   154.70
 - length       1    9583.4      43937   155.90

Call:
lm(formula = weight ~ length, data = cattle_data)
Coefficients:
(Intercept)     length
-135.507        4.002
```

stepAIC 函数根据赤池信息准则对回归模型进行逐步地修改和比较，最终找到一个较好的模型，在本例中最后的回归模型为 $weight = 4.002\times length - 135.507$.

练习题

10.1 从总体中抽取 20 棵山核桃树，其产量（Y）的观测值（单位：kg）如下. 试检验其是否服从正态分布，计算样本平均数、方差与 95%置信区间.

3.85	18.07	27.55	14.93	19.80	21.48	14.51	14.42	13.63	18.26
17.23	17.59	15.45	12.31	13.74	22.98	16.19	12.36	11.71	23.11

10.2 某项试验观察红眼果蝇与白眼果蝇杂交的 F1 代眼色性状，其中有 1527 头果蝇眼色为红色，1473 头果蝇眼色为白色，问 F1 代白眼果蝇与红眼果蝇的比例是否符合 1:1？

10.3 某个小麦品种在 5 个不同地理位置，4 个不同年份的产量如下. 试通过方差分析分析年份和产地对产量的影响.

产地	年份			
	2013	2014	2015	2016
I	648.12	658.82	622.99	637.99
II	704.47	709.06	704.16	690.39
III	793.75	766.79	812.05	770.41
IV	625.81	663.84	625.46	660.14
V	641.28	664.31	646.4	639.76

10.4　下表给出烟草中钠含量 X 与钾含量 Y 的观测数据如下：

i	1	2	3	4	5	6	7	8	9	10
X_i	61.89	60.47	54.28	60.51	58.91	65.50	51.98	64.85	69.45	65.05
Y_i	69.60	69.03	70.33	69.43	69.84	70.98	64.18	71.90	73.62	71.36

i	11	12	13	14	15	16	17	18	19	20
X_i	53.61	53.33	62.81	56.18	63.13	70.25	65.26	59.41	57.76	65.92
Y_i	64.41	65.35	69.58	71.28	72.24	73.34	73.29	73.97	68.12	73.96

假设 X 是常量（不存在误差），Y 是随机变量，X 与 Y 存在简单的线性回归关系，回归模型为 $y_i = b_0 + b_1 x_i + \varepsilon_i$，$i = 1, 2, \cdots, n$，$\varepsilon_i \sim N(0, \sigma^2)$. 试计算 Y 的直线回归方程.

附　　录

附表一　标准正态分布函数数值表

$$\phi(x)=\frac{1}{\sqrt{2\pi}}\int_{-\infty}^{x}e^{-\frac{t^2}{2}}\mathrm{d}t$$

$$\phi(-x)=1-\phi(x)$$

x	0.00	0.01	0.02	0.03	0.04	0.05	0.06	0.07	0.08	0.09
0.0	0.5000	0.5040	0.5080	0.5120	0.5160	0.5199	0.5239	0.5279	0.5319	0.5359
0.1	0.5398	0.5438	0.5478	0.5517	0.5557	0.5596	0.5636	0.5675	0.5714	0.5753
0.2	0.5793	0.5832	0.5871	0.5910	0.5948	0.5987	0.6026	0.6064	0.6103	0.6141
0.3	0.6179	0.6217	0.6255	0.6293	0.6331	0.6368	0.6406	0.6443	0.6480	0.6517
0.4	0.6554	0.6591	0.6628	0.6664	0.6700	0.6736	0.6772	0.6808	0.6844	0.6879
0.5	0.6915	0.6950	0.6985	0.7019	0.7054	0.7088	0.7123	0.7157	0.7190	0.7224
0.6	0.7257	0.7291	0.7324	0.7357	0.7389	0.7422	0.7454	0.7486	0.7517	0.7549
0.7	0.7580	0.7611	0.7642	0.7673	0.7703	0.7734	0.7764	0.7794	0.7823	0.7852
0.8	0.7881	0.7910	0.7939	0.7967	0.7995	0.8023	0.8051	0.8078	0.8106	0.8133
0.9	0.8159	0.8186	0.8212	0.8238	0.8264	0.8289	0.8315	0.8340	0.8365	0.8389
1.0	0.8413	0.8438	0.8461	0.8485	0.8508	0.8531	0.8554	0.8577	0.8599	0.8621
1.1	0.8643	0.8665	0.8686	0.8708	0.8729	0.8749	0.8770	0.8790	0.8810	0.8830
1.2	0.8849	0.8869	0.8888	0.8907	0.8925	0.8944	0.8962	0.8980	0.8997	0.9015
1.3	0.9032	0.9049	0.9066	0.9082	0.9099	0.9115	0.9131	0.9147	0.9162	0.9177
1.4	0.9192	0.9207	0.9222	0.9236	0.9251	0.9265	0.9278	0.9292	0.9306	0.9319
1.5	0.9332	0.9345	0.9357	0.9370	0.9382	0.9394	0.9406	0.9418	0.9430	0.9441
1.6	0.9452	0.9463	0.9474	0.9484	0.9495	0.9505	0.9515	0.9525	0.9535	0.9545
1.7	0.9554	0.9564	0.9573	0.9582	0.9591	0.9599	0.9608	0.9616	0.9625	0.9633
1.8	0.9641	0.9648	0.9656	0.9664	0.9671	0.9678	0.9686	0.9693	0.9700	0.9706
1.9	0.9713	0.9719	0.9726	0.9732	0.9738	0.9744	0.9750	0.9756	0.9762	0.9767
2.0	0.9772	0.9778	0.9783	0.9788	0.9793	0.9798	0.9803	0.9808	0.9812	0.9817
2.1	0.9821	0.9826	0.9830	0.9834	0.9838	0.9842	0.9846	0.9850	0.9854	0.9857
2.2	0.9861	0.9864	0.9868	0.9871	0.9874	0.9878	0.9881	0.9884	0.9887	0.9890
2.3	0.9893	0.9896	0.9898	0.9901	0.9904	0.9906	0.9909	0.9911	0.9913	0.9916
2.4	0.9918	0.9920	0.9922	0.9925	0.9927	0.9929	0.9931	0.9932	0.9934	0.9936
2.5	0.9938	0.9940	0.9941	0.9943	0.9945	0.9946	0.9948	0.9949	0.9951	0.9952
2.6	0.9953	0.9955	0.9956	0.9957	0.9959	0.9960	0.9961	0.9962	0.9963	0.9964
2.7	0.9965	0.9966	0.9967	0.9968	0.9969	0.9970	0.9971	0.9972	0.9973	0.9974
2.8	0.9974	0.9975	0.9976	0.9977	0.9977	0.9978	0.9979	0.9979	0.9980	0.9981
2.9	0.9981	0.9982	0.9982	0.9983	0.9984	0.9984	0.9985	0.9985	0.9986	0.9986
3.0	0.9987	0.9990	0.9993	0.9995	0.9997	0.9998	0.9998	0.9999	0.9999	1.0000

注：本表最后一行自左至右依次是 $\phi(3.0)$，…，$\phi(3.9)$ 的值.

附表二 泊松分布——概率分布表

$$P(X=x)=\frac{\lambda^{x}e^{-\lambda}}{x!}$$

x	0.1	0.2	0.3	0.4	0.5	0.6	0.7	0.8	0.9	1.0	1.5	2.0	2.5	3.0	3.5	4.0	4.5	5.0	6.0	7.0	8.0	9.0	10.0
0	0.904837	0.818731	0.740818	0.670320	0.606531	0.548812	0.496585	0.449329	0.406570	0.367879	0.223130	0.135335	0.082085	0.049787	0.030197	0.018316	0.011109	0.006738	0.002479	0.000912	0.000335	0.000123	0.000045
1	0.090484	0.163746	0.222245	0.268128	0.303265	0.329287	0.347610	0.359463	0.365913	0.367879	0.334695	0.270671	0.205212	0.149361	0.105691	0.073263	0.049990	0.033690	0.014873	0.006383	0.002684	0.001111	0.000454
2	0.004524	0.016375	0.033337	0.053626	0.075816	0.098786	0.121663	0.143785	0.164661	0.183940	0.251021	0.270671	0.256516	0.224042	0.184959	0.146525	0.112479	0.084224	0.044618	0.022341	0.010735	0.004998	0.002270
3	0.000151	0.001092	0.003334	0.007150	0.012636	0.019757	0.028388	0.038343	0.049398	0.061313	0.125511	0.180447	0.213763	0.224042	0.215785	0.195367	0.168718	0.140374	0.089235	0.052129	0.028626	0.014994	0.007567
4	0.000004	0.000055	0.000250	0.000715	0.001580	0.002964	0.004968	0.007669	0.011115	0.015328	0.047067	0.090224	0.133602	0.168031	0.188812	0.195367	0.189808	0.175467	0.133853	0.091226	0.057252	0.033737	0.018917
5		0.000002	0.000015	0.000057	0.000158	0.000356	0.000696	0.001227	0.002001	0.003066	0.014120	0.036089	0.066801	0.100819	0.132169	0.156293	0.170827	0.175467	0.160623	0.127717	0.091604	0.060727	0.037833
6			0.000001	0.000004	0.000013	0.000036	0.000081	0.000164	0.000300	0.000511	0.003530	0.012030	0.027834	0.050409	0.077098	0.104196	0.128120	0.146223	0.160623	0.149003	0.122138	0.091090	0.063055
7					0.000001	0.000003	0.000008	0.000019	0.000039	0.000073	0.000756	0.003437	0.009941	0.021604	0.038549	0.059540	0.082363	0.104445	0.137677	0.149003	0.139587	0.117116	0.090079
8							0.000001	0.000002	0.000004	0.000009	0.000142	0.000859	0.003106	0.008102	0.016865	0.029770	0.046329	0.065278	0.103258	0.130377	0.139587	0.131756	0.112599
9										0.000001	0.000024	0.000191	0.000863	0.002701	0.006559	0.013231	0.023165	0.036266	0.068838	0.101405	0.124077	0.131756	0.125110
10											0.000004	0.000038	0.000216	0.000810	0.002296	0.005292	0.010424	0.018133	0.041303	0.070983	0.099262	0.118580	0.125110
11												0.000007	0.000049	0.000221	0.000730	0.001925	0.004264	0.008242	0.022529	0.045171	0.072190	0.097020	0.113736
12												0.000001	0.000010	0.000055	0.000213	0.000642	0.001599	0.003434	0.011264	0.026350	0.048127	0.072765	0.094780
13													0.000002	0.000013	0.000057	0.000197	0.000554	0.001321	0.005199	0.014188	0.029616	0.050376	0.072908
14														0.000003	0.000014	0.000056	0.000178	0.000472	0.002228	0.007094	0.016924	0.032384	0.052077
15														0.000001	0.000003	0.000015	0.000053	0.000157	0.000891	0.003311	0.009026	0.019431	0.034718
16															0.000001	0.000004	0.000015	0.000049	0.000334	0.001448	0.004513	0.010930	0.021699
17																0.000001	0.000004	0.000014	0.000118	0.000596	0.002124	0.005786	0.012764
18																	0.000001	0.000004	0.000039	0.000232	0.000944	0.002893	0.007091
19																		0.000001	0.000012	0.000085	0.000397	0.001370	0.003732
20																			0.000004	0.000030	0.000159	0.000617	0.001866
21																			0.000001	0.000010	0.000061	0.000264	0.000889
22																				0.000003	0.000022	0.000108	0.000404
23																				0.000001	0.000008	0.000042	0.000176
24																					0.000003	0.000016	0.000073
25																					0.000001	0.000006	0.000029
26																						0.000002	0.000011
27																						0.000001	0.000004
28																							0.000001
29																							0.000001
30																							

附表三　t分布表

n	α					
	0.1	0.05	0.025	0.01	0.005	0.0005
	0.2	0.1	0.05	0.02	0.01	0.001
1	3.07768	6.31375	12.70620	31.82052	63.65674	636.61925
2	1.88562	2.91999	4.30265	6.96456	9.92484	31.59905
3	1.63774	2.35336	3.18245	4.54070	5.84091	12.92398
4	1.53321	2.13185	2.77645	3.74695	4.60409	8.61030
5	1.47588	2.01505	2.57058	3.36493	4.03214	6.86883
6	1.43976	1.94318	2.44691	3.14267	3.70743	5.95882
7	1.41492	1.89458	2.36462	2.99795	3.49948	5.40788
8	1.39682	1.85955	2.30600	2.89646	3.35539	5.04131
9	1.38303	1.83311	2.26216	2.82144	3.24984	4.78091
10	1.37218	1.81246	2.22814	2.76377	3.16927	4.58689
11	1.36343	1.79588	2.20099	2.71808	3.10581	4.43698
12	1.35622	1.78229	2.17881	2.68100	3.05454	4.31779
13	1.35017	1.77093	2.16037	2.65031	3.01228	4.22083
14	1.34503	1.76131	2.14479	2.62449	2.97684	4.14045
15	1.34061	1.75305	2.13145	2.60248	2.94671	4.07277
16	1.33676	1.74588	2.11991	2.58349	2.92078	4.01500
17	1.33338	1.73961	2.10982	2.56693	2.89823	3.96513
18	1.33039	1.73406	2.10092	2.55238	2.87844	3.92165
19	1.32773	1.72913	2.09302	2.53948	2.86093	3.88341
20	1.32534	1.72472	2.08596	2.52798	2.84534	3.84952
21	1.32319	1.72074	2.07961	2.51765	2.83136	3.81928
22	1.32124	1.71714	2.07387	2.50832	2.81876	3.79213
23	1.31946	1.71387	2.06866	2.49987	2.80734	3.76763
24	1.31784	1.71088	2.06390	2.49216	2.79694	3.74540
25	1.31635	1.70814	2.05954	2.48511	2.78744	3.72514
26	1.31497	1.70562	2.05553	2.47863	2.77871	3.70661
27	1.31370	1.70329	2.05183	2.47266	2.77068	3.68959
28	1.31253	1.70113	2.04841	2.46714	2.76326	3.67391
29	1.31143	1.69913	2.04523	2.46202	2.75639	3.65941
30	1.31042	1.69726	2.04227	2.45726	2.75000	3.64596
40	1.30308	1.68385	2.02108	2.42326	2.70446	3.55097
50	1.29871	1.67591	2.00856	2.40327	2.67779	3.49601
60	1.29582	1.67065	2.00030	2.39012	2.66028	3.46020
70	1.29376	1.66691	1.99444	2.38081	2.64790	3.43501
80	1.29222	1.66412	1.99006	2.37387	2.63869	3.41634
90	1.29103	1.66196	1.98667	2.36850	2.63157	3.40194
100	1.29007	1.66023	1.98397	2.36422	2.62589	3.39049
110	1.28930	1.65882	1.98177	2.36073	2.62126	3.38118
120	1.28865	1.65765	1.97993	2.35782	2.61742	3.37345
∞	1.28155	1.64485	1.95996	2.32635	2.57583	3.29053

附表四 χ^2分布表

n	α															
	0.99	0.98	0.95	0.90	0.80	0.70	0.60	0.50	0.40	0.30	0.20	0.10	0.05	0.02	0.01	0.001
1	0.00016	0.00063	0.00393	0.01579	0.06418	0.14847	0.27500	0.45494	0.70833	1.07419	1.64237	2.70554	3.84146	5.41189	6.63490	10.82757
2	0.02010	0.04041	0.10259	0.21072	0.44629	0.71335	1.02165	1.38629	1.83258	2.40795	3.21888	4.60517	5.99146	7.82405	9.21034	13.81551
3	0.11483	0.18483	0.35185	0.58437	1.00517	1.42365	1.86917	2.36597	2.94617	3.66487	4.64163	6.25139	7.81473	9.83741	11.34487	16.26624
4	0.29711	0.42940	0.71072	1.06362	1.64878	2.19470	2.75284	3.35669	4.04463	4.87843	5.98862	7.77944	9.48773	11.66784	13.27670	18.46683
5	0.55430	0.75189	1.14548	1.61031	2.34253	2.99991	3.65550	4.35146	5.13187	6.06443	7.28928	9.23636	11.07050	13.38822	15.08627	20.51501
6	0.87209	1.13442	1.63538	2.20413	3.07009	3.82755	4.57015	5.34812	6.21076	7.23114	8.55806	10.64464	12.59159	15.03321	16.81189	22.45774
7	1.23904	1.56429	2.16735	2.83311	3.82232	4.67133	5.49323	6.34581	7.28321	8.38343	9.80325	12.01704	14.06714	16.62242	18.47531	24.32189
8	1.64650	2.03248	2.73264	3.48954	4.59357	5.52742	6.42265	7.34412	8.35053	9.52446	11.03009	13.36157	15.50731	18.16823	20.09024	26.12448
9	2.08790	2.53238	3.32511	4.16816	5.38005	6.39331	7.35703	8.34283	9.41364	10.65637	12.24215	14.68366	16.91898	19.67902	21.66599	27.87716
10	2.55821	3.05905	3.94030	4.86518	6.17908	7.26722	8.29547	9.34182	10.47324	11.78072	13.44196	15.98718	18.30704	21.16077	23.20925	29.58830
11	3.05348	3.60869	4.57481	5.57778	6.98867	8.14787	9.23729	10.34100	11.52983	12.89867	14.63142	17.27501	19.67514	22.61794	24.72497	31.26413
12	3.57057	4.17829	5.22603	6.30380	7.80733	9.03428	10.18197	11.34032	12.58384	14.01110	15.81199	18.54935	21.02607	24.05396	26.21697	32.90949
13	4.10692	4.76545	5.89186	7.04150	8.63386	9.92568	11.12914	12.33976	13.63557	15.11872	16.98480	19.81193	22.36203	25.47151	27.68825	34.52818
14	4.66043	5.36820	6.57063	7.78953	9.46733	10.82148	12.07848	13.33927	14.68529	16.22210	18.15077	21.06414	23.68479	26.87276	29.14124	36.12327
15	5.22935	5.98492	7.26094	8.54676	10.30696	11.72117	13.02975	14.33886	15.73322	17.32169	19.31066	22.30713	24.99579	28.25950	30.57791	37.69730

续表

n	α															
	0.99	0.98	0.95	0.90	0.80	0.70	0.60	0.50	0.40	0.30	0.20	0.10	0.05	0.02	0.01	0.001
16	5.81221	6.61424	7.96165	9.31224	11.15212	12.62435	13.98274	15.33850	16.77954	18.41789	20.46508	23.54183	26.29623	29.63318	31.99993	39.25235
17	6.40776	7.25500	8.67176	10.08519	12.00227	13.53068	14.93727	16.33818	17.82439	19.51102	21.61456	24.76904	27.58711	30.99505	33.40866	40.79022
18	7.01491	7.90622	9.39046	10.86494	12.85695	14.43986	15.89321	17.33790	18.86790	20.60135	22.75955	25.98942	28.86930	32.34616	34.80531	42.31240
19	7.63273	8.56704	10.11701	11.65091	13.71579	15.35166	16.85043	18.33765	19.91020	21.68913	23.90042	27.20357	30.14353	33.68743	36.19087	43.82020
20	8.26040	9.23670	10.85081	12.44261	14.57844	16.26586	17.80883	19.33743	20.95137	22.77455	25.03751	28.41198	31.41043	35.01963	37.56623	45.31475
21	8.89720	9.91456	11.59131	13.23960	15.44461	17.18227	18.76831	20.33723	21.99150	23.85779	26.17110	29.61509	32.67057	36.34345	38.93217	46.79704
22	9.54249	10.60003	12.33801	14.04149	16.31404	18.10072	19.72879	21.33704	23.03066	24.93902	27.30145	30.81328	33.92444	37.65950	40.28936	48.26794
23	10.19572	11.29260	13.09051	14.84796	17.18651	19.02109	20.69020	22.33688	24.06892	26.01837	28.42879	32.00690	35.17246	38.96831	41.63840	49.72823
24	10.85636	11.99182	13.84843	15.65868	18.06180	19.94323	21.65249	23.33673	25.10635	27.09596	29.55332	33.19624	36.41503	40.27036	42.97982	51.17860
25	11.52398	12.69727	14.61141	16.47341	18.93975	20.86703	22.61558	24.33659	26.14298	28.17192	30.67520	34.38159	37.65248	41.56607	44.31410	52.61966
26	12.19815	13.40858	15.37916	17.29188	19.82019	21.79240	23.57943	25.33646	27.17888	29.24633	31.79461	35.56317	38.88514	42.85583	45.64168	54.05196
27	12.87850	14.12542	16.15140	18.11390	20.70298	22.71924	24.54400	26.33634	28.21408	30.31929	32.91169	36.74122	40.11327	44.13999	46.96294	55.47602
28	13.56471	14.84748	16.92788	18.93924	21.58797	23.64746	25.50925	27.33623	29.24862	31.39088	34.02657	37.91592	41.33714	45.41885	48.27824	56.89229
29	14.25645	15.57448	17.70837	19.76774	22.47505	24.57699	26.47513	28.33613	30.28254	32.46117	35.13936	39.08747	42.55697	46.69270	49.58788	58.30117
30	14.95346	16.30617	18.49266	20.59923	23.36411	25.50776	27.44162	29.33603	31.31586	33.53023	36.25019	40.25602	43.77297	47.96180	50.89218	59.70306

附表五　*F*分布表

P=0.05

n_2	n_1（较大均方的自由度）															n_2
	1	2	3	4	5	6	7	8	9	10	12	14	16	18	20	
1	161	200	216	225	230	234	237	239	241	242	244	245	246	247	248	1
2	18.5	19	19.2	19.2	19.3	19.3	19.4	19.4	19.4	19.4	19.4	19.4	19.4	19.4	19.4	2
3	10.1	9.55	9.28	9.12	9.01	8.94	8.89	8.85	8.81	8.79	8.74	8.71	8.69	8.67	8.66	3
4	7.71	6.94	6.59	6.39	6.26	6.16	6.09	6.04	6	5.96	5.91	5.87	5.84	5.82	5.8	4
5	6.61	5.79	5.41	5.19	5.05	4.95	4.88	4.82	4.77	4.74	4.68	4.64	4.6	4.58	4.56	5
6	5.99	5.14	4.76	4.53	4.39	4.28	4.21	4.15	4.1	4.06	4	3.96	3.92	3.9	3.87	6
7	5.59	4.74	4.35	4.12	3.97	3.87	3.79	3.73	3.68	3.64	3.57	3.53	3.49	3.47	3.44	7
8	5.32	4.46	4.07	3.84	3.69	3.58	3.5	3.44	3.39	3.35	3.28	3.24	3.2	3.17	3.15	8
9	5.12	4.26	3.86	3.63	3.48	3.37	3.29	3.23	3.18	3.14	3.07	3.03	2.99	2.96	2.94	9
10	4.96	4.1	3.71	3.48	3.33	3.22	3.14	3.07	3.02	2.98	2.91	2.86	2.83	2.8	2.77	10
11	4.84	3.98	3.59	3.36	3.2	3.09	3.01	2.95	2.9	2.85	2.79	2.74	2.7	2.67	2.65	11
12	4.75	3.89	3.49	3.26	3.11	3	2.91	2.85	2.8	2.75	2.69	2.64	2.6	2.57	2.54	12
13	4.67	3.81	3.41	3.18	3.03	2.92	2.83	2.77	2.71	2.67	2.6	2.55	2.51	2.48	2.46	13
14	4.6	3.74	3.34	3.11	2.96	2.85	2.76	2.7	2.65	2.6	2.53	2.48	2.44	2.41	2.39	14
15	4.54	3.68	3.29	3.06	2.9	2.79	2.71	2.64	2.59	2.54	2.48	2.42	2.38	2.35	2.33	15
16	4.49	3.63	3.24	3.01	2.85	2.74	2.66	2.59	2.54	2.49	2.42	2.37	2.33	2.3	2.28	16
17	4.45	3.59	3.2	2.96	2.81	2.7	2.61	2.55	2.49	2.45	2.38	2.33	2.29	2.26	2.23	17
18	4.41	3.55	3.16	2.93	2.77	2.66	2.58	2.51	2.46	2.41	2.34	2.29	2.25	2.22	2.19	18
19	4.38	3.52	3.13	2.9	2.74	2.63	2.54	2.48	2.42	2.38	2.31	2.26	2.21	2.18	2.16	19
20	4.35	3.49	3.1	2.87	2.71	2.6	2.51	2.45	2.39	2.35	2.28	2.22	2.18	2.15	2.12	20
21	4.32	3.47	3.07	2.84	2.68	2.57	2.49	2.42	2.37	2.32	2.25	2.2	2.16	2.12	2.1	21
22	4.3	3.44	3.05	2.82	2.66	2.55	2.46	2.4	2.34	2.3	2.23	2.17	2.13	2.1	2.07	22
23	4.28	3.42	3.03	2.81	2.64	2.53	2.44	2.37	2.32	2.27	2.2	2.15	2.11	2.07	2.05	23
24	4.26	3.4	3.01	2.78	2.62	2.51	2.42	2.36	2.3	2.25	2.18	2.13	2.09	2.05	2.03	24
25	4.24	3.39	2.99	2.76	2.6	2.49	2.41	2.34	2.28	2.24	2.16	2.11	2.07	2.04	2.01	25
26	4.23	3.37	2.98	2.74	2.59	2.47	2.39	2.32	2.27	2.22	2.15	2.09	2.05	2.02	1.99	26
27	4.21	3.35	2.96	2.73	2.57	2.46	2.37	2.31	2.25	2.2	2.13	2.08	2.04	2	1.97	27
28	4.2	3.34	2.95	2.71	2.56	2.45	2.36	2.29	2.24	2.19	2.12	2.06	2.02	1.99	1.96	28
29	4.18	3.33	2.93	2.7	2.55	2.43	2.35	2.28	2.22	2.18	2.1	2.05	2.01	1.97	1.94	29
30	4.17	3.32	2.92	2.69	2.53	2.42	2.33	2.27	2.21	2.16	2.09	2.04	1.99	1.96	1.93	30
32	4.15	3.29	2.9	2.67	2.51	2.4	2.31	2.24	2.19	2.14	2.07	2.01	1.97	1.94	1.91	32

续表

n_2	n_1（较大均方的自由度）															n_2
	1	2	3	4	5	6	7	8	9	10	12	14	16	18	20	
34	4.13	3.28	2.88	2.65	2.49	2.38	2.29	2.23	2.17	2.12	2.05	1.99	1.95	1.92	1.89	34
36	4.11	3.26	2.87	2.63	2.48	2.36	2.28	2.21	2.15	2.11	2.03	1.98	1.93	1.9	1.87	36
38	4.1	3.24	2.85	2.62	2.46	2.35	2.26	2.19	2.14	2.09	2.02	1.96	1.92	1.88	1.85	38
40	4.08	3.23	2.84	2.61	2.45	2.34	2.25	2.18	2.12	2.08	2	1.95	1.9	1.87	1.84	40
42	4.07	3.22	2.83	2.59	2.44	2.32	2.24	2.17	2.11	2.06	1.99	1.93	1.89	1.86	1.83	42
44	4.06	3.21	2.82	2.58	2.43	2.31	2.23	2.16	2.1	2.05	1.98	1.92	1.88	1.84	1.81	44
46	4.05	3.2	2.81	2.57	2.42	2.3	2.22	2.15	2.09	2.04	1.97	1.91	1.87	1.83	1.8	46
48	4.04	3.19	2.8	2.57	2.41	2.29	2.21	2.14	2.08	2.03	1.96	1.9	1.86	1.82	1.79	48
50	4.03	3.18	2.79	2.56	2.4	2.29	2.2	2.13	2.07	2.03	1.95	1.89	1.85	1.81	1.78	50
60	4	3.15	2.76	2.53	2.37	2.25	2.17	2.1	2.04	1.99	1.92	1.86	1.82	1.78	1.75	60
80	3.96	3.11	2.72	2.49	2.33	2.21	2.13	2.06	2	1.95	1.88	1.82	1.77	1.73	1.7	80
100	3.94	3.09	2.7	2.46	2.31	2.19	2.1	2. 03	1.97	1.93	1.85	1.79	1.75	1.71	1.68	100
125	3.92	3.07	2.68	2.44	2.29	2.17	2.08	2.01	1.96	1.91	1.83	1.77	1.72	1.69	1.65	125
150	3.9	3.06	2.66	2.43	2.27	2.16	2.07	2	1.94	1.89	1.82	1.76	1.71	1.67	1.64	150
200	3.89	3.04	2.65	2.42	2.26	2.14	2.06	1.98	1.93	1.88	1.8	1.74	1.69	1.66	1.62	200
300	3.87	3.03	2.63	2.4	2.24	2.13	2.04	1.97	1.91	1.86	1.78	1.72	1.68	1.64	1.61	300
500	3.86	3.01	2.62	2.39	2.23	2.12	2.03	1.96	1.9	1.85	1.77	1.71	1.66	1.62	1.59	500
1000	3.85	3	2.61	2.38	2.22	2.11	2.0	2.95	1.89	1.84	1.76	1.7	1.65	1.61	1.58	1000
∞	3.84	3	2.6	2.37	2.21	2.1	2.01	1.94	1.88	1.83	1.75	1.69	1.64	1.6	1.57	∞

n_2	n_1（较大均方的自由度）															n_2
	22	24	26	28	30	35	40	45	50	60	80	100	200	500	0	
1	249	249	249	250	250	251	251	251	252	252	252	253	254	254	254	1
2	19.5	19.5	19.5	19.5	19.5	19.5	19.5	19.5	19.5	19.5	19.5	19.5	19.5	19.5	19.5	2
3	8.65	8.64	8.63	8.62	8.62	8.6	8.59	8.59	8.58	8.57	8.56	8.55	8.54	8.53	8.53	3
4	5.79	5.77	5.76	5.75	5.75	5.73	5.72	5.71	5.7	7.69	5.67	5.66	5.65	5.64	5.63	4
5	4.54	5.53	4.52	4.5	4.5	4.48	4.46	4.45	4.44	4.43	4.41	4.41	4.39	4.37	4.37	5
6	3.86	3.84	3.83	3.82	3.81	3.79	3.77	3.76	3.75	3.74	3.72	3.71	3.69	3.68	3.67	6
7	3.39	3.41	3.4	3.39	3.38	3.36	3.34	3.33	3.32	3.3	3.29	3.27	3.25	3.24	3.23	7
8	3.13	3.12	3.1	3.09	3.08	3.06	3.04	3.03	3.02	3.01	2.99	2.97	2.95	2.94	2.93	8
9	2.92	2.9	2.89	2.87	2.83	2.84	2.83	2.81	2.8	2.79	2.77	2.76	2.73	2.72	2.71	9
10	2.75	2.74	2.72	2.71	2.7	2.68	2.66	2.65	2.64	2.62	2.6	2.59	2.56	2.55	0.54	10
11	2.63	2.61	2.59	2.58	2.57	2.55	2.53	2.52	2.51	2.49	2.47	2.46	2.43	2.42	2.4	11
12	2.52	2.51	2.49	2.48	2.47	2.44	2.43	2.41	2.4	2.38	2.36	2.35	2.32	2.31	2.3	12

续表

n_2	n_1（较大均方的自由度）															n_2
	1	2	3	4	5	6	7	8	9	10	12	14	16	18	20	
13	2.44	2.42	2.41	2.39	2.38	2.36	2.34	2.33	2.31	2.3	2.27	2.26	2.23	2.22	2.21	13
14	2.37	2.35	2.33	2.32	2.31	2.28	2.27	2.25	2.24	2.22	2.2	2.19	2.16	2.14	2.13	14
15	2.31	2.29	2.27	2.26	2.25	2.22	2.2	2.19	2.18	2.16	2.14	2.12	2.1	2.08	2.07	15
16	2.25	2.24	2.22	2.21	2.19	2.17	2.15	2.14	2.12	2.11	2.08	2.07	2.04	2.02	2.01	16
17	2.21	2.19	2.17	2.16	2.15	2.12	2.1	2.09	2.08	2.06	2.03	2.02	1.99	1.97	1.96	17
18	2.17	2.15	2.13	2.12	2.11	2.08	2.06	2.05	2.04	2.02	1.99	1.98	1.95	1.93	1.92	18
19	2.13	2.11	2.1	2.08	2.07	2.05	2.03	2.01	2	1.98	1.96	1.94	1.91	1.89	1.88	19
20	2.1	2.08	2.07	2.05	2.04	2.01	1.99	1.98	1.97	1.95	1.92	1.91	1.88	1.86	1.84	20
21	2.07	2.05	2.04	2.02	2.01	1.98	1.96	1.95	1.94	1.92	1.89	1.88	1.84	1.82	1.81	21
22	2.05	2.03	2.01	2	1.98	1.96	1.94	1.92	1.91	1.89	1.86	1.85	1.82	1.8	1.78	22
23	2.02	2	1.99	1.97	1.96	1.93	1.91	1.9	1.88	1.86	1.84	1.82	1.79	1.77	1.76	23
24	2	1.98	1.97	1.95	1.94	1.91	1.89	1.88	1.86	1.84	1.82	1.8	1.77	1.75	1.73	24
25	1.98	1.96	1.95	1.93	1.92	1.89	1.87	1.86	1.84	1.82	1.8	1.78	1.75	1.73	1.71	25
26	1.97	1.95	1.93	1.91	1.9	1.87	1.85	1.84	1.82	1.8	1.78	1.76	1.73	1.71	1.69	26
27	1.95	1.93	1.91	1.9	1.88	1.86	1.84	1.82	1.81	1.79	1.76	1.74	1.71	1.69	1.67	27
28	1.93	1.91	1.9	1.88	1.87	1.84	1.82	1.8	1.79	1.77	1.74	1.73	1.69	1.67	1.65	28
29	1.92	1.9	1.88	1.87	1.85	1.83	1.81	1.79	1.77	1.75	1.73	1.71	1.67	1.65	1.64	29
30	1.91	1.89	1.87	1.85	1.84	1.81	1.79	1.77	1.76	1.74	1.71	1.7	1.66	1.64	1.62	30
32	1.88	1.86	1.85	1.83	1.82	1.79	1.77	1.75	1.74	1.71	1.69	1.67	1.63	1.61	1.59	32
34	1.86	1.84	1.82	1.8	1.8	1.77	1.75	1.73	1.71	1.69	1.66	1.65	1.61	1.59	1.57	34
36	1.85	1.82	1.81	1.79	1.78	1.75	1.73	1.71	1.69	1.67	1.64	1.62	1.59	1.56	1.55	36
38	1.83	1.81	1.79	1.77	1.76	1.73	1.71	1.69	1.68	1.65	1.62	1.61	1.57	1.54	1.53	38
40	1.81	1.79	1.77	1.76	1.74	1.72	1.69	1.67	1.66	1.64	1.61	1.59	1.55	1.53	1.51	40
42	1.8	1.78	1.76	1.74	1.73	1.7	1.68	1.66	1.65	1.62	1.59	1.57	1.53	1.51	1.49	42
44	1.79	1.77	1.75	1.73	1.72	1.69	1.67	1.65	1.63	1.61	1.58	1.56	1.52	1.49	1.48	44
46	1.78	1.76	1.74	1.72	1.71	1.68	1.65	1.64	1.62	1.6	1.57	1.55	1.51	1.48	1.46	46
48	1.77	1.75	1.73	1.71	1.7	1.67	1.64	1.62	1.61	1.59	1.56	1.54	1.49	1.47	1.45	48
50	1.76	1.74	1.72	1.7	1.69	1.66	1.63	1.61	1.6	1.58	1.54	1.52	1.48	1.46	1.44	50
60	1.72	1.7	1.68	1.66	1.65	1.62	1.59	1.57	1.56	1.53	1.5	1.48	1.44	1.41	1.39	60
80	1.68	1.65	1.63	1.62	1.6	1.57	1.54	1.52	1.51	1.48	1.45	1.43	1.38	1.35	1.32	80
100	1.65	1.63	1.61	1.59	1.57	1.54	1.52	1.49	1.48	1.45	1.41	1.39	1.34	1.31	1.28	100
125	1.63	1.6	1.58	1.57	1.55	1.52	1.49	1.47	1.45	1.42	1.39	1.36	1.31	1.27	1.25	125
150	1.61	1.59	1.57	1.55	1.53	1.5	1.48	1.45	1.44	1.41	1.37	1.34	1.29	1.25	1.22	150

续表

n_2	n_1（较大均方的自由度）															n_2
	1	2	3	4	5	6	7	8	9	10	12	14	16	18	20	
200	1.6	1.57	1.55	1.53	1.52	1.48	1.46	1.43	1.41	1.39	1.35	1.32	1.26	1.22	1.19	200
300	1.58	1.55	1.53	1.51	1.5	1.46	1.43	1.41	1.39	1.36	1.32	1.3	1.23	1.19	1.15	300
500	1.56	1.54	1.52	1.5	1.48	1.45	1.42	1.4	1.38	1.34	1.3	1.28	1.21	1.16	1.11	500
1000	1.55	1.53	1.51	1.49	1.47	1.44	1.41	1.38	1.36	1.33	1.29	1.26	1.19	1.13	1.08	1000
∞	1.54	1.52	1.5	1.48	1.46	1.42	1.39	1.37	1.35	1.32	1.27	1.24	1.17	1.11	1	∞

P=0.01

n_2	n_1（较大均方的自由度）															n_2
	1	2	3	4	5	6	7	8	9	10	12	14	16	18	20	
1	4052	5000	5403	5625	5754	5859	5928	5981	6022	6056	6106	6142	6169	6190	6209	1
2	98.5	99	99.2	99.2	99.3	99.3	99.4	99.4	99.4	99.4	99.4	99.4	99.4	99.4	99.4	2
3	34.1	30.8	29.5	28.7	28.2	27.9	27.7	27.5	27.3	27.2	27.1	26.9	26.8	26.8	26.7	3
4	21.2	18	16.7	16	15.5	15.2	15	14.8	14.7	14.5	14.4	14.2	14.2	14.1	14	4
5	16.3	13.3	12.1	11.4	11	10.7	10.5	10.3	10.2	10.1	9.89	9.77	9.68	9.61	9.55	5
6	13.7	10.9	9.78	9.15	8.75	8.47	8.26	8.1	7.98	7.87	7.72	7.6	7.52	7. 45	7.4	6
7	12.2	9.55	8.45	7.85	7.46	7.19	6.99	6.84	6.72	6.62	6.47	6.36	6.27	6.21	6. 16	7
8	11.3	8.65	7.59	7.01	6.63	6.37	6.18	6.03	5.91	5.81	5.67	5.56	5.48	5.41	5.36	8
9	10.6	8.02	6.99	6.42	6.06	5.8	5.61	5.47	5.35	5.26	5.11	5	4.92	4.86	4.81	9
10	10	7.56	6.55	5.99	5.64	5.39	5.2	5.06	4.94	4.85	4.71	4.6	4.52	4.46	4.41	10
11	9.65	7.21	6.22	5.67	5.32	5.07	4.89	4.74	4.63	4.54	4.4	4.29	4.21	4.15	4.1	11
12	9.33	6.93	5.95	5.41	5.06	4.82	4.64	4.5	4.39	4.3	4.16	4.05	3.97	3.91	3.86	12
13	9.07	6.7	5.74	5.21	4.86	4.62	4.44	4.3	4.19	4.1	2.96	3.86	3.73	3.71	3.66	13
14	8.86	6.51	5.56	5.04	4.7	4.46	4.23	4.14	4.03	3.94	3.8	3.7	3.62	3.56	3.51	14
15	8.68	6.36	5.42	4.89	4.56	4.32	4.14	4	3.89	3.8	3.67	3.56	3.49	3.42	3.37	15
16	8.53	6.23	5.29	4.77	4.44	4.2	4.03	3.89	3.78	3.69	3.55	3.45	3.37	3.31	3.26	16
17	8.4	6.11	5.18	4.67	4.34	4.1	3.93	3.79	3.68	3.59	3.46	3.35	3.27	3.21	3.16	17
18	8.29	6.01	5.39	4.58	4.25	4.01	3.84	3.71	3.6	3.51	3.37	3.27	3.19	3.13	3.68	18
19	8.18	5.93	5.01	4.5	4.17	3.94	3.77	3.63	3.52	3.43	3.3	3.1	3.12	3.05	3	19
20	8.1	5.85	4.94	4.43	4.1	3.37	3.7	3.56	3.46	3.37	3.23	3.13	3.05	2.99	2.94	20
21	8.02	5.78	4.87	4.37	4.04	3.81	3.64	3.51	3.4	3.31	3.17	3.07	2.99	2.93	2.88	21
22	7.95	5.72	4.82	4.31	3.99	3.76	3.59	3.45	3.35	3.26	3.12	3.02	2.94	2.88	2.83	22
23	7.88	5.66	4.76	4.26	3.94	3.71	3.54	3.41	3.3	3.21	3.07	2.97	2.89	2.83	2.78	23
24	7.82	5.61	4.72	4.22	3.9	3.67	3.5	3.36	3.26	3.17	3.03	2.93	2.85	2.79	2.74	24

续表

n_2	n_1（较大均方的自由度）															n_2
	1	2	3	4	5	6	7	8	9	10	12	14	16	18	20	
25	7.77	5.57	4.68	4.18	3.86	3.63	3.46	3.32	3.22	3.13	2.99	2.89	2.81	2.75	2.7	25
26	7.72	5.53	4.64	4.14	3.82	3.59	3.42	3.29	3.18	3.09	2.96	2.86	2.78	2.72	2.66	26
27	7.68	5.49	4.6	4.11	3.78	3.56	3.39	3.26	3.15	3.06	2.93	2.82	2.75	2.68	2.63	27
28	7.64	5.45	4.57	4.07	3.75	3.53	3.36	3.23	3.12	3.03	2.9	2.79	2.72	2.65	2.6	28
29	7.6	5.42	4.54	4.04	3.73	3.5	3.33	3.2	3.09	3	2.87	2.77	2.69	2.62	2.57	29
30	7.56	5.39	4.51	4.02	3.7	3.47	3.3	3.17	3.07	2.98	2.84	2.74	2.66	2.6	2.55	30
32	7.5	5.34	4.46	3.07	3.65	3.43	3.26	3.13	3.02	2.93	2.8	2.7	2.62	2.55	2.5	32
34	7.44	5.29	4.42	3.93	3.61	3.39	3.22	3.09	2.98	2.89	2.76	2.66	2.58	2.51	2.46	34
36	7.4	5.25	4.38	3.89	3.57	3.35	3.18	3.05	2.95	2.86	2.72	2.62	2.54	2.48	2.43	36
38	7.35	5.21	4.34	3.86	3.54	3.32	3.15	3.02	2.92	2.83	2.69	2.59	2.51	2.45	2.4	38
40	7.31	5.18	4.31	3.83	3.51	3.29	3.12	2.99	2.89	2.8	2.66	2.56	2.48	2.42	2.37	40
42	7.28	5.15	4.29	3.8	3.49	3.27	3.1	2.97	2.86	2.78	2.64	2.54	2.46	2.4	2.34	42
44	7.25	5.12	4.26	3.78	3.47	3.24	3.08	2.95	2.84	2.75	2.62	2.52	2.44	2.37	2.32	44
46	7.22	5.1	4.24	3.76	3.44	3.22	3.06	2.93	2.82	2.73	2.6	2.5	2.42	2.35	2.3	46
48	7.2	5.08	4.22	3.74	3.43	3.2	3.04	2.91	2.8	2.72	2.58	2.48	2.4	2.33	2.28	48
50	7.17	5.06	4.2	3.72	3.41	3.19	3.02	2.89	2.79	2.7	2.56	2.46	2.38	2.32	2.27	50
60	7.08	4.98	4.13	3.65	3.34	3.12	2.95	2.82	2.72	2.63	2.59	2.39	2.31	2.25	2.2	60
80	6.96	4.88	4.04	3.56	3.26	3.04	2.87	2.74	2.64	2.55	2.42	2.31	2.23	2.17	2.12	80
100	6.9	4.82	3.98	3.51	3.21	2.99	2.82	2.69	2.59	2.5	2.37	2.26	2.19	2.12	2.07	100
125	6.84	4.78	3.94	3.47	3.17	2.95	2.79	2.66	2.55	2.47	2.33	2.23	2.15	2.08	2.03	125
150	6.81	4.75	3.92	3.45	3.14	2.92	2.76	2.63	2.53	2.44	2.31	2.2	2.12	2.06	2	150
200	6.76	4.71	3.88	3.41	3.11	2.89	2.73	2.6	2.5	2.41	2.27	2.17	2.09	2.02	1.97	200
300	6.72	4.68	3.85	3.38	3.08	2.86	2.7	2.57	2.47	2.38	2.24	2.14	2.06	1.99	1.94	300
500	6.69	4.65	3.82	3.36	3.05	2.84	2.68	2.55	2.44	2.36	2.22	2.12	2.04	1.97	1.92	500
1000	6.66	4.63	3.8	3.34	3.04	2.82	2.66	2.53	2.43	2.34	2.2	2.1	2.02	1. 95	1.9	1000
∞	6.63	4.61	3.78	3.32	3.02	2.8	2.64	2.51	2.41	2.32	2.18	2.08	2	1.93	1.88	∞

n_2	n_1（较大均方的自由度）															n_2
	22	24	26	28	30	35	40	45	50	60	80	100	200	500	∞	
1	6220	6234	6240	6250	6258	6280	6286	6300	6302	6310	6334	6330	6352	6361	6366	1
2	99.5	99.5	99.5	99.5	99.5	99.5	99.5	99.5	99.5	99.5	99.5	99.5	99.5	99.5	99.5	2
3	26.6	26.6	26.6	26.5	26.5	26.5	26.4	26.4	26.4	26.3	26.3	26.2	26.2	26.1	26.1	3
4	14	13.9	13.9	13.9	13.8	13.8	13.7	13.7	13.7	13.7	13.6	13.6	13.5	13.5	13.5	4
5	9.51	9.47	9.43	9.4	9.38	9.33	9.29	9.26	9.24	9.2	9.16	9.13	9.08	9.04	9.02	5

续表

n_2	n_1（较大均方的自由度）															n_2
	22	24	26	28	30	35	40	45	50	60	80	100	200	500	∞	
6	7.35	7.31	7.28	7.25	7.23	7.18	7.14	7.11	7.09	7.06	7.01	6.99	6.93	6.9	6.88	6
7	6.11	6.07	6.04	6.02	5.99	5.94	5.91	5.88	5.86	5.82	5.78	5.75	5.7	5.67	5.65	7
8	5.32	5.28	5.25	5.22	5.2	5.15	5.12	5	5.07	5.03	4.99	4.96	4.91	4.88	4.86	8
9	4.77	4.73	4.7	4.67	4.65	4.6	4.57	4.54	4.52	4.48	4.44	4.42	4.36	4.33	4.31	9
10	4.36	4.33	4.3	4.27	4.25	4.2	4.17	4.14	4.12	4.08	4.04	4.01	3.96	3.93	3.91	10
11	4.06	4.02	5.99	3.96	3.94	3.89	3.86	3.83	3.81	3.78	3.73	3.71	3.66	3.62	3.6	11
12	3.82	3.78	3.75	3.72	3.7	3.65	3.62	3.59	3.57	3.54	3.49	3.47	3.41	3.38	3.36	12
13	3.62	3.59	3.56	3.53	3.51	3.46	3.43	3.4	3.38	3.34	3.3	3.27	3.22	3.19	3.17	13
14	3.46	3.43	2.4	3.37	3.35	3.3	3.27	3.24	3.22	3.18	3.14	3.11	3.06	3.03	3	14
15	3.33	3.29	3.26	3.24	3.21	3.17	3.13	3.1	3.08	3.05	3	2.98	2.92	2.89	2.87	15
16	3.22	3.18	3.15	3.12	3.1	3.05	3.02	2.99	2.97	2.93	2.89	2.86	2.81	2.78	2.75	16
17	3.12	3.08	3.05	3.03	3	2.96	2.92	2.89	2.87	2.83	2.79	2.76	2.71	2.68	2.65	17
18	3.03	3	2.97	2.94	2.92	2.87	2.84	2.81	2.78	2.75	2.7	2.68	2.62	2.59	2.57	18
19	2.96	2.92	2.89	2.87	2.84	2.8	2.76	2.73	2.71	2.67	2.63	2.6	2.55	2.51	2.49	19
20	2.9	2.86	2.83	2.8	2.78	2.73	2.69	2.67	2.64	2.61	2.56	2.54	2.48	2.44	2.42	20
21	2.84	2.8	2.77	2.74	2.72	2.67	2.64	2.61	2.58	2.55	2.5	2.48	2.42	2.38	2.36	21
22	2.78	2.75	2.72	2.69	2.67	2.62	2.58	2.55	2.53	2.5	2.45	2.42	2.36	2.33	2.31	22
23	2.74	2.7	2.67	2.64	2.62	2.57	2.54	2.51	2.48	2.45	2.4	2.37	2.32	2.28	2.26	23
24	2.7	2.66	2.63	2.6	2.58	2.53	2.49	2.46	2.44	2.4	2.36	2.33	2.27	2.24	2.21	24
25	2.66	2.62	2.59	2.56	2.54	2.49	2.45	2.42	2.4	2.36	2.32	2.29	2.23	2.19	2.17	25
26	2.62	2.58	2.55	2.53	2.5	2.45	2.42	2.39	2.36	2.33	2.28	2.25	2.19	2.16	2.13	26
27	2.59	2.55	2.52	2.49	2.47	2.42	2.38	2.35	2.33	2.29	2.25	2.22	2.16	2.12	2.1	27
28	2.56	2.52	2.49	2.46	2.44	2.39	2.35	2.32	2.3	2.26	2.22	2.19	2.13	2.09	2.06	28
29	2.53	2.49	2.46	2.44	2.41	2.36	2.33	2.3	2.27	2.23	2.19	2.16	2.1	2.06	2.03	29
30	2.51	2.47	2.44	2.41	2.39	2.34	2.3	2.27	2.25	2.21	2.16	2.13	2.07	2.03	2.01	30
32	2.46	2.42	2.39	2.36	2.34	2.29	2.25	2.22	2.2	2.16	2.11	2.08	2.02	1.98	1.96	32
34	2.42	2.38	2.35	2.32	2.3	2.25	2.21	2.18	2.16	2.12	2.07	2.04	1.98	1.94	1.91	34
36	2.38	2.35	2.32	2.29	2.26	2.21	2.17	2.14	2.12	2.08	2.03	2	1.94	1.9	1.87	36
38	2.35	2.32	2.28	2.26	2.23	2.18	2.14	2.11	2.09	2.05	2	1.97	1.9	1.86	1.84	38
40	2.33	2.29	2.26	2.23	2.2	2.15	2.11	2.08	2.06	2.02	1.97	1.94	1.87	1.83	1.8	40
42	2.3	2.26	2.23	2.2	2.18	2.13	2.09	2.06	2.03	1.99	1.94	1.91	1.85	1.8	1.78	42
44	2.28	2.24	2.21	2.18	2.15	2.1	2.06	2.03	2.01	1.97	1.92	1.89	1.82	1.78	1.75	44
46	2.26	2.22	2.19	2.16	2.13	2.08	2.04	2.01	1.99	1.95	1.9	1.86	1.8	1.75	1.73	46

续表

n_2	n_1（较大均方的自由度）															n_2
	22	24	26	28	30	35	40	45	50	60	80	100	200	500	∞	
48	2.24	2.2	2.17	2.14	2.12	2.06	2.02	1.99	1.97	1.93	1.88	1.84	1.78	1.73	1.7	48
50	2.22	2.18	2.15	2.12	2.1	2.05	2.01	1.97	1.95	1.91	1.86	1.82	1.76	1.71	1.68	50
60	2.15	2.12	2.08	2.05	2.03	1.98	1.94	1.9	1.88	1.84	1.78	1.75	1.68	1.63	1.6	60
80	2.07	2.03	2	1.97	1.94	1.89	1.85	1.81	1.79	1.75	1.69	1.66	1.58	1.53	1.49	80
100	2.02	1.98	1.94	1.92	1.89	1.84	1.8	1.76	1.73	1.69	1.63	1.6	1.52	1.47	1.43	100
125	1.98	1.94	1.91	1.88	1.85	1.8	1.76	1.72	1.69	1.65	1.59	1.55	1.47	1.41	1.37	125
150	1.96	1.92	1.88	1.85	1.83	1.77	1.73	1.69	1.66	1.62	1.56	1.52	1.43	1.38	1.33	150
200	1.93	1.89	1.85	1.82	1.79	1.74	1.69	1.66	1.63	1.58	1.52	1.48	1.39	1.33	1.28	200
300	1.89	1.85	1.82	1.79	1.76	1.71	1.66	1.62	1.59	1.55	1.48	1.44	1.35	1.28	1.22	300
500	1.87	1.83	1.79	1.76	1.74	1.68	1.63	1.6	1.56	1.52	1.45	1.41	1.31	1.23	1.16	500
1000	1.85	1.81	1.77	1.74	1.72	1.66	1.61	1.57	1.54	1.5	1.43	1.38	1.28	1.19	1.11	1000
∞	1.83	1.79	1.76	1.72	1.7	1.64	1.59	1.55	1.52	1.47	1.4	1.36	1.25	1.15	1	∞

附表六　r与z的换算表

$$z=\frac{1}{2}\ln\frac{1+r}{1-r}(\text{表内为}r)$$

z	z									
	0.00	0.01	0.02	0.03	0.04	0.05	0.06	0.07	0.08	0.09
0	0.0000	0.0100	0.0200	0.0300	0.0400	0.0500	0.0599	0.0699	0.0798	0.0898
0.1	0.0997	0.1096	0.1194	0.1293	0.1391	0.1489	0.1586	0.1684	0.1781	0.1877
0.2	0.1974	0.207	0.2165	0.226	0.2355	0.2449	0.2543	0.2636	0.2729	0.2821
0.3	0.2913	0.3004	0.3095	0.3185	0.3275	0.3364	0.3452	0.354	0.3627	0.3714
0.4	0.38	0.3885	0.3969	0.4053	0.4136	0.4219	0.4301	0.4382	0.4462	0.4542
0.5	0.4621	0.4699	0.4777	0.4854	0.493	0.5005	0.508	0.5154	0.5227	0.5299
0.6	0.537	0.5441	0.5511	0.558	0.5649	0.5717	0.5784	0.585	0.5915	0.598
0.7	0.6044	0.6107	0.6169	0.6231	0.6291	0.6351	0.6411	0.6469	0.6527	0.6584
0.8	0.664	0.6696	0.6751	0.6805	0.6858	0.6911	0.6963	0.7014	0.7064	0.7114
0.9	0.7163	0.7211	0.7259	0.7306	0.7352	0.7398	0.7443	0.7487	0.7531	0.7574
1	0.7616	0.7658	0.7699	0.7739	0.7779	0.7818	0.7857	0.7895	0.7932	0.7969
1.1	0.8005	0.8041	0.8076	0.811	0.8144	0.8178	0.821	0.8243	0.8275	0.8306
1.2	0.8337	0.8367	0.8397	0.8426	0.8455	0.8483	0.8511	0.8538	0.8565	0.8591
1.3	0.8617	0.8643	0.8668	0.8692	0.8717	0.8741	0.8764	0.8787	0.881	0.8832
1.4	0.8854	0.8875	0.8896	0.8917	0.8937	0.8957	0.8977	0.8996	0.9015	0.9033
1.5	0.9051	0.9069	0.9087	0.9104	0.9121	0.9138	0.9154	0.917	0.9186	0.9201
1.6	0.9217	0.9232	0.9246	0.9261	0.9275	0.9289	0.9302	0.9316	0.9329	0.9341
1.7	0.9354	0.9366	0.9379	0.9391	0.9402	0.9414	0.9425	0.9436	0.9447	0.9458
1.8	0.94681	0.94783	0.94884	0.94983	0.9508	0.95175	0.95268	0.95359	0.95449	0.95537
1.9	0.95624	0.95709	0.95792	0.95873	0.95953	0.96032	0.96109	0.96185	0.96259	0.9633
2.0	0.96403	0.96473	0.96541	0.96609	0.96675	0.96739	0.96803	0.96865	0.96926	0.96986
2.1	0.97045	0.97103	0.97159	0.97215	0.97269	0.97323	0.97375	0.97426	0.97477	0.97526
2.2	0.97574	0.97622	0.97668	0.97714	0.97759	0.97803	0.97846	0.97888	0.97929	0.9797
2.3	0.9801	0.98049	0.98087	0.98124	0.98161	0.98197	0.98233	0.98267	0.98301	0.98335
2.4	0.98367	0.98399	0.98431	0.98462	0.98492	0.98522	0.98551	0.98579	0.98607	0.98635
2.5	0.98661	0.98688	0.98714	0.98739	0.98764	0.98788	0.98812	0.98835	0.98858	0.98881
2.6	0.98903	0.98924	0.98945	0.98966	0.98987	0.99007	0.99026	0.99045	0.99064	0.99083
2.7	0.99101	0.99118	0.99136	0.99153	0.9917	0.99186	0.99202	0.99218	0.99233	0.99248
2.8	0.99263	0.99278	0.99292	0.99306	0.9932	0.99333	0.99346	0.99359	0.99372	0.99384
2.9	0.99396	0.99408	0.9942	0.99431	0.99443	0.99454	0.99464	0.99475	0.99485	0.99495

附表七　常用正交表

（1）$L_4(2^3)$

试验号	列号		
	1	2	3
1	1	1	1
2	1	2	2
3	2	1	2
4	2	2	1

（2）$L_8(2^7)$

试验号	列号						
	1	2	3	4	5	6	7
1	1	1	1	1	1	1	1
2	1	1	1	2	2	2	2
3	1	2	2	1	1	2	2
4	1	2	2	2	2	1	1
5	2	1	2	1	2	1	2
6	2	1	2	2	1	2	1
7	2	2	1	1	2	2	1
8	2	2	1	2	1	1	2

（3）$L_{12}(2^{11})$

试验号	列号										
	1	2	3	4	5	6	7	8	9	10	11
1	1	1	1	1	1	1	1	1	1	1	1
2	1	1	1	1	1	2	2	2	2	2	2
3	1	1	2	2	2	1	1	1	2	2	2
4	1	2	1	2	2	1	2	2	1	1	2
5	1	2	2	1	2	2	1	2	1	2	1
6	1	2	2	2	1	2	2	1	2	1	1
7	2	1	2	2	1	1	2	2	1	2	1
8	2	1	2	1	2	2	2	1	1	1	2
9	2	1	1	2	2	2	1	2	2	1	1
10	2	2	2	1	1	1	1	2	2	1	2
11	2	2	1	2	1	2	1	1	1	2	2
12	2	2	1	1	2	1	2	1	2	2	1

（4）L_9（3^4）

试验号	列　号			
	1	2	3	4
1	1	1	1	1
2	1	2	2	2
3	1	3	3	3
4	2	1	2	3
5	2	2	3	1
6	2	3	1	2
7	3	1	3	2
8	3	2	1	3
9	3	3	2	1

（5）L_{16}（4^5）

试验号	列　号				
	1	2	3	4	5
1	1	1	1	1	1
2	1	2	2	2	2
3	1	3	3	3	3
4	1	4	4	4	4
5	2	1	2	3	4
6	2	2	1	4	3
7	2	3	4	1	2
8	2	4	3	2	1
9	3	1	3	4	2
10	3	2	4	3	1
11	3	3	1	2	4
12	3	4	2	1	3
13	4	1	4	2	3
14	4	2	3	1	4
15	4	3	2	4	1
16	4	4	1	3	2

（6）$L_{25}(5^6)$

试验号	列号					
	1	2	3	4	5	6
1	1	1	1	1	1	1
2	1	2	2	2	2	2
3	1	3	3	3	3	3
4	1	4	4	4	4	4
5	1	5	5	5	5	5
6	2	1	2	3	4	5
7	2	2	3	4	5	1
8	2	3	4	5	1	2
9	2	4	5	1	2	3
10	2	5	1	2	3	4
11	3	1	3	5	2	4
12	3	2	4	1	3	5
13	3	3	5	2	4	1
14	3	4	1	3	5	2
15	3	5	2	4	1	3
16	4	1	4	2	5	3
17	4	2	5	3	1	4
18	4	3	1	4	2	5
19	4	4	2	5	3	1
20	4	5	3	1	4	2
21	5	1	5	4	3	2
22	5	2	1	5	4	3
23	5	3	2	1	5	4
24	5	4	3	2	1	5
25	5	5	4	3	2	1

（7）L_8（4×2^4）

试验号	列号				
	1	2	3	4	5
1	1	1	1	1	1
2	1	2	2	2	2
3	2	1	1	2	2
4	2	2	2	1	1
5	3	1	2	1	2
6	3	2	1	2	1
7	4	1	2	2	1
8	4	2	1	1	2

（8）L_{12}（3×2^4）

试验号	列号				
	1	2	3	4	5
1	1	1	1	1	1
2	1	1	1	2	2
3	1	2	2	1	2
4	1	2	2	2	1
5	2	1	2	1	1
6	2	1	2	2	2
7	2	2	1	2	2
8	2	2	1	2	2
9	3	1	2	1	2
10	3	1	1	2	1
11	3	2	1	1	2
12	3	2	2	2	1

（9）L_{16}（$4^4 \times 2^3$）

试验号	列号						
	1	2	3	4	5	6	7
1	1	1	1	1	1	1	1
2	1	2	2	2	1	2	2
3	1	3	3	3	2	1	2
4	1	4	4	4	2	2	1
5	2	1	2	3	2	2	1
6	2	2	1	4	2	1	2
7	2	3	4	1	1	2	2
8	2	4	3	2	1	1	1
9	3	1	3	4	1	2	2
10	3	2	4	3	1	1	1
11	3	3	1	2	2	2	1
12	3	4	2	1	2	1	2
13	4	1	4	2	2	1	2
14	4	2	3	1	2	2	1
15	4	3	2	4	1	1	1
16	4	4	1	3	1	2	2

附表八 Duncan's 新复极差检验 SSR 值表

显著水平 p=0.05

自由度 (f)	检验极差的平均个数（a）																		
	2	3	4	5	6	7	8	9	10	11	12	13	14	15	16	17	18	19	20
1	17.97	17.97	17.97	17.97	17.97	17.97	17.97	17.97	17.97	17.97	17.97	17.97	17.97	17.97	17.97	17.97	17.97	17.97	17.97
2	6.09	6.09	6.09	6.09	6.09	6.09	6.09	6.09	6.09	6.09	6.09	6.09	6.09	6.09	6.09	6.09	6.09	6.09	6.09
3	4.5	4.52	4.52	4.52	4.52	4.52	4.52	4.52	4.52	4.52	4.52	4.52	4.52	4.52	4.52	4.52	4.52	4.52	4.52
4	3.93	4.01	4.03	4.03	4.03	4.03	4.03	4.03	4.03	4.03	4.03	4.03	4.03	4.03	4.03	4.03	4.03	4.03	4.03
5	3.75	3.8	3.81	3.81	3.81	3.64	3.81	3.81	3.81	3.81	3.81	3.81	3.81	3.81	3.81	3.81	3.81	3.81	3.81
6	3.46	3.59	3.65	3.68	3.69	3.7	3.7	3.7	3.7	3.7	3.7	3.7	3.7	3.7	3.7	3.7	3.7	3.7	3.7
7	3.34	3.48	3.55	3.59	3.61	3.62	3.63	3.63	3.63	3.63	3.63	3.63	3.63	3.63	3.63	3.63	3.63	3.63	3.63
8	3.26	3.4	3.48	3.52	3.55	3.57	3.58	3.58	3.58	3.58	3.58	3.58	3.58	3.58	3.58	3.58	3.58	3.58	3.58
9	3.2	3.34	3.42	3.47	3.5	3.52	3.54	3.54	3.55	3.55	3.55	3.55	3.55	3.55	3.55	3.55	3.55	3.55	3.55
10	3.15	3.29	3.38	3.43	3.47	3.49	3.51	3.52	3.52	3.53	3.53	3.53	3.53	3.53	3.53	3.53	3.53	3.53	3.53
11	3.11	3.26	3.34	3.4	3.44	3.46	3.48	3.49	3.5	3.51	3.51	3.51	3.51	3.51	3.51	3.51	3.51	3.51	3.51
12	3.08	3.23	3.31	3.37	3.41	3.44	3.46	3.47	3.48	3.49	3.5	3.5	3.5	3.5	3.5	3.5	3.5	3.5	3.5
13	3.06	3.2	3.29	3.35	3.39	3.42	3.44	3.46	3.47	3.48	3.48	3.49	3.49	3.49	3.49	3.49	3.49	3.49	3.49
14	3.03	3.18	3.27	3.33	3.37	3.44	3.4	3.43	3.46	3.47	3.47	3.48	3.48	3.48	3.48	3.48	3.48	3.48	3.48
15	3.01	3.16	3.25	3.31	3.36	3.39	3.41	3.43	3.45	3.46	3.47	3.47	3.48	3.48	3.48	3.48	3.48	3.48	3.48
16	3	3.14	3.24	3.3	3.34	3.38	3.4	3.42	3.44	3.45	3.46	3.47	3.47	3.47	3.48	3.48	3.48	3.48	3.48
17	2.98	3.13	3.22	3.29	3.33	3.37	3.39	3.41	3.43	3.44	3.45	3.46	3.47	3.47	3.47	3.47	3.48	3.48	3.48
18	2.97	3.12	3.21	3.27	3.32	3.36	3.38	3.4	3.42	3.44	3.45	3.45	3.46	3.47	3.47	3.47	3.47	3.47	3.47
19	2.96	3.11	3.2	3.26	3.31	3.35	3.38	3.4	3.42	3.43	3.44	3.45	3.46	3.46	3.47	3.47	3.47	3.47	3.47
20	2.95	3.1	3.19	3.26	3.3	3.34	3.37	3.39	3.41	3.42	3.44	3.45	3.45	3.46	3.46	3.47	3.47	3.47	3.47
21	2.94	3.09	3.18	3.25	3.3	3.33	3.36	3.39	3.4	3.42	3.43	3.44	3.45	3.46	3.46	3.47	3.47	3.47	3.47
22	2.93	3.08	3.17	3.24	3.29	3.33	3.36	3.38	3.4	3.41	3.43	3.44	3.45	3.45	3.46	3.46	3.47	3.47	3.47
23	2.93	3.07	3.17	3.23	3.28	3.32	3.35	3.37	3.39	3.41	3.42	3.43	3.44	3.45	3.46	3.46	3.47	3.47	3.47

续表

自由度（f）	检验极差的平均个数（a）																		
	2	3	4	5	6	7	8	9	10	11	12	13	14	15	16	17	18	19	20
24	2.92	3.07	3.16	3.23	3.28	3.32	3.35	3.37	3.39	3.41	3.42	3.43	3.44	3.45	3.46	3.46	3.47	3.47	3.47
25	2.91	3.06	3.15	3.22	3.27	3.31	3.34	3.37	3.39	3.4	3.42	3.43	3.44	3.45	3.45	3.46	3.46	3.47	3.47
26	2.91	3.05	3.15	3.22	3.27	3.31	3.34	3.36	3.38	3.4	3.41	3.43	3.44	3.45	3.45	3.46	3.46	3.47	3.47
27	2.9	3.05	3.14	3.21	3.26	3.3	3.33	3.36	3.38	3.4	3.41	3.42	3.43	3.44	3.45	3.46	3.46	3.47	3.47
28	2.9	3.04	3.14	3.21	3.26	3.3	3.33	3.36	3.38	3.39	3.41	3.42	3.43	3.44	3.45	3.46	3.46	3.47	3.47
29	2.89	3.04	3.14	3.2	3.25	3.29	3.33	3.35	3.37	3.39	3.41	3.42	3.43	3.44	3.45	3.46	3.46	3.47	3.47
30	2.89	3.04	3.13	3.2	3.25	3.29	3.32	3.35	3.37	3.39	3.41	3.42	3.43	3.44	3.45	3.45	3.46	3.47	3.47
31	2.88	3.03	3.13	3.2	3.25	3.29	3.31	3.37	3.39	3.4	3.42	3.43	3.44	3.45	3.45	3.46	3.47	3.47	3.47
32	2.88	3.03	3.12	3.19	3.24	3.28	3.32	3.34	3.37	3.39	3.4	3.42	3.43	3.44	3.45	3.45	3.46	3.47	3.47
33	3.02	3.12	3.19	3.24	3.28	3.31	2.88	3.34	3.36	3.38	3.4	3.41	3.43	3.44	3.44	3.45	3.46	3.47	3.47
34	3.02	3.12	3.19	3.24	3.28	3.31	2.87	3.34	3.36	3.38	3.4	3.41	3.42	3.43	3.44	3.45	3.46	3.46	3.47
35	2.87	3.02	3.11	3.18	3.24	3.28	3.31	3.34	3.36	3.38	3.4	3.41	3.42	3.43	3.44	3.45	3.46	3.46	3.47
36	2.87	3.02	3.11	3.18	3.23	3.27	3.31	3.34	3.36	3.38	3.4	3.41	3.42	3.43	3.44	3.45	3.46	3.46	3.47
37	2.87	3.01	3.11	3.18	3.23	3.27	3.31	3.33	3.36	3.38	3.39	3.41	3.42	3.43	3.44	3.45	3.46	3.46	3.47
38	2.86	3.01	3.11	3.18	3.23	3.27	3.3	3.33	3.36	3.38	3.39	3.41	3.42	3.43	3.44	3.45	3.46	3.46	3.47
39	2.86	3.01	3.1	3.17	3.23	3.27	3.3	3.33	3.35	3.37	3.39	3.41	3.42	3.43	3.44	3.45	3.46	3.46	3.47
40	2.86	3.01	3.1	3.17	3.22	3.27	3.3	3.33	3.35	3.37	3.39	3.4	3.42	3.43	3.44	3.45	3.46	3.46	3.47
48	2.84	2.99	3.09	3.16	3.21	3.25	3.29	3.32	3.34	3.36	3.38	3.4	3.41	3.42	3.44	3.45	3.45	3.46	3.47
60	2.83	2.98	3.07	3.14	3.2	3.24	3.28	3.31	3.33	3.36	3.37	3.39	3.41	3.42	3.43	3.44	3.45	3.46	3.47
80	2.81	2.96	3.06	3.13	3.19	3.23	3.27	3.3	3.32	3.35	3.37	3.38	3.4	3.41	3.43	3.44	3.45	3.46	3.47
120	2.95	3.05	3.12	3.17	3.22	2.8	3.25	3.29	3.31	3.34	3.36	3.38	3.39	3.41	3.42	3.44	3.45	3.46	3.47
240	2.79	2.93	3.03	3.1	3.16	3.21	3.24	3.28	3.3	3.33	3.35	3.37	3.39	3.4	3.42	3.43	3.44	3.46	3.47
∞	2.77	2.92	3.02	3.09	3.15	3.19	3.23	3.27	3.29	3.32	3.34	3.36	3.38	3.4	3.41	3.43	3.44	3.45	3.47

显著水平 p=0.01

自由度(f)	检验极差的平均个数（a）																		
	2	3	4	5	6	7	8	9	10	11	12	13	14	15	16	17	18	19	20
2	14.04	14.04	14.04	14.04	14.04	14.04	14.04	14.04	14.04	14.04	14.04	14.04	14.04	14.04	14.04	14.04	14.04	14.04	14.04
3	8.26	8.32	8.32	8.32	8.32	8.32	8.32	8.32	8.32	8.32	8.32	8.32	8.32	8.32	8.32	8.32	8.32	8.32	8.32
4	6.51	6.68	6.74	6.76	6.76	6.76	6.76	6.76	6.76	6.76	6.76	6.76	6.76	6.76	6.76	6.76	6.76	6.76	6.76
5	5.89	5.99	6.04	6.07	6.07	5.70	6.07	6.07	6.07	6.07	6.07	6.07	6.07	6.07	6.07	6.07	6.07	6.07	6.07
6	5.24	5.44	5.55	5.61	5.66	5.68	5.69	5.70	5.70	5.70	5.70	5.70	5.70	5.70	5.70	5.70	5.70	5.70	5.70
7	4.95	5.15	5.26	5.33	5.38	5.42	5.44	5.45	5.46	5.47	5.47	5.47	5.47	5.47	5.47	5.47	5.47	5.47	5.47
8	4.75	4.94	5.06	5.13	5.19	5.23	52.56	5.28	5.29	5.30	5.31	5.31	5.32	5.32	5.32	5.32	5.32	5.32	5.32
9	4.60	4.79	4.91	4.99	5.04	5.09	5.12	5.14	5.16	5.17	5.19	5.19	5.20	5.20	5.21	5.21	5.21	5.21	5.21
10	4.48	4.67	4.79	4.87	4.93	4.98	5.01	5.04	5.06	5.07	5.09	5.10	5.11	5.11	5.12	5.12	5.12	5.12	5.12
11	4.39	4.58	4.70	4.78	4.84	4.89	4.92	4.95	4.98	4.99	5.01	5.02	50.31	50.39	5.05	5.05	5.05	5.06	5.06
12	4.32	4.50	4.62	4.71	4.77	4.82	4.85	4.88	4.91	4.93	4.94	4.96	4.97	4.98	4.99	4.99	5.00	5.00	5.01
13	4.26	4.44	4.56	4.64	4.71	4.75	4.79	4.82	4.85	4.87	4.89	4.90	4.92	4.93	4.94	4.94	4.95	4.96	4.96
14	4.21	4.39	4.51	4.59	4.65	4.78	4.70	4.74	4.80	4.82	4.84	4.86	4.87	4.88	4.89	4.90	4.91	4.92	4.92
15	4.17	4.35	4.46	4.55	4.61	4.66	4.70	4.73	4.76	4.78	4.80	4.82	4.83	4.85	4.86	4.87	4.87	4.88	4.89
16	4.13	4.31	4.43	4.51	4.57	4.62	4.66	4.70	4.72	4.75	4.77	4.79	4.80	4.81	4.83	4.84	4.84	4.85	4.86
17	4.10	4.28	4.39	4.47	4.54	4.59	4.63	4.66	4.69	4.72	4.74	4.76	4.77	4.79	4.80	4.81	4.82	4.82	4.83
18	4.07	4.25	4.36	4.45	4.51	4.56	4.60	4.64	4.66	4.69	4.71	4.73	4.75	4.76	4.77	4.78	4.79	4.80	4.81
19	4.05	4.22	4.34	4.42	4.48	4.53	4.58	4.61	4.64	4.66	4.69	4.71	4.72	4.74	4.75	4.76	4.77	4.78	4.79
20	4.02	4.20	4.31	4.40	4.46	4.51	4.55	4.59	4.62	4.64	4.66	4.68	4.70	4.72	4.73	4.74	4.75	4.76	4.77
21	4.00	4.18	4.29	4.37	4.44	4.49	4.53	4.57	4.60	4.62	4.65	4.66	4.68	4.70	4.71	4.72	4.73	4.74	4.75
22	3.99	4.16	4.27	4.36	4.42	4.47	4.51	4.55	4.58	4.60	4.63	4.65	4.66	4.68	4.69	4.71	4.72	4.73	4.74
23	3.97	4.14	4.25	4.34	4.40	4.45	4.50	4.53	4.56	4.59	4.61	4.63	4.65	4.67	4.68	4.69	4.70	4.71	4.72
24	3.96	4.13	4.24	4.32	4.39	4.44	4.48	4.52	4.55	4.57	4.60	4.62	4.63	4.65	4.67	4.68	4.69	4.70	4.71
25	3.94	4.11	4.22	4.31	4.37	4.42	4.47	4.50	4.53	4.56	4.58	4.60	4.62	4.64	4.65	4.67	4.68	4.69	4.70
26	3.93	4.10	4.21	4.29	4.36	4.41	4.45	4.49	4.52	4.55	4.57	4.59	4.61	4.63	4.64	4.65	4.67	4.68	4.69
27	3.92	4.09	4.20	4.28	4.35	4.40	4.44	4.48	4.51	4.54	4.56	4.58	4.60	4.62	4.63	4.64	4.66	4.67	4.68
28	3.91	4.08	4.19	4.27	4.33	4.39	4.43	4.47	4.50	4.52	4.55	4.57	4.59	4.60	4.62	4.63	4.65	4.66	4.67

续表

自由度 (f)	检验极差的平均个数（a）																		
	2	3	4	5	6	7	8	9	10	11	12	13	14	15	16	17	18	19	20
29	3.90	4.07	4.18	4.26	4.32	4.38	4.42	4.46	4.49	4.51	4.54	4.56	4.58	4.60	4.61	4.62	4.64	4.65	4.66
30	3.89	4.06	4.17	4.25	4.31	4.37	4.41	4.45	4.48	4.50	4.53	4.55	4.57	4.59	4.60	4.62	4.63	4.64	4.65
31	3.88	4.05	4.16	4.24	4.31	4.36	4.40	4.44	4.47	4.50	4.52	4.54	4.56	4.58	4.59	4.61	4.62	4.63	4.64
32	3.87	4.04	4.15	4.23	4.30	4.35	4.39	4.43	4.46	4.49	4.51	4.53	4.55	4.57	4.59	4.60	4.61	4.63	4.64
33	4.03	4.14	4.22	4.29	4.34	4.38	3.87	4.42	4.45	4.48	4.50	4.53	4.55	4.56	4.58	4.59	4.61	4.62	4.63
34	4.02	4.14	4.22	4.28	4.33	4.38	3.86	4.41	4.44	4.47	4.50	4.52	4.54	4.56	4.57	4.59	4.60	4.61	4.62
35	3.85	4.02	4.13	4.21	4.27	4.33	4.37	4.41	4.44	4.47	4.49	4.51	4.53	4.55	4.57	4.58	4.59	4.61	4.62
36	3.85	4.01	4.12	4.20	4.27	4.32	4.36	4.40	4.43	4.46	4.48	4.51	4.53	4.54	4.56	4.57	4.59	4.60	4.61
37	3.84	4.01	4.12	4.20	4.26	4.31	4.36	4.39	4.43	4.45	4.48	4.50	4.52	4.54	4.55	4.57	4.58	4.59	4.61
38	3.84	4.00	4.11	4.19	4.25	4.31	4.35	4.39	4.42	4.45	4.47	4.49	4.51	4.53	4.55	4.56	4.58	4.59	4.60
39	3.83	3.99	4.10	4.19	4.25	4.30	4.34	4.38	4.41	4.44	4.47	4.49	4.51	4.53	4.54	4.56	4.57	4.58	4.60
40	3.83	3.99	4.10	4.18	4.24	4.30	4.34	4.38	4.41	4.44	4.46	4.48	4.50	4.52	4.54	4.55	4.57	4.58	4.59
48	3.79	3.96	4.06	4.15	4.21	4.26	4.30	4.34	4.37	4.40	4.43	4.45	4.47	4.49	4.51	4.52	4.54	4.55	4.56
60	3.76	3.92	4.03	4.11	4.17	4.23	4.27	4.31	4.34	4.37	4.39	4.42	4.44	4.46	4.47	4.49	4.50	4.52	4.53
80	3.73	3.89	4.00	4.08	4.14	4.19	4.24	4.27	4.31	4.34	4.36	4.38	4.41	4.42	4.44	4.46	4.47	4.49	4.50
120	3.86	3.96	4.04	4.11	4.16	3.70	4.20	4.24	4.27	4.30	4.33	4.35	4.37	4.39	4.41	4.43	4.44	4.46	4.47
240	3.67	3.83	3.93	4.01	4.07	4.13	4.17	4.21	4.24	4.27	4.29	4.32	4.34	4.36	4.38	4.39	4.41	4.43	4.44
∞	3.64	3.80	3.90	3.98	4.04	4.09	4.14	4.17	4.21	4.24	4.26	4.29	4.31	4.33	4.35	4.36	4.38	4.39	4.41

参 考 文 献

［1］陈汝栋，于延荣. 数学模型与数学建模［M］. 第 2 版. 北京：国防工业出版社，2009.

［2］高隆昌，杨元. 数学建模基础理论［M］. 北京：科学出版社，2007.

［3］Giordano FR. Fox WP，Horton S B，Weir MD. 数学建模：第 4 版［M］. 叶其孝，姜启源，译. 北京：机械工业出版社，2009.

［4］胡良平，张天明. 影响我国科研成果和学术论文质量的要因分析［J］. 科学观察，2005，1（4）：9-19.

［5］蒋志刚，李春旺，曾岩. 生物实验设计与数据分析［M］. 北京：高等教育出版社，2004.

［6］嘉木工作室. Mathernatica 应用实例教程［M］. 北京：机械工业出版社，2002.

［7］李春喜，姜丽娜，邵云，等. 生物统计学［M］. 第 3 版，北京：科学出版社，2005.

［8］明道绪. 生物统计［M］. 北京：中国农业科技出版社，1998.

［9］马莉. MATLAB 数学实验与建模［M］. 北京：清华大学出版社，2010.

［10］宁宜熙，刘思峰. 管理预测与决策方法［M］. 北京：科学出版社，2003.

［11］王文波，数学建模及其基础知识详解［M］. 武汉：武汉大学出版社，2006.

［12］吴清烈，蒋尚华. 预测与决策分析［M］. 南京：东南大学出版社，2004.

［13］徐建华. 现代地理学中的数学方法：第 2 版［M］. 北京：高等教育出版社，2002.

［14］闫洪涛，杨新军. 药学研究论文中常见统计学问题分析. 药物流行病学杂志［J］. 2009，18（3）：210-212.

［15］于磊，赵君明. 统计学：第 2 版［M］. 上海：同济大学出版社，2003.

［16］张文彤编著. SPSS 统计分析基础教程［M］. 北京：高等教育出版社，2004.

［17］赵东方. 数学模型与计算［M］. 北京：科学出版社，2007.

［18］唐启义，冯明光. 实用统计分析及其 DPS 数据处理系统［M］. 北京：科学出版社，2002.